全国电力出版指导委员会出版规划重点项目

火力发电职业技能培训教材

HUOLI FADIAN ZHIYE JINENG PEIXUN JIAOCAI

电气设备运行

（第二版）

《火力发电职业技能培训教材》编委会　编

U0149416

中国电力出版社
CHINA ELECTRIC POWER PRESS

内 容 提 要

本套教材在 2005 年出版的《火力发电职业技能培训教材》基础上，吸收近年来国家和电力行业对火力发电职业技能培训的新要求编写而成。在修订过程中以实际操作技能为主线，将相关专业理论与生产实践紧密结合，力求反映当前我国火电技术发展的水平，符合电力生产实际的需求。

本套教材总共 15 个分册，其中的《环保设备运行》《环保设备检修》为本次新增的 2 个分册，覆盖火力发电运行与检修专业的职业技能培训需求。本套教材的作者均为长年工作在生产第一线的专家、技术人员，具有较好的理论基础、丰富的实践经验和培训经验。

本书为《电气设备运行》分册，共两篇十四章，主要内容有电力系统简介，电气基础知识、专业知识及相关知识，电力系统运行规定，同步发电机的运行，变压器运行规定，配电装置运行规定，电动机的运行，直流系统的运行，微型计算机应用，发电厂电气值班综述及二次部分简介，厂用电系统的运行操作，电气事故分析与处理，运行分析、可靠性管理，发电厂厂用电值班综述。

本套教材适合作为火力发电专业职业技能鉴定培训教材和火力发电现场生产技术培训教材，也可供火电类技术人员及职业技术学校教学使用。

图书在版编目（CIP）数据

电气设备运行/《火力发电职业技能培训教材》编委会编. 2 版. —北京：中国电力出版社，2020.5
火力发电职业技能培训教材
ISBN 978 - 7 - 5198 - 4025 - 9

Ⅰ.①电… Ⅱ.①火… Ⅲ.①火电厂 – 电气设备 – 运行 – 技术培训 – 教材 Ⅳ.①TM621.27

中国版本图书馆 CIP 数据核字（2019）第 253374 号

出版发行：中国电力出版社
地　　址：北京市东城区北京站西街 19 号（邮政编码 100005）
网　　址：http://www.cepp.sgcc.com.cn
责任编辑：畅　舒（010 - 63412312）
责任校对：黄　蓓　郝军燕
装帧设计：赵姗姗
责任印制：吴　迪

印　　刷：三河市万龙印装有限公司
版　　次：2004 年 11 月第一版　2020 年 5 月第二版
印　　次：2020 年 5 月北京第十一次印刷
开　　本：880 毫米×1230 毫米　32 开本
印　　张：14.875
字　　数：518 千字　插页 2 张
印　　数：0001—2000 册
定　　价：88.00 元

《火力发电职业技能培训教材》(第二版)

编 委 会

主 任：王俊启

副主任：张国军　　乔永成　　梁金明　　贺晋年

委 员：薛贵平　　朱立新　　张文龙　　薛建立

　　　　许林宝　　董志超　　刘林虎　　焦宏波

　　　　杨庆祥　　郭林虎　　耿宝年　　韩燕鹏

　　　　杨 铸　　余 飞　　梁瑞珽　　李团恩

　　　　连立东　　郭 铭　　杨利斌　　刘志跃

　　　　刘雪斌　　武晓明　　张 鹏　　王 公

主 编：张国军

副主编：乔永成　　薛贵平　　朱立新　　张文龙

　　　　郭林虎　　耿宝年

编 委：耿 超　　郭 魏　　丁元宏　　席晋奎

教材编辑办公室成员：张运东　　赵鸣志

　　　　　　　　　　　徐 超　　曹建萍

《火力发电职业技能培训教材
电气设备运行》（第二版）

编 写 人 员

主 编：梁瑞珽

参 编（按姓氏笔画排列）：

丁元宏　付文东　张　玫　陈绪勇

耿　超　晋鹏娟　席晋鹏　梁瑞珽

《火力发电职业技能培训教材》(第一版)

编　委　会

主　任：周大兵　翟若愚

副主任：刘润来　宗　健　朱良镭

常　委：魏建朝　刘治国　侯志勇　郭林虎

委　员：邓金福　张　强　张爱敏　刘志勇

　　　　王国清　尹立新　白国亮　王殿武

　　　　韩爱莲　刘志清　张建华　成　刚

　　　　郑耀生　梁东原　张建平　王小平

　　　　王培利　闫刘生　刘进海　李恒煌

　　　　张国军　周茂德　郭江东　闻海鹏

　　　　赵富春　高晓霞　贾瑞平　耿宝年

　　　　谢东健　傅正祥

主　编：刘润来　郭林虎

副主编：成　刚　耿宝年

教材编辑办公室成员：刘丽平　郑艳蓉

第二版前言

2004 年，中国国电集团公司、中国大唐集团公司与中国电力出版社共同组织编写了《火力发电职业技能培训教材》。教材出版发行后，深受广大读者好评，主要分册重印 10 余次，对提高火力发电员工职业技能水平发挥了重要的作用。

近年来，随着我国经济的发展，电力工业取得显著进步，截至 2018 年年底，我国火力发电装机总规模已达 11.4 亿 kW，燃煤发电 600MW、1000MW 机组已经成为主力机组。当前，我国火力发电技术正向着大机组、高参数、高度自动化方向迅猛发展，新技术、新设备、新工艺、新材料逐年更新，有关生产管理、质量监督和专业技术发展也是日新月异，现代火力发电厂对员工知识的深度与广度，对运用技能的熟练程度，对变革创新的能力，对掌握新技术、新设备、新工艺的能力，以及对多种岗位上工作的适应能力、协作能力、综合能力等提出了更高、更新的要求。

为适应火力发电技术快速发展、超临界和超超临界机组大规模应用的现状，使火力发电员工职业技能培训和技能鉴定工作与生产形势相匹配，提高火力发电员工职业技能水平，在广泛收集原教材的使用意见和建议的基础上，2018 年 8 月，中国电力出版社有限公司、中国大唐集团有限公司山西分公司启动了《火力发电职业技能培训教材》修订工作。100 多位发电企业技术专家和技术人员以高度的责任心和使命感，精心策划、精雕细刻、精益求精，高质量地完成了本次修订工作。

《火力发电职业技能培训教材》（第二版）具有以下突出特点：

（1）针对性。教材内容要紧扣《中华人民共和国职业技能鉴定规范·电力行业》（简称《规范》）的要求，体现《规范》对火力发电有关工种鉴定的要求，以培训大纲中的"职业技能模块"及生产实际的工作程序设章、节，每一个技能模块相对独立，均有非常具体的学习目标和学习内容，教材能满足职业技能培训和技能鉴定工作的需要。

（2）规范性。教材修订过程中，引用了最新的国家标准、电力行业规程规范，更新、升级一些老标准，确保内容符合企业实际生产规程规范的要求。教材采用了规范的物理量符号及计量单位，更新了相关设备的图形符号、文字符号，注意了名词术语的规范性。

（3）系统性。教材注重专业理论知识体系的搭建，通过对培训人员分析能力、理解能力、学习方法等的培养，达到知其然又知其所以然的目的，从而打下坚实的专业理论基础，提高自学本领。

（4）时代性。教材修订过程中，充分吸收了新技术、新设备、新工艺、新材料以及有关生产管理、质量监督和专业技术发展动态等内容，删除了第一版中包含的已经淘汰的设备、工艺等相关内容。2005年出版的《火力发电职业技能培训教材》共15个分册，考虑到从业人员、专业技术发展等因素，没有对《电测仪表》《电气试验》两个分册进行修订；针对火电厂脱硫、除尘、脱硝设备运行检修的实际情况，新增了《环保设备运行》《环保设备检修》两个分册。

（5）实用性。教材修订工作遵循为企业培训服务的原则，面向生产、面向实际，以提高岗位技能为导向，强调了"缺什么补什么，干什么学什么"的原则，在内容编排上以实际操作技能为主线，知识为掌握技能服务，知识内容以相应的工种必需的专业知识为起点，不再重复已经掌握的理论知识。突出理论和实践相结合，将相关的专业理论知识与实际操作技能有机地融为一体。

（6）完整性。教材在分册划分上没有按工种划分，而采取按专业方式分册，主要是考虑知识体系的完整，专业相对稳定而工种则可能随着时间和设备变化调整，同时这样安排便于各工种人员全面学习了解本专业相关工种知识技能，能适应轮岗、调岗的需要。

（7）通用性。教材突出对实际操作技能的要求，增加了现场实践性教学的内容，不再人为地划分初、中、高技术等级。不同技术等级的培训可根据大纲要求，从教材中选取相应的章节内容。每一章后均有关于各技术等级应掌握本章节相应内容的提示。每一册均有关本册涵盖职业技能鉴定专业及工种的提示，方便培训时选择合适的内容。

（8）可读性。教材力求开门见山，重点突出，图文并茂，便于理解，便于记忆，适用于职业培训，也可供广大工程技术人员自学参考。

希望《火力发电职业技能培训教材》（第二版）的出版，能为推进火力发电企业职业技能培训工作发挥积极作用，进而提升火力发电员工职业能力水平，为电力安全生产添砖加瓦。恳请各单位在使用过程中对教材多提宝贵意见，以期再版时修订完善。

本套教材修订工作得到中国大唐集团有限公司山西分公司、大唐太原第二热电厂和阳城国际发电有限责任公司各级领导的大力支持，在此谨向为教材修订做出贡献的各位专家和支持这项工作的领导表示衷心感谢。

《火力发电职业技能培训教材》（第二版）编委会

2020年1月

第一版前言

近年来，我国电力工业正向着大机组、高参数、大电网、高电压、高度自动化方向迅猛发展。随着电力工业体制改革的深化，现代火力发电厂对职工所掌握知识与能力的深度、广度要求，对运用技能的熟练程度，以及对革新的能力，掌握新技术、新设备、新工艺的能力，监督管理能力，多种岗位上工作的适应能力，协作能力，综合能力等提出了更高、更新的要求。这都急切地需要通过培训来提高职工队伍的职业技能，以适应新形势的需要。

当前，随着《中华人民共和国职业技能鉴定规范》（简称《规范》）在电力行业的正式施行，电力行业职业技能标准的水平有了明显的提高。为了满足《规范》对火力发电有关工种鉴定的要求，做好职业技能培训工作，中国国电集团公司、中国大唐集团公司与中国电力出版社共同组织编写了这套《火力发电职业技能培训教材》，并邀请一批有良好电力职业培训基础和经验、热心于职业教育培训的专家进行审稿把关。此次组织开发的新教材，汲取了以往教材建设的成功经验，认真研究和借鉴了国际劳工组织开发的 MES 技能培训模式，按照 MES 教材开发的原则和方法，按照《规范》对火力发电职业技能鉴定培训的要求编写。教材在设计思想上，以实际操作技能为主线，更加突出了理论和实践相结合，将相关的专业理论知识与实际操作技能有机地融为一体，形成了本套技能培训教材的新特色。

《火力发电职业技能培训教材》共 15 分册，同时配套有 15 分册的《复习题与题解》，以帮助学员巩固所学到的知识和技能。

《火力发电职业技能培训教材》主要具有以下突出特点：

（1）教材体现了《规范》对培训的新要求，教材以培训大纲中的"职业技能模块"及生产实际的工作程序设章、节，每一个技能模块相对独立，均有非常具体的学习目标和学习内容。

（2）对教材的体系和内容进行了必要的改革，更加科学合理。在内容编排上以实际操作技能为主线，知识为掌握技能服务，知识内容以相应的职业必需的专业知识为起点，不再重复已经掌握的理论知识，以达到再培训，再提高，满足技能的需要。

凡属已出版的《全国电力工人公用类培训教材》涉及的内容，如知识绘图、热工、机械、力学、钳工等基础理论均未重复编入本教材。

（3）教材突出了对实际操作技能的要求，增加了现场实践性教学的内容，不再人为地划分初、中、高技术等级。不同技术等级的培训可根据大纲要求，从教材中选取相应的章节内容。每一章后，均有关于各技术等级应掌握本章节相应内容的提示。

（4）教材更加体现了培训为企业服务的原则，面向生产，面向实际，以提高岗位技能为导向，强调了"缺什么补什么，干什么学什么"的原则，内容符合企业实际生产规程、规范的要求。

（5）教材反映了当前新技术、新设备、新工艺、新材料以及有关生产管理、质量监督和专业技术发展动态等内容。

（6）教材力求简明实用，内容叙述开门见山，重点突出，克服了偏深、偏难、内容繁杂等弊端，坚持少而精、学则得的原则，便于培训教学和自学。

（7）教材不仅满足了《规范》对职业技能鉴定培训的要求，同时还融入了对分析能力、理解能力、学习方法等的培养，使学员既学会一定的理论知识和技能，又掌握学习的方法，从而提高自学本领。

（8）教材图文并茂，便于理解，便于记忆，适应于企业培训，也可供广大工程技术人员参考，还可以用于职业技术教学。

《火力发电职业技能培训教材》的出版，是深化教材改革的成果，为创建新的培训教材体系迈进了一步，这将为推进火力发电厂的培训工作，为提高培训效果发挥积极作用。希望各单位在使用过程中对教材提出宝贵建议，以使不断改进，日臻完善。

在此谨向为编审教材做出贡献的各位专家和支持这项工作的领导们深表谢意。

《火力发电职业技能培训教材》编委会

2004 年 11 月

第二版编者的话

受中国电力出版社及大唐山西分公司的委托修订本书。作为职业技能鉴定培训教材，本书体现了职业技能培训的特点以及理论联系实际的原则，着重讲述了运行值班方面的日常监视、维护、正常的设备操作和设备发生异常及事故时的处理等方面的知识，尽量反映了新技术、新设备、新工艺、新材料和新方法，本教材以大型机组及其辅机为主，有相当的先进性和适用性。

本书为《电气设备运行》分册，全书共分两篇十四章。其中第一、二章由太原第二热电厂梁瑞珽编写；第三、九、十、十三、十四章由大唐阳城发电有限责任公司陈绪勇编写；第四～六章由太原第二热电厂晋鹏娟、席晋鹏编写；第七、八章由太原第二热电厂张玫编写；第十一、十二章由太原第二热电厂付文东、耿超编写。全书由太原第二热电厂梁瑞珽担任主编。

在编写过程中得到了大唐山西分公司有关部门和大唐太原第二热电厂发电部领导及大唐阳城发电有限责任公司领导的大力支持和帮助，他们为本书提供了咨询、技术资料及许多宝贵建议，在此一并表示衷心的感谢。

由于编写过程中时间紧张，作者水平有限，错误和不足之处在所难免，敬请各使用单位和广大读者及时提出宝贵意见。

编 者
2020 年 1 月

第一版编者的话

　　受中国电力出版社及山西省电力公司的委托编写本书。作为职业技能鉴定培训教材，本书体现了职业技能培训的特点以及理论联系实际的原则，着重讲述了运行值班方面的日常监视、维护、正常的设备操作和设备发生异常及事故时的处理等方面的知识，尽量反映了新技术、新设备、新工艺、新材料和新方法，本教材以 200MW、300MW 机组及其辅机为主，有相当的先进性和适用性。

　　本书为《电气设备运行》分册，全书共分三篇二十六章。其中第一、二、四、五、六章由大唐太原第二热电厂梁瑞珽编写；第三、十、十一章由大唐太原第二热电厂韩爱莲编写；第七、八、九、十二、十三、十四、十五章由大唐太原第二热电厂田刚编写；第十六至二十六章由大唐太原第二热电厂李继云、翟利红、周建梅合作编写。全书由大唐太原第二热电厂韩爱莲担任主编。大唐太原第二热电厂侯志勇主审。

　　本书在编写过程中得到了山西电力公司有关部门和大唐太原第二热电厂发电二部领导和大唐太原第二热电厂值长室刘强同志的大力支持和帮助，他们为本书提供了咨询、技术资料及许多宝贵建议，在此一并表示衷心的感谢。

　　由于编写过程中时间紧张，作者水平有限，错误和不足之处在所难免，敬请各使用单位和广大读者及时提出宝贵意见。

编　者

2004 年 6 月

目 录

第二版前言

第一版前言

第二版编者的话

第一版编者的话

第一篇　发电厂电气值班

第一章　电力系统简介 ………… 3

　第一节　概述 ………………… 3

　第二节　电厂的生产流程 …… 4

第二章　电气基础知识、专业

　　　　知识及相关知识 …… 8

　第一节　电气基础知识 …… 8

　第二节　电气专业知识 …… 36

　第三节　电气相关知识 …… 40

第三章　电力系统运行规定 …… 44

　第一节　电压、频率的

　　　　　管理 ……………… 44

　第二节　运行方式 ………… 45

　第三节　倒闸操作 ………… 65

　第四节　事故处理 ………… 91

第四章　同步发电机的运行 … 108

　第一节　同步发电机基本原

　　　　　理与概述 ……… 108

　第二节　同步发电机的允许

　　　　　运行方式 ……… 116

　第三节　发电机的启动、并

　　　　　列与解列停机 … 120

　第四节　同步发电机负荷的

　　　　　接带与调整 …… 126

　第五节　同步发电机的异常

　　　　　运行和事故处理 … 143

第五章　变压器运行规定 …… 168

　第一节　变压器的技术

　　　　　规范 …………… 168

　第二节　变压器运行与

　　　　　维护 …………… 173

　第三节　变压器的操作及

　　　　　保护 …………… 185

　第四节　变压器的异常运行

　　　　　与事故处理 …… 199

第六章　配电装置运行规定 … 212

　第一节　配电装置设备的技

　　　　　术规范 ………… 212

　第二节　配电装置正常运行

　　　　　中的检查与维护 … 229

　第三节　配电装置的操作及

　　　　　注意事项 ……… 233

　第四节　配电装置的事故

　　　　　处理 …………… 236

第七章　电动机的运行 ……… 244

　第一节　电动机设备规范、

　　　　　运行参数、监视与

　　　　　维护 …………… 244

　第二节　高压电动机变频调

第三节　电动机异常及事故
　　　　处理 …………… 267

第八章　直流系统的运行 …… 272
第一节　直流系统的作用与
　　　　运行方式 ……… 272
第二节　蓄电池的基本
　　　　知识 …………… 279
第三节　直流系统的运行和
　　　　维护 …………… 287
第四节　直流系统的异常及
　　　　事故处理 ……… 289

第九章　微型计算机应用 …… 293
第一节　利用微型计算机进行
　　　　电气系统的监视、控
　　　　制和调整 ……… 293

速装置 …………… 261
第二节　微型计算机在发电厂
　　　　防止误操作运行管理
　　　　中的应用 ……… 297
第三节　DCS 系统发生故障时
　　　　的事故处理原则 … 299

第十章　发电厂电气值班综述
　　　　及二次部分简介 … 301
第一节　发电厂电气值班
　　　　综述 …………… 301
第二节　发电厂的电气监控
　　　　系统 …………… 302
第三节　断路器的控制
　　　　回路 …………… 309
第四节　信号回路 ……… 321
第五节　同期回路 ……… 328

第二篇　发电厂厂用电值班

第十一章　厂用电系统的运行
　　　　　操作 ………… 339
第一节　高低压辅助机械的
　　　　电动机的停、送电
　　　　操作 …………… 339
第二节　高低压厂用母线的
　　　　停、送电操作 …… 342
第三节　变压器的受电、
　　　　停电操作 ……… 349
第四节　高、低压厂用母线的
　　　　备合闸校验操作 … 355
第五节　直流系统的停送电
　　　　操作 …………… 356
第六节　UPS 装置的停送电
　　　　与切换操作 …… 357

第七节　柴油发电机的停送
　　　　电启动与校验 …… 359
第八节　发电机并解列
　　　　操作 …………… 362
第九节　500kV 系统停送电
　　　　操作 …………… 368

第十二章　电气事故分析与
　　　　　处理 ………… 390
第一节　不接地系统发生单相
　　　　接地的分析、判断与
　　　　处理 …………… 390
第二节　不接地系统发生铁磁
　　　　谐振的现象分析判断
　　　　与处理 ………… 392
第三节　厂用系统高、低压

母线故障跳闸分析
判断与处理 ……… 393
第四节 厂用变压器故障
分析与处理 ……… 394
第五节 厂用电动机故障
分析与处理 ……… 399
第六节 直流系统故障的
分析与处理 ……… 404
第七节 配电装置故障的
分析与处理 ……… 405
第十三章 运行分析、可靠性
管理 …………… 412
第一节 发电厂运行分析及

经济指标分析 …… 412
第二节 发电厂可靠性管理
及统计 …………… 428
第十四章 发电厂厂用电值班
综述 …………… 440
第一节 发电厂厂用电值班
概述 …………… 440
第二节 厂用电系统微型
计算机保护简介 … 440
第三节 自动装置简介 …… 443
第四节 继电保护与自动
装置运行 ………… 454

第一篇

发电厂电气值班

第一章

电 力 系 统 简 介

第一节 概　　述

一、电力系统

在火力发电厂中，由锅炉将燃料的化学能转化为热能，再由汽轮机将热能转化为机械能；在水力发电厂中，由水轮机将水能转化为机械能等。再由发电机把机械能转化为电能，通过变压器、输电线路，把电能分配给用户。电动机、电炉、电灯等用电设备消耗电能，并将电能转化为机械能、热能、光能等。这些生产、输送、分配、消费电能的发电机、变压器、输电线路、各种用电设备联系在一起组成的统一整体称为电力系统，如图 1 − 1 所示。

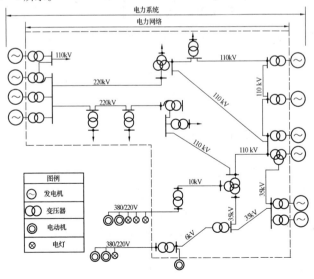

图 1 − 1　电力系统示意图

二、电能生产的特点

1. 电能的生产是和消费同时完成的

电能的生产、输送、分配、消费实际上是同时进行的，即发电厂任何时刻生产的电能必须与该时刻消费与损耗的电能平衡。又由于电能目前还无法大量贮存，这就需要电力工业在生产中必须实行统一管理、统一调度，并尽可能实现自动化。

2. 过渡过程非常短促

发电机、变压器、输电线路等在电力系统中投入或切除都是在一瞬间完成的。电能以光的速度进行输送。电力系统从一种运行方式到另一种运行方式的过渡过程也非常短促。

3. 与国民经济各部门联系紧密

由于电能与其他能量形式之间转换方便，宜于大量生产、集中管理、远距离输送和自动控制，所以使用电能具有显著优点。各部门都广泛使用着电能，随着现代化发展，居民家用电器的普及，在生活中对电的依赖便越强。若供电不足将直接影响国民经济的发展以至整个社会的稳定，因此人们形象地把供电线比喻成生产和生活的生命线。

第二节　电厂的生产流程

发电厂是特殊的二次能源加工厂。它是将一次能源如煤、天然气、石油、核能及水等，转换为二次能源——电能，供我们使用。火力发电厂是利用煤和油进行生产电能的。火力发电厂的发电量目前在世界发电量中占主导地位。在我国，火电占的比例更大，尤其在北方，火电比重更是占主要地位。

一、火力发电厂主要设备

1. 汽轮机

汽轮机按用途分为凝汽式和供热式两种类型，在有热负荷的地区应尽可能采用供热式机组，以提高机组的综合效率，供热式机组的综合效率高达60%~80%，而凝汽式机组的综合效率仅在40%以下（25%~35%）。目前国内已投产的供热式汽轮机最大容量为660MW。

2. 发电机

发电机是以汽轮机为原动机的三相交流发电机。它由发电机本体、励磁系统及冷却系统三部分组成。

3. 锅炉

锅炉设备是发电厂通过煤、油的燃烧产生热能将水变成蒸汽的设备。它由锅炉本体、锅炉附件及辅助机械组成，其中水冷壁、过热器、再热器、省煤器及空气预热器组成锅炉本体的燃烧室和受热面。

二、生产流程

火力发电厂的生产过程按生产流程概括起来讲是这样的：先将燃料加工成适合于电厂锅炉燃用的形式（如把煤磨成很细的煤粉，R90 = 10% ~ 12%），再借助热风送入炉膛充分燃烧，使燃料中的化学能转变为热能。锅炉内的水吸收热能后，变成具有一定压力的饱和蒸汽，饱和蒸汽在过热器内继续加热成为过热蒸汽，然后沿新汽管道进入汽轮机，蒸汽在汽轮机内膨胀做功驱动汽轮发电机组旋转，将蒸汽的内能转变成汽轮发电机转子旋转的机械能；发电机转子旋转时，在发电机转子内由励磁电流形成的磁场也随之旋转，使定子线圈中产生感应电动势发出电能，再将电能沿电力网输送到用户，完成机械能向电能的转换，如上所述，火力发电厂的主要生产流程包括燃烧系统、汽水系统及电气系统。燃烧系统由锅炉燃料加工部分、炉膛燃烧部分及燃烧后除灰部分组成；汽水系统由锅炉、汽轮机、凝汽器、给水泵及辅机管道组成；电气系统由发电机、升压变压器、高压配电装置、厂用变压器及厂用配电装置等组成。本节将重点介绍燃烧系统和汽水系统的生产流程。

（一）燃烧系统

燃烧系统由锅炉燃烧部分、燃料加工部分及除灰部分组成。简单地讲，燃料加工就是将原煤从煤场经过输煤皮带先输送到碎煤机、筛煤机进行粗加工并且将其中木块、铁件等杂物分离出来，然后进入原煤仓储存；原煤仓的煤由给煤机按负荷要求不断地送入到磨煤机，磨煤机碾磨分离后，把符合锅炉燃烧的煤粉由热风混合送入锅炉喷燃器中，在炉膛进行燃烧释放能量。燃料在锅炉中的燃烧过程较为复杂，它要求按照设计参数，按一定的调整方式、一定的热风温度、一定比例的风和粉配合使煤粉在炉膛内得到充分燃烧。煤粉在燃烧后剩余的灰分，颗粒较小的随炉膛尾气进入除尘设备，颗粒较大的不可燃物在重力作用下落入炉膛底部由除渣设备将其排走。另外，磨煤机中不能碾磨的煤矸石经排矸设备分离排出。以上简单叙述了燃烧系统的生产流程。在实际中，锅炉燃烧系统是一个庞大而复杂的系统，辅机设备复杂程度也是相当可观的，尤其随着大型机组的发展整个生产过程更复杂，这就要求提高自动化水平，采取集中控制方法使得锅炉运行自动化程度得到提高。

（二）汽水系统

汽水系统由锅炉、汽轮机、凝汽器、除氧器及给水泵等组成。它包括汽水循环、化学水处理和冷却水系统等。其生产流程是用水把燃料燃烧产生的热量转变成蒸汽的内能，蒸汽冲动汽轮机把内能转变为机械能，做功后的乏汽再凝结成水。在这里，水是一种能量转换物质。普通水是不能直接进入锅炉使用的。因为水中含有固体杂质以及 Ca^{2+}、Mg^{2+}、Fe^{3+}、Cu^{2+} 等碱离子和 Cl^-、SO_4^{2-} 等酸根离子，加热后会产生沉淀物引起对锅炉管道和汽轮机通流部分的腐蚀和损坏，降低设备的使用寿命，所以水必须经过专门化学水处理才能使用。

化学补水先进入凝聚器将水中固体杂质除去，再进入过滤器预处理，此后，经过一级除盐将大部分阴阳离子除掉，再经过二级除盐处理，使水质达到锅炉用除盐水的要求。经过化学水处理后的除盐水由补水泵送入凝汽器，作为汽水系统的水。正常运行中排污、冲洗和泄漏会产生汽水损失，所以汽水系统要不断补充除盐水。化学处理后的除盐水需进行加热除氧后才能进入锅炉，防止氧化腐蚀锅炉管道影响正常运行。凝汽器内的凝结水由凝结泵、经过低压加热器加热，然后进入除氧器除氧。发电厂把凝汽器至除氧器之间的系统称为凝结水系统。除氧后的水由给水泵升压，经过高压加热器进一步加热，达到锅炉需要的给水温度后送至省煤器。给水泵至锅炉省煤器之间的系统称为给水系统。给水通过省煤器加热，进入汽包（或直流锅炉的汽水分离器）进行汽、水分离。饱和水与给水混合后继续在锅炉水冷壁中加热。饱和蒸汽则进入过热器加热，形成一定压力和温度的主蒸汽，通过主蒸汽管道、主汽门进入汽轮机膨胀做功，做功后的蒸汽排入凝汽器凝结成水。凝结水与化学除盐补水混合后，在汽水系统循环使用。为了提高汽水循环的热效率，一般采用从汽轮机的中间级抽出部分作了功的蒸汽加热（即高压、低压加热器）给水温度，提高热效率。在大型的超高压、亚临界机组中还采用蒸汽再热循环，把在汽轮机高压缸全部做功的蒸汽送到锅炉再热器加热、升温后，再送到汽轮机的中、低压缸继续做功，大大提高了机组效率。

为了保证蒸汽在汽轮机中的膨胀做功维持较高数值，排汽进入凝汽器被冷却水冷却后，蒸汽被凝结，其容积减少，于是在凝汽器内形成了高度真空。为了保证排汽的冷凝结，发电厂必须设有循环水系统。电厂循环水一般利用河流、大海及水库做水源，这样，水源充足，设备投资也较少。在水资源缺乏的地方，广泛采用冷却水塔（或冷却池）组成闭式冷却水循环系统。

（三）电气系统

电气系统由发电机、升压变压器、高压配电装置、厂用变压器及厂用配电装置组成。发电机发出的电能一部分用于供发电厂连续运行的厂用电，另一部分通过升压变压器和配电装置源源不断地输入电网。

提示 本章共两节，属于基本知识，适合初、中、高级工。

第二章

电气基础知识、专业知识及相关知识

一、交直流电路的基本概念

（一）电路

一般说来，电路就是电流所通过的路径，电路又称电网络（简称网络）。手电筒电路是一个最简单的电路，如图 2-1 所示。这个电路是由干电池、小电珠、连接导线（铁壳手电筒的连接导线就是外壳）和开关组成的。

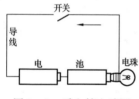

图 2-1　手电筒电路图

一个完整电路，主要由电源、负载及导线三个基本部分组成。

（1）电源。电源在电路中的作用是将其他形式的能量转换为电能。例如发电机和干电池都是电源，它们分别将机械能和化学能转换成电能。

（2）负载。负载在电路中的作用是将电能转换成其他形式的能量，例如灯泡和电动机等。灯泡将电能转换成光能和热能，电动机将电能转换为机械能。

（3）导线。导线用来连接电源和负载，起着传输和分配电能的作用。

在实际电路中，为了控制和分配电能需要装有开关；为了保护设备和人身安全需要装有熔断器、继电保护等元件；另外，为了测量电量还装上各种测量仪表，这些电气设备和仪表的装设都是为了便于电路的正常工作。

在实际工作中所遇到的电路要比手电筒的电路复杂得多，但是，不管电路的结构是简单的，还是复杂的，它们的基本组成部分都是相同的。

为了便于分析、计算电路，要用规定的图形符号来表示实际电路中的图形，例如，手电筒电路采用规定图形符号表示的电路图如图 2-2 所示。

（二）电流

按下手电筒的开关 S，电珠就亮了。这是因为开关 S 一闭合，电路中便有电流 I 通过。电流是指电荷在电场力的作用下定向移动的现象。习惯上规定正电荷移动的方向为电流的正方向。如手电筒电路，电流就是由电池的正极经小电珠流回电池的负极，如图 2-2 中的箭头指向。电流的大小用单位时间内在导体横截面上通过的电荷量的多少来衡量，称为电流强度，简称电流，用字母 I 表示。如果在时间 t 内通过导体横截面的电荷量为 Q，则电流 I 计算式为

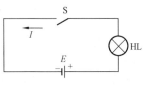

图 2-2　用图形符号表示的手电筒的电路图

E—电源；HL—电珠；

S—开关；I—电流

$$I = \frac{Q}{t} \qquad (2-1)$$

电流的单位是安，用字母 A 表示。如果每秒钟有 1C（库仑）的电荷量通过导体横截面，这时的电流就是 1A，即

$$1A = \frac{1C}{1s}$$

有时电流还用千安（kA）、毫安（mA）或微安（μA）作单位。它们之间的换算关系为

$$1kA = 1000A = 10^3 A$$

$$1mA = 1/1000A = 10^{-3} A$$

$$1\mu A = 1/1000mA = 1/1000000A = 10^{-6} A$$

按电流随时间变化的情况，电流可分直流电流 I 和交流电流 i，如图 2-3 所示。由图 2-3 可见，直流电流的大小和方向都不随时间变化，而交流电流的大小和方向都随时间变化。直流电流所流过的电路称为直流电路，交流电流所流过的电路称为交流电路。

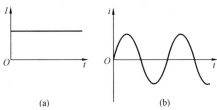

图 2-3　电流波形图

（a）直流；（b）交流

(三) 电压与电位

1. 电压

在电场力的作用下使电荷移动，电场力就会对电荷做功，电压就是用来衡量电场力移动电荷做功的能力，如在电场力的作用下将单位正电荷从电场的某一点（a 点）移到电场的另一点（b 点），电场力所作的功 W_{ab}，就称为该两点之间的电压，即

$$U_{ab} = \frac{W_{ab}}{Q} \qquad (2-2)$$

电压的单位是伏特，用字母 V 表示。如果电场力将 1C（库仑）正电荷从 a 点移到 b 点所作的功为 1J（焦耳）时，则 a、b 两点之间的电压就是 1V（伏特），即

$$1V = \frac{1J}{1C}$$

有时电压还用千伏（kV）和毫伏（mV）作单位，它们之间的换算关系为

$$1kV = 1000V = 10^3 V$$

$$1mV = 1/1000V = 10^{-3} V$$

习惯规定电场力移动正电荷的方向，即高电位到低电位的方向，也就是说，顺电压的方向电位在降低，所以电压又称电压降。

2. 电位

在电场力的作用下将单位正电荷从电场的某点（a 点）移到参考点（0 点）所作的功，称为该点的电位。由此可见电位实际上也是电压，是电路中某点与参考点之间的电压，如 a 点的电位就是 a 点与参考点之间的电压 U_{a0}，电位用字母 V 表示，a 点的电位记作 V_a。参考点的电位 $V_0 = 0$。参考点是可以任意选择的，实际工作中常选大地为参考点。

某点的电位比参考点电位高的，该点电位为正，比参考点电位低的则为负。

电位的单位与电压的单位相同，也用 V 表示。

3. 电压与电位的关系

在电路中，任意两点之间的电位差称为这两点之间的电压，如图 2-4 所示。若选 0 点为参考点，即 $V_0 = 0$，a 点电位为 $V_a = U_{a0} = V_a - V_0$，b 点电位为 $V_b = U_{b0} = V_b - V_0$，

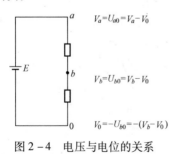

$V_a = U_{a0} = V_a - V_0$

$V_b = U_{b0} = V_b - V_0$

$V_0 = -U_{b0} = -(V_b - V_0)$

图 2-4　电压与电位的关系

同理，$U_{ab} = V_a - V_b$；若选 b 点为参考点，即 $V_b = 0$，a 点电位 $V_a = U_{ab} = V_a$ $- V_b$，0 点电位为 $V_0 = -U_{b0} = -(V_b - V_0)$。

【例 2 - 1】 某一电路如图 2 - 4 所示，若以 0 点为参考点，a 点电位为 5V，b 点电位为 3V。若以 b 点为参考点，a 点电位为 2V，0 点电位为 - 3V。试分别求出以 0、b 点为参考点时的 U_{ab}、U_{b0}、U_{a0} 的值。

解 以 0 点为参考点时，各电压分别为

$$U_{ab} = V_a - V_b = 5 - 3 = 2 \ （V）$$
$$U_{b0} = V_b - V_0 = 3 - 0 = 3 \ （V）$$
$$U_{a0} = V_a - V_0 = 5 - 0 = 5 \ （V）$$

以 b 点为参考点时，各电压分别为

$$U_{ab} = V_a - V_b = 2 - 0 = 2 \ （V）$$
$$U_{b0} = V_b - V_0 = 0 - (-3) = 3 \ （V）$$
$$U_{a0} = V_a - V_0 = 2 - (-3) = 5 \ （V）$$

由上可见，某点的电位与参考点的选择有关，而某两点间的电压则与参考点的选择无关。

（四）电动势

为了维持电路中的电流，就必须维持电路两端的电压。电路中的电源就起维持电路两端电压的作用，因为在电源内部一种作用力不断地把正电荷从电源负极（低电位点）移到正极（高电位点）。把电源内部这种推动电荷移动的作用力称为电源力，电动势就是用来衡量这种电源力做功的能力。在电源力的作用下，将单位正电荷从电源负极移到正极所作的功，称为电源电动势，用字母 E 表示。

电动势的单位与电压相同，也是伏特，用 V 表示。

电动势的正方向是从负极指向正极，也就是从电源的低电位指向高电位。顺着电动势的方向电位是升高，所以电动势又称为电压升。

（五）电阻

当电流流过导体时，导体对电流有阻碍作用，这种阻碍作用就是电阻，用字母 R 或 r 表示。

电阻的常用单位是欧姆，简称欧，用字母 Ω 表示。另外根据测量的要求，电阻的单位还有兆欧、千欧、毫欧和微欧等单位，分别用 MΩ、kΩ、mΩ、μΩ 表示。它们之间的换算关系为

$$1M\Omega = 10^6 \Omega \qquad\qquad 1k\Omega = 10^3 \Omega$$
$$1m\Omega = 10^{-3} \Omega \qquad\qquad 1\mu\Omega = 10^{-6} \Omega$$

导体中所加电压、流过的电流与导体电阻间的关系式如式（2 - 3）

所示

$$R = U/I \qquad (2-3)$$

式中　R——导体电阻，Ω；

　　　U——电压，V；

　　　I——电流，A。

式（2-3）即为一段电路的欧姆定律。

电阻率也称电阻系数，它是指某种导体材料做成长 1m，横截面积为 $1m^2$ 的导线，在温度为 20℃时的电阻。

电阻率用 ρ 表示，它反映了各种材料导电性能的好坏，电阻率大，说明导电性能差；电阻率小，说明导电性能好。

金属导体的电阻大小由实验可知：导体电阻值的大小与导体长度 L 成正比，与导体截面积 S 成反比，还与导体的材料有关，用数学公式表示为

$$R = \rho \frac{L}{S} \qquad (2-4)$$

式中　R——导体电阻，Ω；

　　　ρ——导体电阻率，Ω/m；

　　　L——导体长度，m；

　　　S——导体横截面积，m^2。

另外，导体的电阻值还与温度有关。

（六）电功与电功率

电流可以使电灯发光、电熨斗发热、电动机带动机器旋转，实现了电能和光、热、机械能量之间的转换，这说明电流做了功。电流所做的功称为电功，用字母 W 表示。如图 2-5 所示的电阻电路中，电阻 R 两端的电压为 U，通过电阻 R 的电流是 I，则电功的大小与电压 U 和电流 I 以及通过电流的时间 t 有关，即

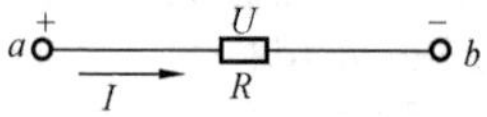

图 2-5　电阻电路图

$$W = UIt \qquad (2-5)$$

电功常用的单位是千瓦·时，用字母 kW·h 表示。

单位时间内电流所做的功称为电功率，用字母 P 表示，即

$$P = UI \qquad (2-6)$$

电功率常用的单位为瓦特，用字母 W 表示。较大单位用 kW（千瓦）或 MW（兆瓦），它们之间的换算关系为

$$1kW = 1000W = 10^3 W$$

$$1MW = 1000kW = 1000000W = 10^6 W$$

电功表示在时间 t 内电场力移动电荷所做的功，而电功率表示在 1s 内电场力移动电荷所做的功，前者反映做功的多少，后者反映做功的速度。

【例 2 - 2】 一个 100W 的电灯接在 220V 的电路中，求流过电灯灯丝的电流值。

解 根据式（2 - 6）得

$$I = \frac{P}{U} = \frac{100}{220} = 0.45(\text{A})$$

【例 2 - 3】 主控室原有 100W 灯泡 12 个，每天使用 3h，为节约用电改为 40W 的日光灯 15 个，每天使用 2.5h，问这样每月（按 30 天计算）可节约多少 kW·h 电？

解 原来每天用电量为

$$W_1 = P_1 t_1 = 100 \times 12 \times 3 = 3600 \ (\text{W·h}) = 3.6 \ (\text{kW·h})$$

改装后每天用电量为

$$W_2 = P_2 t_2 = 40 \times 15 \times 2.5 = 1500 \ (\text{W·h}) = 1.5 \ (\text{kW·h})$$

每天节约的电量为

$$W' = W_1 - W_2 = 3.6 - 1.5 = 2.1 \ (\text{kW·h})$$

每月节约的电量为

$$W = 30W' = 30 \times 2.1 = 63 \ (\text{kW·h})$$

二、电阻、电感、电容及有功、无功功率和视在功率的概念与计算

（一）电阻的概念与计算

1. 电阻的概念

见本节一（五）。

2. 电阻的计算

这里主要介绍电阻串联、并联以及混联时的计算方法。

（1）电阻的串联。电阻的串联就是把电路中的几个电阻一个连着一个成串地连接起来。图 2 - 6（a）就是两个电阻 R_1 和 R_2 串联的电路。在这个电路的两端加上电压 U，流过电路的电流为 I。

电阻串联电路有下列特点：

1）流过每个电阻的电流都相等。如图 2 - 6（a）中，流过 R_1 和 R_2 的电流是同一个电流，即都是 I。

2）电路两端的总电压等于各电阻上电压之和。在图 2 - 6（a）中，总电压为 U，电阻 R_1 上的电压为 U_1，电阻 R_2 上的电压为 U_2，则

$$U = U_1 + U_2 \qquad\qquad (2 - 7)$$

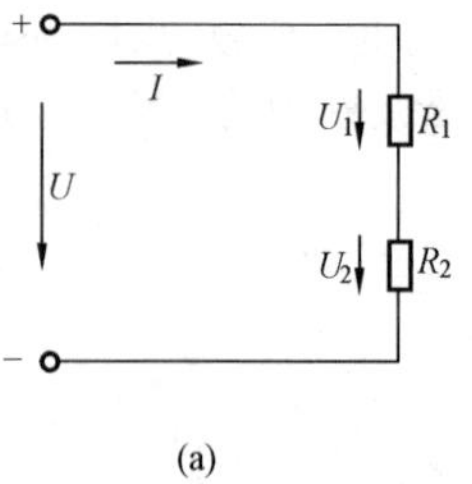

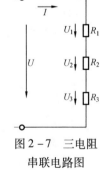

图 2 - 6　两电阻串联电路图

（a）两电阻串联；（b）等值电阻

3）电路的等值电阻（总电阻）等于各串联电阻之和，即

$$R = R_1 + R_2 \qquad (2-8)$$

由此可见，可以用一个电阻 R 来代替两个串联电阻，在保持电路两端电压为 U 不变时，电路中的电流仍为 I，如图 2 - 6（b）所示，一般把这个电阻称为等值电阻。

4）串联电路中，每个电阻上的电压与电阻成正比，即

$$U_1 = IR_1$$
$$U_2 = IR_2 \qquad (2-9)$$

由式（2-9）可见，流过每个电阻的电流相等，电阻值大的，两端电压一定高；反之电压低。

5）串联电路中消耗的功率，等于每个串联电阻消耗的功率之和，即

$$P = P_1 + P_2 \quad 或 \quad I^2R = I^2R_1 + I^2R_2 \qquad (2-10)$$

串联电路中，电阻大的消耗的功率大，电阻小的消耗的功率小。

【例 2 - 4】在三个电阻 R_1、R_2 和 R_3 的串联电路中（见图 2 - 7），$R_1 = 100\Omega$，$R_2 = 50\Omega$，$R_3 = 200\Omega$，电流 $I = 0.5A$，试求串联电路中每个电阻上的电压和总电压。

图 2 - 7　三电阻串联电路图

解　根据式（2-9）每个电阻上的电压分别为

$$U_1 = IR_1 = 0.5 \times 100 = 50 \text{（V）}$$
$$U_2 = IR_2 = 0.5 \times 50 = 25 \text{（V）}$$
$$U_3 = IR_3 = 0.5 \times 200 = 100 \text{（V）}$$

电路的等值电阻

$$R = R_1 + R_2 + R_3 = 100 + 50 + 200 = 350 \text{（}\Omega\text{）}$$

电路的总电压

$$U = IR = 0.5 \times 350 = 175 \text{（V）}$$

（2）电阻的并联。电阻的并联就是将几个电阻

的一端联在一起，另一端也联在一起。如图 2 - 8（a）就是两个电阻 R_1 与 R_2 并联的电路。在这个电路的两端加上电压 U，电路中总电流为 I。

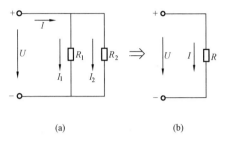

（a）　　　　　　　　　　（b）

图 2 - 8　两电阻并联的电路图

（a）两电阻并联；（b）等值电阻

电阻并联电路有下列特点：

1）各并联电阻两端电压相等。如图 2 - 8（a）中两个并联电阻 R_1 和 R_2 上的电压都等于外加电压 U。

2）并联电路的总电流等于流过各并联电阻的电流之和。如图 2 - 8（a）所示，电流关系如下

$$I = I_1 + I_2 \qquad\qquad (2 - 11)$$

3）并联电路等值电阻的倒数等于各并联电阻的倒数之和，即

$$\frac{1}{R} = \frac{1}{R_1} + \frac{1}{R_2} \qquad\qquad (2 - 12)$$

由此可见，可以用一个等值电阻 R 来代替两个并联电阻，在保持电路两端电压为 U 不变时，电路中的电流仍为 I，如图 2 - 8（b）所示。

4）并联电路中，流过每个电阻的电流与各自的电阻成反比，即

$$\left.\begin{array}{l} I_1 = \dfrac{U}{R_1} \\[2mm] I_2 = \dfrac{U}{R_2} \end{array}\right\} \qquad\qquad (2 - 13)$$

由式（2 - 13）可见，加在每个电阻两端的电压相等，电阻值大的，流过电阻的电流一定小；反之电流大。

5）并联电路消耗的总功率，等于各并联电阻消耗的功率之和，即

$$P = P_1 + P_2 \quad \text{或} \quad \frac{U^2}{R} = \frac{U^2}{R_1} + \frac{U^2}{R_2} \qquad (2 - 14)$$

并联电路中，电阻大的消耗功率小，电阻小的消耗功率大。

（3）电阻的混联。有串联又有并联电阻所构成的电路称为电阻混联电路。这时，可以根据串联和并联电路的计算方法，逐步把电路简化，便可求出这个电路的等值电路。

【例 2 – 5】 在图 2 – 8（a）中，$U = 100\text{V}$，$R_1 = 200\Omega$，$R_2 = 50\Omega$，求电路的总电流和流过各并联电阻 R_1、R_2 的电流及各电阻消耗的功率。

解 根据式（2 – 12）求得等值电阻

$$\frac{1}{R} = \frac{1}{R_1} + \frac{1}{R_2} = \frac{R_2}{R_1 R_2} + \frac{R_1}{R_1 R_2}$$

$$R = \frac{R_1 R_2}{R_1 + R_2} = \frac{200 \times 50}{200 + 50} = 40(\Omega)$$

电路总电流为

$$I = \frac{U}{R} = \frac{100}{40} = 2.5(\text{A})$$

流过各并联电阻 R_1、R_2 的电流分别为

$$I_1 = \frac{U}{R_1} = \frac{100}{200} = 0.5(\text{A})$$

$$I_2 = \frac{U}{R_2} = \frac{100}{50} = 2(\text{A})$$

各电阻消耗的功率分别为

$$P_1 = UI_1 = 100 \times 0.5 = 50 \ (\text{W})$$

$$P_2 = UI_2 = 100 \times 2 = 200 \ (\text{W})$$

【例 2 – 6】 在图 2 – 9 中，$U = 220\text{V}$，$R_1 = 30\Omega$，$R_2 = 30\Omega$，$R_3 = 15\Omega$，求总电流 I_1 及流过各并联电阻的电流 I_2、I_3 和各个电阻上的电压。

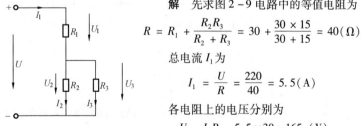

图 2 – 9 电阻的混联电路图

解 先求图 2 – 9 电路中的等值电阻为

$$R = R_1 + \frac{R_2 R_3}{R_2 + R_3} = 30 + \frac{30 \times 15}{30 + 15} = 40(\Omega)$$

总电流 I_1 为

$$I_1 = \frac{U}{R} = \frac{220}{40} = 5.5(\text{A})$$

各电阻上的电压分别为

$$U_1 = I_1 R_1 = 5.5 \times 30 = 165 \ (\text{V})$$

$$U_2 = U_3 = U - U_1 = 55 \ (\text{V})$$

流过并联电阻 R_2、R_3 的电流分别为

$$I_2 = \frac{U_2}{R_2} = \frac{55}{30} = 1.83(\text{A})$$

$$I_3 = \frac{U_3}{R_3} = \frac{55}{15} = 3.67(\text{A})$$

（二）电感与电容的概念与计算

1. 电感与电容的概念

一个线圈的自感磁链 Φ 和所通电流 I 的大小的比值 $L = \Phi/I$ 称为线圈的自感系数，简称自感，也称电感。自感等于线圈通过单位电流时的自感磁链。

在国际单位制中，磁链的单位为韦＝伏·秒，电流的单位为安，自感的单位为

$$L = \Phi/I = 伏·秒/安 = 欧·秒 = 亨利$$

亨利简称亨，用符号 H 表示，实际应用中，常用毫亨（10^{-3} 亨，符号 mH）为自感的单位。

任何两块金属导体中间隔以绝缘体就构成了电容器，也称电容，它既是一种电气元件的名称又是一个电气量的名称。其中，金属导体称为极板，绝缘体称为介质。

电容器能够储存电荷而产生电场，所以它是储能元件。电容量是电容器的重要参数，它是电容器极板上的带电量 Q 与电容器两端电压 U 之比。即

$$C = Q/U \tag{2-15}$$

式中 C——电容，法拉；

Q——电量，库仑；

U——电压，伏特。

法拉的符号为 F，在实际应用中，还常以微法（符号为 μF），皮法（符号为 pF）为单位，它们之间的换算关系为 $1\text{F} = 10^6 \mu\text{F}$，$1\mu\text{F} = 10^3 \text{pF}$

2. 电容的计算

（1）把几个电容器头尾依次连接起来，称为电容器的串联。串联电容器的总电压，等于各个电容器上的电压之和，其中电容值可按式（2-16）计算

$$\frac{1}{C} = \frac{1}{C_1} + \frac{1}{C_2} + \cdots + \frac{1}{C_n} \tag{2-16}$$

式中 C——串联电容器的总电容，又称为等效电容；

C_1、C_2、$\cdots$、C_n——各电容器电容。

串联电容器的个数越多，其等效电容越小。电容器在串联使用时，电压的分配与电容成反比。即

第二章 电气基础知识、专业知识及相关知识

$$\frac{U_1}{U_2} = \frac{C_2}{C_1} \qquad (2-17)$$

上式说明，电容量不同的电容器串联时，电容量小的所承受电压反而高，这是值得注意的。为了使电容量小的电容器不被击穿，应使小电容器所分得电压不超过其额定标称电压。

（2）把几个电容器头与头、尾与尾连接起来，并施以同一电压称为电容器的并联。

电容器并联后，各电容器极板上的电量为 $Q_1 = C_1 U$，$Q_2 = C_2 U$，$\cdots$，$Q_n = C_n U$。

电源供给各极板上的总电量为

$$Q = Q_1 + Q_2 + \cdots + Q_n = C_1 U + C_2 U + \cdots + C_n U \qquad (2-18)$$

总电容

$$C = \frac{Q}{U} = \frac{C_1 U + C_2 U + \cdots C_n U}{U} = C_1 + C_2 + \cdots + C_n \qquad (2-19)$$

式（2-19）说明，并联电容器的总电容等于各电容器电容之和。

并联电容器的数目越多，其等效电容越大，因为电容器并联相当于加大了极板的面积，从而加大了电容量。因此，电容器的电容不够时，可将电容器并联起来，得到较大的电容。但应注意，电容器并联时，外施电压直接加在每个电容器上，所以每个电容器的耐压值都必须大于外施电压。

3. 感抗、容抗、电抗和阻抗的概念

交流电路的感抗，表示电感对正弦电流的限制作用。在纯电感交流电路中，电压有效值与电流有效值的比值称为感抗，用符号 X_L 表示。即

$$X_L = U/I = \omega L = 2\pi f L \qquad (2-20)$$

上式表明，感抗的大小与交流电的频率有关，与线圈的电感有关。当频率 f 一定时，感抗 X_L 与电感 L 成正比，当电感 L 一定时，感抗 X_L 与频率 f 成正比。感抗的单位是欧姆。

在纯电容交流电路中，电压有效值与电流有效值的比值称为容抗。用符号 X_C 表示。即

$$X_C = U/I = 1/\omega C = 1/2\pi f C \qquad (2-21)$$

在同样的电压作用下，容抗 X_C 越大，则电流越小，说明容抗对电流有限制作用。容抗和电源频率、电容器的电容量均成反比。因频率越高，电压变化越快，电容器极板上的电荷变化速度越大，所以电流就越大；而电容越大，极板上储存的电荷就越多，当电压变化时，电路中移动的电荷就越多，故电流越大。容抗的单位也是欧姆。

应当注意，容抗只有在正弦交流电路中才有意义。另外需要指出，容抗不等于电压与电流的瞬时值之比。

在电阻 R、电感 L、电容 C 相串联的交流电路中，根据串联电路的特点，总电压的有效值矢量应等于各部分电压有效值的矢量和。即

$$\dot{U} = \dot{U}_R + \dot{U}_L + \dot{U}_C$$

由图 2 – 10 可以求得电压与电流有效值之间的关系

$$U = \sqrt{U_R^2 + (U_L - U_C)^2} = I\sqrt{R^2 + (X_L - X_C)^2} = IZ \quad (2-22)$$

式中的 Z 有阻碍电流的作用，故称阻抗，单位也是欧姆。

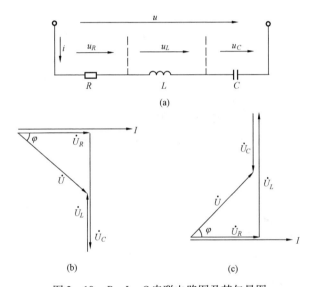

(a)

(b)   (c)

图 2 – 10 R、L、C 串联电路图及其矢量图

(a) 电路图；(b) 矢量图 $(\dot{U}_L < \dot{U}_C)$；(c) 矢量图 $(\dot{U}_L > \dot{U}_C)$

阻抗中的感抗与容抗之差，称为电路的电抗，用 X 表示，单位也是欧姆。电抗与电流的乘积即 $U_X = XI$ 称为电抗压降，它表示电感电压降与电容电压降之差。

（三）有功、无功功率和视在功率的概念与计算

电流在电阻电路中，一个周期内所消耗的平均功率称为有功功率，用 P 表示，单位为 W（瓦）。

储能元件线圈或电容器与电源之间的能量交换，时而大，时而小，为了衡量它们能量交换的大小，用瞬时功率的最大值来表示，也就是交换能

量的最大速率，称为无功功率，用 Q 表示，电感性无功功率用 Q_L 表示，电容性无功功率用 Q_C 表示，单位为 var（乏）。

在电感、电容同时存在的电路中，感性和容性无功互相补偿，电源供给的无功功率为两者之差，即电路的无功功率为

$$Q = Q_L - Q_C = UI\sin\varphi \qquad (2-23)$$

在交流电路中，把电压和电流的有效值的乘积叫视在功率，用 S 表示，单位是 VA（伏安）。

$$S = UI \qquad (2-24)$$

三者关系可由功率三角形知：

$$S = \sqrt{P^2 + Q^2} \qquad (2-25)$$

$$P = S\cos\varphi = UI\cos\varphi \qquad (2-26)$$

$$Q = S\sin\varphi = UI\sin\varphi \qquad (2-27)$$

对于三相电源的有功功率、无功功率和视在功率应用式（2-28）计算

$$\left.\begin{array}{l} P = 3U_{ph}I_{ph}\cos\varphi \quad\text{或}\quad P = \sqrt{3}U_1I_1\cos\varphi \\ Q = 3U_{ph}I_{ph}\sin\varphi \quad\text{或}\quad Q = \sqrt{3}U_1I_1\sin\varphi \\ S = \sqrt{P^2 + Q^2} = \sqrt{3}U_1I_1 = 3U_{ph}I_{ph} \end{array}\right\} \qquad (2-28)$$

三、三相交流电路

三相交流电路在工农业生产上应用极为广泛。目前电能的生产、输送和分配，几乎全部采用三相制。所谓三相交流电路，是指由三个单相交流电路所组成的电路系统。在这三个单相电路中，各有一正弦交流电动势作用着。这三个电动势的最大值和频率均相同，但在相位上互差120°电角，这样的三个电动势就称为三相对称电动势。我们把组成三相电路的每一单相电路称为一相。

采用三相交流的原因，是因为它与单相交流相比，三相交流具有下列两方面的优点：

（1）在输送功率相同、电压相同和距离、线路损失相等的情况下，采用三相制输电可节省输电线的用铝量。

（2）工农业生产上广泛使用的三相异步电动机是以三相交流作为电源的，这种电动机和单相的相比，具有结构简单、价格低廉、性能良好和工作可靠等优点。

因此，在单相交流电路的基础上，进一步研究三相交流电路，是有其重要意义的。

（一）三相交流电源

目前世界上普遍应用的交流电能绝大部分是由三相交流发电机发出，并且是用三相输电线输送的，而大部分负载也是三相交流电动机。一般常用的单相交流电源只是三相中的一相。

三相交流电源是指三个电动势的频率相同、最大值相等、相位互差120°，一般称这样三个电动势为对称三相电动势。若设 A 相电动势的初相角为零，它们的数学表达式分别为

$$\left.\begin{array}{l} e_A = E_m \sin\omega t \\ e_B = E_m \sin(\omega t - 120°) \\ e_C = E_m \sin(\omega t + 120°) \end{array}\right\} \qquad (2-29)$$

式（2-29）所对应的波形图和相量图如图 2-11 所示。

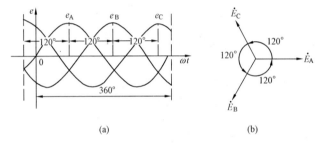

(a)   (b)

图 2-11　三相交流电源波形和相量图

(a) 波形图；(b) 相量图

三相电动势到达最大值的先后顺序不同，称为相序。从图 2-11（a）中可见，e_A 比 e_B 先到达最大值，e_B 比 e_C 先到达最大值，e_C 比 e_A 先到达最大值，把这样的顺序称为 A、B、C 的相序。一般又把 A、B、C 的相序称为正序。在发电厂的母线上按规定分别涂上黄、绿、红三种颜色，分别表示A、B、C 三相。

（二）三相电源的连接

一般三相电源的连接方法有两种，一种是星形（Y形）；另一种是三角形（△形）。

三相发电机有三个（实际是 3 组）绕组，一般称为三相绕组。将三相绕组的始端（首端）分别用 A、B、C 表示，三相绕组的末端（尾端）分别用 X、Y、Z 表示，那么三相绕组表示为 A—X、B—Y、C—Z。

1. 星形连接

三相电源的星形连接，就是将三相绕组的末端 X、Y、Z 连接在一起，

成为一个公共点，用字母 O 表示，而把三相绕组的始端 A、B、C 分别用导线引出的连接方法，如图 2-12 所示。

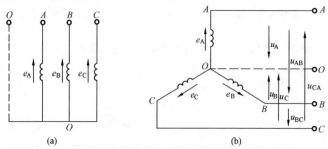

图 2-12　三相电源星形连接方式

（a）画法之一；（b）画法之二

在星形连接中，从公共点引出的线称为中线。从绕组始端 A、B、C 引出的线称为端线，一般也称相线。

每相绕组的始端与末端之间（端线与中线之间）的电压，称为相电压，A、B、C 三相的相电压分别用 u_A（$\dot U_A$）、u_B（$\dot U_B$）、u_C（$\dot U_C$）表示。相电压的正方向规定为由始端指向末端（端线指向中线），每相电动势的正方向规定为末端指向始端。如图 2-12 所示。

每相绕组始端与始端（端线与端线）之间的电压，称为线电压，分别用 u_{AB}（$\dot U_{AB}$）、u_{BC}（$\dot U_{BC}$）、u_{CA}（$\dot U_{CA}$）表示。线电压的正方向是由其下角标前面的字母指向后面的字母，如 u_{AB}，是由 A 指向 B，如图 2-12（b）所示。

由图 2-12 可得

$$\left.\begin{array}{l} u_{AB} = u_A - u_B \\ u_{BC} = u_B - u_C \\ u_{CA} = u_C - u_A \end{array}\right\} \tag{2-30}$$

由于 e_A、e_B、e_C 是同频率正弦量，因此 u_A、u_B、u_C 也是同频率正弦量。由式（2-30）可见，u_{AB}、u_{BC}、u_{CA} 也一定是同频率的正弦量，便可以用相量表示，即

$$\left.\begin{array}{l} \dot U_{AB} = \dot U_A - \dot U_B \\ \dot U_{BC} = \dot U_B - \dot U_C \\ \dot U_{CA} = \dot U_C - \dot U_A \end{array}\right\} \tag{2-31}$$

因三相电动势是对称的，所以三相电压 $\dot{U}_A$、$\dot{U}_B$、$\dot{U}_C$ 也是对称的，如图 2-13 所示。根据式（2-31）和图 2-13 便可求出线电压。从图 2-13 中看出，线电压也是对称的，且在相位上 $\dot{U}_{AB}$ 比 $\dot{U}_A$ 超前 30°，$\dot{U}_{BC}$ 比 $\dot{U}_B$ 超前 30°，$\dot{U}_{CA}$ 比 $\dot{U}_C$ 超前 30°。

相电压与线电压有效值之间的关系，从图 2-13 中很容易求出：由 $\dot{U}_A$、$(-\dot{U}_B)$、$\dot{U}_{AB}$ 构成一个等腰三角形，$\angle A = 120°$，过 A 点作 BO 的垂线 AD，D

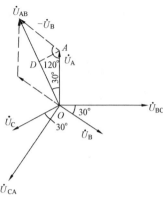

图 2-13 三相电动势相量图

点将 $\dot{U}_{AB}$ 平分，$\angle AOD = 30°$，在直角 ΔAOD 中，$AD = AO/2 = U_A/2$（$U_A = U_B$），根据勾股定理可得：

$$OD = U_{AB}/2 = \sqrt{AO^2 - AD^2} = \sqrt{U_A^2 - (U_A/2)^2} = \sqrt{3}/2 U_A$$

所以

$$U_{AB} = \sqrt{3} U_A$$

同理

$$U_{BC} = \sqrt{3} U_B，U_{CA} = \sqrt{3} U_C$$

由此可得电源作星形连接时，线电压与相电压的一般关系是

$$U_l = \sqrt{3} U_{ph} \qquad (2-32)$$

式中 U_l——线电压；

U_{ph}——相电压。

2. 三角形连接

三相电源的三角形连接，就是将电源每相绕组的末端与相邻一相绕组的始端依次相连，如 X 连 B，Y 连 C，Z 连 A，形成一个闭合回路，再从三个连接点 A、B、C 引出端线的连接方法，如图 2-14 所示。

从图 2-14 中可以看出，三相电源作三角形连接时，各线电压等于相应的相电压，即

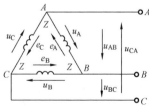

图 2-14 三相电源三角形连接方式

$$\left.\begin{array}{l} U_{AB} = U_A \\ U_{BC} = U_B \\ U_{CA} = U_C \end{array}\right\} \qquad (2-33)$$

电源作三角形连接时，线电压与相电压的一般关系是

$$U_1 = U_{ph} \tag{2-34}$$

（三）三相负载的连接

三相负载和三相电源一样，也有星形和三角形两种连接方法。下面分别讨论这两种连接方法的特点。

1. 星形连接

三相电动机是三相对称负载，根据具体情况可以连接成星形，也可以连接成三角形。而电灯负载，一般情况下是不对称负载，将它连接成星形且有中线，如图2-15所示。

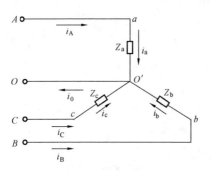

流过每相负载（Z_a、Z_b、Z_c）的电流称为负载的相电流，分别用 i_a、i_b、i_c 表示。相电流的正方向与各相相电压的正方向一致。流过每根端线的电流，称为线电流，分别用 i_A、i_B、i_C 表示。规定线电流正方向从电源指向负载。流过中线的电流，称为中线电流，用 i_0 表示，其正方向

图2-15 负载星形连接方式

是从负载中点指向电源中点。

由图2-15可见，在星形连接的三相电路中，线电流等于相应的相电流，即

$$\left. \begin{array}{l} i_A = i_a \ \text{或} \ I_A = I_a \\ i_B = i_b \ \text{或} \ I_B = I_b \\ i_C = i_c \ \text{或} \ I_C = I_c \end{array} \right\} \tag{2-35}$$

一般形式为

$$I_1 = I_{ph} \tag{2-36}$$

2. 三角形连接

如果负载是三相电动机，就可将三相绕组的始端和末端依次连接起来，构成闭合回路，再将三个连接点接入三相电源，这就是负载的三角形连接，如图2-16所示。每相负载的阻抗分别用 Z_{ab}、Z_{bc}、Z_{ca} 表示。电压和电流正方向规定如图2-16所示。

由图 2 - 16 可以写出

$$\left.\begin{array}{l} i_A = i_{ab} - i_{ca} \\ i_B = i_{bc} - i_{ab} \\ i_C = i_{ca} - i_{bc} \end{array}\right\} \quad (2-37)$$

也可以用相量关系表示为

$$\left.\begin{array}{l} \dot{I}_A = \dot{I}_{ab} - \dot{I}_{ca} \\ \dot{I}_B = \dot{I}_{bc} - \dot{I}_{ab} \\ \dot{I}_C = \dot{I}_{ca} - \dot{I}_{bc} \end{array}\right\} \quad (2-38)$$

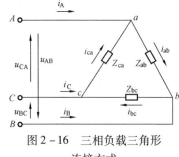

图 2 - 16　三相负载三角形
连接方式

根据式（2 - 38）可作出对应的相量图，如图 2 - 17 所示。从图 2 - 17

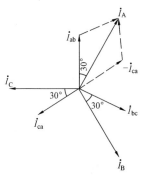

图 2 - 17　负载三角形
连接的相量图

中看出，线电流、相电流都对称。线电流 $\dot{I}_A$ 比 $\dot{I}_{ab}$ 滞后 30°，$\dot{I}_B$ 比 $\dot{I}_{bc}$ 滞后 30°，$\dot{I}_C$ 比 $\dot{I}_{ca}$ 滞后 30°。

将图 2 - 17 与图 2 - 13 比较，借用电源作星形连接时线电压与相电压有效值之间关系的求法，来推理对称负载作三角形连接时线电流与相电流的关系应是

$$\left.\begin{array}{l} I_A = \sqrt{3} I_{ab} \\ I_B = \sqrt{3} I_{bc} \\ I_C = \sqrt{3} I_{ca} \end{array}\right\} \quad (2-39)$$

写成一般形式为

$$I_1 = \sqrt{3} I_{ph} \quad (2-40)$$

（四）三相电路的功率

在三相电路中，不论负载是连接成星形还是连接成三角形，也不论负载是对称还是不对称，三相总的有功功率必定等于各相有功功率之和，即 $P = P_a + P_b + P_c$。若三相负载是对称的，每相负载所消耗的有功功率相等，即 $P_a = P_b = P_c = P_{ph}$。每相消耗的有功功率 P_{ph} 的计算应按式 $P = UI\cos\varphi$ 进行，当负载的相电压和相电流分别为 U_{ph}、I_{ph}，负载的功率因数为 $\cos\varphi$ 时，$P_{ph} = U_{ph} I_{ph}\cos\varphi$。因而三相总的有功功率为

$$P = 3P_{ph} = 3U_{ph} I_{ph}\cos\varphi \quad (2-41)$$

当三相对称负载连接成星形时，相电压与线电压、相电流与线电流之间的关系分别是

$$U_{\mathrm{ph}} = 1/\sqrt{3}\, U_1 = \sqrt{3}/3 U_1$$

$$I_{\mathrm{ph}} = I_1$$

代入式（2-41）可得

$$P = 3\sqrt{3}/3 U_1 I_1 \cos\varphi = \sqrt{3}\, U_1 I_1 \cos\varphi \tag{2-42}$$

当三相对称负载连接成三角形时，相电压与线电压、相电流与线电流之间的关系分别是

$$U_{\mathrm{ph}} = U_1$$

$$I_{\mathrm{ph}} = 1/\sqrt{3}\, I_1 = \sqrt{3}/3 I_1$$

代入式（2-41）可得

$$P = 3 U_1\sqrt{3}/3 I_1 \cos\varphi = \sqrt{3}\, U_1 I_1 \cos\varphi \tag{2-43}$$

由上可见，在三相对称电路中，不论负载连接成星形还是三角形，三相有功功率都按下式计算

$$P = \sqrt{3}\, U_1 I_1 \cos\varphi \tag{2-44}$$

同理可得三相对称电路的无功功率 Q 和视在功率 S 的计算公式分别为

$$Q = 3 U_{\mathrm{ph}} I_{\mathrm{ph}} \sin\varphi = \sqrt{3}\, U_1 I_1 \sin\varphi \tag{2-45}$$

$$S = 3 U_{\mathrm{ph}} I_{\mathrm{ph}} = \sqrt{3}\, U_1 I_1 \tag{2-46}$$

四、电磁感应

由变化的磁场在导体中产生电动势的现象称为电磁感应，由此产生的电动势称为感应电动势。

电磁感应现象可以分为以下三大类：

（1）直导线中的感应电动势。

（2）线圈中的感应电动势。

（3）自感电动势。

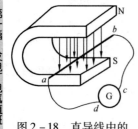

图 2-18　直导线中的感应电动势

（一）直导线中的感应电动势

如图 2-18 所示，直导线 ab 处于磁场之中。当导线向右平移或磁铁向左平移时，检流计（图中的 G，用来检测小电流的电流表）的指针就正向偏转。当导线向左平移或磁铁向右平移时，检流计的指针就反向偏转。当导线沿磁力线方向上、下移动时，检流计的指针不动。当导线停止不动时，检流计的指针也不动。检流计指针偏转，说明导线 ab 中有电流，

电流是电动势产生的。在什么条件下导线中才会产生电动势呢？从上面的实验中看出：只有导线切割磁力线运动时，导线中才会产生电动势，称这电动势为感应电动势。

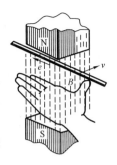

感应电动势的方向与磁场的方向、导线切割磁力线的方向有关，这个关系可由右手定则确定：右手伸直展平，拇指和其余四指垂直，手心对着磁力线方向，拇指指向导线运动的方向，四指的指向就是感应电动势的方向，如图 2－19 所示。

图 2－19　右手定则

通过实验还可证明，直导线中的感应电动势的大小与磁感应强度 B、导线长度 L 及导线运动速度 v 有关。发电机就是根据这个原理制成的。

当磁场方向、直导线的方向以及导线的运动方向三者互相垂直时，直导线感应电动势 e 的大小与磁感应强度 B、导线长度 L、导线运动速度 v 成正比，即

$$e = BLv \qquad\qquad (2-47)$$

如果直导线的运动方向与磁场方向不相互垂直而成 α 角时

$$e = BLv\sin\alpha \qquad\qquad (2-48)$$

（二）线圈中的感应电动势

如图 2－20 所示，当把磁铁插入线圈时，和线圈闭合连接的检流计 G 的指针发生偏转。磁铁在线圈中不动时，检流计的指针回到零位不动。当把磁铁从线圈中拔出时，检流计的指针反向偏转。这个实验说明：线圈中的感应电动势，是在线圈中的磁通发生变化时产生的。如磁铁插入线圈时，穿过线圈的磁通量增加，检流计的指针偏转；磁铁从线圈中拔出时，穿过线圈的磁通量减少，检流计的指针反向偏转。这说明线圈中感应电动势的方向与穿过线圈的磁通是增加还是减少有关。如图 2－21 所示。

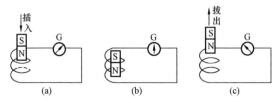

图 2－20　线圈中的感应电动势

（a）磁铁插入；（b）磁铁不动；（c）磁铁拔出

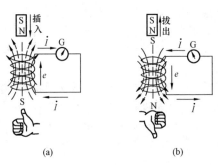

图 2 - 21　磁铁插入和拔出线圈时感应电流的方向

(a) 插入的情况；(b) 拔出的情况

通过实验还可证明：线圈中感应电动势的大小与穿过线圈磁通的变化量及线圈匝数成正比。感应电动势 e 的大小可由下式表示

$$e = - N \frac{\Delta \Phi}{\Delta t} \tag{2-49}$$

式中　N——线圈匝数；

　　$\dfrac{\Delta \Phi}{\Delta t}$——磁通变化率。

式（2-49）中的负号是表示感应电动势的方向。由图 2-21（a）可见：当磁通增加时，拇指指向与磁铁方向相反（拇指向上指），四指的回绕方向就是感应电动势的方向。由图 2-21（b）可见：当磁通减少时，拇指指向与磁铁方向相同（拇指向下指），四指的回绕方向就是感应电动势的方向。结论是线圈中感应电动势的方向总是企图使它所产生的电流反抗原来磁通的变化（磁铁的插入或拔出）。这就是楞次定律的内容。

（三）自感电动势

当变化的电流流过线圈时，便产生变化的磁通，变化的磁通穿过线圈，在线圈中便产生感应电动势，这种现象称为自感，由此而产生的感应电动势称为自感电动势。自感现象是电磁感应现象的一种，所以自感电动势的计算和感应电动势的计算相同，即

$$e_{L} = - N \frac{\Delta \Phi}{\Delta t} \tag{2-50}$$

式中　e_{L}——自感电动势。

自感电动势是由于线圈本身的电流变化引起的，所以应找出自感电动势与电流变化之间的关系。借助实验证明：自感电动势的大小与通过线圈电流的变化率成正比，其比例系数称为自感系数，简称电感，用字母 L 表

示。电感 L 的单位为亨，用字母 H 表示，较小的单位为 mH（毫亨）。由此自感电动势 e_L 的表达式可改写为

$$e_L = -L \frac{\Delta i}{\Delta t} \qquad (2-51)$$

式中 $\dfrac{\Delta i}{\Delta t}$ ——电流变化率。

电感 L 的数值与线圈的匝数、形状和大小有关。空心线圈的 L 为常数，铁芯线圈的 L 不是常数。

式（2-51）中的负号表示自感电动势的方向总是和线圈中电流的变化趋势相反，即电流增加时，e_L 的方向与 i 的方向相反；电流减少时，e_L 的方向与 i 的方向相同，如图 2-22 所示。

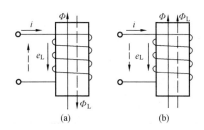

图 2-22　自感电动势的方向
（a）方向相反；（b）方向相同

五、半导体器件及电子电路

（一）半导体二极管

半导体二极管是由一个 PN 结加上电极引线和管壳制成，它的两个电极一个是阳极；另一个是阴极。阳极从 P 型半导体引出，阴极从 N 型半导体引出。半导体二极管的结构如图 2-23 所示。

半导体二极管的用途主要是作整流、检波和开关。它的主要特征是单向导电性。为了说明这个特征，下面简要说明它的内部结构。

应用的半导体，都是在纯净的半导体材料中掺入极少量的杂质而组成。例如在纯净的硅中掺入极少量的磷，就形成 N 型半导体——电子型半导体；掺入极少量的硼，就形成 P 型半导体——空穴型半导体。这是因为硅是四价元素，也就是它的最外层有 4 个电子，而磷的最外层有 5 个电子，每当掺入一个磷原子到硅中，磷原子与四周硅原子结合就多出一个电子，所以称为电子型半导体或 N 型半导体。而硼是三价元素，在它的最外层只有三个电子，每个硼原子与四周硅原子结合就少一个电子，即有一

个电子的空位，称这个空位为空穴，称这种半导体为空穴型或 P 型半导体。

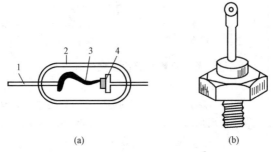

图 2-23　半导体二极管结构

（a）点接触型；（b）面接触型

1—引线；2—外壳；3—触丝；4—PN 结

　　PN 结是半导体的理论基础，它有单向导电特性。当单独的 P 型或 N 型半导体接入电路时，只能起到电阻元件的作用。但是，将 P 型和 N 型半导体有机结合在一起，在 P 型和 N 型半导体的交界处就会产生一个称

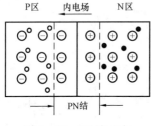

图 2-24　PN 结（内电场）示意图

为 PN 结的薄层。PN 结也称内电场，这个内电场的方向是由 N 型半导体指向 P 型半导体，如图 2-24 所示。内电场的强度随材料不同而异，如锗材料半导体内电场电压为 0.2~0.3V，硅材料半导体内电场电压为 0.6~0.8V。

　　由于内电场的存在，PN 结具有单向导电特性，这是 PN 结与单一的 P 型、N 型半导体最大不同之处。

　　当外电源的正极接二极管的阳极（P 区引线），负极接阴极（N 区引线）时，如图 2-25（a）所示，由于外电源的方向与二极管内电场的方向相反，外电源作用的结果使内电场削弱，随着外电源的作用加强，电路中的电流逐渐加大，当外电源的作用完全抵消内电场时，可以看为二极管的内阻很小，一般是几欧到几百欧。与外电源这样的连接称为正向连接，外部电流称为正向电流，PN 结的电阻称为正向电阻。

　　当外电源的正极接二极管的阴极，负极接阳极时，如图 2-25（b）所示。由于外电源的方向与二极管内电场的方向相同，外电源作用的结果

使内电场更加强，电路中的电流几乎为零，即二极管的内阻很大，一般是几十千欧到十几兆欧。与外电源的这样连接称为反向连接，外部电流称为反向电流，PN 结的电阻称为反向电阻。

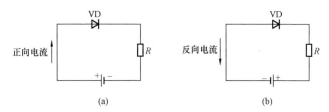

图 2-25　外电源与二极管的连接

（a）正向连接；（b）反向连接

（二）整流电路

整流是利用整流元件的单向导电特性，将交流电整流为单向的直流电。

整流电路很多，下面只介绍使用较多的单相桥式和三相桥式整流电路。

1. 单相桥式整流电路

单相桥式整流电路，如图 2-26 所示。

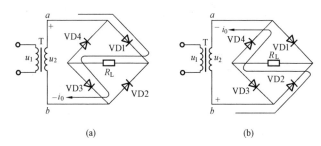

图 2-26　单相桥式整流电路图

（a）正半周时；（b）负半周时

由图 2-26 看出在变压器二次绕组侧，有 4 个整流二极管对称地接成一个电桥的形式，所以称为桥式整流，它的工作原理如下：

当 u_2 是正半周时，假定变压器二次绕组的 a 端为正，b 端为负，则二极管 VD1 及和它对应边的 VD3 导通，VD2 和 VD4 截止，电流从 a 端流出，经 VD1、负载 R_L、VD3 再经 b 端流回，如图 2-26（a）中箭头方向所示。当 u_2 是负半周时，变压器二次绕组的 b 端为正，a 端为负，这时 VD2、VD4 导通，VD1、VD3 截止，电流从 b 端流出，经 VD2、R_L、VD4

再经 a 端流回, 如图 2 – 26 (b) 中箭头方向所示。以后的过程就是上述过程的重复。总之, 虽然交流电压在一个周期内有正、负半周变化, 但由于 VD1、VD3 和 VD2、VD4 轮流导通和截止, 负载 R_L 中的电流 i_0 及 R_L 两端的电压 u_0 是方向不变的脉动直流。其波形图如图 2 – 27 所示。

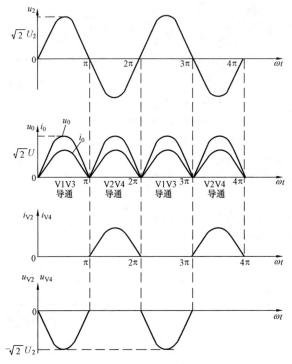

图 2 – 27 单相桥式整流电压、电流波形图

整流后的直流电压是变压器二次绕组侧交流电压有效值的 0.9 倍。流过每个二极管的平均电流是负载电流的一半; 每个二极管的反向电压等于变压器二次绕组侧交流电压最大值。

2. 三相桥式整流电路

三相桥式整流电路如图 2 – 28 (a) 所示。电源变压器 T 是三相变压器, 一次绕组接成三角形, 二次绕组接成星形。桥式电路中的二极管, VD1、VD3、VD5 三个的阴极连在一起, VD2、VD4、VD6 三个的阳极连在一起, 然后分别与负载 R_L 相连。

图 2 – 28 (b) 是与图 2 – 28 (a) 相对应的波形图。为了便于分析工

作原理，在图 2 – 28（b）中标出了 t_1、t_2、t_3、t_4、t_5、t_6、t_7 时间。这些时间是三相波形曲线的交点，每两个时间之差是 $1/6T$（T 表示周期）。在每个 $1/6T$ 内，有两个二极管导通四个二极管截止。哪个该导通，哪个该截止，由三个相电压 u_a、u_b、u_c 中的最高电压与最低电压来决定，下面进行逐段分析。

在 $t_1 \sim t_2$ 的时间内，从图 2 – 28（b）波形图看出 u_{2a} 电压最高，u_{2b} 电压最低。对应图 2 – 28（a）电路图就是 a 点电位最高，b 点电位最低。这时 VD1、VD4 处于正向电压作用下而导通，VD2、VD3、VD5、VD6 处于反向电压作用下而截止。电流从 a 点流出，经二极管 VD1、负载电阻 R_L、二极管 VD4 回到 b 点。负载两端的电压 u 就是线电压 u_{ab} 的顶部；在 $t_2 \sim t_3$ 的时间内，从图 2 – 28（b）看出 u_{2a} 电压仍为最高，最低电压则由 u_{2b} 变为 u_{2c} 了，对应电路图 a 点电位仍最高，最低电位点是 c，所以这时 VD1、VD6 处于正向电压而导通，VD2、VD3、VD4、VD5 处于反向电压而截止。电流从 a 点流出经 VD1、R_L、VD6 回到 c 点。R_L 两端电压 u_0 是 u_{ac} 的顶部。在以后的时间 $t_3 \sim t_4$、$t_4 \sim t_5$、$t_5 \sim t_6$ 和 $t_6 \sim t_7$ 里，可以仿照上面的分析，其结果总是在每段时间有两个二极管导通，四个二极管截止，它们的导通次序列于图 2 – 28（b）。

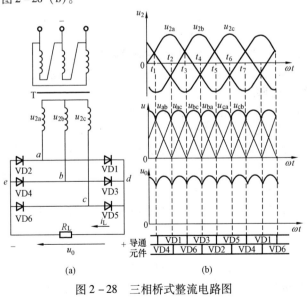

图 2 – 28　三相桥式整流电路图
（a）电路图；（b）波形图

综上所述，上面的过程是重复地进行的。每一瞬间都有两个二极管导通，每个二极管导通时间是 $1/3T$，在每个波形曲线的交点处是二极管工作状态发生变化时刻。负载电压 u_0 是线电压 u_{ab}、u_{ac}、u_{bc}、u_{ba}、u_{ca}、u_{cb} 波顶部分的连线。

经三相桥式电路整流后的直流电压是变压器二次绕组相电压有效值的 2.34 倍。流过每个二极管的平均电流是负载电流的 $1/3$；每个二极管的反向电压是变压器二次绕组线电压最大值。

比较以上两种整流电路的输出波形可以看出，三相桥式整流电路整流后的波形脉动小，因此该电路在大功率设备中得到广泛应用。单相桥式整流电路整流的波形脉动较大，为了获得无交流谐波理想的直流，往往在整流电路后面加一滤波电路。

滤波电路的形式很多，但就其元件来说，一般是由电容、电感等元件组成。由电工学知道，整流后的波形是脉动的直流，任何脉动直流可以看为由直流分量和交流谐波分量组成，理想的直流就是只有直流分量而无交流谐波分量。而电感元件的感抗大小与频率成正比，所以滤波电路将电感元件串入负载电路，这样，直流分量畅通无阻，而交流谐波分量就受到限制；电容元件的容抗大小与频率成反比，所以滤波电路将电容元件与负载电路并联，对交流谐波分量旁路而不流向负载。这样，负载电流的脉动程度减小了，在负载电阻 R_L 上也就可以得到一个较平滑的直流输出电压。

六、电路的谐振特点与过渡过程的基本概念

在电阻、电感和电容的串联电路中，出现电路端电压和总电流同相位的现象称为串联谐振。

在 R、L、C 串联电路中，只有当感抗 X_L 等于容抗 X_C 时，端电压 U 才能和电流 I 同相位，所以产生串联谐振的条件是：$X_L = X_C$。

当电路参数 L、C 一定时，可改变频率使电路谐振，谐振的频率为

$$f_0 = 1/2\pi\sqrt{LC} \tag{2-52}$$

式中　f_0——称为固有振荡频率。

当电源频率一定时，通过改变电感和电容也可以使电路谐振，使电路谐振的电感或电容分别为

$$L = 1/\omega^2 C \tag{2-53}$$

$$C = 1/\omega^2 L \tag{2-54}$$

串联谐振的特点是：电路呈纯电阻性，端电压和总电流同相位，电抗 X 等于零，阻抗 Z 等于电阻 R，此时的阻抗最小，电流最大，在电感和电

容上可产生比电源电压大很多倍的高电压，因此串联谐振也称电压谐振。

串联谐振时，电感电压 U_L 或电容电压 U_C 与电源电压之比，称为电路的品质因数，用 Q 表示

$$Q = U_L/U = U_C/U = \omega_0 L/R \qquad (2-55)$$

由于谐振时电感及电容两端电压是电源电压的 Q 倍，所以收音机的谐振回路可利用这一点来选择接收某一频率的信号。但在电力工程上，由于串联谐振会出现过电压、大电流，以致损坏电气设备，所以要避免串联谐振。

在线圈和电容并联电路中，出现并联电路的端电压与总电流同相位的现象称为并联谐振。

产生并联谐振的条件是

$$C = \frac{L}{R^2 + (\omega L)^2} \qquad (2-56)$$

改变 C、L、f 都可以使该电路发生并联谐振。若 R、L、f 一定，通过改变电容 C 进行调谐所需的电容如上式。若电路的 R、C、f 一定，改变电感 L 进行调谐，则

$$L = \frac{1 \pm \sqrt{1 - 4\omega^2 R^2 C^2}}{2\omega^2 C} \qquad (2-57)$$

式（2-57）有三种情况：

如果 $4\omega^2 R^2 C^2 < 1$，则 L 有两个值可使电路产生谐振。

如果 $4\omega^2 R^2 C^2 = 1$，则只有一个电感值使电路谐振。

如果 $4\omega^2 R^2 C^2 > 1$，则这个电路不可能通过改变电感产生谐振。若电路的 R、L、C 一定时，改变电源频率进行调谐，则谐振频率

$$f_0 = \frac{1}{2\pi} \sqrt{\frac{1}{LC} - \left(\frac{R}{L}\right)^2} \qquad (2-58)$$

当 $1/LC \gg (R/L)^2$ 时，$f_0 \approx 1/2\pi\sqrt{LC}$
该式与串联谐振相近。

在通过改变电容 C 达到并联谐振时，电路的总阻抗最大，因而电路的总电流变得最小。但是对每一支路而言，其电流都可能比总电流大得多，因此并联谐振又称电流谐振。

并联谐振时，由于端电压和总电流同相位，使电路的功率因数达到最大值，即 $\cos\varphi$ 等于 1，而且并联谐振不会产生危害设备安全的谐振过电压，因此，为我们提供了提高功率因数的有效方法。

第二节 电气专业知识

一、电机的原理与构造

根据电磁原理进行机械能同电能互换的旋转机械称为电机。把机械能转换为电能的电机称为发电机。把电能转换为机械能的电机称为电动机。按取用电能的种类，电动机可分为直流电动机和交流电动机两大类。在交流电动机中又有异步电动机和同步电动机之分。（详见以后有关章节）

二、配电装置的原理与性能及其用途

配电装置是发电厂和变电站的重要组成部分。它是按主接线的要求，由开关设备、保护和测量电器、母线装置和必要的辅助设备构成，用来接受和分配电能。

配电装置按电气设备装置地点不同，可分为屋内配电装置和屋外配电装置。按其组装方式，又可分为：由电气设备在现场组装的配电装置，称为装配式配电装置；若在制造厂预先将开关电器、互感器等安装成套，然后运至安装地点，则称为成套配电装置。

屋内配电装置的特点是：①由于允许安全净距小和可以分层布置，故占地面积较小；②维修、巡视和操作在室内进行，不受气候影响；③外界污秽空气对电气设备影响较小，可减少维护工作量；④房屋建筑投资较大。

屋外配电装置的特点是：①土建工程量和费用较小，建设周期短；②扩建比较方便；③相邻设备之间距离较大，便于带电作业；④占地面积大；⑤受外界空气影响，设备运行条件差，须加强绝缘；⑥外界气象变化对设备维修和操作有影响。

大、中型发电厂和变电站中，35kV及以下的配电装置多采用屋内配电装置；110kV及以上多为屋外配电装置。

成套配电装置的特点是：①电气设备布置在封闭或半封闭的金属外壳中，相间和对地距离可以缩小，结构紧凑，占地面积小；②所有电器元件已在工厂组装成一体，大大减小现场安装工作量，有利于缩短建设周期，也便于扩建和搬迁；③运行可靠性高，维护方便；④耗用钢材较多，造价特高。

国内生产的3～35kV高压成套配电装置，广泛应用在大、中型发电厂和变电站中。

三、电气设备的运行特性

电力生产的特点是连续生产，发电、供电、用电同时完成。所以电力系统的安全生产是十分重要的，发生重大事故，不仅使本企业的设备和人身受到损害，而且直接影响到用户，甚至造成国民经济的严重损失。因此，电气运行工作的主要任务就是保证电力生产的安全运行和经济运行。

安全生产是指在保证经济、满发和正常供电的前提下电力生产必须做到安全发电和供电，才能降低成本，即降低电厂的煤耗、厂用电率和输电线路的损失并要大力推广计划用电和节约用电，降低单位产品的耗电量，坚决克服浪费现象。

鉴于电力生产不同于其他行业的特点，对电力系统的运行提出以下基本要求：

1. 保证可靠的连续供电

由于供电的中断将使生产停顿、生活混乱甚至危及人身和设备安全，后果十分严重。停电给国民经济造成的损失是电费的 50 ~ 60 倍以上，更严重的是很多事故后果无法用数字来计算，也无法用物质和资金来弥补。也就是说电力事故是一大灾害，因此电力系统运行首先要满足安全发供电要求。虽然保证安全发供电是对电力系统运行的首要要求，但并不是所有负荷都是绝对不能停电的。按负荷在国民经济及社会中的重要性以及可靠性一般将负荷分为三类：第一类负荷，如供电中断会造成生命危险，造成国民经济的严重损失，损坏生产的重要设备，以致生产长期不能恢复；产生大量废品以及破坏大城市中重要的正常秩序或带来其他严重政治后果的负荷。此类负荷要求不间断供电。第二类负荷，如供电中断将造成大量减产使大中城市人民生活受到严重影响，对这类负荷应尽可能保证供电。第三类负荷，除第一、二类负荷外其他负荷均属第三类负荷，如工厂的非连续性生产或辅助车间、城镇和农村等负荷。因此电力系统的值班人员应认真分析负荷的重要程度，制定和采取相对应事故拉闸顺序。

2. 保证良好的电能质量

电能质量用电压和频率来衡量。电能质量通常指要求用户电压偏差不得超过额定值的 ±5%，系统频率偏差不得超过 ± (0.2 ~ 0.5) Hz。电压和频率偏差过大时，不仅引起产品质量不合格、减产、产生废品，更严重时会引起电力系统不稳定，造成恶性循环，从而导致系统瓦解的事故，危及人身和设备安全。电力系统电能不足时，往往出现频率和电压偏低的情况。为了解决这个问题，除加快建设新增、扩大电厂发电容量外，还应充分利用现有设备潜力，节约用电。另外，电网结构分配不合理，调度管理和运行调整不及时，也会造成电能质量的下降。

3. 保证系统运行的经济性

电能生产的规模很大，电能在生产、输送、分配中的消耗和损失的数量是相当可观的。为此除在设计和使用中尽可能采用效率高的设备外，降低生产过程中的损耗有着极其重要的意义，因而应在电力系统中开展经济运行工作，合理分配运行设备，降低损耗提高电能生产效率。

我国从 20 世纪 70 年代开始逐渐引进和制造了 125、200、300MW 以及 600、1000MW 发电机组并相继投入运行，机组采用亚临界甚至超临界、超超临界参数，500kV 超高压、1000kV 特高压和 ±500kV 直流、±800kV 特高压直流输电线路也已应用在我国电力系统中。相应配套的大型机组的热机保护、程序控制以及继电保护可靠性提高，自动化水平不断向计算机控制发展，使电力系统的供电日趋稳定和控制的合理化。

四、继电保护及自动装置的原理与利用

1. 继电保护及自动装置的原理

为了完成继电保护所担负的任务，显然应该要求它能够正确地区分系统正常运行与发生故障或不正常运行状态之间的差别，以实现保护。

在一般的情况下，发生短路之后，总是伴随着电流的增大、电压的降低、线路始端测量阻抗的减小及电压与电流之间相位角的变化。因此，利用正常运行与故障时这些基本参数的区别，便可以构成各种不同原理的继电保护，例如：①过电流保护反应于电流的增大而动作；②低电压保护反应于电压的降低而动作；③距离保护（或低阻抗保护）反应于短路点到保护安装地点之间的距离（或测量阻抗的减小）而动作等。

就一般情况而言，整套继电保护装置是由测量部分、逻辑部分和执行部分组成的，其原理结构如图 2-29 所示，现分述如下：

（1）测量部分。测量部分是测量从被保护对象输入的有关信号，并和已给的整定值进行比较，从而判断保护是否应该启动。

输入信号 → 测量部分 → 逻辑部分 → 执行部分 → 输出信号
　　　　　　　↑ 整定值

图 2-29　继电保护装置的原理结构图

（2）逻辑部分。逻辑部分是根据测量部分各输出量的大小、性质、出现的顺序或它们的组合，使保护装置按一定的逻辑关系工作，最后确定是否该使断路器跳闸或发出信号，并将有关命令传给执行部分。继电保护中常用的逻辑回路有"或""与""否""延时起动""延时返回"以及

"记忆"等回路。

（3）执行部分。执行部分是根据逻辑部分传送的信号，最后完成保护装置所担负的任务。如故障时，动作于跳闸；不正常运行时，发出信号；正常运行时，不动作等。

2. 继电保护及自动装置的作用

电力系统包括发电、变电、送电、配电、用电五大部分。它分布面广、联系紧密、瞬息万变。为保证系统的安全发供电，提高电能质量，获得最大经济效益，电力系统安装了各种先进的继电保护和自动装置，来防止电力系统事故的发生和发展，限制事故的影响范围。继电保护和自动装置的基本作用如下：

（1）自动、迅速、有选择性地将故障元件从电力系统中切除，使故障元件免于继续遭到破坏，保证其他无故障部分迅速恢复正常运行。

（2）反应电气元件的不正常运行状态，并根据运行维护的条件（例如有无经常值班人员），而动作于发出信号、减负荷或跳闸。此时一般不要求保护迅速动作，而是根据电力系统及其元件的危害程度规定一定的延时，以免不必要的动作和由于干扰而引起的误动作。

五、电力系统的操作要求

1. 操作断路器的基本要求

（1）断路器不允许带电手动合闸。这是因为手动合闸速度慢，易产生电弧。在事故情况下例外。

（2）遥控操作断路器时，不得用力过猛，以防损坏控制开关，也不得返回太快，以保证断路器的足够合、断闸时间。

（3）断路器操作后，应检查有关表计和信号的指示，以判断断路器动作的正确性。

2. 操作隔离开关的基本要求

（1）手动合隔离开关时，必须迅速果断，但在合到底时不得用力过猛，以防止合过头及损坏支持绝缘子。在合闸时，动、静触头刚刚接触时，如发生弧光，则应将隔离开关快速合上。隔离开关一经操作，不得再拉开。因为带负荷拉开隔离开关，会使弧光扩大，造成设备更大的损坏。

（2）在手动拉开隔离开关时，应缓慢。特别是刀片刚离开刀嘴时，如发生电弧，应立即合上，停止操作。

（3）经操作后的隔离开关，必须检查隔离开关的开、合位置。因为可能由于操动机构失灵或调整不当，经操作后，实际上未合到位或拉开的角度不够。

第三节 电气相关知识

一、电气设备施工、验收、试验及检修基本知识

（一）电气设备施工前

电气设备施工前，必须经过工作许可制度，具体要求如下：

（1）工作许可人（值班员）在完成施工现场的安全措施后，还应完成下述许可手续后，工作班方可开始工作。

1）会同工作负责人到现场再次检查所做的安全措施，以手触试，证明检修设备确无电压。

2）对工作负责人指明带电设备的位置和注意事项。

3）和工作负责人在工作票上分别签名。

（2）工作负责人、工作许可人任何一方不得擅自变更安全措施，值班人员不得变更有关检修设备的运行接线方式。工作中如有特殊情况需要变更时，应事先取得对方的同意。

（二）电气设备检修后的验收

为了保证电气设备在运行中可靠稳定地工作，在电气设备检修后和移交运行前，运行人员应根据检修记录到现场进行验收，其验收项目如下：

（1）检查设备和系统变化情况。

（2）检查设备标志应清楚准确长久，如断路器、隔离开关、操作把手、仪表、操作直流、继电器、故障指示器和连接片等。

（3）检查现场地面清洁、无遗留工具和仪器等，安全设施完整，操作端子箱的门完好，折页、锁好用。

（4）注油设备油标玻璃透明，油位在标准线处，无渗油、漏油现象。

（5）隔离开关操作灵活。

（6）断路器的操作、闭锁、信号回路试验良好，保护装置、自动装置动作正确。

（7）设备外清洁完好，无遗留工具、破布及其他不相干的物件。

（8）检修记录清楚，并有明确的检修后结论，技术数据符合规程要求，设备接线更改后，还应画出系统图，写清楚运行注意事项。

（9）验收时和检修人员产生异议时，应请示值长及分场领导，并做好检修记录。

（三）电气设备试验

为了保证备用设备始终处于良好状态，工作设备一旦故障，备用设备能立即投入运行，保证发电生产安全稳定。另外，当系统有异常情况时应能及时、正确地报警，并将事故处理于萌芽状态。因此，要定期对备用设备和信号进行预防性试验。

（1）备用发电机每半个月，测定绝缘电阻一次，若停机不超过 10 天可免测。

（2）备用变压器每月测试绝缘电阻一次，若停运不超过 10 天可免测。

（3）厂用各备用电源自动合闸装置，每季度配合试验班做一次联动试验。

（4）主控中央信号闪光装置、发电机指挥信号，每 24h 联系试验一次。

（5）发电机转子对地绝缘情况每 24h 测试一次。

（6）事故照明自动切换装置，每月试验一次，并更换坏了的灯泡。

（7）厂用备用电动机每月测试绝缘电阻一次，若停运时间不超过 20 天可免测。

（四）电气设备检修基本知识

电气设备需要检修时，能正确地为检修人员办理工作票的开工和结束手续，将检修设备停运并停电。将检修设备停电，必须把各方面的电源完全断开（任何运行中的星形接线设备的中性点，必须视为带电设备）。禁止在只经断路器断开电源的设备上工作。必须拉开隔离开关，使各方面至少有一个明显的断开点。与停电设备有关的变压器和电压互感器，必须从高、低压两侧断开，防止向停电检修设备反送电。断开断路器和隔离开关的操作能源，并将隔离开关操作把手锁住。

当用电压等级合适并且合格的验电器验明设备确已无电压后，应立即将检修设备接地并三相短路。具体操作就是装设接地线，这是保护工作人员在工作地点防止突然来电的可靠安全措施，同时设备断开部分的剩余电荷，亦可因接地而放尽。

二、微型计算机在电气系统的应用

在电力系统中，微型计算机的应用非常广泛，如管理用机可以帮助人们进行电力系统规划、潮流计算与分析、电力系统经济调度、电力系统计算机仿真、电力系统计算辅助设计与制造、劳资人事及文档管理等，工业控制机则以其优良的硬件结构和抗干扰等特点，可以帮助我们进行电力系统遥动、继电保护、电力生产监视及控制等工作。熟练掌握微型计算机的基本操作与技能是电力系统发展的需要，我们从事发电工作的运行及管理人员必须掌握。

随着电力工业的迅速发展，电力系统的规模在不断扩大，系统的运行方式也越来越复杂。供电的可靠性和经济性与国民经济效益、人民生活水平密切相关。为了更好地达到安全、经济和电能质量等各项指标，传统的继电保护已不能满足要求，因此，大量的微型计算机型保护装置应用于电力系统。另外，微型计算机还用于发电厂防止误操作运行管理中，以及用来进行电力系统的监视、控制和调整。（有关微型计算机应用方面的内容详见第九章）。

三、电气绝缘材料使用的基本知识

由电阻系数大于 $10^9\Omega \cdot cm$ 的物质所构成的材料在电工技术上称为绝缘材料。它的作用是在电气设备中把电位不同的带电部分隔离开来。绝缘材料的质量直接影响着电气设备的稳定运行以及工作人员的生命安全。

（一）绝缘材料的分类

电工常用绝缘材料按其化学性质不同，分为无机、有机及混合绝缘材料。

1. 无机绝缘材料

无机绝缘材料包括云母、石棉、大理石、瓷器、玻璃、硫黄等，常用于电机、电器的绕组绝缘，开关设备的底板和绝缘子等。

2. 有机绝缘材料

有机绝缘材料包括橡胶、树脂、棉纱、纸、麻、蚕丝、人造丝等，用于制造绝缘漆、绕组导线的覆盖绝缘物等。

3. 混合绝缘材料

混合绝缘材料是指由以上两种材料加工而成的绝缘材料，用于电器的底座、外壳等。

（二）绝缘材料性能的指标

1. 绝缘耐压强度

绝缘物质在电场中，当电场强度增大到某一极限值时，绝缘会被击穿，此时的电场强度称为绝缘耐压强度（又称介电强度或绝缘强度），通常以 1mm 厚的绝缘材料所能耐受的电压千伏值表示。

2. 抗拉强度

绝缘材料每单位截面积能承受的拉力。如玻璃的抗拉强度是 $140kg/cm^2$。

3. 密度

绝缘材料单位体积的质量。如硫黄的密度为 $2g/cm^3$。

4. 膨胀系数

绝缘体受热以后体积增大的程度。

（三）绝缘材料的耐热等级

电工绝缘材料按其在正常运行条件下允许的最高工作温度分级，称为耐热等级。现在国内通行的标准见表 2－1。

表 2－1　　　　　　　　绝缘材料的耐热等级

级别	绝 缘 材 料	极限工作温度（℃）
Y	木材、棉花、纸、纤维等天然纺织品，以醋酸纤维和聚酯为基础的纺织品，易于分解和熔点较低的塑料	90
A	用油脂浸过的 Y 级材料，如漆布、漆丝、油性漆、沥青漆等	105
E	聚酯薄膜和 A 级材料复合，玻璃布、油性树脂漆聚乙烯醇缩醛高强度漆包线、乙酸乙烯耐热漆包线	120
B	聚酯薄膜、经合适树脂黏合式浸渍涂覆的云母、玻璃纤维、石棉等，聚酯漆，聚酯漆包线	130
F	以有机纤维材料补强和石带补强的云母片制品，玻璃丝、石棉、玻璃漆布，以玻璃丝布和石棉纤维为基础的层压制品，以无机材料作补强和石带补强的云母粉制品，化学热稳定性较好的聚酯和醇类材料，复合硅有机聚酯漆	155
H	无补强或以无机材料为补强的云母制品、加厚的 F 级材料、复合云母、有机硅云母制品、硅有机漆、硅有机橡胶聚酰亚胺、复合玻璃布、聚酰亚胺漆等	180
C	不采用任何有机黏合剂及浸渍剂的无机物，如石英、石棉、云母玻璃和电瓷材料等	180 以上

提示　第二章共三节，其中第一节的一、二、四，第二节的一、二、三、五和第三节适合初级工，第一～三节适合中、高级工。

第三章

电力系统运行规定

第一节　电压、频率的管理

一、电压的管理

系统电压是电能质量的重要指标之一。各级调度人员必须加强对系统电压的监视调整，并按调度管辖范围分级负责，使各中枢点和监视点的电压保持在允许范围以内。

电网无功和电压实行分级管理，无功补偿遵循分层分区、就地平衡的原则。在调整各厂、站主变压器电压分接头位置和无功功率时，应尽量使无功功率就地平衡，避免地区间长距离无功功率交换。为满足上述要求，系统内应有一定的无功备用容量。省调根据系统运行方式、季节性负荷特点及调压设备的调整能力等，每季编制电压运行曲线和允许偏差范围，下达有关厂、站执行。有调压手段的电压中枢点和监测点的值班人员，应经常监测其母线电压，并及时进行调整。当其母线电压超过允许偏差范围，而又无能力调整时，应立即汇报省调值班调度员。为了防止电压崩溃，保证系统安全稳定运行，各级调度部门应对系统若干中枢点规定最低的事故极限电压值，当上述各点电压下降至所规定的事故极限时，应采取一切措施恢复电压，必要时应切除部分负荷或安装低电压自动减负荷装置。

二、电网无功和电压调整措施

（1）调整无功补偿装置状态。

（2）调整发电机无功功率。

（3）调整调压变压器分接头位置。

（4）调整直流系统运行方式。

（5）调整电网运行方式。

（6）必要时限制部分用电负荷。

（7）其他可行的调压措施。

进行电压控制时，一般情况下在保留足够动态无功储备的前提下，优先调整发电机、调相机无功出力，然后调整电容器、电抗器等常规无功补偿设备，必要时也可以调整变压器有载分接头。

三、频率的管理

国家电网标准频率是 50Hz，频率偏差不得超过（50 ± 0.2）Hz，在 AGC 投运情况下，电网频率按（50 ± 0.1）Hz 控制。

频率控制由所在交流同步电网的最高一级调控机构统一管理，各级调控机构共同配合完成，使电网频率在规定频率范围内。系统频率应经常保持 50Hz，禁止升高或降低频率运行。系统容量在 3000MW 及以上时，其频率偏差超出（50 ± 0.2）Hz，持续时间不应超过 30min；系统容量在 3000MW 以下时，其频率偏差超出（50 ± 0.5）Hz，持续时间不应超过 30min。运行中的电网系统，无论其容量大小，其频率偏差超过（50 + 1）Hz（或 - 0.75Hz）的持续时间不应超过 10min，最长不得超过 15min。每月 1 日，省调与总调、各厂站与省调校对频率表，并填入运行日志。

系统内由省调指定某些发电厂作为调频厂。当系统频率偏离 50Hz 时，各调频厂应主动增减功率，尽力使频率保持在（50 + 0.2）Hz 以内。其他电厂为负荷监视厂，应严格按日调度曲线运行。各发电厂遇有特殊情况，需改变日计划曲线时，必须事先得到省调值班员的同意。

为了防止事故时系统频率急剧降低，各地区应装设足够的低频率减负荷装置；各级调度机构须具有事故限电序位表。

第二节 运 行 方 式

发电厂中的主系统和厂用系统一次设备，按照一定的要求和顺序连接成的电路，称为电气主接线或厂用电接线，它表明了一次设备的种类、数量和作用、设备间的连接方式以及与电力系统的连接情况，它是确定运行方式的根据。运行方式就是根据各电气系统电气设备的连接情况，在保证安全、可靠发供电的前提下，尽可能使电气系统设备运行经济合理、运行操作简单、灵活方便的基础上确定的各电气系统电气设备的运行状态。由于电力系统负荷频繁的变化，系统频率、电压的调整，潮流分布的改变，发电厂主辅设备的停电检修及检修结束后的投入运行和发生电气事故等情况，都涉及改变电气设备的状态，即都需要改变运行方式，所以即使是同一电气系统，也有多种不同的运行方式，以满足各种设备状况下尽最大可能性保证安全、可靠发供电的要求，由于电气系统的运行方式是电气运行人员在电气设备正常运行、操作及事故状态下分析和处理各种事故的基本依据，因此，电气运行人员必须熟悉和掌握本厂电气主系统及厂用电系统一次接线的方式及其各种相应的运行方式。

一、主接线系统的运行方式

根据发电厂电气主接线方式的不同，有不同的运行方式。

1. 双母线带旁路母线接线时的运行方式

对发电厂内设有 220kV 母线的系统，当 220kV 出线数目较多（达 4 回及以上时）、重要程度较高时，采用双母线带旁路母线的接线，并设置专用的旁路断路器，如图 3 - 1 所示。

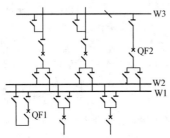

图 3 - 1 带旁路母线的双母线接线

在图 3 - 1 所示的接线方式情况下 220kV 系统的运行方式有以下几种：

（1）正常情况下将电源与出线均匀分布在 W1、W2 母线上工作，W1、W2 母线经母线联络断路器 QF1 联络运行，旁路母线 W3 备用，旁路断路器 QF2 及其旁路隔离开关在断开状态。

（2）当某一出线断路器需要检修时，旁路断路器 QF2 经旁路母线旁带该出线运行。

（3）当母线 W1（或 W2）需要检修时，将所有电源与出线均转移至母线 W2（或 W1）上工作，采用单母线运行的方式（此时旁路母线及旁路断路器可以备用或旁路断路器 QF2 经旁路母线旁带某一出线断路器运行）。

2. 发电机 - 变压器 - 线路单元接线时的运行方式

当发电厂电气主接线采用发电机 - 变压器 - 线路单元接线时，如图3 - 2所示，厂内不设 220kV 母线，在厂内只设升压变压器和出口断路器，可将电能直接输送到附近的枢纽变电站，以提高电网的安全经济运行。

这种情况下发电厂运行方式简单可靠，发电机 - 变压器 - 线路组作为一个

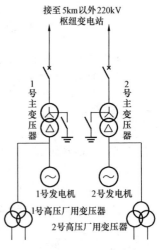

图 3 - 2 2×300MW 发电机 - 变压器 - 线路单元接线

单元，同时工作，在发电机与变压器之间不需要装设断路器。对 200MW 及以上的发电机，因采用封闭母线，发电机与变压器之间直接连接（有可拆连接点，以方便发电机调试等）。发电机－变压器－线路组运行方式只有运行、热备用、冷备用、检修等状态。

3. 3/2（4/3）断路器接线时的运行方式

如图 3－3（a）所示，每两个回路（电源或出线）3 台断路器构成一串接在两组母线之间，每个回路（电源或出线）占有 3/2 个断路器，故称为 3/2 断路器接线，又称 3/2 接线。

这种接线具有较高的供电可靠性和运行调度灵活性。正常运行时，两组母线和同一串的 3 台断路器全部投入工作，构成完整的串运行，形成多环路状供电，通路多，运行调度灵活。主要特点是：任一母线故障或检修，均不致停电；两组母线同时故障（或一组母线检修，另一组母线故障）的极端情况下，仍可以向外输送功率。一串中的任一台断路器退出运行或检修时的运行方式称为不完整串运行，此时仍不影响任何一个回路的运行。这种接线运行方便、操作简单，隔离开关只在检修时作为隔离电器使用，免除了更改运行方式时复杂的倒闸操作，检修任一母线或断路器时，各个进出线回路都不需要切换操作。

由于 3/2 断路器接线在一次回路方面的突出优点，使它在大容量、超高压配电装置中得到了广泛的应用。比如，在装设 600MW 或 1000MW 机组的大容量电厂中，广泛采用 3/2 断路器接线。

在 3/2 断路器接线的基础上发展起来 4/3 断路器接线，是把三条回路（电源或出线）用四台断路器接在两组母线上，构成多环状供电，称为 4/3 断路器接线，如图 3－3（b）所示。每串有 4 台断路器接三个回路（电源或出线），故称为一又三分之一断路器接线，又称 4/3 接线。

在图 3－3（b）所示接线情况下，有以下几种运行方式：

（1）正常情况下，500kV 母线 1WB、2WB 及每串的断路器均运行。

（2）任一断路器停运或检修，断开停运或检修的断路器及两侧隔离开关，500kV 母线 1WB、2WB 及其余的断路器均运行。

（3）任一发电机－变压器组进线或线路停运或检修，先断开相关的两组断路器，再断开进线或线路隔离开关，然后还需合上断开的相关两组断路器。

（4）任一母线停运或检修，断开停运或检修母线相邻的断路器及隔离开关，另一条母线及其余的断路器均运行。

（5）事故及特殊情况下的运行方式按调度命令执行。

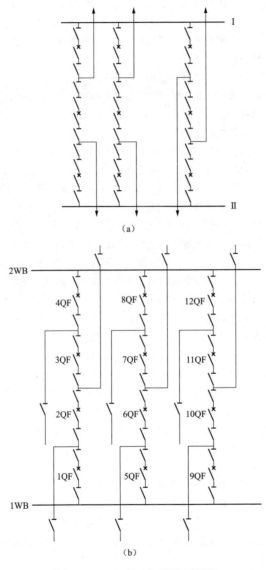

图 3 – 3　3/2（4/3）断路器接线

（a）3/2 断路器接线；（b）某 500kV 系统 4/3 断路器接线

4. 主变压器 220kV 中性点运行方式

由于电网中 220kV 系统是属于中性点直接接地系统，主变压器 220kV 中性点接地隔离开关的断开和合上，将影响系统零序电流的分配及其保护定值的整定，所以，主变压器 220kV 中性点接地隔离开关的断合，应根据调度的命令执行。为了防止操作过电压，在主变压器进行投入或退出运行的操作时，应先合上主变压器 220kV 中性点接地隔离开关，正常运行中按调度命令的方式执行。

二、厂用 6kV 系统的运行方式

现代火力发电厂在生产过程中，需要采用许多机械设备为主要设备和辅助设备服务，以保证发电厂的正常生产，这些机械设备称为厂用机械。厂用机械一般都用电动机拖动，所有厂用电动机的用电，以及全厂其他方面，如运行操作、试验、修配、照明等的用电，统称为厂用电或自用电。为了维持发电厂的正常运行，必须保证厂用电的可靠性。

（一）厂用电的接线及厂用电电压的确定

发电厂厂用负荷供电的电压，主要决定于发电机的额定电压、厂用电动机的电压和厂用供电网络的可靠运行等方面的因素，经过经济技术比较后确定的。

厂用电动机的容量相差很大，电动机的电压与其容量有关，见表 3 - 1。因此，一种电压等级的电动机是满足不了要求的，必须根据所拖动的设备功率和电动机的制造情况来进行电压选择。在满足技术要求的前提下，应优先选择较低电压等级的电动机来获得较高的经济效益。但对于供电系统而言，选择较高电压时，可以降低供电网络的投资。

表 3 - 1　　　　电动机制造生产的电压与容量范围

电动机电压（V）	220	380	3000	6000	10000
生产容量范围（kW）	<140	<300	>75	>200	>200

经过综合比较，厂用电供电电压一般选用高压和低压两级。我国有关规程规定，火电厂可采用 3、6、10kV 作为高压厂用电的电压，低压厂用电电压采用 380V 或 380/220V。发电机单机容量为 60MW 级及以下的机组，发电机电压为 10.5kV 时，可采用 3kV 或 10kV，发电机电压为 6.3kV 时，可采用 6kV；单机容量为 125～300MW 级的机组，宜采用 6kV；单机容量为 600MW 及以上的机组，可根据工程具体条件，采用 6kV 或 10kV 一级，或 10kV/6kV 二级，或 10kV/3kV 二级高压厂用电电压。

当高压厂用电电压为 6kV 时，200kW 以上的电动机宜采用 6kV，200kW 以下宜采用380V；当高压厂用电电压为 3kV 时，100kW 以上的电动机宜采用3kV，100kW 以下者宜采用380V。

当发电机额定电压与厂用高压一致时，可由发电机出口或发电机电压母线直接引线取得厂用高压。为了限制短路电流，引线上可加装电抗器。当发电机额定电压高于厂用高压时，则用高压厂用降压变压器，简称高压厂用变压器，取得厂用高压。380/220V 厂用低压，则用低压厂用降压变压器取得。

发电厂的厂用电系统，通常采用单母线接线。在火电厂中，因为锅炉的辅助设备多、容量大，所以高压厂用母线都按锅炉台数分段。凡属同一台锅炉的厂用电动机，都接在同一段母线上。与锅炉同组的汽轮机的厂用电动机，一般也接在该段母线上。锅炉容量在 400 ~ 1000t/h 时，每台锅炉应由两段母线供电，并将相同两套辅助设备的电动机分别接在两段母线上。锅炉容量为 1000t/h 以上时，每一种高压厂用的母线应为两段。

（二）厂用电电源及其引接方式

发电厂的厂用电电源必须供电可靠，除有正常工作电源外，还应设有备用电源或启动电源。对机组容量在 200MW 及以上的发电厂，还应设置交流事故保安电源，以满足厂用电系统在各种工作状态下的要求。

1. 工作电源

工作电源是保证各段厂用母线正常工作时的电源，它不但要保证供电的可靠性，而且要能满足该段厂用负荷功率和电压的要求。由于发电厂都接入电力系统运行，所以厂用高压工作电源，广泛采用由发电机电压回路引接的方式。这种引接方式的优点是当发电机组全部停止运行时，仍能从电力系统取得厂用电源，并且操作简便、费用较低。

厂用高压工作电源从发电机回路引接的方式，与发电厂主接线的方式有关。当有发电机电压母线时，由各段母线引接，供给接在该段母线上的机组的厂用负荷，如图 3 - 4（a）、（b）所示。当发电机和主变压器采用单元接线时，厂用工作电源可从主变压器低压侧引接，如图 3 - 4（c）所示。当发电机和主变压器采用扩大单元接线时，厂用工作电源可从发电机出口或主变压器低压侧引接，如图 3 - 4（d）中的实线或虚线所示。

厂用工作电源分支上一般应装设断路器，但机组容量较大时，由于断路器的开断能力不足，往往选不到合适的断路器。此时，可用负荷开关或用断路器只断开负荷电流，不断开短路电流来代替，也可用隔离开关或可拆连接片代替，但此时厂用工作电源回路故障时需停机。当厂用分支采用离相封闭母线时，因故障机会较少，该分支上不应装设断路器和隔离开关，但应有可拆连接点，以便于检修或试验，如图 3 - 4 （e）所示。

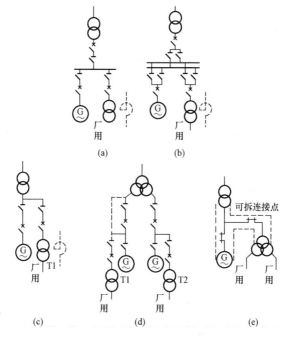

图 3 - 4　厂用工作电源的引接方式

（a）（b）从发电机电压母线引接；（c）从主变压器低压侧引接；

（d）从发电机出口或主变压器低压侧引接；

（e）大容量机组厂用工作电源的引接

厂用低压工作电源，由厂用高压母线段引接到厂用低压变压器取得。小容量发电厂也可从发电机电压母线或发电机出口直接引接到厂用低压变压器取得。

2. 备用电源或启动电源

厂用备用电源是指在事故情况下失去工作电源时，保证给厂用电供电的备用电源，故称事故备用电源。因此，要求备用电源供电应可靠，并有足够大的容量。

启动电源是指在厂用工作电源完全消失的情况下，为保证使机组快速启动时，向必需的辅助设备供电的电源。因此，启动电源实质上也是一个备用电源，不过对供电的可靠性要求更高。我国目前仅在 200MW 及以上大容量机组的发电厂中，为了机组的安全和厂用电的可靠，才设置厂用启动电源，并兼作厂用备用电源，称为启动/备用电源，125MW 及以下机组的厂用备用电源，兼作启动。

高压厂用备用电源或启动电源，可采用下列引接方式：

（1）当有发电机电压母线时，从发电机电压母线的不同分段上引接，以保证该电源的独立性。

（2）当无发电机电压母线时，由升高电压母线中电源可靠的最低一级电压母线或由联络变压器的低压绕组引接，并能保证在全厂停电的情况下，能从外部电力系统取得足够的电源。

（3）当技术经济合理时，可由外部电网引接专用线路供给。

（4）全厂有两个及以上高压厂用备用或启动/备用电源时，应引自两个及以上相对独立的电源。

厂用备用电源有明备用和暗备用两种方式。明备用是专门设置一备用电源，如图 3-5（a）所示接线中变压器 T3，一般编为 0 号备用变压器。正常运行时，断路器 QF3、QF4、QF5 都是断开的。当任一台厂用工作变压器 T1 或 T2 故障时，它都能代替工作。0 号备用变压器的容量应等于最

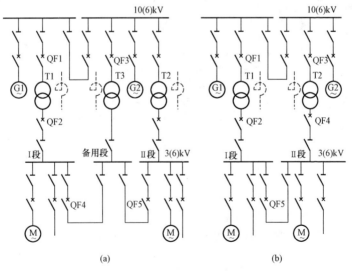

图 3-5 厂用备用电源的连接方式

(a) 明备用；(b) 暗备用

大一台厂用工作变压器的容量，并装设备用电源自动投入装置，当某台工作变压器故障断开时，可有选择地把 0 号备用变压器 T3 迅速投入到停电的那段母线上去，以保证立即恢复供电。

暗备用是不专设备用电源，如图 3 - 5（b）所示。图中 T1 和 T2 互为备用，这种暗备用使每台厂用变压器的容量增大。正常工作时，两台厂用变压器都投入工作，断路器 QF5 断开。当任一台厂用变压器故障断开时，断路器 QF5 自动合闸，故障段母线由另一台厂用变压器供电。

（三）厂用 6kV 系统的运行方式

根据各发电厂高压厂用电系统接线方式的不同，有不同的运行方式。下面以图 3 - 6 所示的某厂 3 × 200MW 机组 6kV 厂用电系统接线方式为例说明其不同的运行方式。

图 3 - 6 中某厂的三台 200MW 机组（7、8、9 号机组）均采用发电机 - 变压器 - 线路组单元接线，7、8、9 号高压厂用变压器分别自各发电机出口引接，为了限制短路电流，高压厂用变压器采用低压侧为分裂绕组的变压器。三台机组共用一台高压厂用启动变压器（兼做备用变压器），引自本厂 110kV 系统母线，因其工作时必须从系统取得电源，在高压厂用启动变压器代替高压厂用变压器工作时，为了避免厂用电系统停电，高压厂用启动变压器和高压厂用变压器有短时间的并联工作，所以高压厂用启动变压器采用有载调压的低压侧为分裂绕组的变压器。

1. 启停机时 6kV 厂用系统运行方式

由于采用了发电机出口带厂用电的接线方式，所以在发电机准备停机时，当负荷降至一定值时（各厂规定不同），应先将厂用负荷由高压厂用变压器倒为高压厂用启动变压器供电，然后再减负荷停机。这样，在停机过程中，机炉等厂用电气设备不会失电，从而保证厂用电源正常。发电机在停机试验检修期间，6kV 厂用系统由高压厂用启动变压器备用电源供电。当发电机启动时，由于此时高压厂用变压器尚不能工作供电，6kV 厂用电系统仍由备用电源供给，以保证机、炉、化学、除灰、燃料等辅助设备的启动，从而保证机组的正常启动。当发电机并网正常运行后发电机有功功率在 50MW 以上且稳定运行时应将 6kV 厂用电由高压厂用启动变压器倒换为高压厂用变压器接带，此时 6kV 备用电源断路器断开，处于备用被联动位置。当 6kV 某段由于某种原因失去电压时，备用电源自动投入，且只能投一次。

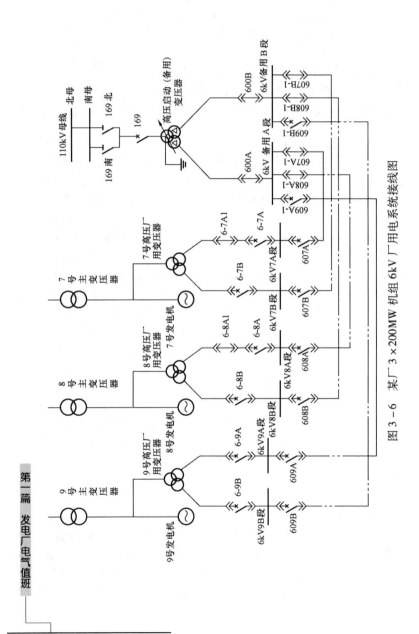

图 3-6 某厂 3×200MW 机组 6kV 厂用电系统接线图

2. 机组正常运行情况下6kV厂用系统运行方式

（1）6kV系统的正常运行方式。在各发电机正常运行时，7号高压厂用变压器接带6kV 7A、7B段；8号高压厂用变压器接带6kV 8A、8B段；9号高压厂用变压器接带6kV 9A、9B段；高压厂用启动（备用）变压器处于充电备用状态，将备用电源送至6kV备用A、B段母线，给各机组6kV工作A、B段母线做备用电源，各机组6kV母线段备用电源自动投入装置的联动开关处于投入状态。此时也就是对应图3-6的6kV系统中各断路器和隔离开关的位置为：6-7A、6-7B、6-8A、6-8B、6-9A、6-9B断路器合闸运行；607A、607B、608A、608B、609A、609B断路器处于分闸位置，607A-1、607B-1、608A-1、608B-1、600A、600B隔离开关及609A-1、609B-1断路器处于合位。

（2）6kV系统非正常运行方式一。当高压厂用启动（备用）变压器及6kV备用段母线需要停电检修时，高压厂用启动（备用）变压器及6kV备用段母线停电，退出备用状态，此时7号高压厂用变压器接带6kV 7A、7B段，8号高压厂用变压器接带6kV 8A、8B段，9号高压厂用变压器接带6kV 9A、9B段，各机组6kV各段母线均无备用电源，此时也就是对应图3-6的6kV系统中各断路器和隔离开关的位置为：6-7A、6-7B、6-8A、6-8B、6-9A、6-9B断路器合闸运行；607A、607B、608A、608B、609A、609B断路器处于分闸位置并拉出间隔外，607A-1、607B-1、608A-1、608B-1、600A、600B隔离开关及609A-1、609B-1断路器处于分闸位置并拉出间隔外，高压厂用启动（备用）变压器的高压侧169断路器及隔离开关169南、169北均在分闸位置。在这种运行方式下运行时，一旦有一台机组发生异常停机后，将没有启动电源，机组无法启动，须将高压厂用启动（备用）变压器及6kV备用段母线恢复送电后才能给其提供启动电源。

（3）6kV系统非正常运行方式二。高压厂用启动（备用）变压器本体或169断路器停电，6kV备用段母线在备用状态。7号高压厂用变压器接带6kV 7A、7B段；8号高压厂用变压器接带6kV 8A、8B段；9号高压厂用变压器接带6kV 9A、9B段；各机组厂用电系统的6kV A、B段互为备用（采用手动方式），6kV各段联动开关在断开位置。此时对应图3-6的厂用电系统中各断路器和隔离开关的运行状态为：6-7A、6-7B、6-8A、6-8B、6-9A、6-9B断路器合闸运行；607A、607B、608A、608B、609A、609B断路器处于分闸位置，607A-1、607B-1、608A-1、608B-1隔离开关及609A-1、609B-1断路器处于合位。600A、600B隔离开关处于分闸位置并拉出间隔外。在这种运行方式下运行时，如果某一台机组运行中发生异常情况发生停机后，可以用相邻机组的厂用电给其提供启动电源，待机组启动后再将其厂用电切换为本机接带。例如：若图3－6中的7号发电机发生故障停机后，再启动时由于此时高压厂用启动（备用）变压器在检修状态，短时间不可能恢复，为了能使7号发电机组及时投入运行，可将其6kV系统的厂用工作电源6－7A、6－7B断路器断开并拉出间隔外，然后合上8号发电机6kV系统的备用电源608A、608B断路器，此时6kV备用A段、B段母线即带上电，再合上7号发电机6kV系统的备用电源607A、607B断路器即可以给7号发电机提供厂用电，从而可以使其开机并网，待机组启动并网正常后再将其厂用电切换为本机工作电源接带。同理在这种运行方式下也可以用9号发电机6kV系统厂用电给7号发电机提供厂用电；在8号发电机组发生故障停机时，可以用7、9号发电机6kV系统厂用电给8号发电机提供厂用电；在9号发电机组发生故障停机时，可以用7、8号发电机6kV系统厂用电给9号发电机提供厂用电。这种各机组厂用电系统互为备用的情况相当于暗备用的情况，需要各机组的高压厂用变压器容量足够大，应能满足接带本机的正常厂用电负荷和另一机组启动负荷的要求。

3. 正常运行方式时高压厂用启动（备用）变压器的状态

7、8、9号发电机正常运行中，厂用6kV系统的运行方式为工作电源断路器6－7A、6－7B、6－8A、6－8B、6－9A、6－9B运行，备用电源断路器607A、607B、608A、608B、609A、609B处于分闸位置，备用电源的自动投入装置联动开关投入，随时准备动作。而此时高压厂用启动（备用）变压器的高压侧断路器169可以有两种运行方式选择：一种方式是高压厂用启动（备用）变压器高压侧断路器处于分闸备用位置［高压厂用启动（备用）变压器停电备用］，当任一段工作电源断路器跳闸后高压厂用启动（备用）变压器169断路器和该段备用电源断路器同时被联动合闸供电；另一种方式是高压厂用启动（备用）变压器高压侧断路器处于合闸位置［高压厂用启动（备用）变压器充电备用］。但由于110kV是中性点直接接地系统，并且高压厂用启动（备用）变压器110kV侧中性点直接与地连接，为了消除中性点运行方式对系统的零序保护的影响，所以系统规定的运行方式是169断路器在高压厂用启动（备用）变压器列入备用时应处于合闸状态。由于高压厂用启动（备用）变压器中性点直接接地，当169断路器合断时将引起系统零序阻抗的变化，从而对系统的零序保护产生影响。如169处于长期合闸位置，高压厂用启动（备用）变压器长期带电，则高压厂用启动（备用）变压器自动投入即仅6kV备用断路器合闸时就不会影响系统零序阻抗的变化。这样运行对系统有利，所以，正常备用时169断路器应处于合闸位置。这样运行的又一个优点是当某一段工作电源断路器跳闸时只联动本段备用电源断路器合闸,提高了备用电源自动投入的可靠性。缺点是正常运行中增加了变压器的空载励磁损耗。

三、厂用 380V 系统的运行方式

厂用低压工作电源,由厂用高压母线段引接到厂用低压变压器取得。小容量发电厂也可以从发电机电压母线或发电机出口直接引接到厂用低压变压器取得。低压厂用备用变压器,由高压厂用母线上引接,但应尽量避免同低压厂用工作变压器接在同一段高压厂用母线上。

对 200MW 及以上大容量机组的低压厂用电系统,采用两台变压器互为备用的方式时,每台变压器应对应一段母线,两母线段设联络断路器。联络断路器不设自动投入装置,避免当一母线段发生永久故障时投入,继电保护误动或联络断路器拒动,造成事故范围扩大。

图 3-7 为某厂一台 200MW 机组低压厂用电系统及保安电源系统接线图,380V 系统有两段母线(A、B 段),两台低压厂用变压器分别对应一段母线,A、B 段母线之间有联络断路器,两台变压器可以互为备用电源,属于暗备用的情况。现以此为例说明其 380V 系统的运行方式。

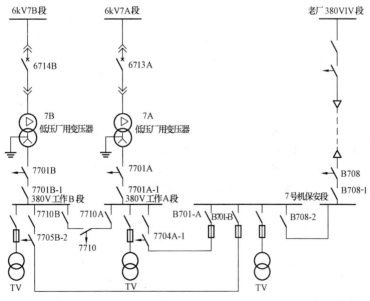

图 3-7 某厂一台 200MW 机组低压厂用电系统及保安电源系统接线

1. 正常运行方式

机组正常运行情况下，380V 工作 A 段、B 段由两台低压厂用变压器分别供电，380V 工作 A 段由 7A 低压厂用变压器供电，380V 工作 B 段由 7B 低压厂用变压器供电，母线联络断路器（7710 断路器）及其两侧隔离开关（7710A、7710B）在分闸位置（即母线联络断路器处于冷备用状态）。

2. 非正常运行方式一

一台低压厂用工作变压器（7A 或 7B）停电，另一台低压厂用工作变压器（7B 或 7A）接带其两段母线（A、B 段）运行，联络断路器及其两侧隔离开关处于合闸运行状态。在一台低压厂用工作变压器停电检修或有故障停电时可采用这种运行方式，以保证给两段母线上的设备供电。

3. 非正常运行方式二

一台低压厂用工作变压器（7A 或 7B）及其所接带的母线段（380V 工作 A 段或 B 段）停电，只有另一台低压厂用工作变压器（7B 或 7A）及其所接带的母线段（380V 工作 B 段或 A 段）运行。这种方式一般在一段母线发生故障停电处理或机组停运期间进行计划检修时采用。

四、380V 保安电源系统的运行方式

1. 装设保安电源的必要性

在发电厂的锅炉、汽轮机和电气设备中，有部分设备不但在机组运行中不能停电，而且在机组停运后的相当一段时间内也不能中断供电，以满足停机后部分设备能继续运行，起到保护机炉设备不致造成损坏和部分电气设备电源正常运转的作用。大容量机组一般采用单元接线方式，正常运行时厂用电由本机供给，当机组解列时切换至由系统引入的备用电源供给，如果在正常停机或故障停机切换时备用电源因某种原因投不上（这些原因可能包括电网或线路有故障，备用变压器本身故障以及备用电源断路器机构不良、二次控制回路有问题等），那么，就会出现需要继续运转的重要设备中断供电的现象，实际运行情况表明，备用电源由于各种原因造成的切换时投不上的情况并不少见，所以大型单元机组配置了专供部分重要设备的保安电源系统。

2. 保安电源的特点

对于 200MW 及以上的发电机组，当厂用电源完全消失时，为确保在事故状态下能安全停机，应设置交流事故保安电源，并能自动投入，保证事故保安负荷用电。交流事故保安电源宜采用快速启动的柴油发电机组或由外部引来可靠的交流电源。所以 200MW 及以上的单元机组均设有保安段，电源电压为 380V。在机组正常运行中，保安段由本单元的 380V 低压厂用电源供电，事故情况下，由专门设置的交流事故保安电源即保安备用电源供电。

从保安电源的性质可以看出，保安段的备用电源（即保安备用电源）与一般低压厂用电源比较有以下几个特点：

（1）保安备用电源必须具有相对独立性。很明显，保安备用电源不能取自本发电机组；也不能取自当本机组运行方式变化时受影响大的电气系统，在发电机及其系统有故障时，保安备用电源应不受影响；同时也不应取自与机组的高压备用电源联系密切的系统。这样，才能保证在发电机或备用电源故障时起到安全可靠供电作用。

（2）保安电源要十分可靠。保安备用电源应能保证在任何情况下随时能投入运行。这就要求保安备用电源的电源系统十分可靠，控制系统也应可靠，不得发生拒投现象。

（3）保安备用电源应具有快速投入的性能。当机组故障等原因造成保安段母线电源消失时，保安备用电源应能快速投入。一般不应超过十秒，以便很快恢复保安段母线电压维持设备正常运转。

3. 保安电源供电的负荷

接在保安段的负荷主要有以下几种类型：

（1）在机组正常运行中、停机过程中、停机后的一段时间内都要求能保证有电源以防止设备损坏的机炉负荷。例如大型给水泵的轴瓦润滑油泵、锅炉空气预热器、冷却风机、磨煤机减速箱油泵等。

（2）发电机在停机过程中或停机后仍需运转的设备，这些设备有汽轮发电机的润滑油泵、盘车电动机、顶轴油泵、密封油泵等。

（3）蓄电池组的充电设备。每台机组都有多组蓄电池供电气和热工自动及控制系统负荷，是电厂最重要的设备之一。如果在故障或停机时充电设备较长时间停运，则由于直流负荷大，蓄电池电压将下降很快，将造成：①不能保持直流母线电压水平，影响电气、热控系统的控制电源，危及机组的安全；②过度放电还会造成蓄电池本身的损坏，所以蓄电池组的充电设备接在保安电源上。

（4）其他与运行有关的设备。例如正常照明中断后的交流事故照明电源，重要设备的通风、冷却电源，电梯电源，部分热工控制用电源，不间断电源装置的备用电源，这些设备有的由两路电源供电但其中一路应取自保安段。

4. 保安电源系统的接线及运行方式

下面以两个实际接线事例说明保安电源系统的接线及运行方式。

（1）图 3 - 8 是一台 300MW 机组的保安电源系统接线图。图中共有三段工作母线，保安一、二段和事故照明段。事故照明段实际上相当于保安一段母线的一路负荷。

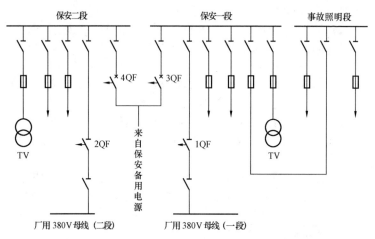

图 3 - 8　一台 300MW 机组的保安电源系统接线图

保安一、二段工作电源正常运行时分别由主厂房内厂用 380V 一、二段母线供电，安装于厂用 380V 一、二段内的 1QF、2QF 自动空气断路器即分别是保安一、二段母线的工作电源断路器，当工作电源断路器 1QF（2QF）跳闸后，备用电源断路器 3QF（4QF）迅速合上，保证可靠供电。正常运行时，备用电源各隔离开关均在合闸位置，只有 3QF、4QF 处于分闸位置。这样可实现故障时快速自动投入。

保安备用电源的供电有两种方式：一种是由完全独立的柴油发电机组供电，另一种是由取自另一系统的电源供电。

当采用第一种方式时，其接线方式如图 3 - 9 所示。这种接线的运行方式为：正常运行时，机组保安段由 380V 厂用 I 段供电，柴油发电机及备用进线断路器 10BMA51 处于热备用状态。

当 380V 厂用 I 段失电时，柴油发电机自动启动，自动断开机组保安段工作进线断路器 10BMA01，自动合上机组保安段备用进线断路器 10BMA51，机组保安段由柴油发电机接带。当 380V 厂用 I 段电压恢复后，柴油发电机同期装置启动，同期合上机组保安段工作进线断路器 10BMA01，断开机组保安段备用进线断路器 10BMA51，然后柴油发电机延时自动停运。这种接线方式要求柴油发电机在保安段失电后能够快速启动并接带保安段，因此正常运行中应保证柴油发电机良好热备用，并定期进行柴油发电机启动试验。

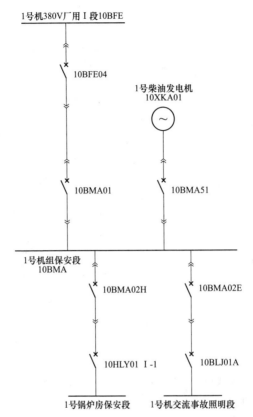

图 3 - 9 某 350MW 机组保安段采用柴油发电机为备用电源的接线

当采用第二种方式时，一般是将另一系统的 10kV 或 6kV 电源经专用变压器（保安变压器）降为 380V 供电，如图 3 - 10 所示。除低压侧断路器 3QF、4QF 外，变压器高压侧还安装有断路器 QF，这种接线可以有以下两种备用运行方式：

1）备用状态时高压侧断路器 QF 和低压侧断路器 3QF、4QF 都处于分闸状态，当保安段工作电源 1QF 或 2QF 跳开后，高压侧 QF 断路器和低压侧 3QF（4QF）同时自动投入合闸供电。采用这种运行方式，保安变压器和高压电缆正常运行时均不带电，所以其优点是机组正常运行时变压器和线路无损耗。缺点是正常备用时无法监视变压器和高压动力电缆是否良好（一般动力电缆较长且埋设环境较差），一旦联动时投入到故障的变压器

第三章 电力系统运行规定

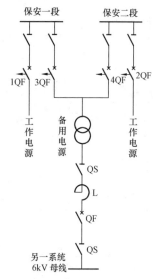

保安一段　　保安二段

1QF 3QF　　　4QF 2QF

工作电源　备用电源　工作电源

QS

L

QF

QS

另一系统
6kV 母线

图 3 - 10　采用外系统 6kV
电源经保安变压器降压的
保安备用电源接线

和电缆上, 保安段将失去电源, 造成事故。另一缺点是由于高压断路器离单元机组机房较远, 需要有较长控制电缆, 增加了控制回路的复杂性, 相对也降低了可靠性。

2) 备用状态时高压侧断路器 QF 处于合闸位置, 仅低压侧断路器 3QF、4QF 分闸, 当工作电源断路器 1QF (2QF) 跳开后, 3QF (4QF) 自动合上就可给保安段恢复供电。这种方式联动回路简单, 控制回路无须与远方的高压断路器 QF 发生联系, 所以联动回路较前一种方式可靠。但其最大优点还在于机组正常运行、保安备用电源处于正常备用状态时可监测保安变压器和动力电缆是否良好, 提高保安电源的可靠性。

由于保安备用电源是单元机组的最后安全电源, 所以, 将安全可靠与降低变压器空载损耗相比还应以安全可靠为主。运行方式以采取正常时高压断路器 QF 合上, 只联动低压侧 3QF (4QF) 为好。

(2) 图 3 - 7 中所示为某厂一台 200MW 机组低压厂用电系统及保安电源系统接线图, 图中的保安电源部分只有一段工作母线, 事故照明负荷也接在其母线上。

保安段母线有两路工作电源和一路备用电源供电, 备用电源取自另一系统 (老厂) 的 380V 母线。正常运行时由本机组的 380V 工作 A 段 (或 B 段) 来电源供电, 380V 工作 B 段 (或 A 段) 来电源及老厂来电源处于热备用状态, 备用电源系统各隔离开关及动力熔断器均处于合上位置, 只有备用电源断路器处于断开位置, 备用电源断路器的联动开关处于合上位置。正常运行时如果用本机组的 380V 工作 A 段来电源作为工作电源, 则自动空气断路器 7704A - 1 处于合位, 380V 工作 B 段来电源的自动空气断路器 7705B - 2 及老厂来电源的自动空气断路器 B708 处于断位, 7705B - 2 断路器和 B708 断路器的联动开关合上, 当工作电源断路器 (7704A - 1) 由于某种原因发生跳闸后, 本机 380V B 段的备用电源断路器 (7705B - 2) 首先联动投入, 若投入不成功, 老厂来备用电源断路器 (B708) 联动投入，以确保保安段母线的供电；当用本机组的 380V 工作 B 段来电源作为工作电源时，与用本机组的 380V 工作 A 段来电源作为工作电源的情况类似。老厂 380V 系统来的备用电源在老厂一侧的断路器处于长期合闸状态。

这种从另一系统（老厂）的 380V 母线引接备用电源的方式只适合于与所供保安段母线距离较近的情况，否则，距离太远，压降过大不能满足供电电压的要求。

5. 保安备用电源设备的选择

（1）采用柴油发电机组供电的保安备用电源独立性强，不受系统电压及运行方式的影响，投入备用状态联动时 10～12s 内即可合闸供电，所以是最理想的保安备用电源。因此在《火力发电厂设计技术规程》（SDJ1—1984）中规定"200MW 及以上机组采用柴油发电机组作保安电源"。但柴油发电机组设备复杂，需要加强对柴油机及其附属压缩空气系统、水、油系统和电气控制系统的维护检查，防止由于这些部分的故障造成投不上。因此要定期启动机组检查各部分设备状况，加强对柴油发电机组的日常维护，这是使用柴油发电机组时值得注意的问题。有关柴油发电机的部分详见第十一章的第七节。

（2）采用由其他系统供电的保安备用电源造价低，正常维护工作量小，一、二次接线简单，联动可靠，但要受所接电压系统和供电线路运行情况的影响，独立性不如柴油发电机组，如果所取电源系统不可靠，则可能造成保安电源失电。但由于造价低，维护简单，所以也有采用的。

五、220V 不停电电源的运行方式

1. 不停电电源的设置

随着发电机组向着大容量、高参数发展，电厂的自动化水平也不断提高，各种自动控制设备和自动装置成为机组安全运行必不可少的保证。其中有些设备对供电电源的要求较高，一是电源在任何情况下不得中断（包括机组停运期间），二是要求电源的频率、电压以及波形要能基本保持稳定无大的波动，不间断电源装置就是为满足上述需要而设置的。不间断电源装置又称不停电电源装置，简称 UPS 系统，它主要供给以下设备的用电。

（1）发电机组的计算机电源。

（2）部分热工自动控制系统的电源。

（3）电气和热工各种仪表变送器、远动变送器、计算机变送器的工作电源。

（4）部分电气控制设备如有载调压变压器的调压装置控制电源。

发电厂不停电电源系统的配置情况如图 3－11 所示。

第一篇 发电厂电气值班

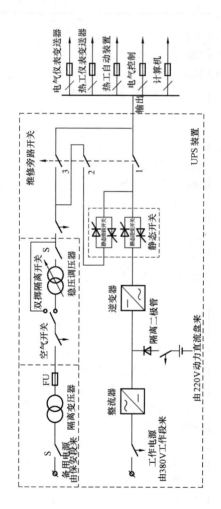

图 3 - 11 不停电电源（UPS）系统图

2. 不停电电源的组成、运行方式

UPS 装置主要由整流器、逆变器和静态开关组成，有两路交流电源和一路直流电源送到 UPS 装置，装置的输出是交流 220V 电源，供给各路负荷。正常运行时负荷由逆变器通过静态开关供电，逆变器的控制系统可保证输出电压、频率和波形的相对稳定。

UPS 装置一般有三路电源供电，380V 三相交流电源是工作电源，直流 220V 电源和交流 220V 电源为备用电源，运行中这三路电源均应在送电状态下，装置内由这三路电源来的开关均在合位。

由 380V 工作段来的 380V 三相交流电源是 UPS 装置的正常工作电源，该电源经整流器整流后成为 220V 直流电，输入逆变器，再经逆变器将直流 220V 电源变为 220V 交流电源经静态逆变开关后送到负荷母线，这种运行方式是 UPS 装置的正常运行方式。

由动力 220V 蓄电池引来的直流电源正常时作为备用，当 UPS 装置的工作电源失电后，由这一路直流 220V 电源直接供电给逆变器，这时负载能得到一个无瞬变、不间断的稳定电压，直流电源是 UPS 装置的第一路备用电源。

由保安段引来的另一路 220V 交流电源通过隔离变压器和稳压调压器后给 UPS 装置提供交流备用电源，当装置的交流工作电源和直流备用电源均消失或逆变器回路有故障无法工作时，此路交流备用电源可通过静态旁路开关直接给负荷供电，这时负载仍能得到一个无瞬变、不间断的较为稳定电压，作为设备的第二备用电源。

当 UPS 装置故障或需要检修而退出运行时，可通过人为切换维修旁路开关，将由保安段引来的交流备用电源通过隔离变压器和稳压调压器后，直接给负荷供电，当此时供电质量可能相对用 UPS 装置供电来说要差一些。

第三节 倒闸操作

一、概述

发电厂中运行的电气设备，经常遇到检修、试验及事故处理等工作，这就需要改变电气设备的运行状态或改变系统的运行方式。

运用中的电气设备，分运行、热备用（只断开断路器）、冷备用（除断开断路器外，还要断开隔离开关和电压互感器的隔离开关或取下熔断器）、检修等 4 种不同的状态。电气设备由一种状态转换到另一种状态，就需要进行一系列的操作，这种操作称为电气设备的倒闸操作。

倒闸操作包括拉开或合上某些断路器和隔离开关；拉开或合上某些直流操作回路；装上或取下控制回路或电压互感器回路的熔断器；退出或投入某些继电保护装置和自动装置；检查电气设备有无电压及验明无电后装设临时接地线或合上接地开关；拆除临时接地线或拉开接地开关等。

倒闸操作是一件既重要又复杂的工作，若发生误操作事故，危害性极大，可能会导致设备的损坏，危及人身安全及造成大面积停电，对国民经济带来巨大损失，因此，必须采取有效的措施加以防止。这些措施包括组织和技术两个方面，以确保发电厂能安全运行。

组织措施是指运行人员必须树立高度的责任感和牢固的安全思想，认真执行操作票制度和监护制度中有关人与人和履行手续等方面的规定，严格按照安全规程规定执行。

技术措施是采用在断路器和隔离开关之间装设机械或电气闭锁装置。闭锁装置的作用是使断路器在未断开前，该电路的隔离开关就拉不开（防止带负荷拉隔离开关），在断路器接通后，该电路的隔离开关就合不上（以防止带负荷合隔离开关）。此外，在线路出线隔离开关与接地隔离开关之间也装有闭锁装置，使任一组隔离开关在合闸位置时，另一组隔离开关就无法操作，以避免在设备运行中，误合接地开关，在设备检修时误合出线隔离开关，而造成设备和人身事故。

运行经验表明，严格执行组织措施并完善技术措施，就可以防止误操作事故的发生。

二、倒闸操作的一般规定、基本原则和要求

1. 倒闸操作的一般规定

倒闸操作必须得到值班调度员或值班负责人命令允许，受令人复诵无误后方可进行。倒闸操作必须由经过培训和考试合格的电气值班人员担任。倒闸操作要由操作人填写操作票，每张操作票只能填写一个操作任务。倒闸操作任务必须由两人执行，其中一人对设备较为熟悉者作为监护人；每次操作只能执行一个操作任务。结束一个操作任务后，才能执行另一个操作任务；必须按照操作票顺序依次进行操作。不允许跳项、添项和颠倒顺序，也不得穿插口头命令；如发现操作票与现场实际情况不符或对操作项目、顺序产生疑问以及在操作过程中发现异常情况，应立即停止操作，并向发令人报告，弄清情况。如操作票正确无误，可继续操作，如操作票有错误，应根据实际情况重新填写操作票；监护人不可代替操作人操作；一个操作任务在执行途中不得更换监护人或操作人，以免因对操作任务不够清楚而发生误操作事故。只有在结束一个操作任务后才能换人；在进行倒闸操作时，要精力集中，小心谨慎。

2. 倒闸操作的原则

倒闸操作的基本原则是为了保证电气设备安全运行和操作任务的顺利完成而制定的。它是拟写操作票内容、顺序和执行倒闸操作任务的准则。因此每一个电气运行值班人员在进行倒闸操作时，应遵守下列基本原则：

（1）应使用断路器拉、合闸。在装设断路器的电路中，拉、合闸均应使用断路器，绝对禁止使用隔离开关切断负荷电流。

（2）断路器两侧隔离开关的拉、合顺序。送电线路若需停电时，应先拉开断路器，然后拉开线路侧隔离开关，最后拉开母线侧隔离开关。送电时操作顺序与此相反。

（3）变压器各侧断路器拉开顺序。

1）双绕组升压变压器停电时，应先拉开变压器高压侧断路器，再拉开变压器低压侧断路器，最后依次拉开变压器高、低压侧隔离开关。送电时操作顺序与此相反。

2）双绕组降压变压器停电时，应先拉开变压器低压侧断路器，再拉开变压器高压侧断路器，最后依次拉开变压器低、高压侧隔离开关。送电时操作顺序与此相反。

3）三绕组升压变压器停电时，应顺序拉开变压器高、中、低三侧断路器，再依次拉开变压器高、中、低三侧隔离开关。送电时操作顺序与此相反。

4）三绕组降压变压器停电时，应顺序拉开变压器低、中、高三侧断路器，再依次拉开变压器低、中、高三侧隔离开关。送电时操作顺序与此相反。但某些兼供厂用电的变压器和联络变压器，其电源在中压侧者，则应先拉中压侧。

总的来说，变压器停电时，先拉开负荷侧断路器，后拉开电源侧断路器。送电时操作顺序与此相反。这样安排操作顺序的道理，主要是从继电保护装置能够正确动作，不至于扩大事故来考虑的。但是由于变压器充电时，励磁涌流较大，可能造成继电保护误动作（如差动保护可能动作），因此当变压器各侧都有电源时，也可采用离电源较远的一侧充电。

（4）倒换母线时的操作原则。在倒母线时，应首先给备用母线充电或检查两组母线电压相等，并取下母联断路器的操作熔断器，然后进行倒换母线隔离开关的操作。这时，逐一合上需要转换到另一组母线的隔离开关，再逐一拉开这一组母线上相应的隔离开关。但根据各发电厂配电装置的布置情况，为了缩短操作路程，避免往返奔跑，重复劳动，影响操作进度，也可以合一把隔离开关，拉一把隔离开关，完成一组电气设备的倒闸操作任务。

（5）环网的并、解列操作。环网的并、解列操作亦称合环、解环操作。这些操作除应符合线路和变压器操作的一般技术原则外，还应具备下列条件：

合环操作时，首先要考虑的问题是相位一致，在初次合环或进行可能引起相位变化的检修后的合环操作，均要进行定相，以免发生事故。其次各电气设备不应过负荷，并且系统继电保护装置应适应环网的方式。

进行解环操作时，首先应满足的条件是解环后各电气设备不应过负荷，其次是继电保护不致误动作。

（6）仅有熔断器和隔离开关电路的操作原则。对于只有熔断器和隔离开关电路，送电操作时，应先装上熔断器，后合上隔离开关。停电操作顺序相反。

（7）回路中未设置断路器时，允许用隔离开关进行如下操作：

1）拉、合无故障的电压互感器和避雷器。

2）拉、合母线和直接连接在母线上设备的电容电流。

3）拉、合变压器中性点的接地开关，但当中性点上接有消弧线圈时，只有在系统没有接地故障时方可进行。

4）与断路器并联的旁路隔离开关，当断路器在合闸位置时可拉、合断路器的旁路电流。

5）拉、合励磁电流不超过2A的空载变压器和电容电流不超过5A的无负载线路（10.5kV以下）。

6）拉、合电压在10kV以下，电流在70A以下的环路均衡电流。

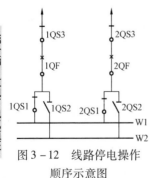

图 3-12　线路停电操作顺序示意图

（8）倒闸操作项目的排列顺序。操作项目的排列顺序有技术顺序和便利顺序两种。技术顺序是不允许改变的，如上述各项原则的规定。便利顺序是指在符合技术顺序的前提下，尽量缩短操作人员的路程，以便节约时间，提高效率。如图3-12所示的接线，母线 W1 运行，母线 W2 备用，当要停断路器 1QF、2QF 和两侧隔离开关时，可先拉开断路器 1QF 及两侧隔离开关，然后再拉开断路器 2QF 及两侧隔离开关；也可先拉开

1QF、2QF 断路器，再拉开两个断路器的两侧隔离开关，究竟按什么顺序操作，可根据现场具体设备布置的实际情况决定。

3. 倒闸操作的基本要求

（1）操作隔离开关的基本要求如下：

1）在手动合隔离开关时，必须迅速果断，但在合到底时，不能用力过猛，以防合过头及损坏支持绝缘子。在合闸开始时如发生弧光，则应将隔离开关迅速合上。隔离开关一经操作，不得再行拉开。

2）在手动拉开隔离开关时，应缓慢而谨慎，特别是刀片离开固定触头时，这时如发生电弧，应立即合上，停止操作。但在切断小容量变压器空载电流、一定长度架空线路和电缆线路的充电电流、少量的负荷电流以及用隔离开关解环操作等，均有电弧产生，此时应迅速将隔离开关拉开，以便顺利消弧。

3）在操作隔离开关后，必须检查隔离开关的开合位置，因为有时可能由于操动机构有毛病或调整得不好，经操作后实际上未合好或未拉开。

（2）操作断路器的基本要求如下：

1）在一般情况下，断路器不允许带电手动合闸，这是因为手动合闸慢，易产生电弧，但特殊需要时例外。

2）遥控操作断路器时，不得用力过猛，以防止损坏控制开关；也不得返回太快，以防止断路器合闸后又跳闸。

3）在断路器操作后，应检查有关信号灯及测量仪表的指示，以判断断路器动作的正确性。但不能从信号灯及测量仪表的指示来判断断路器的实际开、合位置，应到现场检查断路器的机械位置指示器来确定实际开、合位置，以防止在操作隔离开关时，发生带负荷拉、合隔离开关事故。

4. 倒闸操作的注意事项

（1）在倒闸操作前，必须了解系统的运行方式、继电保护及自动装置等情况，并应考虑电源及负荷的合理分布以及系统运行方式的调整情况。

（2）在电气设备送电前，必须收回并检查有关工作票、拆除安全措施，测量绝缘电阻。在测量绝缘电阻时，必须隔离电源进行放电。此外，还应检查隔离开关和断路器应在断开位置。

（3）在倒闸操作前应考虑继电保护及自动装置整定值的调整，以适应新的运行方式的需要，防止因继电保护及自动装置误动或拒动而造成事故。

（4）备用电源自动投入装置、重合闸装置、自动励磁装置必须在所

第三章 电力系统运行规定

属主设备停运前退出运行，在所属主设备送电后投入运行。

（5）在进行电源切换或电源设备倒母线时，必须先将备用电源投入装置切除，操作结束后再进行调整。

（6）在进行同期并列操作时，应注意防止非同期并列。若同步表指针在零位晃动、停止或旋转太快，则不得进行并列操作。

（7）在倒闸操作中，应注意分析表计的指示。如在倒母线时，应注意电源分布的平衡，并尽量减少母联断路器的电流不超过限额，以防止因设备过负荷而跳闸。

（8）在下列情况下，应将断路器操作电源切断，即取下直流操作熔断器：

1）在检修断路器时。

2）在二次回路及保护装置有人工作时。

3）在倒母线过程中拉合母线隔离开关、断路器旁路隔离开关及母线分段隔离开关时，必须取下母联断路器、分段开关及旁路开关直流操作熔断器，以防止带负荷拉合隔离开关。

4）操作隔离开关前，应检查与其相关的断路器确在断开位置，并取下直流操作熔断器（线路操作除外），以防止在操作隔离开关过程中，误跳或误合断路器造成带负荷拉、合隔离开关事故。

5）在继电保护故障情况下，应取下断路器的直流操作熔断器，以防止因断路器误合或误跳而造成停电事故。

6）油断路器缺油或无油时，应取下断路器的直流操作熔断器，以防止系统中发生故障而跳开该断路器时，造成断路器爆炸。

（9）操作中应使用合格的安全工具，如验电器、绝缘手套等，以防止因安全用具耐压不合格而在工作时造成人身和设备事故。

三、输电线路的停、送电操作

输电线路的倒闸操作通常指线路的停电和送电，双电源线路一侧解列从而成为由另一侧充电，或反之由充电变为并列运行带负荷的操作等。输电线路的操作由于涉及送端和受端两个单位，所以应由值班调度员指挥操作。

1. 较短或电压较低线路的操作

输电线路操作的内容不论其电压高低和长度如何都是一样的，它们的操作方法也大体相同。

（1）单电源线路的操作。单电源线路如图3-13所示。单电源线路停电操作的技术原则按照：断开断路器 QF、拉开负荷侧隔离开关 QS2、拉

开电源侧隔离开关 QS1 的顺序依次操作。在停
电时，为什么要先断开断路器呢？这是由于断
路器具有灭弧能力，能够切断较大的电流，而
隔离开关结构简单没有灭弧装置。若先拉开隔
离开关，将产生强烈的电弧造成设备损坏和人
员伤亡。因此，停电时，必须先断开断路器。
在断开断路器后，应先拉开负荷侧隔离开关
QS2，其原因是，万一断路器实际没有断开，一
旦发生带负荷拉隔离开关 QS2，可由本线路保
护动作，跳开断路器 QF，切除故障点。若先拉

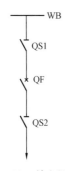

图 3 - 13　单电源线路

电源侧隔离开关，发生上述现象，相应的母线保护动作，将母线上的所有
断路器跳开，从而扩大了事故范围。

　　单电源线路送电操作的技术原则是：先合电源侧隔离开关 QS1，后合
负荷侧隔离开关 QS2，最后合上断路器 QF。

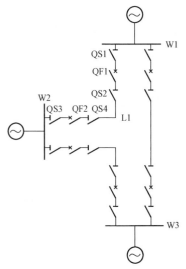

图 3 - 14　多电源线路

　　（2）多电源线路的操作。多电源
线路如图 3 - 14 所示，双电源或多电
源线路停电时，根据调度发布的分项
操作命令，先将线路两端的断路器断
开，然后依次拉开线路侧隔离开关和
母线侧隔离开关。若线路 L1 停电时，
应分别断开 QF1、QF2，再拉 QS2、
QS4，最后拉 QS1、QS3。

　　2. 超高压、长线路的操作。

　　对于高压、超高压中较长的线
路，操作尽量使电压波动最小，对于
有稳定问题的线路，还应注意保持必
要的稳定问题。下面介绍这些线路操
作的一般程序和注意事项：

　　（1）双回线路中任一回路的停送
操作。如图 3 - 15 所示，若 L1 线路

停电时，先切断送端断路器 QF1，然后再切受端断路器 QF2。送电操作顺
序与此相反。这些操作可以减小双回线解列和并列时，断路器两侧的电压
差，以防空载时受端电压升高至允许值以上。对于送端连接有发电机的输
电线路，这样操作还可以避免发电机突然带上一条空载线路的电容负荷所

产生的过电压。

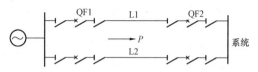

图 3 – 15　双回线路其中一回线的操作

对于稳定储备较低的双回线，在线路停电之前，必须将双回线送电功率降低至一回线按稳定条件所允许的数值，然后再进行操作。

在切断或投入受端断路器 QF2 时，应注意调整电压，防止操作时受端电压由于无功功率的变化产生过大的波动。通常是先将受端电压调整至上限值再切 QF2，调整至下限值再投入 QF2。

（2）单回线的停送电操作。如图 3 – 16 所示，单回线停电时，可调整送端功率为零时断开断路器 QF1，然后再调整受端电压至上限切断断路器 QF2。送电时，调整受端电压至下限值，合上断路器 QF2，向线路充电，然后送端同步并列。单回线停电操作，亦可由受端先解列（即断开 QF2），然后断开 QF1。为防止切断充电线路产生过大的电压波动，一般应由容量大的那一侧后切断。

如受端无电源，通常是逐步减少受端负荷接近零时，直接由送端切断断路器停电。

图 3 – 16　单回线操作

3. 环形网络联络线的并解列操作。

环形网络（或称环网）常由同一电压等级的线路组成，也有包括变压器，由不同电压等级的线路组成。环网的解并列或称解环、合环操作，除应符合输电线路和变压器操作技术原则之外，还具有本身的特点，其中最主要的是正确预计操作中的潮流分布，以及控制它不超过各元件的允许范围。

（1）合环操作。合环操作必须满足下述条件，首先是相位一致。在初次合环或线路大修之后合环操作，应先进行相位的测定；其次就是合环之后，各元件不致过载，各结点电压不应超出规定值；再次是系统继电保护应适应环网的运行方式。

（2）解环操作。进行解环操作时，首先应该满足的条件是：解环后各元件不应过负荷，各结点电压不应超出规定值。其次是对某些稳定储备较低的系统，连接电厂的环网解环后，电厂间的联系减弱，会使稳定储备更加下降，因此应按系统稳定的要求进行操作。

值班人员在合环、解环操作之前，应详细了解电网及电厂的接线方式，电压及潮流分布和继电保护的配置情况，对操作过程中的潮流变化进行充分的预计和分析，以防止引起设备过载的误操作。

四、220kV 母线的倒闸操作

发电厂的主接线是电力系统的组成部分，而母线的型式则是发电厂主接线的重要环节。220kV 系统母线的接线方式一般采用双母线带旁路母线的接线形式，运行中将电源和出线按固定的方式合理分配在两条母线上运行，旁路母线一般处于备用状态，当某一出线的断路器需要检修时，旁路断路器经旁路母线旁带某一出线断路器运行，当一条母线或这条母线上任一送出线的靠母线侧隔离开关需要检修时，需将这条母线上所有电源与出线均转移至另一条母线上工作，采用单母线运行的方式，将需要检修的母线停电，220kV 母线的倒闸操作主要有：母线的停送电操作及倒母线操作等。下面以如图 3 - 17 所示的某厂 220kV 系统接线为例说明 220kV 母线的停送电操作。

（1）图 3 - 17 中 220kV 母线 W1 停电操作（母线检修），系统运行方式为：双数断路器上 W1 运行，单数断路器上 W2 运行，旁路断路器备用，具体操作内容如下：

1）收到班长令。

2）联系调度。

3）合上 220kV 母线保护非选择 P 隔离开关。

4）检查 P 隔离开关合位良好。

5）投入 220kV 复合电压 W1、W2 母线联络连接片 4XB。

6）退出 220kV 母线 W1 电压闭锁连接片 2XB。

7）拉开 220kV Ⅱ 套故障录波电源开关。

8）将 220kV Ⅱ 套故障录波开关切至 W2。

9）合上 220kV Ⅱ 套故障录波电源开关。

10）取下 220kV 母联断路器 7200 操作熔断器。

11）检查 220kV 母联断路器 7200 合位良好。

12）合上④线 7204 断路器上母线 W2 的隔离开关。

13）合上②线 7202 断路器上母线 W2 的隔离开关。

14）合上 10 号主变压器 7110 断路器上母线 W2 的隔离开关。

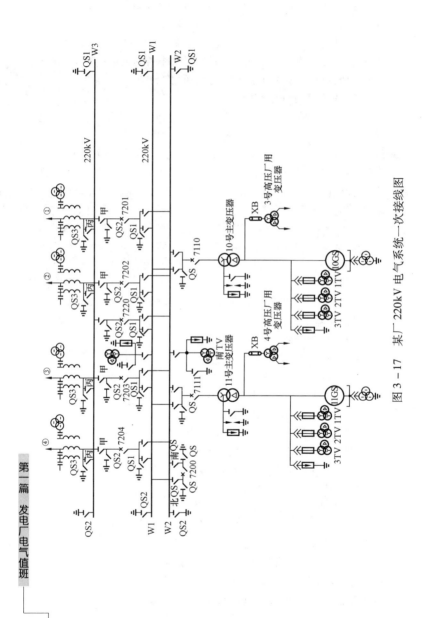

图 3-17 某厂 220kV 电气系统一次接线图

15）检查上述 W2 母线的隔离开关合位良好。

16）拉开 10 号主变压器 7110 断路器上母线 W1 的隔离开关。

17）拉开②线 7202 断路器上母线 W1 的隔离开关。

18）拉开④线 7204 断路器上母线 W1 的隔离开关。

19）检查上述 W1 母线的隔离开关开位良好。

20）拉开 220kV 母线 W1 的 TV 二次开关。

21）拉开 220kV 母线 W1 的 TV 一次隔离开关。

22）检查母线 W1 的 TV 一次隔离开关开位良好。

23）检查 220kV 母线 W1 上的隔离开关除母联隔离开关外其余全部隔离开关在开位。

24）装上 220kV 母联 7200 断路器操作熔断器。

25）检查母联 7200 断路器电流表指示零位。

26）拉开 220kV 母联 7200 断路器。

27）取下 220kV 母联 7200 断路器操作、信号熔断器。

28）取下 220kV 母线 W1 的 TV 同期熔断器。

29）检查 220kV 母联 7200 断路器开位良好。

30）取下 220kV 母联 7200 断路器合闸熔断器。

31）拉开 220kV 母联 7200 断路器上母线 W1 的隔离开关。

32）检查 7200 断路器上母线 W1 的隔离开关开位良好。

33）拉开 220kV 母联 7200 断路器上母线 W2 的隔离开关。

34）检查 7200 断路器上母线 W2 的隔离开关开位良好。

35）验明 220kV 母线 W1 西侧确无电压。

36）合上 220kV 母线 W1 西侧 QS2 接地开关。

37）检查母线 W1 西侧 QS2 接地开关合位良好。

38）验明 220kV 母线 W1 东侧确无电压。

39）合上 220kV 母线 W1 东侧 QS1 接地开关。

40）检查母线 W1 东侧 QS1 接地开关合位良好。

41）全面检查上述操作无误。

42）按工作票要求做好其他安全措施。

43）汇报班长。

44）汇报调度。

（2）图 3-17 中 220kV 母线 W1 恢复送电操作，要求恢复系统标准运行方式：双数断路器上 W1 运行，单数断路器上 W2 运行，母联断路器投入，旁路断路器备用，具体操作内容如下：

1）收到班长令。

2）联系调度。

3）拉开 220kV 母线 W1 的接地开关 QS1。

4）检查 220kV 母线 W1 的接地开关 QS1 开位良好。

5）拉开 220kV 母线 W1 的接地开关 QS2。

6）检查 220kV 母线 W1 的接地开关 QS2 开位良好。

7）检查 220kV 母线 W1 的绝缘良好。

8）检查母联 7200 断路器在开位。

9）合上 220kV 母联 7200 断路器上母线 W1 的隔离开关。

10）合上 220kV 母联 7200 断路器上母线 W2 的隔离开关。

11）检查 7200 断路器上母线 W1、W2 的隔离开关在合位。

12）装上 220kV 母联 7200 断路器操作、信号熔断器。

13）装上 220kV 母联 7200 断路器合闸熔断器。

14）退出 220kV 母线保护合闸闭锁 21XB 连接片。

15）合上 220kV 母联 7200 断路器。

16）取下 220kV 母联 7200 断路器操作熔断器。

17）投入 220kV 母线保护合闸闭锁连接片 21XB。

18）投入 220kV 母线 W1 的 TV 同期熔断器。

19）检查母联 7200 断路器在合位。

20）合上 220kV 母线 W1 的 TV 隔离开关。

21）检查 220kV 母线 W1 的 TV 隔离开关合位良好。

22）合上 220kV 母线 W1 的 TV 二次开关。

23）检查 220kV 母线 W1 的绝缘监视表指示正确。

24）合上④线 7204 断路器上母线 W1 的隔离开关。

25）合上②线 7202 断路器上母线 W1 的隔离开关。

26）合上 10 号主变压器 7110 断路器上母线 W1 的隔离开关。

27）检查上述母线 W1 的隔离开关合位良好。

28）拉开 10 号主变压器 7110 断路器上母线 W2 的隔离开关。

29）拉开②线 7202 断路器上母线 W2 的隔离开关。

30）拉开④线 7204 断路器上母线 W2 的隔离开关。

31）检查上述母线 W2 的隔离开关开位良好。

32）装上 220kV 母联 7200 断路器操作熔断器。

33）拉开 220kV Ⅱ 套故障录波电源开关。

34）将 220kV Ⅱ 套故障录波电压切换开关投至母线 W1 侧。

35）合上 220kV Ⅱ套故障录波电源开关。

36）投入 220kV 母线 W1 的复合电压连接片 2XB。

37）退出 220kV 母线保护复合电压联络连接片 4XB。

38）测定 220kV 母线保护差流合格。

39）拉开 220kV 母线保护非选择 P 隔离开关。

40）检查母线保护非选择 P 隔离开关开位良好。

41）检查上述操作无误。

42）汇报班长。

43）汇报调度。

五、厂用 6kV 系统的倒闸操作

厂用 6kV 系统的倒闸操作主要有工作电源和备用电源之间的切换操作和 6kV 母线的停送电操作等。一般在发电机解列前需要将厂用电由工作电源接带切换为备用电源接带，在发电机与系统并列投入运行正常后应将其厂用电由备用电源接带切换为工作电源接带；在 6kV 母线故障或要进行检修时，需要进行 6kV 母线的停电操作，在 6kV 母线故障处理完毕或检修工作结束后，要进行 6kV 母线的送电操作等。下面以图 3 – 6 所示的某厂 3 × 200MW 机组 6kV 厂用电系统接线图中的 9 号机组 6kV 系统说明其工作备用电源切换和母线的停送电操作。

1. 9 号机组 6kV 9A、9B 段母线由工作电源接带状态转换为备用电源接带状态的操作

（1）接值长可以操作的命令。

（2）检查 6kV 工作段与备用段电压相等。

（3）检查同期装置正常。

（4）检查同期选线器方式切换开关在"自动"位置。

（5）合上 609A 断路器。

（6）待 609A 断路器指示变红后检查备用 A 分支电流指示正常。

（7）断开 6 – 9A 断路器。

（8）检查 6kV 工作 A 分支电流表指示为零。

（9）检查 6kV 9A 段母线电压指示正常。

（10）合上 609B 断路器。

（11）待 609B 断路器指示变红后检查备用 B 分支电流指示正常。

（12）断开 6 – 9B 断路器。

（13）检查 6kV 工作 B 分支电流表指示为零。

（14）检查 6kV 9B 段母线电压指示正常。

（15）检查 6 - 9A 断路器确断。

（16）将 6 - 9A 断路器摇至试验位置。

（17）取下 6 - 9A 断路器操作熔断器。

（18）取下 6 - 9A 断路器合闸储能熔断器。

（19）检查 6 - 9B 断路器确断。

（20）将 6 - 9B 断路器摇至试验位置。

（21）取下 6 - 9B 断路器操作熔断器。

（22）取下 6 - 9B 断路器合闸储能熔断器。

（23）检查 9 号高压厂用变压器冷却器停止运行。

（24）对以上操作进行全面检查。

（25）检查厂用电快切装置指示正常。

（26）对以上操作进行全面检查。

2. 9 号机 6kV 9A、9B 段母线由备用电源接带状态转换为工作电源接带状态的操作

（1）接值长可以操作的命令。

（2）检查 6 - 9A 断路器在试验位置二次插头合好。

（3）检查 6 - 9A 断路器确断。

（4）将 6 - 9A 断路器摇至工作位置。

（5）检查 6 - 9A 断路器三相触头接触良好。

（6）装上 6 - 9A 断路器操作熔断器。

（7）装上 6 - 9A 断路器合闸储能熔断器。

（8）检查 6 - 9A 断路器储能正常。

（9）检查 6 - 9B 断路器在试验位置二次插头合好。

（10）检查 6 - 9B 断路器确断。

（11）将 6 - 9B 断路器摇至工作位置。

（12）检查 6 - 9B 断路器三相触头接触良好。

（13）装上 6 - 9B 断路器操作熔断器。

（14）装上 6 - 9B 断路器合闸储能熔断器。

（15）检查 6 - 9B 断路器储能正常。

（16）检查同期装置正常。

（17）检查同期选线器切换开关在"自动"位置。

（18）合上 6 - 9A 断路器。

（19）待 6 - 9A 断路器指示变红后检查工作 A 分支电流指示正常。

（20）断开 609A 断路器。

（21）检查备用 A 分支电流指示为零。

（22）检查 6kV 9A 段母线电压指示正常。

（23）复归厂用 A 段快切装置。

（24）合上 6 - 9B 断路器。

（25）待 6 - 9B 断路器指示变红后检查工作 B 分支电流指示正常。

（26）断开 609B 断路器。

（27）检查备用 B 分支电流指示为零。

（28）检查 6kV 9B 段母线电压指示正常。

（29）复归厂用 B 段快切装置。

（30）检查厂用电快切装置指示正常。

（31）检查 609A 断路器确断。

（32）检查 609B 断路器确断。

（33）检查 9 号高压厂用变压器冷却装置投入正确

3. 6kV 9A 段母线停电的操作（在备用电源接带状态下）

（1）接值长可以操作的命令。

（2）检查 6kV 9A 段所带负荷已全部停电。

（3）断开 6kV 9A 段电动机低电压保护熔断器。

（4）断开 609A 断路器。

（5）检查 6kV 9A 段母线电压指示为零。

（6）断开 609A - 1 断路器。

（7）检查 609A 断路器确断。

（8）将 609A 断路器拉至试验位置。

（9）打开 609A 断路器柜门。

（10）拔下 609A 断路器二次插头。

（11）将 609A 断路器拉出间隔。

（12）断开 609A 断路器操作熔断器。

（13）断开 609A 断路器合闸储能熔断器。

（14）检查 6 - 9A 断路器在间隔外。

（15）检查 6 - 9A 断路器操作熔断器在断开状态。

（16）断开 6kV 9A 段母线 TV 低压熔断器。

（17）打开 6kV 9A 段母线 TV 间隔柜门。

（18）拔下 6kV 9A 段 TV 二次插头。

（19）将 6kV 9A 段 TV 小车拉出间隔。

（20）检查 609A - 1 断路器确断。

（21）将 609A-1 断路器拉至试验位置。

（22）打开 609A-1 断路器柜门。

（23）拔下 609A-1 断路器二次插头。

（24）将 609A-1 断路器拉出间隔。

（25）断开 609A-1 断路器操作熔断器。

（26）断开 609A-1 断路器合闸储能熔断器。

（27）在 6kV 9A 段母线上验明无电。

（28）在 6kV 9A 段母线上装设一组____号三相短路接地线。

（29）在 6kV 9A 段 6904A 间隔柜后部电缆小母线上验明无电。

（30）在 6kV 9A 段 6904A 间隔柜后部电缆小母线上装设一组____号三相短路接地线。

（31）检查 6-9A 断路器靠高压厂用变压器侧已封地线并良好。

（32）检查 6kV 9A 段所有负荷间隔内的接地开关已合上。

（33）布置安全措施。

（34）对以上所有操作进行全面检查。

4. 6kV 9A 段母线恢复冷备用

（1）接值长可以操作的命令。

（2）拆除 6kV 9A 段母线上所装设的一组____号三相短路接地线。

（3）拆除 6kV 9A 段 6904A 间隔柜后部电缆小母线上所装设的一组____号三相短路接地线。

（4）检查 609A 断路器间隔内接地开关确断。

（5）检查 609A-1 断路器间隔内接地开关确断。

（6）测量 6kV 9A 段母线绝缘良好。

（7）拆除安全措施。

5. 6kV 9A 段母线送电的操作（用备用电源接带）

（1）接值长可以操作的命令。

（2）检查 6-9A 断路器在间隔外。

（3）检查 609A 断路器在间隔外。

（4）检查 609A-1 断路器确断。

（5）将 609A-1 断路器推入试验位置。

（6）插入 609A-1 断路器二次插头。

（7）将 609A-1 断路器间隔柜门关好。

（8）将 609A-1 断路器推入工作位置。

（9）检查 609A-1 断路器三相接触良好。

（10）装上 609A-1 断路器操作熔断器。

（11）装上 609A-1 断路器合闸储能熔断器。

（12）检查 609A-1 断路器储能正常。

（13）检查 6kV 9A 段 TV 高压熔断器良好。

（14）将 6kV 9A 段母线 TV 推入 6905A 间隔试验位置。

（15）插入 6kV 9A 段母线 TV 二次插头。

（16）将 6kV 9A 段母线 TV 6905A 间隔柜门关好。

（17）将 6kV 9A 段母线 TV 推入 6905A 间隔工作位置。

（18）检查 6kV 9A 段母线 TV 三相接触良好。

（19）装上 6kV 9A 段母线 TV 低压熔断器。

（20）检查 609A 断路器确断。

（21）将 609A 断路器推入试验位置。

（22）插入 609A 断路器二次插头。

（23）将 609A 断路器间隔柜门关好。

（24）将 609A 断路器推入工作位置。

（25）检查 609A 断路器三相接触良好。

（26）装上 609A 断路器操作熔断器。

（27）装上 609A 断路器合闸储能熔断器。

（28）检查 609A 断路器储能正常。

（29）合上 609A-1 断路器。

（30）用 9 号发电机-变压器组控制盘上硬手操按钮合上 609A 断路器。

（31）检查 6kV 9A 段电压表指示正常。

（32）检查 6kV 9A 段绝缘监视电压表指示正常。

（33）装上 6kV 9A 段电动机低电压保护熔断器。

（34）对以上所有操作进行全面检查。

六、厂用 380V 系统的倒闸操作

厂用 380V 系统的倒闸操作主要有工作电源和备用电源之间的切换操作、380V 母线的停送电和低压厂用变压器的停送电操作等。工作电源和备用电源之间的切换操作一般在低压厂用工作变压器发生故障或异常时需进行这类操作，380V 母线的停送电和低压厂用变压器的停送电操作一般在发电机组停运检修期间，配合机组检修进行相应的 380V 母线及低压厂用变压器的计划检修或者是运行中母线或低压厂用变压器故障时需要进行 380V 母线或低压厂用变压器的停电操作，在 380V 母线或低压厂用变压器

故障处理完毕或检修工作结束后，要进行380V母线的送电操作等。下面以图3-7所示的某厂一台200MW机组低压厂用电系统及保安电源系统接线说明其380V低压厂用变压器和380V母线的停送电操作。

1. 7A低压厂用变压器停电、380V工作A段由7A低压厂用变压器接带状态转换为7B低压厂用变压器经母联断路器串带状态的操作

(1) 接值长可以操作的命令。

(2) 装上7710断路器操作熔断器。

(3) 检查380V工作段母联断路器保护投入正确。

(4) 检查7710断路器确断。

(5) 合上7710A隔离开关。

(6) 检查7710A隔离开关合好。

(7) 合上7710B隔离开关。

(8) 检查7710B隔离开关合好。

(9) 在7710断路器上下口之间测量电压差不大于10V。

(10) 合上7710断路器。

(11) 检查母联断路器电流表指示正常。

(12) 断开7A低压厂用变压器联动开关。

(13) 断开7701A断路器。

(14) 断开6713A断路器。

(15) 检查380V工作A段电压表指示正常。

(16) 检查7701A断路器确断。

(17) 断开7701A-1隔离开关。

(18) 检查7701A-1隔离开关确断。

(19) 检查6713A断路器确断。

(20) 取下6713A断路器合闸熔断器。

(21) 拔下6713A断路器二次插头。

(22) 将6713A断路器拉出间隔。

(23) 在6713A断路器负荷侧验明无电。

(24) 合上6713A断路器间隔内接地开关。

(25) 检查6713A断路器间隔内接地开关合好。

(26) 在7A低压厂用变压器高压侧小母线上验明无电。

(27) 在7A低压厂用变压器高压侧小母线上装设一组____号三相短路接地线。

(28) 在7A低压厂用变压器低压侧小母线上验明无电。

（29）在 7A 低压厂用变压器低压侧小母线上装设一组____号三相短路接地线。

（30）布置安全措施。

（31）取下 6713A 断路器操作熔断器。

（32）取下 7701A 断路器操作熔断器。

（33）对以上所有操作进行全面检查。

2．7A 厂用变压器恢复冷备用，由检修状态转换为冷备用状态的操作

（1）拆除 7A 厂用变压器低压侧小母线上所装设的一组____号三相短路接地线。

（2）拆除 7A 厂用变压器高压侧小母线上所装设的一组____号三相短路接地线。

（3）断开 6713A 断路器间隔内接地开关。

（4）检查 6713A 断路器间隔内接地开关确断。

（5）拆除安全措施。

（6）测量 7A 低压厂用变压器绝缘良好。

3．7A 低压厂用变压器送电、380V 工作 A 段由母联串带状态转换为 7A 低压厂用变压器接带状态的操作

（1）装上 6713A 断路器操作熔断器。

（2）装上 7701A 断路器操作熔断器。

（3）检查 7A 低压厂用变压器保护投入正确。

（4）检查 6713A 断路器确断。

（5）将 6713A 断路器推至工作位置。

（6）检查 6713A 断路器三相触头接触良好。

（7）装上 6713A 断路器合闸熔断器。

（8）插入 6713A 断路器二次插头。

（9）检查 7701A 断路器确断。

（10）合上 7701A – 1 隔离开关。

（11）检查 7701A – 1 隔离开关合好。

（12）合上 6713A 断路器。

（13）检查 7A 低压厂用变压器充电正常。

（14）在 7701A 断路器上下口之间测量电压差不大于 10V。

（15）合上 7701A 断路器。

（16）检查 7701A 断路器合好。

（17）断开 7710 断路器。

（18）检查 7710 断路器确断。

（19）检查 380V 工作 A 段电压表指示正常。

（20）断开 7710A 隔离开关。

（21）检查 7710A 隔离开关确断。

（22）断开 7710B 隔离开关。

（23）检查 7710B 隔离开关确断。

（24）合上 7A 厂用变压器联动开关。

（25）检查 7A 厂用变压器电流表指示正常。

（26）取下 7710 断路器操作熔断器。

（27）对以上操作进行全面检查。

需要说明的是，图 3-7 所示的某厂一台 200MW 机组低压厂用电系统接线采用的是两台低压厂用变压器互为备用的方式，两台低压厂用变压器的低压侧断路器（7701A 和 7701B）和 380V A、B 段母线的联络断路器（7710）这三个断路器中，从设计上要求只能有两个断路器同时在合闸状态，在上述切换操作中采用的是并列倒换的方法，而在并列切换的过程中，短时间内需要三个断路器都在合闸状态，这就需要在合母联断路器时采用手动机械合闸，但这时一定要注意，在合 380V 工作段母线联络断路器前应注意检查断路器上下口之间相序相同、没有压差（或压差很小），否则不能采取并列倒换的方法，应使用短时将 A 段母线停电的方法进行切换，避免由于压差大而采用并列倒换时产生较大的冲击。

4. 7A 低压厂用变压器及 380V 工作 A 段停电

（1）接值长可以操作的命令。

（2）检查 380V 工作 A 段所有负荷已全部停电。

（3）取下 380V 工作 A 段电动机低电压保护熔断器。

（4）检查 7710 断路器确断。

（5）检查 7710A 隔离开关确断。

（6）检查 7710B 隔离开关确断。

（7）断开 7A 低压厂用变压器联动开关。

（8）断开 7701A 断路器。

（9）断开 6713A 断路器。

（10）检查 380V 工作 A 段电压表指示到零。

（11）检查 7701A 断路器确断。

（12）断开 7701A-1 隔离开关。

（13）检查 7701A-1 隔离开关确断。

（14）取下 380V 工作 A 段 TV 二次熔断器。

（15）断开 380V 工作 A 段 TV 7702A－1 隔离开关。

（16）检查 7702A－1 隔离开关确断。

（17）断开 380V 工作 A 段 TV 一次熔断器。

（18）检查 6713A 断路器确断。

（19）取下 6713A 断路器合闸熔断器。

（20）拔下 6713A 断路器二次插头。

（21）将 6713A 断路器拉出间隔。

（22）在 6713A 断路器间隔负荷侧验明无电。

（23）合上 6713A 断路器间隔接地开关。

（24）检查 6713A 断路器间隔接地开关合好。

（25）在 7A 低压厂用变压器高压侧验明无电。

（26）在 7A 低压厂用变压器高压侧装设一组＿＿＿号三相短路接地线。

（27）在 7A 低压厂用变压器低压侧验明无电。

（28）在 7A 低压厂用变压器低压侧装设一组＿＿＿号三相短路接地线。

（29）布置安全措施。

（30）取下 6713A 断路器操作熔断器。

（31）取下 7701A 断路器操作熔断器。

（32）对以上操作进行全面检查。

5. 7A 低压厂用变压器及 380V 工作 A 段恢复冷备用的操作

（1）接值长可以操作的命令。

（2）拆除 7A 低压厂用变压器低压侧所装设的一组＿＿＿号三相短路接地线。

（3）拆除 7A 低压厂用变压器高压侧所装设的一组＿＿＿号三相短路接地线。

（4）断开 6713A 间隔内接地开关。

（5）检查 6713A 间隔内接地开关确断。

（6）测量 380V 工作 A 段母线绝缘良好。

（7）测量 7A 低压厂用变压器绝缘良好。

（8）拆除安全措施。

6. 7A 低压厂用变压器及 380V 工作 A 段送电的操作

（1）接值长可以操作的命令。

（2）装上 6713A 断路器操作熔断器。

（3）装上 7701A 断路器操作熔断器。

（4）检查 7A 低压厂用变压器保护投入正确。

（5）检查 380V 工作段母联 7710 断路器确断。

（6）检查 380V 工作段母联 7710A 隔离开关确断。

（7）检查 380V 工作段母联 7710B 隔离开关确断。

（8）检查 7701A 断路器确断。

（9）装上 380V 工作 A 段 TV 一次熔断器。

（10）合上 380V 工作 A 段 TV 7702A-1 隔离开关。

（11）检查 7702A-1 隔离开关合好。

（12）装上 380V 工作 A 段 TV 二次熔断器。

（13）合上 7701A-1 隔离开关。

（14）检查 7701A-1 隔离开关合好。

（15）检查 6713A 断路器确断。

（16）将 6713A 断路器推至工作位置。

（17）检查 6713A 断路器三相触头接触良好。

（18）装上 6713A 断路器合闸熔断器。

（19）插入 6713A 断路器二次插头

（20）合上 6713A 断路器。

（21）合上 7701A 断路器。

（22）检查有关表计指示正常。

（23）合上 7A 低压厂用变压器联动开关。

（24）装上 380V 工作 A 段电动机低电压保护熔断器。

（25）对以上操作进行全面检查。

在上述的具体操作事例中均以图 3-7 所示的某厂一台 200MW 机组低压厂用电系统中的 7A 低压厂用变压器及 380V 工作 A 段母线为例说明，对于图 3-7 所示的 7B 低压厂用变压器及 380V 工作 B 段母线的操作完全类同。

七、厂用 380V 事故保安电源系统的倒闸操作

保安电源系统的操作主要有工作电源和备用电源之间的切换、保安段母线的停电、送电等，保安段母线由工作电源切换为备用电源的操作主要是在进行试验备用电源是否良好或工作电源需要检修作业或工作电源发生异常和故障情况时进行；而备用电源切换为工作电源的操作一般是在由于工作电源发生异常和故障情况或工作电源失去（如机组故障停运）时，系统自动切换为备用电源接带后，待工作电源恢复正常时需要进行的操作；保安段母线的停送电操作一般在发电机组停运检修期间，配合机组检

修进行相应的保安段母线的计划检修或者是运行中保安段母线故障时需要进行母线的停电操作，在保安段母线故障处理完毕或检修工作结束后，要进行保安段母线的送电操作。下面以图3-7所示的某厂一台200MW机组保安电源系统接线为例说明其工作电源和备用电源之间的切换操作和保安段母线的停送电操作。

1. 7号机保安段母线由380V工作B段来电源接带切换为老厂来备用电源接带的操作（380V工作B段电源断路器检修）

（1）接值长可以操作的命令。

（2）检查老厂来备用电源电压正常。

（3）检查7号机保安段B708-1隔离开关在合位。

（4）检查7号机保安段B708-2隔离开关在合位。

（5）检查B708断路器的操作熔断器给好。

（6）在B708断路器上下口之间测量电压差不大于10V。

（7）合上B708断路器。

（8）检查B708断路器合好。

（9）断开380V工作B段7705B-2断路器。

（10）检查380V工作B段7705B-2断路器确断。

（11）检查7号机保安段电压表指示正常。

（12）断开7号机保安段B701-B隔离开关。

（13）检查7号机保安段B701-B隔离开关确断。

（14）取下7号机保安段B701-B熔断器。

（15）断开380V工作B段7705B-2隔离开关。

（16）检查380V工作B段7705B-2隔离开关确断。

（17）检查380V工作B段7705B-2断路器的联动开关在断开位置。

（18）取下380V工作B段7705B-2断路器的操作熔断器。

（19）根据工作票要求布置安全措施。

注：在上述操作中，若380V工作B段电源断路器不检修，只要求处于热备用状态时，第（12）～（18）项不进行操作，并应将380V工作B段7705B-2断路器的联动开关打在合位。

2. 7号机保安段由380V工作B段来电源断路器检修结束后送电，7号机保安段由老厂来备用电源接带切换为380V工作B段来电源接带的操作

（1）接值长可以操作的命令。

（2）拆除现场因检修而设置的安全措施。

（3）检查 380V 工作 B 段 7705B－2 断路器在断开位置。

（4）装上 380V 工作 B 段 7705B－2 断路器的操作熔断器。

（5）合上 380V 工作 B 段 7705B－2 隔离开关。

（6）检查 380V 工作 B 段 7705B－2 隔离开关合好。

（7）装上 7 号机保安段 B701－B 熔断器。

（8）合上 7 号机保安段 B701－B 隔离开关。

（9）检查 7 号机保安段 B701－B 隔离开关合好。

（10）在 380V 工作 B 段 7705B－2 断路器上下口之间测量电压差不大于 10V。

（11）合上 380V 工作 B 段 7705B－2 断路器。

（12）检查 380V 工作 B 段 7705B－2 断路器合好。

（13）断开 7 号机保安段 B708 断路器。

（14）检查 7 号机保安段 B708 断路器确断。

（15）检查 7 号机保安段电压表指示正常。

（16）检查 7 号机保安段 B708 断路器联动开关在合位。

（17）对以上操作进行全面检查。

需要说明的是，上述图 3－7 所示的某厂一台 200MW 机组保安电源系统接线中，7 号机保安段的三路电源中，正常状态下只允许有一路电源断路器在合闸状态，而上述操作切换中为了使保安段的负荷不中断供电，采用的是并列方法进行的工作和备用电源的倒换，这就要求在两路电源并列切换之前，在并列断路器处检查两路电源的相序相同且电压相等或压差在合格范围内，否则的话不能采取并列倒换的方法，应使用短时将保安段母线停电的方法进行切换（此时应联系机械值班员做好负荷切换及瞬时停电的准备），避免由于压差大而采用并列倒换时产生较大的冲击，另外，在采用并列切换时，并列的断路器由于控制回路上只允许有一路电源在合闸状态，不能电动合闸，所以只能采用手动机械合闸的方法进行。

3．7 号机保安段母线停电的操作（在 380V 工作 B 段来电源接带下）

（1）接值长可以操作的命令。

（2）检查 7 号机保安段所带负荷已全部停电。

（3）检查 7 号机保安段 B708 断路器确断。

（4）断开 7 号机保安段 B708 断路器的联动开关。

（5）断开 7 号机保安段 B708－1 隔离开关。

（6）检查 7 号机保安段 B708－1 隔离开关确断。

（7）断开 7 号机保安段 B708 - 2 隔离开关。

（8）检查 7 号机保安段 B708 - 2 隔离开关确断。

（9）取下 7 号机保安段 B708 断路器的操作熔断器。

（10）检查 380V 工作 A 段 7704A - 1 断路器确断。

（11）断开 380V 工作 A 段 7704A - 1 断路器的联动开关。

（12）断开 380V 工作 A 段 7704A - 1 隔离开关。

（13）检查 380V 工作 A 段 7704A - 1 隔离开关确断。

（14）取下 380V 工作 A 段 7704A - 1 断路器的操作熔断器。

（15）断开 380V 工作 B 段 7705B - 2 断路器。

（16）检查 380V 工作 B 段 7705B - 2 断路器确断。

（17）断开 380V 工作 B 段 7705B - 2 隔离开关。

（18）检查 380V 工作 B 段 7705B - 2 隔离开关确断。

（19）检查 380V 工作 B 段 7705B - 2 断路器的联动开关在断位。

（20）取下 380V 工作 B 段 7705B - 2 断路器的操作熔断器。

（21）断开 7 号机保安段 B701 - A 隔离开关。

（22）检查 7 号机保安段 B701 - A 隔离开关确断。

（23）取下 7 号机保安段 B701 - A 熔断器。

（24）断开 7 号机保安段 B701 - B 隔离开关。

（25）检查 7 号机保安段 B701 - B 隔离开关确断。

（26）取下 7 号机保安段 B701 - B 熔断器。

（27）断开 7 号机保安段 TV 隔离开关。

（28）检查 7 号机保安段 TV 隔离开关确断。

（29）7 号机保安段 TV 一次熔断器。

（30）取下 7 号机保安段 TV 二次熔断器。

（31）根据工作票要求布置安全措施。

（32）对以上操作进行全面检查。

4. 7 号机保安段母线送电的操作（由 380V 工作 B 段来电源接带）

（1）接值长可以操作的命令。

（2）拆除现场因检修而设置的安全措施。

（3）测量 7 号机保安段母线绝缘良好。

（4）装上 7 号机保安段 TV 二次熔断器。

（5）合上 7 号机保安段 TV 一次熔断器。

（6）合上 7 号机保安段 TV 隔离开关。

（7）检查 7 号机保安段 TV 隔离开关合好。

（8）检查 380V 工作 A 段 7704A－1 断路器确断。

（9）检查 380V 工作 B 段 7705B－2 断路器确断。

（10）装上 7 号机保安段 B701－A 熔断器。

（11）合上 7 号机保安段 B701－A 隔离开关。

（12）检查 7 号机保安段 B701－A 隔离开关合好。

（13）装上 7 号机保安段 B701－B 熔断器。

（14）合上 7 号机保安段 B701－B 隔离开关。

（15）检查 7 号机保安段 B701－B 隔离开关合好。

（16）检查 7 号机保安段 B708 断路器确断。

（17）合上 7 号机保安段 B708－1 隔离开关。

（18）检查 7 号机保安段 B708－1 隔离开关合好。

（19）合上 7 号机保安段 B708－2 隔离开关。

（20）检查 7 号机保安段 B708－2 隔离开关合好。

（21）装上 7 号机保安段 B708 断路器的操作熔断器。

（22）检查 380V 工作 A 段 7704A－1 断路器确断。

（23）装上 380V 工作 A 段 7704A－1 断路器操作熔断器。

（24）合上 380V 工作 A 段 7704A－1 隔离开关。

（25）检查 380V 工作 A 段 7704A－1 隔离开关合好。

（26）检查 380V 工作 B 段 7705B－2 断路器确断。

（27）装上 380V 工作 B 段 7705B－2 断路器操作熔断器。

（28）合上 380V 工作 B 段 7705B－2 隔离开关。

（29）检查 380V 工作 B 段 7705B－2 隔离开关合好。

（30）合上 380V 工作 B 段 7705B－2 断路器。

（31）检查 380V 工作 B 段 7705B－2 断路器合好。

（32）检查 7 号机保安段电压指示正常。

（33）合上 7 号机保安段 B708 断路器的联动开关。

（34）合上 380V 工作 A 段 7704A－1 断路器的联动开关。

（35）检查 380V 工作 B 段 7705B－2 断路器的联动开关在断开位置。

（36）对以上操作进行全面检查。

（37）汇报值长 7 号机保安段已送电。

八、220V 不停电电源系统的倒闸操作

不停电电源系统的倒闸操作主要有工作电源和备用电源之间的切换操作及各电源的停送电操作等，机组正常运行中不停电电源系统基本没有什么操作，正常运行中在工作电源发生故障或失去工作电源时，系统会自动依次切换为直流备用电源、交流备用电源接带，待工作电源恢复正常后系统会自动恢复正常的运行状态，一般只有在机组退出运行检修期间不停电电源UPS装置也需要检修时，将负荷通过切换旁路维修开关的操作切换为备用电源接带，将工作电源和直流备用电源停电，退出UPS装置，待装置检修结束后，恢复各路电源送电，再将负荷通过切换旁路维修开关的操作切换为正常的UPS装置供电。具体这部分的切换操作及注意事项详见第十一章第六节中的有关内容。

第四节 事 故 处 理

一、事故处理的原则

随着国民经济的迅速发展，各行各业对电业生产提出了越来越高的要求。这就是既要满足电能的质量，又要保证连续发供电，使各类用户都能按自己的需要使用电力。

（一）事故处理的一般原则

（1）尽快限制事故发展，消除事故根源，解除对人身和设备的威胁。

（2）消除系统振荡，阻止频率、电压继续恶化，防止频率和电压崩溃。

（3）尽可能保持或立即恢复发电厂的厂用电。

（4）采用一切可能的方法保持设备的继续运行，以保证对用户的连续供电。

（5）调整系统运行方式，使其恢复正常。

（6）尽快对已停电的用户恢复供电，优先恢复主要用户的供电。

（二）事故处理时的操作

为防止事故扩大，下列情况下允许先操作，后向调度汇报：

（1）将直接威胁人身安全的设备停止运行，对直接威胁设备安全的事故按现场规程进行处理。

（2）将已损坏的设备隔离。

（3）母线失压时，将连接到母线上的断路器断开。

（4）将已判明是误解列的部分电网、发电厂或发电机并网。

（5）现场事故处理规程中有明文规定的操作。

二、频率和电压降低的事故处理

频率和电压是衡量电能质量的两个重要指标。当两者偏离特别是低于规定范围运行时，对电源和用户均将造成影响。因此，电力系统对电压和频率的运行范围都作了具体规定。如果频率和电压降低较多或严重降低时，将严重威胁电力系统的安全运行，甚至造成系统瓦解。频率和电压的降低是电力系统常见的事故之一，必须正确及时地进行处理。

（一）频率降低的事故处理

电力系统的频率应经常保持在 50Hz，其规定偏差范围对不同容量的电网有不同的要求，但最大不得超过 ±0.5Hz。系统频率超出 50±0.2Hz 为事故频率，允许持续时间不得超过 30min，系统频率超出 50±0.5Hz，允许持续时间不得超过 15min。

1. 频率的调整

频率发生变化，是由于系统中发电机的功率和用户的负荷不平衡引起的。当系统的负荷增加或发电机出力减少时，频率就要下降；否则将会升高。由于电力系统的负荷在经常不断地变化，又由于发电机功率的改变往往受原动机的影响而不能完全适应系统负荷的变化，因此频率的波动是不可避免的。

在电力系统中，为了保证频率的稳定，中心调度所通常将发电厂分为第一调频厂、第二调频厂及负荷监视厂三类，并事先给出各发电厂的日负荷曲线。调频厂的主要任务是及时调整系统的频率，使它保持在允许范围内，为了完成这一任务，调频厂经常在高峰负荷到来前开炉并机，而在低峰期间停机压炉。若有条件时，调频厂选为水电厂较为理想，因为水轮发电机组从启动到并列再带上满负荷，只需要 1.5~2min 的时间，各负荷监视厂同样必须按调度员预发的负荷曲线来调整，只有这样，全网各发电厂相互配合，才能保证频率在允许范围之内。

2. 频率异常的事故处理

在发生系统频率异常事故时，应按下列程序进行：

（1）当系统频率低于 49.8Hz 时，由调度命令系统调节发电机出力，使频率回升到 49.8Hz 以上。同时根据调度命令，通知用户减负荷以使频率回升。

（2）当系统频率低于 49.5Hz 时，各发电厂无须等待调度命令，增加发电机出力（在增加出力时注意不使联络线、联络变压器过负荷或超稳定极限），直至频率恢复至 49.5Hz 以上或已达最大出力，同时向调度汇报，由调度命令投入备用发电机组。若备用容量全部投入，频率仍未回升到 49.5Hz 以上时，各厂值班员应按调度命令，通知各用户压负荷或拉掉部分不重要用户负荷，使频率低于 49.5Hz 的时间不超过规定。

（3）当系统频率低于49Hz时，各发电厂无须等待调度命令立即将机组出力加满，或开出备用机组，并注意不使联络线、联络变压器过负荷或超稳定极限。当频率降到低频减载装置动作值而装置未动作时，各发电厂无须等待调度命令，可手动断开该轮次所接的断路器。若频率仍不上升，应按事故拉闸顺序拉闸限负荷。低频减载装置动作切除及手动断开的断路器，未经上级调度许可不得擅自送电，也不准倒至其他线路供电。

（4）当系统频率低于47.5Hz时，各发电厂可不待调度命令按事故拉闸顺序表拉闸直到频率恢复到49.0Hz，并报告上级调度。

（5）当系统发生事故解列成几个部分时，则各部分频率的恢复应由各地区的调度部门分别负责按上述原则独立进行处理。

（6）当电力系统的频率降低（一般在46Hz左右）至足以破坏火力发电厂厂用电系统的安全运行时，各发电厂值长可以按现场规程的规定，将专用厂用发电机或将事先规定的供厂用电及部分重要用户的一台或数台发电机与系统解列，而无须得到系统值班员的许可。当厂用电与系统解列后，待电力系统频率达48.5Hz以上时，应尽快将厂用电机组与系统恢复并列。

（7）当系统频率高于50.2Hz时，各发电厂应根据调度命令降低机组有功负荷或改烧油减负荷或与系统解列、停机。

（8）当系统频率高于50.5Hz时，各发电厂不待调度命令，立即将机组有功降至最低。若引起联络线、联络变压器过负荷超稳定时，应停止调整并报告上级调度。

综上所述，电力系统频率异常事故处理的方法有以下几点：

（1）使运行的发电设备增加有功出力。

（2）投入系统中备用容量，如水电厂应立即开机，火电厂启动冷备用机组。

（3）各发电厂对厂用系统进行经济调度，以减少厂用电量。

（4）按现场规定的事故拉闸顺序，切除部分负荷。

（5）适当降低系统电压，以减少用户无功及有功的需要。

（6）检查按频率自动减负荷装置的动作情况，当按频率自动减负荷装置在整定频率下没有动作时，应立即手动切断其连接的线路，或按系统调度事先规定的顺序手动按频率减负荷。

（7）当系统频率降低至危及发电厂厂用电安全运行时，则应将事先规定的厂用发电机或专用厂用发电机与系统解列，以专供厂用电和部分重要用户。

（二）电压降低的事故处理

1. 电压的调整

为了保证供电电压的质量，系统的电压应维持在额定值运行。但在实际运行中，系统的电压不可能保持在额定值。由于系统中负荷的变化，电压也随之而变动，一般规定，系统运行电压的变动范围不超过额定值的 ±5%，电压最低水平不应低于额定值的 90% 长期运行。最高水平不得超过额定值的 110% 长期运行。如超过电压变动范围，运行人员应进行调整，使系统电压维持在允许变动的范围内。

电压的变化是由于系统中无功功率失去平衡的结果。若系统中用户所需的无功功率超过电源发出的无功功率时，电压就要下降，反之，就会升高。由于用户所需无功功率的变化，发电机、调相机和静电电容器的检修，系统运行方式的改变以及系统内的设备故障等，都可能造成无功的缺乏，而使系统的运行电压降低过多。

发电机在低于额定电压运行时，要维持同样的出力，则将引起定子电流的增加，其增加的程度略大于电压下降的百分数。如果定子绕组电流在额定电压时已达限额，而且要求电压下降后有功出力维持不变，那么发电机的无功出力将随电压的降低而明显减少，经分析，电压降低 1%，无功出力降低 3%。

静电电容器的出力与电压的平方成正比，因此电压在一定范围内降低 1%，其出力减少 2%。

线路损耗受电压的影响较大，它与电压的平方成反比，在一定范围内电压降低 1%，线路的有功损耗和无功损耗都将增加 2%。

异步电动机的最大转矩与电压的平方成正比，当系统电压低于额定值的 70% 时，在满负荷情况下电动机就会停转。另外系统电压过低，会使定子电流增加，造成电动机长期过负荷运行而烧坏，从而影响工农业的生产。

综上所述，当系统的无功电源发出的无功功率不能满足用户负荷的需要时，电压就要降低，当系统电压下降以后，虽然负荷会自然减少，但是发电机、调相机和静电电容器的出力将会降低，交流电动机会停转或烧坏，电网损耗会显著增加。因此，在系统无功不足的情况下，电网运行方面应设法提高发电机端电压和主系统的电压，以保证用户的电能质量。

电压调整的措施有以下几种：

（1）用发电机调压。

（2）增加或减少该区的调相机负荷。

（3）改变带负荷调压变压器的分接头位置。

（4）投入或切除安装在变电站内的静电电容器。

（5）临时改变系统的运行方式，以达到潮流分布的改变，从而使电压改变。

（6）在上述方法都不能满足要求时，则减少或增加系统地区负荷。

发电厂主控制室值班人员，应根据调度所规定的电压曲线的要求，进行监视及调整电压调整器的运行。如没有电压调整器时，则值班人员应手动调整发电机磁场变阻器电阻。为保证电压的稳定，发电机的自动励磁调节装置应经常投入运行。

2. 电压降低的事故处理

发电厂正常运行时的母线电压是按调度给定的"电压曲线"控制的。当在电压曲线规定的范围内运行而发生电压降低并超过曲线要求时，电气运行值班人员应向调度汇报，由调度员投入系统内的备用机组。同时，电气运行人员应区别情况进行下列相应处理。

（1）电压降低与频率降低同时发生时，应按频率降低事故的处理办法进行处理，同时，视电压降低程度及情况按下述方法处理。

（2）发电机自动励磁和强行励磁装置应经常投入运行。

（3）发电机组的运行电压降低时，发电厂电气运行人员应按规程自行使用发电机的过负荷能力，制止电压继续降低到额定电压的90%以下。

（4）临时改变运行方式，以进行潮流的强迫分布，从而提高电压。

（5）动用无功备用，迅速将水电厂的水轮机作调相机运行，火电厂冷备用机组做好开机准备，同时，合理地加入静电电容器并充分利用用户的无功补偿装置。

（6）适当提高频率（变动范围不超过0.5Hz）运行，因为提高频率可以提高系统电压，在一般情况下，系统频率升高1%，电压水平相应提高4%～5%，无功出力可提高7%～10%。

（7）按现场规程的事故拉闸顺序，切除部分负荷。

（8）投入低电压切负荷装置，自动切除部分负荷。

（9）当系统电压降低到足以破坏发电厂厂用电安全运行时，将事先规定的厂用发电机或专用厂用发电机与系统解列，以专供厂用电和部分重要用户。

三、发电机与系统解列的事故处理

电力系统与发电厂的联络线或联络线上的设备发生故障，在该联络线的继电保护自动动作而跳开断路器时，或由于继电保护误动作，将发电厂与系统的联络线断路器跳开时，均造成电力系统与发电厂解列。

当发生发电厂与系统解列事故时，发电厂值班人员无须等待值班调度员的命令，应尽快恢复同期并列，同时将此事报告值班调度员。

1. 事故情况下的并列条件

在处理事故时，为了加速发电机的并列过程，可采用自同期的方法。如果不能采取自同期的方法而用准同期方法并列时，允许经过大电抗如长距离的输电线的两个系统电压相差20%、频率相差0.5Hz（联系特别弱的情况除外），进行同期并列。

2. 不同期部分频率相差过大

在事故时，电力系统被分割成几部分，各部分可能出现有功功率和无功功率的不平衡，使各部分的频率和电压不相等，如缺电源的系统则频率和电压降低，电源过多的系统则频率和电压升高，使同期并列造成困难。为了调整各部分的频率使其相等，以利于迅速同期并列，值班人员在调度员的领导下，可按下列方法处理：

（1）调整各系统的出力。对于频率较低的部分系统，尽可能提高发电机出力，对于频率较高的部分系统，可以降低发电机出力。

（2）转移电源。将频率较高的部分系统中的部分机组或整个发电厂与系统解列，然后再与频率较低的部分系统同期并列。

（3）转移负荷。从频率较低的部分系统中切除一些负荷，转到频率较高的部分系统中去。

（4）切除负荷。将频率较低的部分系统中的一部分负荷切除。

（5）动用备用容量。启动备用机组，与频率较低的部分系统并列。

经上述处理后，可以使系统各部分之间频率符合同期条件，至于各部分系统之间的电压差，可以比正常并列时大些。

四、线路跳闸的现象及处理

（一）输电线路跳闸的原因及处理原则

输电线路自动跳闸大多数是线路上发生故障引起的，也有少数是继电保护误动作造成的。

输电线路故障多数是瞬间故障。即由于大雨、雷击、大风、大雾等自然现象造成线路绝缘子瞬间闪络，线路断路器跳闸无电压后，经过很短时间故障能够自动消失。目前在输电线路上，普遍采用自动重合闸装置，当线路发生瞬间故障时，断路器跳闸后该装置动作可自动地将断路器重新合上，使线路在极短的时间内恢复运行，从而大大提高了供电的可靠性。但是由于某些故障的特殊性，如重复雷击、熄弧时间较长的故障等，或者由于断路器和重合闸装置的缺陷，都会使断路器不能合闸成功。所以输电线路自动掉闸后电气值班人员应迅速处理，其处理的原则是：

（1）若几回线运行，有一回线跳闸时，应调整另几回线路的潮流。并应考虑以下几点：

1）具有联锁跳闸和快关汽门机组厂用电的安全。

2）调整另几回线的负荷不超过规定值。

若单回线运行跳闸应注意：

1）机组厂用电的安全。

2）调整地区系统潮流，如机组与系统间已无其他联系处于孤立运行状态，则应保持频率正常。

3）做好同期并列的准备。

（2）联络线路自动掉闸，不论重合闸装置投入与否，均不得随意强送电，以防止发生非同期合闸故障。但经调度值班员同意或投入无压闭锁装置时，则可强送一次。

（3）凡线路断路器跳闸可能产生非同期电源者，禁止无警告强送电。

（4）单电源线路自动掉闸，不论重合闸装置动作成功与否，或者无自动重合闸装置，都要手动强送一次。

（5）特殊情况下，经调度值班员批准，可多强送一次。

（6）线路断路器跳闸后，应对断路器外部检查，同时检查保护动作情况，根据具体情况进行处理。

在进行强送时，值班员应做好最坏情况的预想，即强送可能出现下述情况：

1）线路上故障仍然存在，即遇到"永久性故障"。

2）断路器性能不佳，连续断合短路故障造成拒动或断路器爆炸，使上一级断路器跳闸，扩大事故影响范围。

3）系统电压波动较大，用户甩掉负荷等。

4）线路故障发展，设备严重损坏或系统稳定破坏。

当发生上述现象时，值班员应依据现场规程规定进行处理。为了防止强送造成上述危害，值班调度员及值班人员应该做到以下对策：

1）对于多电源线路，应正确选择强送点。一般是选择离电力系统主要发电厂或中枢变电站较远一侧。

2）线路的速动保护应完好，各保护的配合应协调。系统中性点接地方式应符合要求，即直接接地网络应防止无接地点运行，而经消弧线圈接地的网络应使补偿度合理。

3）降低强送处附近的长距离线路的功率。

4）若有可能，则应改变运行方式，使对电压反应波动灵敏的用户远离强送点。

（二）输电线路跳闸的现象及处理举例

下面以发电机－变压器－线路单元接线组为例说明线路发生跳闸的现象及处理。

发生线路跳闸后警铃及警报响：①发电机－变压器组主断路器跳闸；②灭磁开关及高压厂用变压器低压侧断路器可能跳闸，高压备用变压器联动投入；③跳闸断路器绿灯闪光，联动合闸的断路器红灯闪光；④若发电机－变压器组主断路器跳闸的同时灭磁开关及高压厂用变压器低压侧断路器也跳闸，发电机－变压器组有功负荷、无功负荷、定子电流及电压、转子电流及电压表计指示为零；⑤若只是发电机－变压器组主断路器跳闸，则发电机和系统解列，此时发电机单带厂用电运行，负荷降为额定负荷的10%以下，发电机－变压器组有功负荷、无功负荷、定子电流及电压、转子电流及电压表计指示大为减小，发电机转速可能升高，相应频率也升高；⑥主控盘上相应有保护动作信号显示。

发生事故跳闸后的处理如下：

（1）根据故障现象及保护动作情况进行故障判断，将故障发生的时间及故障过程中的现象（保护动作信号、跳闸断路器名称、表计指示情况等）做好记录，恢复报警信号及闪光开关把手。

（2）若为线路故障引起跳闸，可将发电机－变压器组恢复为热备用状态，待线路恢复正常后根据调度命令，恢复将发电机－变压器组与系统并列投入运行。

（3）若判明为发电机－变压器组故障时，应检查灭磁开关是否跳闸，如未断立即将其断开，检查厂用 6kV 备用电源联动情况，如未联动，应手动拉掉工作电源开关，使备用电源联动投入，若不成功可强送备用电源。

（4）检查机变保护动作情况，询问汽轮机危急保安器是否动作，若发电机－变压器组主保护动作，如差动、匝间、转子两点接地等保护动作跳闸，应详细检查保护范围内的设备，确认故障点，测定发电机绝缘电阻，将发电机－变压器组停机进行处理。

（5）若属于发电机后备保护动作，应进行外部检查，未发现问题时，应测发电机－变压器组回路绝缘电阻，待与外部故障隔绝后将发电机零起升压，无异常后，经值长同意可将发电机－变压器组与系统并列恢复运行。

（6）若失磁保护动作，恢复励磁后可重新并列。

（7）若断水保护动作，待恢复供水后，可将发电机－变压器组并列，同时检查发电机绕组、引线有无发热、漏水等情况。

（8）若确认是发电机保护误动作或人员过失误动，进行外部检查后即可重新并列。

（9）在上述发电机－变压器组线路跳闸过程中，若只是发电机－变压器组主断路器跳闸，则发电机和系统解列，此时发电机单带厂用电运行，发电机负荷很小，这时由于和系统解列必须注意以下问题：第一要严格监视厂用电母线电压和发电机频率在允许的范围内；第二要注意避免非同期并列，严禁并列倒换操作，若要进行厂用电倒换时，应采用动态联动方法或采用准同期方式进行倒换。

（10）事故处理过程中应严格按照现场规程中的具体规定执行，处理故障应正确判断，迅速、果断、正确处理。

五、发电机－变压器组非全相运行故障的现象及处理

（一）非全相运行故障的现象及一般处理原则

发电机、主变压器在运行中发生非全相运行的现象一般较少，但其危害很大，其发生率较高的时间是在并、解列操作中。发生非全相运行时的现象主要有：主断路器位置指示灯指示异常，发电机三相电流指示不平衡，"主断路器三相位置不一致"信号发，若负序电流较小，发"负序过负荷信号，若由于非全相产生的负序电流较大，非全相保护动作跳开主断路器。

发生非全相故障时的处理分以下三种情况：

1. 在机组并列时

在机组并列时出现非全相，应立即解列发电机，待故障排除后可重新进行并列。

2. 在机组解列时

（1）不准拉开灭磁开关，汽轮机保持额定转速，立即减小发电机有功、无功负荷，应保持发电机定子电流为零，同时可以就地捅跳主断路器。

（2）若不成功时，对于发电机－变压器－线路组单元接线的机组可立即汇报调度要求断开线路对侧的断路器将发电机与系统解列；对于发电机－变压器组接于本厂高压母线的接线情况，可应用倒母线的方法用母联断路器代替主断路器将发电机与系统解列。

3. 运行中发生非全相

（1）若运行中发生保护动作跳闸，主断路器出现非全相，应立即手动断开主断路器，不成功时按上述 2 中的（2）中的方法处理。

（2）若运行中出现非全相，且非全相保护及负序过电流保护均未动作，应立即解列主断路器，不成功时按上述 2 中的（2）条方法处理。

（二）发电机－变压器组主断路器非全相运行的现象及处理举例

下面以 YNd11 接线的发电机－主变压器单元接线为例说明发生断路器非全相运行的现象、处理及防范措施。

1. 一相未断时

如图 3－18 所示为 YNd11 接线发电机－主变压器单元接线主断路器一相未断时的电流分布情况，其电流指示情况见表 3－2。

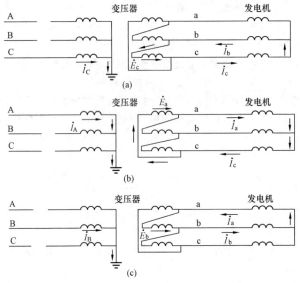

图 3－18　YNd11 接线发电机－主变压器单元
接线断路器一相未断的电流分布
（a）C 相未断；（b）A 相未断；（c）B 相未断

表 3－2　　YNd11 接线，当一相未断时发电机电流指示情况

高压侧未断开相	C			A			B		
发电机相别	a	b	c	a	b	c	a	b	c
电流指示	无	有	有	有	无	有	有	有	无

2. 两相未断时

如图 3 - 19 所示为 YNd11 接线发电机 - 主变压器单元接线断路器两相未断的电流分布情况，其电流指示情况见表 3 - 3。

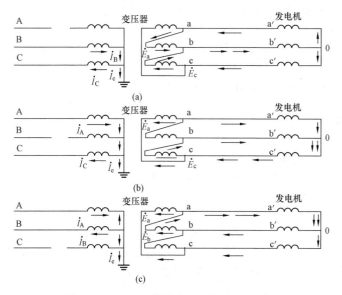

图 3 - 19　YNd11 接线发电机主变压器单元
接线断路器两相未断的电流分布

（a）B、C 相未断；（b）C、A 相未断；（c）A、B 相未断

表 3 - 3　YNd11 接线，当两相未断时发电机电流指示情况

高压侧未断开相	B C			C A			A B		
发电机相别	a	b	c	a	b	c	a	b	c
电流指示	小	大	小	小	小	大	大	小	小

3. 非全相情况的处理

（1）一旦发生非全相情况时首先设法降低发电机有功、无功负荷，尽可能减小负序电流对发电机的损害。

（2）遇到上述情况，不应当立即去拉磁场开关，汽轮机应维持原转速。

（3）维持一定的励磁电流（相当于空载时的励磁电流值）保证发电机电势正常，减少不平衡电流对发电机的影响。

（4）考虑用发电机、主变压器的上一级断路器来切断电流。例如：用倒母线的方法，将发电机、主变压器的断路器与母联断路器串联，用母联来解列发电机。

发电机-主变压器断路器需处理好缺陷才能使用。

4. 防止非全相运行情况发生的完善化意见

（1）应选择质量好、动作正确率高的断路器使用。

（2）应装设双重保护，以提高继电保护动作可靠性。

（3）应装设主、副跳闸线圈，运行中应有专用监视灯。

（4）大型机组解列时应留有小量的无功，便于解列时监视发电机电流。

（5）失灵保护不要轻易退掉，非全相和负序电流保护要可靠地、灵敏地投运，断路器要定期进行动作试验。

六、线路故障断路器拒动现象及处理

（一）线路故障断路器拒动的现象

警报响、系统有冲击，"掉牌未升起""线路保护动作"等信号发，对于接在高压母线上的输电线路，除故障线路断路器外，故障线路所在母线的所有元件断路器及母联断路器均跳闸，操作断路器的绿灯闪光，故障线路所在母线电压表指为零，故障线路有关保护，如高频、距离、四段零序等保护动作及失灵保护动作，故障录波器动作；对于发电机-变压器-线路组单元接线的输电线路，线路对侧断路器应跳闸，除"掉牌未升起""线路保护动作"等信号发出，线路高频、距离、四段零序等保护动作及失灵保护动作，故障录波器动作等动作外，发电机-变压器组后备保护动作断开发电机励磁开关及高压厂用变压器的低压侧断路器。

（二）发生送出线路故障断路器拒动情况的处理

根据故障现象及保护动作情况进行故障判断，将故障发生的时间及故障过程中的现象（保护动作信号、跳闸开关名称、表计指示情况等）做好记录，恢复警报及闪光开关把手，检查保护动作情况，确认故障线路扩大为断路器拒动所致；对于接在高压母线上的输电线路，请示值长将故障线路停电，拉开拒动断路器两侧隔离开关，做好安全措施，检查母线保护使用正确，调整运行方式，采取措施保证厂用电正常运行，用发电机对失电母线零起加压，或联系调度用其他电源线路对失电母线充电，良好后，恢复母线运行，将被迫停运机组与系统并列，送出该母线所有负荷，恢复厂用电正常运行方式；对于发电机-变压器-线路组单元接线的输电线路，由于线路对侧断路器跳闸，与输电线路自动跳闸的故障类似，应首先

检查 6kV 厂用电源的联动情况是否正常，如未联动，应立即手动断开工作电源断路器，使备用电源断路器联动投入，检查厂用电正常切为备用电源接带后，请示值长将发电机－变压器－线路组停电，做好安全措施，待出线断路器处理好试验正常，线路故障已排除后，可用发电机－变压器组带线路零起升压，正常后，恢复发电机－变压器组与系统并列运行，机组带一定负荷后，按现场规程规定将厂用电由备用电源接带切换为工作电源接带。

七、220kV 母线故障处理

（一）母线故障的现象

母线发生故障时，警报响、系统发生冲击、各表计剧烈摆动，"掉牌未复归"和"母线电压消失"信号发，故障母线全部进出线断路器及母联断路器绿灯闪光，母线电压为零，故障母线连接的元件表计指示为零，母差保护动作和母线保护选择元件动作指示灯亮。

（二）母线故障的处理

记录故障时间及故障现象，恢复报警及闪光开关，断开故障母线未跳闸的断路器，检查保护动作情况，确定故障母线，汇报值长。检查厂用电运行情况，采取措施尽量恢复厂用电正常运行；到现场进行检查，查明母线故障原因，隔离故障点；若母线无明显故障点或故障可立即排除，可用发电机对母线零起加压或联系调度由线路向故障母线充电，良好后用母联断路器并列，恢复故障母线及母线上其他元件运行；若故障不能立即消除，应立即拉开母联断路器两侧隔离开关及故障母线所有隔离开关，将故障母线所带负荷及发电机－变压器组倒至非故障母线上运行，二次回路进行相应切换，将故障母线做好安全措施通知检修人员处理。

发生母线故障时应注意，无论当时情况如何，首先应将接在母线上的可能有电源来的一切断路器断开；在双母线接线的其中之一发生故障停电时，严禁用母联断路器由运行母线向停电的故障母线送电；由于故障母线影响系统联络线路停电，再次送电时，必须与有关部门联系后经调度同意方可进行。

八、全厂停电事故处理

（一）发电厂全厂停电事故的原因

（1）由于发电厂内部的厂用电、热力系统或其他主要设备的故障，处理不当导致机炉全停，全厂出力降至零，造成全厂停电。

（2）由于发电厂和系统间的联络线故障跳闸，使地区负荷很大的发电厂发出的功率远远小于负荷，引起发电厂严重低频率、低电压。若处理不果断或发生错误，可能造成机组全停，以致全厂停电。

（3）发电厂主要母线发生故障，使大部分机组被迫停机，并波及厂用电系统的正常供电时，也可能发展为全厂停电。

（4）发电厂运行人员发生误操作，致使保护装置的一、二次方式不对应，或者造成某些主要设备（如主变压器、厂用电母线等）失电，在某些情况下，可能扩大为全厂停电。

发电厂的全厂停电事故涉及的原因是多方面的，往往是一系列事故综合并发的结果。对于大容量发电厂来说，发生全厂停电事故后，对电力系统将带来很大影响，如低频率、低电压，甚至电压崩溃或频率崩溃等。

（二）发电厂全厂停电事故的处理

全厂停电事故发生以后，运行人员应该在值长的统一指挥下进行事故处理，并遵循下列基本原则：

（1）尽快限制发电厂内部的事故发展，消除事故根源并解除对人身和设备的威胁。

（2）优先恢复厂用电系统的供电。

（3）尽量使失去电源的重要辅机首先恢复供电。

（4）积极与调度联系，尽快恢复外来电源，电源一旦恢复后，即可安排机炉的重新启动。

（5）当发电厂容量较小时，可以考虑并有效合理地利用锅炉提供的剩汽作为动力逐步恢复发电。

为了防止全厂停电事故的发生，及时地将厂用电系统与电网解列，特别是当系统发生低频率、低电压事故时，是一项较为有效的措施。厂用电系统解列运行后，如果能保证其可靠地连续供电，这对尽快恢复全厂正常生产将会起到非常重要的作用。

九、电力系统非同期振荡的事故处理

正常运行中，由于系统内发生短路、大容量发电机跳闸（或失磁）、突然切除大负荷线路（负荷超过系统稳定限值）。系统负荷突变、电网结构及运行方式不合理等，以及系统无功电力不足引起电压崩溃、联络线跳闸及环网处开环等，使电力系统的电源功率与用电功率失去平衡，造成稳定性破坏。由于这些事故，使系统中一部分和另一部分之间失去同步，因而发生剧烈的振荡。

造成系统非同期振荡的原因还有电源、联络线之间非同期合闸并列、中枢点电压低于事故限值等。

系统发生振荡时，整个系统的电压、频率都要发生变化，电流和功率都将产生剧烈的振荡。系统各部分之间虽有电气联系，但送端频率升高，而受端频率降低，并略有波动。

（一）电力系统非同期振荡的特征

电力系统发生非同期振荡时，系统之间仍然有电的联系，系统的有功功率、无功功率、电流以及某些节点的电压，呈现不同程度周期性的摆动。振荡时，由于全网出力和负荷严重不平衡，联络线的有功功率、无功功率将比正常值大得多；一些没有振荡闭锁装置的继电保护因为电压降低、电流增大而可能误动作；连接失步的发电厂或系统的联络线上的潮流摆动幅度最大，每周期约至零值变化一次；在系统振荡的两端（即送端和受端）电压振幅异常剧烈。振荡剧烈程度与系统容量、联络线的运行方式及接线阻抗有关。一般地讲，系统容量大，运行方式合理时，接线阻抗小些，系统发生振荡的程度轻一些。

在发电厂内，发电机的定子电流表摆动最剧烈，可能在满刻度范围内摆动；有功功率表和无功功率表的摆动也很剧烈；定子电压表比在正常值略低处附近摆动，但不会到零；转子电流和电压都在正常值附近摆动；发电机将发出不正常的、有节奏的鸣声；强行励磁一般会动作；厂用电动机由于频率和电压降低而大大影响工作效率，甚至低压脱扣，严重威胁电厂的安全运行。

电力系统在发生非同期振荡前，往往有一些先兆可帮助进行分析和做好必要的事故预想。例如，系统联络线输送功率长期超过或者接近动态静稳定限额时；系统电压比规定值降低很多，并且经常在低频率下运行时；发电厂和系统的稳定储备不够时；发电机经常在高功率因数下运行而又缺乏快速可靠的失磁保护及自动调节励磁装置等。这些不利于稳定运行的条件在某个突发故障的诱发下，即可引起系统振荡。

系统产生非周期振荡的主要原因是：长线路输送功率超过极限；中枢点电压低于事故极限；联络线、联络变压器突然切除，使环状网络开环，与电网联系骤然减弱；大容量发电机突然切除或失磁；相间短路，特别是邻近大容量发电厂和重载长线发生短路故障，不能速切或又重合到故障回路；电源间非同期合闸未能拖入同步等。

（二）系统非同期振荡的事故处理

值班人员发现有上述非同期振荡象征时，应报告上级调度待命处理。调度根据系统运行方式、负荷潮流、系统事故等情况，以及各发电厂、变电站报告的情况等判断振荡中心，并迅速处理。

若系统发生趋向稳定的振荡，即每次来回摆动的幅度越来越小，振荡若干次就很快衰减下去，最后达到新的稳定状态下继续运行，此时值班人员不需操作，只要做好事故的思想准备就可以了。若由于振荡而发生失步时，则要尽快创造同步的条件。一般处理的方法为：采取措施使系统之间人工再同步；若一定时间内人工再同步未奏效，则使系统解列，经调整后再恢复并列。

1. 人工再同步

（1）人为地调整，使失去同步的系统各部分间频率相等，即频率降低部分的系统的发电厂增加有功功率，以升高频率，必要时切除部分负荷，并将电压提高到最大允许值；频率升高的部分系统的发电厂降低有功功率，以降低频率，致使送电端与受电端两部分系统的频率相同，并将电压提高到最大允许值。

（2）不论处于振荡的送端或受端各厂、站值班人员，不待上级调度命令立即将发电机、调相机及静补无功输出调至最大或电压升至最高允许值，禁止解除自动励磁及强励装置。

（3）频率升高部分的系统，降低发电厂有功或选切机组时，频率最低可降至49.5Hz；频率降低部分的系统，增加发电机有功直至最大。若仍然满足不了要求可按事故拉闸顺序拉闸，使频率恢复到49.5Hz以上或振荡消失。

2. 系统解列

在采取上述措施后，非周期振荡仍未消失，不能拖入同步时，应按上级调度事先经计算规定的事故解列点，根据调度命令将解列点断路器断开，系统解列。解列后，两个系统都可以保持稳定，只是一部分系统频率高，另一部分频率低。解列点的选择应使失去同步的部分系统隔离，并使解列后两侧的电源与负荷尽可能平衡，解列点最好有并列装置。采用分别运行的办法能满足负荷的需要及保持系统的稳定性。待系统恢复稳定后，应再将两个系统并列运行。

系统振荡时，值班人员不得任意将机组解列。但遇下列原因，造成机组失步时，值班人员可不待调度命令立即将机组解列。

（1）由于并列不当引起失步。

（2）机组失去励磁引起失步。

（3）现场规程有明文规定者。

为了防止振荡事故的发生，需要采取有效措施。在电力系统中对线路采用快速保护、快速断路器、单相自动重合闸；对发电机装设强行励磁、自动电压调整器、快速励磁系统；对电网则改善其结构、健全其运行方式、采用联锁切机、混合环网设置解列点、受电端加装切负荷装置、装设两相运行母差保护、装设线路串联补偿电容等措施，可以提高系统的稳定运行，减少系统的振荡和失步事故。

提示　第三章共四节内容，其中第一～三节适合于初级工学习（第二、三节应熟练掌握），第一～四节适合于中、高级工学习。

第三章　电力系统运行规定

第四章

同步发电机的运行

第一节 同步发电机基本原理与概述

电厂中的发电机都为同步电机，它是把原动机的机械能转变为电能，通过升压变压器、输电线路、降压变压器、配电装置等设备送往用户。

一、发电机及其辅助设备的组成

同步发电机是将机械能转变为电能的设备，一般由汽轮机或水轮机作为原动机来拖动，由汽轮机拖动的称为汽轮发电机，由水轮机拖动的称为水轮发电机。由于汽轮机是高速原动机，所以汽轮发电机一般都是隐极式；水轮机是低速原动机，故水轮发电机通常都是凸极式。本章节主要讨论汽轮发电机。

汽轮发电机一般由定子、转子及其冷却系统、油密封装置和励磁装置组成。图4-1所示为某厂330MW汽轮发电机的结构图。

发电机定子由定子铁芯、定子绕组、机座、端盖式轴承等部件组成。定子铁芯一般用0.5mm厚的硅钢片叠成，每叠为3~6cm不等。叠与叠之间留出10mm宽的通风槽，然后用特殊的非磁性压板把整叠铁芯压紧，固定在机座上。

大型水-氢-氢冷却发电机的定子绕组由实心股线和空心股线交错组成，采用双星形连接。空心股线构成冷却绕组的水路。此外，定子还包括定子总进出水管，主引线及测温装置等。

从机械应力和发热方面来看，汽轮发电机里最关键的部件是转子。因为大容量二极汽轮发电机的转子转速可达150~160m/s。在这样高的转速下，部件的离心力可在转子的某些部分产生极大的应力，因此现代汽轮发电机的转子是由高强度、高导磁的合成钢锻制而成。在转子的两个极距下约2/3部分都铣有凹槽，励磁绕组（或称转子绕组）就嵌在这些槽里。图4-2表示一台已经嵌完线的转子。图中不开槽的部分则形成一个"大齿"，整个嵌线部分加上大齿就组成发电机的主磁极。为把励磁绕组可靠地固定在转子上，槽内装有金属槽楔，端部套有用高强度材料锻成的非磁性护环。

第一篇 发电厂电气值班

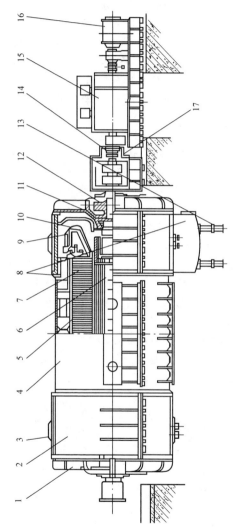

图 4-1 330MW 汽轮发电机结构图

1—端盖；2—端罩；3—冷却器；4—定子机座；5—轴向弹簧板；6—转子；7—定子铁芯；
8—定子出线罩；9—定子引线；10—定子绕组；11—油密封；12—轴承；13—定子出线；
14—碳刷架；15—交流主励磁机；16—永磁机；17—隔音罩

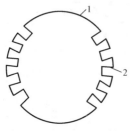

图 4-2　汽轮发电机转子

1—大齿；2—小齿

大型发电机一般采用端盖式轴承，椭圆轴瓦。端盖采用优质钢板焊接，上瓣端盖设有观察孔，下瓣端盖设有较大的回油腔，使氢侧密封回油极为通畅，以防止向机内漏油。

氢气冷却器是通过水和氢气的热交换带走发电机的部分损耗。主要由绕片式铜冷却管和两端水箱组成。

油密封装置一般采用双流环式油密封。油密封装置置于发电机两端端盖内，其作用是通过轴颈与密封瓦之间的油膜阻止了氢气外逸。

大型同步发电机一般采用同轴交流励磁机励磁。同轴交流励磁机由主励磁机、副励磁机、座架、座式轴承、刷架和扭振监视传感器等组成。

主励磁机和副励磁机是励磁系统的两个主要组成部分。主励磁机发出的交流电经静止的半导体整流器整流而后供给发电机转子绕组励磁。而主励磁机所需要的励磁电流，是由副励磁机发出的交流电经晶闸管整流后供给的。副励磁机的磁场由本身的永磁体提供。

二、同步发电机的基本原理

我们知道，导线切割磁力线能产生感应电动势，将导线连成闭合回路，就有电流流过，同步发电机就是利用电磁感应原理将机械能转变为电能的。

图 4-3 为同步发电机示意图。导线放在空心圆筒形铁芯的槽里。铁芯是固定不动的，称为定子。磁力线由磁极产生。磁极是转动的，称为转子。定子和转子是构成发电机的最基本部分。为了得到三相交流电。沿定子铁芯内圆，每相隔 120°分别安放着三相绕组 A-X、B-Y、C-Z。转子上有励磁绕组（也称转子绕组）R-L。通过电刷和滑环的滑动接触，将励磁系统产生的直流电引入转子励磁绕组，产生稳恒的磁场。当转子被原动机带动旋转后，定子绕组（也称电枢绕组）不断地切割磁力线，就在其中感应出电动势来。

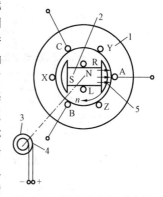

图 4-3　同步发电机示意图

1—定子铁芯；2—转子；3—滑环；
4—电刷；5—磁力线

感应电动势的方向由右手定则确定。由于导线有时切割 N 极，有时切割 S 极，因而感应的是交流电动势。

交流电动势的频率为 f，决定于发电机的极对数 p 和转子转数 n，即

$$f = np/60$$

式中 n 的单位为 r/min；f 的单位为 Hz

转子不停地旋转，A、B、C 三相绕组先后切割转子磁场的磁力线，所以在三相绕组中电势的相位是不同的，依次差120°，相序为 A、B、C。

当发电机带上负荷以后，三相定子绕组中的定子电流（电枢电流），将合成产生一个旋转磁场。该磁场与转子以同速度、同方向旋转，这就称为"同步"。同步电机也由此而得名。它的特点是转速与频率间有着严格的关系。即

$$n = 60f/p$$

三、同步发电机的分类、型号、参数

（一）分类

同步发电机的种类按原动机不同可分为汽轮发电机和水轮发电机。汽轮发电机一般是卧式的，转子是隐极式的；水轮发电机一般是立式的，转子是凸极式的。同步发电机按冷却介质和冷却方式可分为空冷、氢冷和水冷式发电机，即：

$$
\text{同步发电机}
\begin{cases}
\text{空气冷却（空冷）——外冷（指冷却介质和导体} \\
\qquad\qquad\qquad\qquad\quad \text{隔着绝缘层的冷却）} \\
\text{氢气冷却（氢冷）——}
\begin{cases}
\text{外冷} \\
\text{内冷（冷却介质直接} \\
\qquad\quad \text{冷却导体）}
\end{cases} \\
\text{水冷却（水冷）——双水内冷}
\end{cases}
$$

上述的冷却介质和方式还可以有不同的组合，如水 – 氢 – 氢（定子绕组水内冷，转子绕组氢内冷，铁芯氢冷）；水 – 水 – 空（定子、转子水内冷，铁芯空冷）；水 – 水 – 氢（定子、转子绕组水内冷，铁芯氢冷）等。

（二）型号

发电机的型号是表示该台发电机的类型和特点的。我国发电机型号的现行标注法采用汉语拼音法，一般用拼音字的第一个字母来表示。下面介绍几种类型发电机的型号。

（1）空冷汽轮发电机。QF 系列，如 QF – 25 – 2 型发电机，其型号意义：Q—汽轮，F—发电机，合起来的意义是汽轮发电机。数字部分：25

表示有功功率（单位是 MW），2 表示极数。有时遇到 QF2 – 12 – 2 的型号，这里 QF2 的"2"表示第二次改型设计。

TQC 系列，如 TQC5674/2 型发电机，型号意义：T—同步，Q—汽轮，C—普通空气冷却，合起来的意义为普通空气冷却的同步发电机。数字部分：分子前两位数字 56，为铁芯直径号数；分子后两位数字 74，为铁芯长度号数；分母 2 为极数。

（2）氢外冷汽轮发电机。QFQ 系列，如 QFQ – 50 – 2 型发电机，型号意义：Q—汽轮，F—发电机，Q—氢冷，合起来意义为氢气冷却的汽轮发电机。数字部分：50 表示有功功率（单位是 MW），2 表示极数。

（3）氢内冷汽轮发电机。TQN 系列，如 TQN – 100 – 2 型发电机，型号意义：T—同步，Q—汽轮，N—氢内冷，合起来的意义为氢内冷汽轮发电机。数字解释同上。

（4）双水内冷汽轮发电机。QFS 系列，如 QFS – 300 – 2 型发电机，型号意义：Q—汽轮，F—发电机，S—水冷，合起来的意义为水冷汽轮发电机。数字解释同上。

（5）水 – 氢 – 氢汽轮发电机。QFSN 系列，如 QFSN – 330 – 2 型发电机，QFSN 表示定子绕组水内冷、转子绕组氢内冷、铁芯氢冷的汽轮发电机。数字解释同上。

（三）参数

发电机上的铭牌是制造厂向使用单位介绍该台发电机的特点和额定数据用的。这些数据是发电机正常运行的依据，一般有额定功率、额定电压、额定电流、额定功率因数、额定转速、额定氢压、额定励磁电压、额定励磁电流、接线方式、额定效率等。所谓额定值，就是能保证发电机正常连续运行的最大限值，即在此额定数据的情况下运行，发电机的寿命可以达到预期的年限。

铭牌上标的主要项目有如下几个：

（1）额定电流。额定电流是指发电机正常连续运行的最大工作电流。

（2）额定电压。额定电压是指发电机长期安全工作的最高电压。发电机的额定电压指的是线电压。

（3）额定容量。额定容量是指电机长期安全运行的最大输出功率。有的制造厂用有功功率表示（kW），也有的是用视在功率表示（kVA）。

（4）额定功率因数 $\cos\varphi$。同步发电机的额定功率因数是额定有功功率和额定视在功率的比值。铭牌上一般标有功功率和 $\cos\varphi$ 值，或标视在功率和 $\cos\varphi$ 值。

上述额定电流、电压、容量、功率因数是相对应的，知道其中几个量，就可以求算出其余的量。

额定参数是指制造厂家保证发电机能长期连续运行的技术数据，例如，同步发电机的额定容量相当于在一定的冷却介质（空气、氢或者水）的温度下，在定子和转子绕组以及铁芯长期允许发热温度的范围内，发电机的连续运行允许输出功率。但在实际运行中，工作条件经常与额定条件不同，因此发电机的允许输出功率与铭牌输出功率不同，应做相应的修正。

四、同步发电机的发展概况

提高发电机的单机容量可以提高效率、减少材料消耗和降低运行费用。因此，发电机组的单机容量制造得越来越大。

随着同步发电机的单机容量由小到大，冷却介质、冷却方式和所用的材料也不断发展。冷却问题也成为电机设计与制造的主要问题之一。

电机的发热是由电流和磁滞损耗引起的。绕组里通过电流，铁芯里通过交变磁通，都会产生损耗，以热的形式散发出来。电机的容量越大，产生的热量越多。所以，冷却方法也要随着机组的容量不断增大而不断改进。同步发电机的冷却方法发展过程，基本上是由空冷→氢冷→水冷，且是由外冷向内冷发展。

空气冷却的主要优点是廉价、简易、安全。由于采用开敞式空气冷却易使绝缘脏污、风沟槽堵塞，所以一般采用密封循环强迫空气冷却系统。但空气冷却效能差、摩擦损失大，使它的被采用受到了局限。

氢气的重量仅为空气的 1/14，导热性比空气高 6 倍。用氢气来冷却电机，通风损耗小，冷却效果较好，可使效率提高 $0.7\% \sim 1\%$。一般汽轮发电机从空冷改成氢外冷后，可提高出力 $20\% \sim 25\%$。因此，大型电机广泛采用氢冷方式。

采用直接冷却铜导线的方法（内冷）可以大大提高冷却效果。因为这时冷却介质接触导体，可直接把产生的热量带走，比起隔着绝缘层吹风的外冷方式显然要好得多。内冷的冷却介质可以用氢气、水或油。

水具有很高的导热性能，它的相对导热能力比空气大 125 倍，比氢气大 40 倍。发电机由空气冷却改成双水内冷（即定子、转子绕组都采用水直接冷却）后，其容量可以提高 $2 \sim 4$ 倍。而且水还有性能稳定，不易燃烧等优点。

世界上第一台用于发电的双水内冷同步发电机是我国 1958 年制造出来的。双水内冷发电机的制造成功，标志着同步发电机有可能向更大容量发展。而寻找更好的冷却介质和冷却方法的研究工作还在积极地进行着。

五、发电机、励磁机及励磁系统整流设备的技术规范

1. 发电机的技术规范

发电机的技术规范一般应包括：设备名称、型号、额定功率、最大功率、额定电压、额定电流、额定励磁电流、额定功率因数、额定励磁电压、额定频率、额定转速、相数、接法、绝缘等级、冷却方式、环境温度、额定氢压、最高氢压、生产厂家、投产日期、出厂日期等。如某厂600MW 机组中的发电机设备技术规范见表 4 - 1。

表 4 - 1   某厂 600MW 机组中的发电机设备技术规范

设备名称	3、4 号发电机
设备型号	QFSN - 600 - 2 - 22F
输出功率（MW）	600
容量（MVA）	706
最大连续功率（MW）	636
电压（kV）	22
定子电流（A）	18524.6
功率因数（滞后）	0.85
励磁电流（计算值）（A）	4724
励磁电压（100℃）（计算值）（V）	431
空载励磁电压（V）	152.5
空载励磁电流（A）	1792.7
频率（Hz）	50
转速（r/min）	3000
相数	3
接法	Yy
出线端子数目	6
冷却方式	水 - 氢 - 氢
环境温度（℃）	5 ~ 40
氢压（MPa）	0.45
最高氢压（MPa）	0.50

第一篇 发电厂电气值班

设备名称	3、4 号发电机
短路比（保证值）	≥0.54
超瞬变电抗（保证值）	≥0.15
效率（保证值）（%）	≥98.85
轴承座振动（P-P）（mm）	≤0.025
轴振（P-P）（mm）	≤0.076
漏氢（m³/d）	≤12
励磁方式	自并励静止晶闸管励磁
强励顶值电倍数	≥2
强励电压响应比	≥2
允许强励时间（s）	10
发电机噪声（距机座1m处，高度为1.2m）（dB）	≤85

2. 励磁系统整流设备的技术规范

励磁系统整流设备的技术规范一般应包括名称、型号、生产厂家、出厂日期、主要技术参数和备注等。某厂 330MW 机组中的励磁机设备技术规范可见表 4-2。

表 4-2　　某厂 330MW 机组中的励磁系统技术规范

设备名称	12、13 号机励磁系统
型号	NES5100
生产厂家	国电南瑞科技股份有限公司
额定电流（A）	2831（1.05I_{fN}）
顶值电压（V）	648
顶值电流（A）	5392
强励允许持续时间（s）	10
响应时间（s）	<0.1
起励方式（V）	AC 380
总损耗（不包括励磁变压器）（kW）	20

第四章　同步发电机的运行

第二节　同步发电机的允许运行方式

发电机的稳定运行不仅对电力系统的安全供电十分重要，而且对发电机本身的安全也十分重要。如果发电机不能按规定的标准和方式运行则有可能对发电机造成损坏，所以值班人员应监视和调整发电机在允许运行方式下工作。

一、发电机运行参数的规定

发电机正常运行中各参数不得超过铭牌规定，电压波动范围不超过额定值的 ±5%，最大不超过 ±10%，当电压在上述范围内波动时定子电流的波动值不应超过额定值的 ±5%；频率变动最大不超过 ±0.5Hz，超过规定及时汇报值长；三相不平衡电流之差不得超过额定电流值的 8%，其中，任意一相的电流应不大于额定值。

二、发电机允许的温度与温升

发电机运行中，各部分的温度过高，会使绝缘加速老化，从而缩短它的使用寿命，甚至会引起发电机事故。一般说来，发电机温度若超过额定允许温度 8℃ 长期运行时，就会使其寿命缩短一半，所以，运行中必须严密监视发电机各部分的温度不得超过其限值。表 4-3 列出使用 B 级和 F 级绝缘的发电机，用氢气和水直接冷却时的温度限值（国标和部标）。

从表 4-3 中可看出，定子绕组（B 级绝缘）用检温计法测量，允许温度为 120℃，在其直接冷却有效部分出口处的冷却介质温度（出水温度）允许值为 85℃，就能保证绕组最热点温度不会超过规定温度限值。应当注意，温度限值不是发电机运行的实际温度，因此还要监视其允许温升和发电机的进水进氢温度，不能认为温度没有超过规定值就确定发电机无问题。综上所述，运行中要将发电机各部位温度、温升与往常数值比较，发现异常升高时，按相关规程规定处理。

表 4-3　　　氢气和水直接冷却的发电机温度限值表　　　℃

序号	发电机部件或冷却介质		B 级			F 级		
			温度计法	电阻法	检温计法	温度计法	电阻法	检温计法
1	直接冷却有效部分出口处的冷却介质	液体（水或油）	85		85	85		85
		氢气	110		110	130		130

序号	发电机部件或冷却介质			B级			F级		
				温度计法	电阻法	检温计法	温度计法	电阻法	检温计法
2	定子绕组				120	120		140	140
3	转子	氢气直接冷却转子径向出风区的数目	1和2		100			115	
			3和4		105			120	
			5~7		110			125	
			8及以上		115			130	
4	定子铁芯					120			140
5	不与绕组接触的铁芯及其他部分			任何情况下不应达到使绕组或邻近部位绝缘或其他材料有损坏的危险					
6	集电环			120			130		

对于大型水内冷发电机而言，断水是十分危险的。例如：国产330MW发电机定子有60槽，由于所有线圈的引水管都从汇流管引出，如果有一路引水管或线圈的水路不通，在总流量中只占1/60，这用定子冷却水流量指示表是不容易判别的，值班人员须通过装于集控室的发电机温度巡测装置监视发电机定子绕组和引出线套管的温度。发电机定子冷却水中断，30s内不能恢复供水，断水保护动作。定子线圈槽部最高与最低温度间温差达14℃或各定子线圈出水温度间温差达12℃，或任一定子线圈槽部温度超过90℃或任一定子线圈出水温度超过85℃时，在确认测温元件无误后，应立即停机处理。

三、冷却介质温度和压力的变化范围

发电机运行中，将产生铜损和铁损，并转化为热量，使发电机各部温度增高。为了保证发电机能在其绝缘材料的允许温度下长期运行，必须使其冷却介质的温度和压力在规定范围以内，以便连续不断地把损耗所产生的热量排出去。

1. 空冷发电机

我国规定的额定入口风温是40℃。在此风温下，发电机可以在额定容量下连续运行。当入口风温高于额定值时，冷却条件变坏，发电机的出力需减少，否则发电机各部分的温度和温升会超过其允许值。反之，当入口风温低于额定值时，冷却条件变好，发电机的出力允许适当增加。发电机在入口风温变化时，如何接带负荷，要根据制造厂的规定执行，或通过发电机温升试验所确定的数值来监视。若无制造厂的规定，也未进行温升试验，则当进风温度变化时，接带负荷的允许值应按部颁发电机运行规程中的有关规定来确定。

2. 氢冷发电机

氢冷发电机的风温规定与空冷发电机基本相同。但是，氢冷发电机冷却介质的压力必须保证在规定范围内。特别是氢内冷发电机，氢气压力的高低，直接影响到发电机各绕组的温度和温升。发电机在运行中，应根据制造厂的要求保持氢气压力在规定范围内。若降低发电机氢气压力或改为空冷运行时，应做温升试验，确定所允许的负荷数据。

3. 水内冷发电机

水内冷发电机的进水温度和压力，对其出力有很大影响。发电机的进水温度变化时，应根据规程规定接带负荷。应特别注意的是，发电机定子绕组和转子绕组的出水温度不得超过规定值，以防止出水温度过高，引起水汽化而使绕组超温烧坏。

水内冷发电机的冷却水进水压力，亦应保持在规定范围内。当发电机氢压变化时，应调整其压力。任何情况下，水压不能大于氢压，以防线圈漏水。

四、发电机运行中电压和频率变化范围的规定

电网在运行中无功不足和过剩都会造成电压波动。无功不足将使电压下降，无功过剩将使电压升高。有功功率失去平衡会使频率波动，也影响电压波动。电压和频率的波动都会给发电机带来影响。在保持有功不变的情况下，电压升高要增加励磁电流，使励磁绕组温度升高。电压升高还会使定子铁芯磁密增大，温度升高。同时电压升高还对发电机绝缘不利。而降低发电机运行电压会降低稳定性，影响电力系统的安全。若发电机输出功率不变，电压降低，定子电流就要增大，定子绕组的发热增加，则温度升高。单元机组还会因电压降低影响发电厂辅机的工作性能。

频率升高虽对电网无太大影响，但发电机在制造时转子的机械强度有一定的限制。频率高，发电机转速增快，离心力增大，极易使转子部件损坏。频率降低则有许多坏处，由于转速下降，使发电机冷却性能变坏，温度升高，为保持电势不变，又要增加励磁，同时铁芯趋向饱和。另外，频率降低过甚，还可能引起汽轮机叶片断裂。所以发电机运行中对电压和频率的变动范围都有规定。图4-4给出了发电机运行时电压和频率的偏差范围。

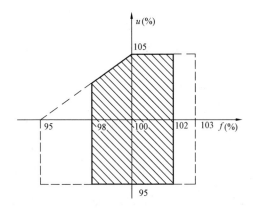

图 4 - 4 频率和电压的偏差范围

图 4 - 4 中阴影部分是在该范围内,发电机在额定功率因数下运行,当电压变化范围为 ±5% 额定电压和频率变化范围为 ±2% 额定频率时,发电机应能输出额定功率。发电机的温度和温升则随着电压和频率偏离额定值而增加,当发电机连续运行在阴影边界时,其温升约增加 10℃。当发电机在额定功率因数下运行时,电压变化范围为 ±5% 额定电压,频率变化范围为(-5% ~ -2%)和(+2% ~ +3%)额定频率(对应于图中虚实边界线之间的面积)时,输出额定功率时,温升将进一步增加,为了不使发电机的寿命由于温度的影响而缩小。值班人员应遵照制造厂的有关规定,严格控制在这种情况下的运行时间和发生次数。

五、发电机允许的功率因数

大多数发电机的额定功率因数为 0.8,有些发电机的功率因数为 0.85 或 0.9,当发电机在额定功率因数下运行时,能保证其额定出力。当发电机功率因数从额定值增大到 1.0 时,如果出力不受汽轮机容量的限制,其定子电流可等于额定值,而有功负荷可以增大,这时无功负荷相对减少,转子电流也减少了。为了保证机组的稳定运行,发电机的功率因数一般不应超过迟相 0.95 运行,或无功负荷应不小于有功负荷的 1/3。在发电机自动调整励磁装置投入运行的情况下,必要时发电机可以在功率因数为 1.0 的情况下短时运行,长时间运行会引起发电机的振荡和失步。目前大机组基本上不允许进相运行,有的大机组正在进行进相试验,运行人员应根据本机组的情况及时调整。

当功率因数低于额定值时,发电机出力应降低,因为功率因数越低,定子电流中的无功分量越大,转子电流也必然增大,这会引起转子电流超过额定值而使其绕组发生过热的现象，试验证明，当 $\cos\varphi = 0.7$ 时，发电机的出力将减少 8%。因此发电机在运行中，若其功率因数低于额定值时，值班人员必须及时调整，使出力尽量带到允许值，而转子电流不得超过额定数值。

六、发电机的进相运行

随着电力系统的扩大，电压等级的提高，输电线路的加长，线路上的电容电流也越来越大。在轻负荷时，线路上的电压会上升，如果不能有效地吸收剩余的无功电流，枢纽变电站母线上的电压可能超过额定电压 15% ~ 20%。此时，最好利用部分发电机进相运行，以吸收剩余的无功功率，进行电压调整。

当发电机从迟相运行转为进相运行，也就是从发出无功功率转为吸收无功功率时，励磁电流越小，从系统吸收无功功率越多，功角 δ 也越大，所以，在进相运行时，允许吸收多少无功功率，发出多少有功功率，决定于静稳定的极限角。除此之外，进相运行时，定子端部漏磁和转子端部漏磁的合成磁通增大，引起定子端部发热。因此，允许功率还要通过运行试验，判断此种发热是否在允许范围内。

综上所述，发电机从迟相转为进相运行时，静稳定储备下降，端部发热严重，这两方面的影响都和发电机的千伏安出力密切相关，发电机在进相运行时，千伏安出力越大静稳定性能越坏，在一定功率因数下，端部漏磁通与发电机的千伏安出力成正比。因此，欲保持一定的静稳定储备，保持端部发热为一定值，随着进相程度的增大千伏安出力应相应降低。

目前大型发电机已采用多种措施，减少端部发热，以降低进相运行时的端部温升，从而提高进相运行时的允许功率。

第三节　发电机的启动、并列与解列停机

为了保证发电机启动后能长期安全运行，在启动前，应对有关的设备及系统进行全面检查和试验，确认各部分都处于良好状态时，才可以启动。在发电机启动前的准备工作完成后，值长便可以通知汽机值班人员开启主汽门，冲动汽轮机转动。对滑参数启动的机组，单元长便可以通知锅炉值班人员逐步升压冲转。

一、启动前的准备工作

1. 对发电机及其系统的检查和绝缘试验

启动前检查发电机本体各部分应完整清洁；检查励磁回路（包括励

磁机或半导体励磁装置等）各部分应安装齐全；检查励磁机整流子和滑环表面应清洁完好，电刷均在刷握内，并保持 0.1 ~ 0.2mm 的间隙，刷握压簧的压力应均匀，无卡涩现象；检查一次回路的电气设备应正常。在全部设备检查完毕后，应测定发电机的绝缘电阻。

测量定子线圈的绝缘电阻时，通常使用 1000 ~ 2500V 的绝缘电阻表。测量时可以包括引出母线或电缆在内。发电机定子绕组的绝缘电阻值，在热状态下应不低于 1MΩ/kV，并应与上次测量的数值相比较，以判断绝缘电阻合格与否。如果所测得的绝缘电阻值较上次测量的数值降低 1/3 ~ 1/5 时，则认为绝缘不良。同时还应测量发电机绝缘的吸收比，即要求测得的 60s 与 15s 绝缘电阻的比值，应该大于或等于 1.3 倍（$R_{60s}/R_{15s} \geqslant 1.3$），若比值低于 1.3 倍，则说明发电机绝缘受潮了，应进行烘干。

测量发电机转子及励磁回路的绝缘电阻，应使用 500 ~ 1000V 的绝缘电阻表。一般情况下，发电机转子线圈和励磁回路可以一起测量。全部励磁回路的绝缘电阻值应不低于 0.5MΩ。

为了防止发电机运行中产生轴电流，还应测量发电机的轴承对地、油管及水管对地的绝缘电阻不小于 1MΩ。

水内冷发电机的定子绝缘电阻可用专用的绝缘电阻测量仪来测定。测量分通水前和通水后两种状态。通水前测量绝缘电阻时，应将定子绕组内的积水用压缩空气吹尽，并且将集水环与外部水管的连接拆开。这时测得的绝缘电阻值应与一般发电机相似。通水后测得的绝缘电阻值主要与水质有关，不能作为判断发电机绝缘的依据，但应在 0.2MΩ 以上，否则应对水质进行检查。水内冷发电机转子绕组的绝缘电阻用 500V 绝缘电阻表或万用表测量。在 65℃ 时，一般为数千至数万欧，它也不能作为判断转子绕组对地绝缘状况的依据，仅能反映转子绕组无金属性接地现象。测量结果应与制造厂提供的数值相接近，如绝缘电阻值低于 1 ~ 2kΩ 时，应查明原因。

2. 对冷却系统和辅机的检查和试验

发电机启动前，对冷却系统和附属设备要进行全面检查及试验。对于空冷和氢冷的发电机，检查空气冷却器或氢气冷却器风道应严密，各窥视孔（空冷发电机）应完好；投入冷却水后，冷却器供水系统的水压应正常，并无漏水现象。

氢冷发电机启动前应先进行投氢工作。目前，发电机置换气体的方法一般采用二氧化碳法，即先向发电机内充入二氧化碳，赶走机内全部空气，再充入氢气，驱走二氧化碳。这样氢气不会直接与空气混合，避免了发生爆炸的危险。置换还可以采用真空置换法，即先将机内抽成真空（700mm 汞柱以上），然后通入氢气。这种方法的优点是操作简单方便，不需要二氧化碳，因此应推广使用。在置换气体的过程中，应杜绝烟火，注意监视密封油系统的正常运行，密封油压应高于氢气的压力。在置换完毕后，应检查氢气的纯度在 92%~98% 之间，并且氢气压力正常，然后投入自动补氢系统。

发电机启动前还应检查机组各附属设备（如凝结水泵、氢冷泵、密封油泵、循环泵、交流油泵及直流事故油泵等）安装齐全，并应试运转以表明工作情况良好。

对于水内冷发电机，启动前除应做好上述检查工作外，还应检查供水系统严密不漏，并且应取样化验水质合格。

3. 对信号、控制和保安系统的检查及试验

发电机启动前，应对信号、控制和保安系统进行全面的检查与试验，以确证其处于良好状态。

首先，进行发电机主断路器、灭磁开关及厂用分支断路器的合、分闸试验和汽轮机危急保安器动作遮断主断路器的电回路试验。

然后，根据现场规程进行主断路器与灭磁开关的联动试验。还要试验调速电动机的转向应与实际相同。对于采用主控制室控制方式的电厂，为了便于控制室值班人员与汽机司机的联系，每台发电机控制盘上都装有联络信号装置。发电机启动前，应对这些信号装置试验一次，确保信号对应无误。

最后，对发电机的继电保护、测量仪表及自动装置进行一次外部检查，使其符合启动要求。

在完成上述工作后，得到值长许可，值班人员即可进行发电机恢复备用的操作（具体内容略）。

二、发电机启动过程中的检查

汽轮发电机从开始冲动转子到额定转速，需要一段较长的时间进行暖机，从而使汽轮机各部分均匀受热、均匀膨胀。

发电机组一经启动，即使转速很低，也应认为发电机和有关的电气装置已经带电，此时任何人不准在这些回路上工作，以免发生触电事故。

双水内冷发电机在升速过程中，汽机值班员应不断监视转子进水的流量变化。因为在启动过程中，转子的进水压力随转速的升高而逐渐降低。因此需要不断进行调整，保证正压，不允许产生负压，直到达到额定转速。

各类发电机在升速到额定转速的一半时，电气班长应派值班员对发电机各部进行一次检查。值班人员应仔细倾听发电机、励磁机内部声音是否正常、有无摩擦和振动、定子绕组有无漏水等现象，检查轴承油温、轴承振动、整流子或滑环上的电刷是否正常，发电机冷却器的各水门、风门是否在规定的开停位置等，发电机经上述检查，一切正常，就可以继续升速。

三、发电机转子预热

所谓发电机转子预热，就是在发电机启动时给其转子绕组通入直流电来加热。我们知道，汽轮发电机转子在高速下运转时，转子绕组受到很大的离心力作用。如果发电机启动后，立即升压、并网、接带负荷，转子绕组和铁芯就会发热膨胀。由于铜线（转子绕组）的温升速度比转子铁芯快，所以绕组与铁芯之间就有一定的温差。铜线因膨胀而伸长的量要比转子铁芯大，但由于铜线受到很大的离心作用，使其紧压在转子铁芯上，造成转子绕组不能自由膨胀，因此会使转子绕组产生弹性变形。如果发电机转子铜、铁温差过大，将会使绕组产生永久变形。经多次启动后，绕组的长度将明显缩短，断面增大，使整个转子绕组遭到损坏。

为了防止这类事故的发生，对那些转子铜铁温差较大的发电机，在启动时要进行转子预热，也就是让发电机转子绕组在低速下预先加热，使铜线（即转子绕组）在不受离心力的影响下自由膨胀，待铜线和铁芯都充分膨胀后，再升到额定转速，然后升压并网。

在正常启动方式下，国产发电机是不需要进行转子预热的，一些进口机组由于转子构造上的缘故，在启动过程中，需要预热。

转子预热的方法应根据制造厂或试验后的规定进行，这里不做叙述。

四、发电机的升压

对采用主控制室控制方式的电厂，当汽轮发电机升速到额定值时，汽机司机向主控制室值班员发出"注意""转速正常"信号，说明可以升压并列。主控制室值班人员接到上述信号后，汇报班长并将其恢复。然后进行发电机并列前操作。

发电机并列前操作的主要内容有：①合上发电机的主隔离开关；②装上发电机电压互感器二次侧熔断器；③装上主断路器的合闸熔断器（指电磁机构）。为了防止发电机主断路器误合闸造成非同步事故，发电机的主隔离开关只能在并列前合入。

发电机升压应使用操作票，由技术熟练的值班员担任监护，并由有一定理论基础和实践经验的值班员进行操作。当合上励磁开关（又称灭磁开关）后，就可以调节磁场变阻器或手动（自动）感应调压装置，将发电机定子电压逐渐升到额定值。在开始升压时，发电机定子电压上升得较快，磁场变阻器或电位器动一点，电压就升高很多，当定子电压达到额定值的80%左右时，电压升高的速度就较慢了。这是因为发电机铁芯接近饱和的缘故，值班人员在升压时要掌握这一规律。

在发电机电压上升的过程中，应检查以下方面符合规定：

（1）发电机三相定子电流应无指示。若有指示，应迅速减去励磁，拉开励磁开关，查找原因并处理。

（2）检查发电机三相电压应平衡，并且无零序电压。如果三相电压不平衡或有零序电压时，说明定子线圈可能有接地或表计回路有故障，此时应该迅速将发电机电压减到零，拉开励磁开关，进行处理。

（3）检查发电机转子回路的绝缘电阻应合格。否则应查明原因。

（4）记录发电机的转子电压、电流及定子电压，核对发电机的空载特性。当发电机定子电压达到额定值时，转子电流和电压也应达到空载值，而励磁回路中的磁场变阻器的手轮指针应停在事先做好的"红线"标记上。把这些数值记录到配电盘记事本上，并与以前的记录核对，这样可以发现转子绕组是否有匝间或层间短路。若当定子电压达到额定值时，磁场变阻器的手轮指针超过红线以外，转子电流大于空载额定电压时的数值，说明转子绕组有匝间或层间短路。

（5）检查强行励磁回路的低电压继电器触点在断开位置。因为此时发电机定子电压已升到额定值，强励回路中的两个低电压继电器触点应该断开，否则当投入强励装置时，可能发生误动作。

综上所述，发电机升起电压后，不得急于并列操作，进行一番检查与核对是完全必要的。

五、发电机的并列

当发电机电压升到额定值后，就可以进行并列操作。发电机的并列操作是非常重要的操作，在一定程度上关系到整个发电厂与电力网的安危。特别是大容量的发电机，若发生非同步并列，将会产生强烈的冲击电流和振荡，使发电机端部绕组和铁芯遭到破坏。因此，监护人和操作人在操作时注意力要高度集中，既要细心又要大胆，抓住并列机会，准确无误地将发电机安全并入电网。

发电机同步并列的方法有两种，即准同步和自同步。本文仅介绍经常采用的准同步方法。

准同步就是准确同步。利用这种方法进行并列时，应满足以下三个条件：①待并发电机的电压与系统的电压相同；②待并发电机的频率与系统频率相同；③待并发电机的电压相位与系统的电压相位一致。为了监视这三个条件，一般使用两块电压表、两块频率表和一块同步表。

发电机并列操作可以自动进行，也可以手动进行。当采用手动并列时，应合上相应的同步开关，这时同步盘上就指示出系统和待并发电机的电压和频率。调节待并发电机的电压与系统的电压相等；调节待并发电机的转速，使它的频率与系统的频率相近，然后合上同步表切换开关，使同步表指针开始旋转，同步灯也跟着时亮时暗，当同步表指针指在上方正中位置（同步点）时，同步灯最暗，表示待并发电机与系统的相位相同；当同步表指针指在下方正中位置时，同步灯最亮，表示待并发电机与系统的相位差最大。当同步表指针顺时针方向旋转时，表示待并发电机频率比电网频率高；反之，当同步表指针逆时针方向旋转时，表示待并发电机频率比电网频率低。只有当同步表指针缓慢旋转（如顺时针方向）时，才能将操作开关把手切换到预合闸位置，这时操作人应集中精力，选择同步表指针接近同步点（预期到达同步点的距离约为主断路器的合闸时间）时，即可将主断路器合闸，使发电机与系统并列。当发电机并入电网后，应向汽轮机发出"注意""发电机已并列"信号，并随即增加一些无功负荷，按规程规定使发电机带上最低有功负荷。此后再进行其他操作，如切断同步表开关和相应的同步开关等。最后在配电盘记事本上记录并列时间。

为了防止发电机的非同步并列，在以下三种情况下不准合闸：

（1）当同步表指针旋转过快时，不准合闸。因为此时待并发电机与系统频率相差较多，不好掌握断路器合闸的适当时间，往往会使主断路器不在同步点上合闸。

（2）同步表指针旋转时有跳动现象，不准合闸。这是因为同步表内部可能有卡住的情况。

（3）同步表指针停在同步点上不动，也不准合闸。尽管这种情况下合闸最理想，但主断路器合闸过程中，如果系统或待并发电机频率突然变动，就可能使主断路器正好合闸在非同步点上。

发电机手动并列操作是否顺利与值班人员的经验有很大关系，对于经验不足的运行人员往往不易掌握好合闸的时机，而可能发生非同步合闸的事故。因此现在各发电厂广泛采用自动准同步装置进行发电机并列操作。所谓自动准同步就是调压、调频及发出合闸命令都是自动进行的。

六、发电机的解列和停机

发电机的解列操作比较简单，若发电机采用单元接线方式，一般方法是在解列前，先将厂用电倒至备用电源供电，然后将发电机的有功和无功逐渐转移到其他机组上去，转移负荷时要缓慢进行，并注意各机组的负荷分配。待有功负荷降到规定数值时，应停用自动励磁调节装置，再将有功负荷降到零，将无功负荷降到接近零，断开发电机主断路器，将发电机解列。若未将有功负荷降到零就解列机组，会使发电机组超速飞车。发电机解列后，应将定子电压减到最小，此后断开励磁开关，并向汽轮机司机发出"注意""停机"信号。

发电机与系统解列后，应立即进行解列后操作，以防止因某种原因使断路器合闸，造成事故。发电机解列后操作的内容包括：拉开断路器母线侧隔离开关，取下断路器合闸熔断器及发电机电压互感器二次侧熔断器。当发电机停止转动后，应测量定子和转子绕组的绝缘电阻。

水内冷发电机解列后，定子和转子的冷却水系统应继续运行，直到汽轮机完全停止转动为止。在停机过程中，转子的进口水压将随转速下降而上升，此时应注意调节进口阀门，使其压力不超过规定值。停机时间过长时，应将发电机绕组内部积水全部放掉、吹净，冷却水系统管道内的积水也应放掉，并注意发电机各部分的温度不应低于 +5℃ 以防止管道冻裂。

发电机需要检修时，应将其退出备用。发电机退出备用的操作内容包括：拉开发电机的电压互感器隔离开关，拉开发电机工作励磁隔离开关，取下励磁开关的操作熔断器，拉开半导体励磁回路的各有关隔离开关等。若为单元接线时，还应将厂用工作电源停电并退出备用状态。

第四节　同步发电机负荷的接带与调整

发电机并入电网后，就可以向电网输送电能。由于电能是发、送、用同时进行的，功率必须随时保持着平衡。为此，发电机输出的功率，要根据电力系统的需要不断进行调节。

一、发电机正常运行的监视与维护规定

对运行中的发电机必须认真地进行检查和维护，以便及时发现异常情况，消除缺陷，保证发电机长期安全地运行。

汽轮机司机应像对待原动机一样，经常对发电机的运行状况进行检查，同时电气运行值班人员至少每班检查维护一次。例如检查发电机各部分的温度、振动及声音是否正常；通过视察窗检查定子端部绕组有无异常现象；冷却器有无漏水和结露等情况。对于氢冷发电机还应检查氢气的压力和纯度是否符合规定，有无大量漏氢现象。对于水内冷发电机特别要注

意通过视察窗检查有无漏水和端盖内有无结露的迹象。对于采用半导体励磁系统的机组，还应对整流器及其冷却系统进行检查。

发电机运行中，励磁系统的滑环、整流子及电刷装置是最容易发生故障的。如不加强检查维护，一旦发生故障，轻者限制出力，重者必须停机处理。故值班人员必须认真细致地进行这项工作，其具体内容如下：

（1）电刷在刷握内不得卡住、摇摆或跳动。刷辫软线应完整，并与电刷及刷架接触紧密无发热变色及碰壳接地现象。

（2）同一整流子或滑环的电刷牌号必须一致，电刷尺寸长短适宜，既要使压簧有调节余地，又不得磨其铜片。

（3）电刷压簧压力尽量调成一致，使各电刷电流分担均匀。

（4）电刷在运行中无振动及冒火现象。

（5）整流子、滑环及电刷装置应清洁无积垢；整流子及滑环表面应光滑，无过热烧坏现象。

当电刷发生火花时，运行值班人员应采取下列措施消除：用干净的棉布将电刷、整流子及滑环表面擦干净，调整电刷压力一致，用细砂纸轻轻擦其表面等。若冒火比较严重，应适当减少励磁电流，通知检修人员检查处理。

同步发电机以3000r/min的速度旋转，值班人员在励磁回路上进行调整维护工作时，应穿绝缘靴或站在绝缘垫上，并将衣袖扎紧。工作前应与电气值班班长和汽轮机司机取得联系，并应有另一名值班员在场监护。为了保持励磁机的整流子及滑环的清洁，各电厂应根据具体规定定期用压缩空气对其进行吹扫。吹扫前应先将压缩空气管道中的油质及水分放尽，同时压缩空气的压力为0.196～0.294MPa。

运行值班人员在控制室应不断监视发电机的运行工况，各项参数应在额定范围以内，并且每小时记录一次发电机运行日志。对未装设转子温度计的发电机，还应定期应用电阻法计算、分析运行中发电机的转子温度，使其不超过规程允许值。计算公式如下

$$T_r = K \times R_r - 235 \qquad (4-1)$$
$$R_r = U_r / I_r$$

式中　T_r——运行中发电机转子的温度，℃；

　　　K——常数，换算到绝对温度时的冷态转子直流电阻，各发电机的 K 值不同；

　　　R_r——运行中转子热态下的直流电阻，Ω；

　　　U_r——运行中转子电压，V；

I_r——运行中转子电流，A。

运行值班人员还应每班测量各发电机的转子回路绝缘电阻，其值不得低于 0.5MΩ。由于运行中不能利用绝缘电阻表来测量，因此可在主控制室转子保护盘上，切换转子电压表的控制开关，测量出转子回路正对地的电压 U_1 与负对地的电压 U_2 以及转子电压。然后将测量结果代入式（4-2）中，即可得出绝缘电阻值

$$R = R_v [U/(U_1 + U_2) - 1] \times 10^{-6} \tag{4-2}$$

式中 R_v——电压表的内阻，Ω；

  U——转子电压，V；

  U_1——正对地电压，V；

  U_2——负对地电压，V。

发电机定子绕组的绝缘是否良好，在运行中难以监视。但采用接在电压互感器开口三角形上的电压表或动作于信号的电压继电器来监视定子绕组是否发生单相接地是可行的方法。例如，某发电厂电气值班员在 6 号发电机一变压器组运行中，在按下按钮（接于发电机电压互感器开口三角形侧的电压表回路中）时，发现电压指示较大，经联系停机检查，发现定子铁芯烧坏一大片，定子一相绝缘烧坏且接地。若值班员未及时发现此重大缺陷，则可能造成发电机更大的烧坏事故。因此运行值班人员每班应检查一下发电机定子回路是否有接地现象。

二、有功功率的平衡

我们知道，同步发电机的任务就是将轴上由原动机供给的机械功率，通过电磁感应作用转变为电功率输出给用户。当然，从发电机定子端输出的电功率决不能比转轴上输入的机械功率大，因为在功率传送的过程中，不可避免地会有各种功率损失。对于发电机，从原动机输入的机械功率 P_1 首先要减去由于摩擦（轴承和滑环等）、风损（空冷或氢冷风扇）等组成的机械损耗 ΔP_m 和由铁芯中的磁滞、涡流组成的铁损耗 ΔP_{Fe}，剩下来的就是通过电磁感应从转子传到定子上的电磁功率 P_{em}，即

$$P_{em} = P_1 - \Delta P_m - \Delta P_{Fe} \tag{4-3}$$

不管发电机是否带负荷，ΔP_m 和 ΔP_{Fe} 总是存在的，所以用空载损耗 ΔP_0 表示，即 $\Delta P_0 = \Delta P_m + \Delta P_{Fe}$。这样上面的公式就可写成

$$P_1 = P_{em} + \Delta P_0 \tag{4-4}$$

当发电机向电网输出电功率时，又在定子绕组中产生铜损 ΔP_{Cu}。因此，实际向电网输出的电功率 P_2 是

$$P_2 = P_{em} - \Delta P_{Cu} \tag{4-5}$$

这就是同步发电机中功率的平衡关系，这个关系，我们可以用图4-5的能流图形象表示。

事实上，对于大、中容量的同步发电机来说，定子铜耗ΔP_{Cu}不会超过额定功率的1%，所以可以略去不计，而认为电磁功率P_{em}就等于输出功率P_2，所以

$$P_{em} \approx P_2 = 3UI\cos\varphi$$

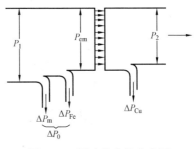

图4-5　同步发电机能流图

式中　U——发电机定子一相绕组的端电压；

　　　I——一相绕组中的电流；

　　$\cos\varphi$——负荷的功率因数。

三、同步发电机有功功率的输出

当发电机空载时，定子绕组中的电流$I=0$，即电枢不会产生磁势。此时发电机中，只有由转子主磁极的励磁磁势所建立的主磁场，如图4-6（a）所示。这时发电机的端电压等于由主磁场产生的空载电势E_0，原动机输给发电机的功率P_1只要克服空载损耗就行了。

当发电机定子绕组端接上负荷时（假定负荷是纯电阻性的），定子绕组中就出现了电流I，发电机向负荷输出有功功率，于是发电机转子受到一个制动转矩的作用，这个制动转矩和空载转矩加起来，比原动机的拖动转矩要大，使得转子转动的速度变慢。为了保持同步发电机以同步转速运转，就必须增加原动机的拖动转矩（增加汽轮机的进汽量），于是转子又要加速，直到原动机所供给的机械功率与发电机输出的电功率（还要加上发电机内部的损耗）重新达到平衡，发电机才重新以稳定的同步转速运转。

由于定子绕组中出现了电流，则在发电机定、转子和气隙中，由绕组电流产生的磁通势F建立了第二个磁场——电枢反应磁场。我们称电枢反应磁场对主磁场的影响称为电枢反应。如果负荷是纯电阻性的，那么电枢反应的结果是使发电机的气隙磁场发生歪扭（畸变），即气隙合成磁场对于主磁场来说，逆着转子旋转的方向偏转了一个δ角度，如图4-6（b）所示。

如果继续使负荷增大，即发电机输出的有功功率增加，那么原动机的输入功率也必须增加。但是负荷的增加就表示着定子绕组电流的增加，即电枢磁通势要增加。因此，电枢反应作用增强，使得发电机气隙磁场轴线与主磁极磁场轴线之间的夹角δ继续增大。

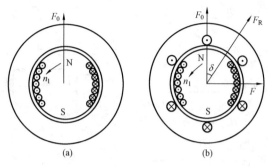

图 4 - 6　同步发电机转子磁场与气隙磁场之间的夹角 δ 称为功率角

(a) 发电机空载时，$\delta = 0$；(b) 发电机带负荷时，

δ 角的大小与负荷大小和性质有关

如果发电机的负荷是纯电抗（纯电感或纯电容），那么发电机中就只有去磁或助磁电枢反应，其结果只是使发电机的磁场削弱或增强，而不会使磁场歪扭。由于感性负荷的去磁性电枢反应，使得发电机向纯电感负荷送电时，发电机气隙磁场由于去磁作用而将被削弱，端电压就要降低；当负荷为容性时，电枢反应是助磁性质的，将使端电压升高。一般情况下，负荷常常是电感性的，所以它有使主磁场相当于电阻负荷的歪扭，又有相当于电感性负荷的去磁作用。这样，发电机就向负荷既送出了有功功率，又送出了无功功率。

由此可见，在同步发电机中，气隙磁场轴线与主磁极磁场轴线之间的夹角 δ 的大小，与同步发电机输出的有功功率大小有关。当同步发电机输出的有功功率增大时，原动机输入的机械功率增大，δ 角也随着增大。所以我们把 δ 角称为功率角。一般汽轮发电机在额定负荷下运行时 δ 角为 $25° \sim 30°$。

同步发电机的这种运行状况，就好像是发电机转子磁场和气隙磁场之间有一些橡皮筋连在一起，如图 4 - 7 所示。由转子磁场拖动气隙磁场在空间以同步速度旋转。发电机输出的有功功率越大，橡皮筋就

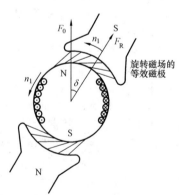

图 4 - 7　发电机转子磁场拖动气隙磁场在空间以同步速度旋转

被拉得越长，转子磁场领先于气隙磁场的角度 δ 就越大。

四、同步发电机的功角特性

一台隐极三相同步发电机与无穷大电网并联运行时，发电机输出的电磁功率为

$$P_{em} = UE_0/X_d \sin\delta$$

式中　δ——发电机端电压与空载电动势的夹角；

　　　U——发电机的端电压；

　　　E_0——发电机的空载电动势；

　　　X_d——发电机同步电抗。

电网的电压 U 等于常数，频率也是恒定的，如果我们维持发电机的励磁电流不变，那么 E_0 也是常数。至于 X_d 的值，无论是取未饱和值或某一确定的饱和程度下的数值，都可以认为是常数。这样，电磁功率的大小就仅仅由 δ 角的大小决定，它们之间具有正弦函数的关系，如图 4-8 所示。我们称电磁功率 P_{em} 与功率角 δ 的关系曲线为功角特性。

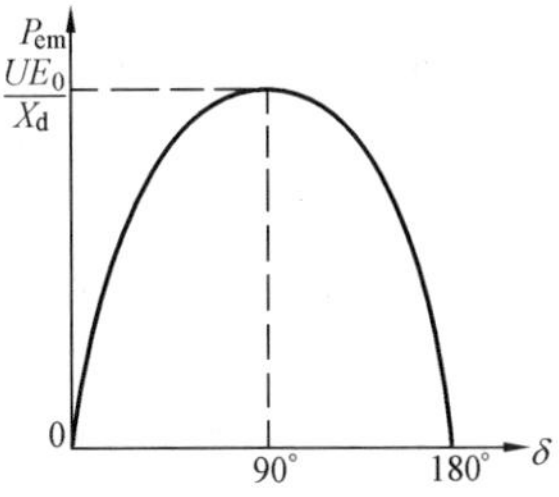

从发电机功角特性上，我们可以看到，当 δ 角从零逐渐增加到 90°时，发电机输出的有功功率随着 δ 的增大而增大，到 $\delta = 90$°时，输出功率达到了最大值

图 4-8　同步发电机的功角特性

$$P_{max} = E_0 U/X_d$$

P_{max} 称为发电机的功率极限值。如果励磁电流不变（即 E_0 不变），发电机向外输出的功率就不可能超过这个数值。当 δ 角从 90°继续增大时，输出功率反而随 δ 的增大而减小。当 $\delta = 180$°时输出的功率为 0。

实际上，电网的运行情况是功率每时每刻都在变化的。如果原动机的功率保持不变，而转子受到外力作用，使 δ 角发生微小的变化，如果原来的工作点在 δ 角从 0°~90°，则发电机会通过若干个摆动回到原来的工作点，我们称此区间为静态稳定区间；而在 δ 角从 90°~180°时，则不会达到稳定，则称之为非稳定区。事实上，不可能在这个区间工作。当 δ 角继续增大，超过 180°，则输出负功率，也就是从电网吸收功率，而进入电动机运行状态了。

所以，功率角 δ 是同步发电机运行状态的一个重要的变量，它不仅决定了发电机输出功率的大小，而且说明了发电机转子运动的空间位置。通过它，把同步发电机的电磁变化关系和机械运动状态紧密地联系起来。转

第四章　同步发电机的运行

子空间位置的变化，引起同步发电机有功功率的变化；反过来，转子的空间位置（即与气隙合成磁场的相对位置）要受到电磁过程的制约。

五、同步发电机与无穷大电网并联运行时的有功功率调节

在电力系统中，由于负荷的变化、部分发电设备的检修，甚至于发生事故等，都会随时遇到发电机有功功率的调节。当发电机并联电网的容量大于单机容量的 10 倍以上时，单台发电机功率的调节和变化对电网频率、电压等参数的影响很小，可以忽略不计。因此，一般情况下，我们常遇到的就是这种发电机对无穷大电网并列运行时有功功率的调节问题。

发电机在运行中其有功功率的调整是用汽轮机调速系统的调速电动机遥控的，当汽轮机的转动力矩与发电机的制动力矩平衡时，则发电机的转速维持恒定。当有功功率增加时，发电机轴上的制动力矩就增大，使转子磁场和气隙磁场产生了相对位移，其夹角 δ 增大，发电机转速就会出现下降的趋势。因为发电机是在系统中并联运行的，频率不会变化，则必定是要增加汽轮机的进汽量，加大原动机力矩，维持在新的力矩平衡下，此时发电机输出的有功功率增加了，功率角 δ 也增大了。反之，当有功功率减少时，发电机转子有速度上升的趋势，功率角减小，这时只要减小进汽量，就会满足新的状态下的功率平衡，平衡时的功率角减小了。

由此可见，要调整同步发电机向电网输出的有功功率，必须调整原动机的输入功率，使之平衡在新改变了的功率角 δ 对应的运行状态。因此，有功功率的调整过程，就是改变原动机输入功率与改变发电机输出功率建立新的功率角平衡状态的过程。

在正常情况下，有功功率的调整是由电气值班人员担任的。值班人员根据系统调度要求和发电机有功表计指示，用调速开关操作调速电动机来控制汽轮机调速汽门的开度，调节汽轮机的进汽量，达到调整有功功率的目的。

六、同步发电机无功功率的调整

电力系统的总负荷中，既有有功功率，又有无功功率。如果无功功率不足，会使系统电压水平降低，影响用户的正常工作。同步发电机是电力系统的主要无功电源，为了满足系统无功功率的要求，保障供电电压水平，常常进行必要的无功功率的调整。目前发电机均装有自动励磁调整装置，它可以自动调整发电机的无功功率，以满足负荷的要求。若不能满足调整要求时，也可以手动调整发电机励磁机的磁场变阻器、自动励磁调整装置中的变阻器或自耦变压器来进行辅助调整，以改变发电机所带无功功率的大小。

（一）发电机不带有功负荷时无功功率的调整

为了讨论问题方便，将发电机三相对称电路简化成一相代替，因为发电机定子绕组电阻比电感小得很多，所以用一个大电抗 X_d 表示，并单独提出来放在离中性点 O 最近的一段串联电路上，如图 4-9（a）所示。

当发电机不带有功时，发电机电动势 $\dot{E}_0$ 与系统电压 $\dot{U}_\mathrm{s}$ 相位相同。

当由励磁电流感应起的发电机电动势 $\dot{E}_0$ 恰巧与系统电压相等时，即 $\dot{E}_0 = \dot{U}_\mathrm{s}$，如图 4-9（b）所示。$A$、$B$ 两点间没有电压差，也就没有电流产生。与这种情况相对应的励磁电流为正常励磁电流值。

当发电机增加励磁电流时，电动势 $\dot{E}_0$ 便会增加。当 $\dot{E}_0$ 大于系统电压 $\dot{U}_\mathrm{s}$ 时，A、B 两点间即出现电压差 $\Delta\dot{U} = \dot{E}_0 - \dot{U}_\mathrm{s}$。在这个电压差的作用下，发电机和系统间就流过一个电流 $\dot{I}_\mathrm{w}$，这个电流是由发电机的电抗 X_d 的性质决定的，它落后于电动势 $\dot{E}_0$，也即落后于电压差 $\Delta\dot{U}$ 为 90°，如图 4-9（c）所示。所以是感性无功电流，这时发电机则发出感性无功。这种状态称为过励状态（过激），在过励状态下，励磁电流大于正常励磁电流值，发电机定子电流将产生去磁作用，从电路的观点看，发电机电势经过 A、B 点间的电抗电压降后，使自己的端电压与系统的电压相等。

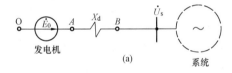

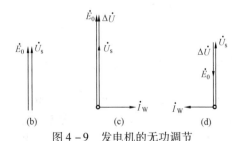

图 4-9　发电机的无功调节

（a）电路图；（b）$\dot{E}_0 = \dot{U}_\mathrm{s}$ 时相量图；（c）$\dot{E}_0 > \dot{U}_\mathrm{s}$ 时相量图；

（d）$\dot{E}_0 < \dot{U}_\mathrm{s}$ 时相量图

当发电机减少励磁电流时，电动势 $\dot{E}_0$ 减小，$\dot{E}_0$ 小于系统电压 $\dot{U}_\mathrm{s}$，此时 A、B 两点间也出现一个电压差 $\Delta\dot{U} = \dot{E}_0 - \dot{U}_\mathrm{s}$ 它的方向与上面讲的方向相反，在这个电压差的作用下，发电机与系统间流过感性电流 $\dot{I}_\mathrm{w}$ 落后于

电压差 $\Delta\dot{U}$ 为 90°，但却超前 $\dot{E}_0$ 90°，如图 4-9（d）所示。这个电流是由系统送向发电机的一个感性无功电流，它相当于发电机送出一个容性无功电流，这种状态称为欠励状态（欠激）。久励状态下，励磁电流小于正常励磁电流值，发电机定子电流产生助磁作用。这时系统电压比发电机电压高，发电机电动势经过 A、B 两点间的电压升高，使自己的端电压与系统相等。

（二）发电机带有功负荷时无功功率的调整

发电机带有功负荷时，电动势 $\dot{E}_0$ 与系统电压 $\dot{U}_s$ 不同相，它们的夹角即是功率角 δ。此时调节无功过程时，它与发电机不带有功负荷时的区别在于即使不送无功，也因 A、B 两点间有功电流流过 X_d 时存在一个电压差，但这个电压差与无功电流所产生的是不相同的。所以带负荷时，即使不送无功，其所需要维持与系统电压相对应的电动势的励磁电流，也比不带负荷时大。因为 $\dot{E}_0$ 中需有一部分用于克服 X_d 上的由有功电流产生的电压降，剩下的还要等于系统电压。至于调节无功的其余过程与发电机不带有功负荷时的情况相同。

当不改变原动机的功率只调整发电机的励磁电流时，输出的有功功率不可能改变，而无功功率则可以受到调节。在过励状态下，励磁电流越大，发电机输出的感性无功功率就越大；在欠励状态下，励磁电流越小，发电机输出的容性无功功率越大。所以，调节发电机的励磁电流就可以调节发电机的无功功率。

七、发电机保护的使用规定

（一）总则

1. 继电保护装置的投入和解除

（1）一切电气设备在加电压前，必须按规定投入继电保护装置，禁止无保护的电气设备投入运行。

（2）主系统继电保护装置（包括发电机-变压器组保护，线路保护）和自动装置（重合闸装置）的投入和解除应根据系统值班调度员的命令执行。全部厂用系统的继电保护装置及自动装置（备用电源自动投入装置，励磁调节装置）的投入和解除，应根据当值值长的命令执行。继电保护和自动装置的投入和解除的执行者应是当值电气值班员。

（3）当接到投入和解除某种继电保护和自动装置的命令时，必须重复命令，清楚无疑后方可执行，并及时将执行结果报告命令发布人。在运行记录本上应记载下列内容：

1）投入和解除继电保护和自动装置的类别和原因；

2）执行命令的日期和时间及发布人。

（4）投入或解除某种保护的方法是合上或断开相应连接片。

（5）投入保护连接片应按下列顺序进行：

1）检查试验端子是否插紧（或压紧）；

2）检查继电器触点开闭是否正常；

3）用万用表检查连接片两端电位正确；

4）可靠地压上连接片。

（6）继电保护作业时，其他保护跳该断路器的连接片可以不打开，该保护跳其他设备断路器的连接片应打开。

2. 改变继电保护装置工作状况的规定

（1）继电保护装置整定值的变更，应根据调度通知单或电话命令，由继电保护人员执行。

（2）改变继电保护定值前，必须将保护解除，改变后由改变定值工作负责人将改变情况详细记录在继电保护记事本上。

（3）改变继电保护装置和自动装置的二次回路，必须根据有关领导批准的图纸，由继电保护人员执行，作业完成后，应将主控相应图纸进行修改，并将改变原因、时间及工作负责人姓名记入继电保护记事本。

（4）继电保护人员在改变继电保护工作状况后，应将情况详细记入继电保护记事本，并向电气值班人员交代清楚，由值班负责人在继电保护记事本中分别签字示知。

（5）新安装的继电保护装置和自动装置在投入运行前，其图纸规程应齐备，并使运行人员及有关人员掌握后方可投入运行，并详细记录在继电保护记事本上。

（二）大型机组保护的配置与运行维护

1. 大型机组的特点和对继电保护的要求

（1）材料的有效利用率显著提高。大型机组的质量并不随其容量成正比例地增大，见表 4-4。

表 4-4　　　　　　机组容量与质量的关系

型　　号	容量（MW）	定子质量（%）	转子质量（%）
TQN-100-2（基准值）	100	100	100
QFSS-200-2	200	143	157
QFS-300-2	300	151	205

1）有效材料利用率的提高，必然引起机组惯性常数 H 降低，热容量和铁铜损比显著下降。惯性常数 H 和过负荷能力的数据参见表 4-5。

表 4-5   机组容量与惯性常数、过负荷能力的关系

型　　号	容量（MW）	H	t_1 (s)	t_2 (s)	$I_2^2 \cdot t$ (s)
QFQS-200-2	200	2.40	120	30	15
QFSSQ-600-2	600	1.70	30	10	4

表 4-5 中 t_1 表示定子三相短路，1.5 倍额定电流的允许时间；t_2 表示转子 2 倍额定励磁电流的允许时间；$I_2^2 t$ 表示转子表面层负序过负荷能力。

2）惯性常数 H 降低使机组在系统扰动（例如短路、甩负荷、无功补偿突然退出等）更易引起振荡。因此有必要装设失步保护和采用反时限特性的过负荷保护，借此在确保大型机组安全运行条件下充分发挥机组的过负荷能力。

（2）发电机参数的变化。发电机参数的变化主要表现在发电机同步电抗 X_d、暂态电抗 X_d' 和次暂态电抗 X_d'' 的增大和定子绕组、转子绕组的电阻值减小，其结果如下：

1）短路电流水平下降，继电保护装置的灵敏度相应降低。

2）定子时间常数 T_a 和比值 T_a / T_d'' 显著增大，使定子非周期电流的衰减大大变慢，严重地恶化保护用电流互感器的工作特性，也加重了不对称短路时转子表面层的附加炎热，使负序保护进一步复杂化。非周期电流的长时间存在使暂态短路电流在若干周内不通过零点，可能使断路器的断流条件恶化。

3）由于 X_d 的增大使发电机静稳储备系数减小，因此在系统受到扰动或发电机发生失磁时，很容易失去静态稳定。

4）X_d、X_d' 和 X_d'' 的增大，使发电机异步运行时平均转矩减小而滑差增大，从系统吸收的感性无功加大而允许的有功负载能力降低和时间缩短，当突然甩负荷时，满载运行的变压器易发生过励磁。

因此，发电机组上要求装设低励失磁保护和过励磁保护。

（3）大型发电机冷却系统复杂化。大型发电机通常采用氢内冷、水内冷等方式。这些直接冷却的大型发电机组，故障率有所增加，从而直接影响定子单相接地允许电流的数值和负序反时限保护判据的数值。

（4）轴向长度与直径比增大。大型汽轮发电机的轴向长度与直径之比显著增大，使机组在运行中振动加剧而绝缘磨损加快，还可能导致冷却

系统的故障。

（5）对运行维护的要求提高。

1）大型机组保护的误动和拒动，后果都非常严重，要求运行人员严密监视和维护。

2）大型机组的励磁系统复杂，低励和失励的故障率高，对失磁保护的要求高；如果运行不当也可能造成发电机过电压和变压器过励磁。如果采用晶闸管自并励系统，还应特别注意机组后备保护的灵敏度问题。

3）对于异常工况的运行（如低频、失步、逆功率以及启动过程等），应装设相应的保护，并在这些工况下加强监视。

4）大机组多是发电机－变压器单元接线，机组和厂用分支一般均不设高压断路器。在发电机失磁后机端电压严重下降，应从继电保护和自动装置方面保证厂用电的安全，定期进行厂用电源自动投入的静态和动态联动试验。

5）大型汽轮发电机启停机不宜过多，机组的突然跳闸有可能给主机和辅机造成不同程度的损伤。因此，应尽量避免频繁启动，更不应轻易跳闸停机。

2. 大型机组继电保护的配置

大型机组（300MW 及以上）的主接线图如图 4－10 所示。大型汽轮发电机组的保护装置可以分为短路保护和异常运行保护两类。

短路保护用以反应被保护区域内发生的各种类型的短路故障，这些故障将造成机组的直接损坏。这类保护很重要，所以为防止保护装置或断路器拒动，设置了主保护和后备保护两套保护。对于主保护还应尽量做到不同原理的双重化的配置。

异常运行保护用以反应各种可能给机组造成危害的异常工况，但这些工况不能或不能很快造成机组的直接损坏。这类保护装置一般都装设一套专用继电器，不设后备保护。

对图 4－10 所示的大型汽轮发电机组，可能配置的保护装置见表 4－6。

在表 4－6 中把继电保护装置分为 A 组和 B 组，两组保护装置在结构和配线方面，做到彼此保持独立。这样，在运行期间进行检测和维修继电保护装置时，发电机－变压器组仍保持有必要的保护装置。

应当指出，表 4－6 中所列出的仅是大型发电机－变压器组可能装设的各种保护装置。对于不同容量等级，不同类型的发电机－变压器组，具体装设哪些保护装置，应当根据有关规程或规定并从实际出发决定。

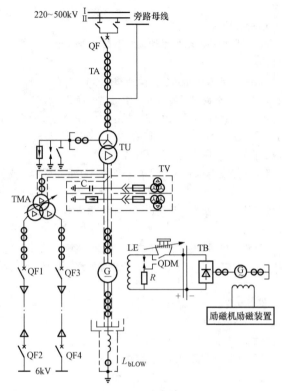

图 4 - 10　大型汽轮发电机双绕组主变压器分裂厂用
变压器的一次接线图

表 4 - 6　　大型汽轮发电机双绕组主变压器可能配置的
继电保护装置及其出口的控制对象表

序号	保护装置名称		组别	保护装置出口								处理方式
				停汽轮机	停锅炉	跳QF	跳MK	跳QF1、QF2	调汽门	切换励磁	跳母联断路器	发声光信号	
1	短路保护	发电机差动保护	A	√	√	√	√	√					全停
2		升压变压器差动保护	A	√	√	√	√	√					全停

续表

序号	保护装置名称			组别	停汽轮机	停锅炉	跳QF	跳MK	跳QF1、QF2	调汽门	切换励磁	跳母联断路器	发声光信号	处理方式
3		高压厂用变压器差动保护		A	√	√	√	√	√					全停
4		发电机–变压器组差动保护		B	√	√	√	√	√					全停
5	短路保护	全阻抗保护	t_1	B								√		母线解列
			t_2				√	√	√					解列灭磁
6		高压侧零序保护	t_1	B								√		母线解列
			t_2				√	√	√					解列灭磁
7		定子匝间保护		B	√	√	√	√	√					全停
8		发电机励磁回路两点接地保护		B	√	√	√	√	√					全停
9	异常运行保护	定子一点接地保护	Ⅰ段	A									√	发信号
			Ⅱ段	B									√	发信号
10		发电机励磁回路一点接地保护		A									√	发信号
11		励磁机励磁回路一点接地保护		A									√	发信号
12		定子过负荷保护	定时限	A									√	发信号
			反时限				√	√	√					解列灭磁
13		转子表层过负荷保护	定时限	A									√	发信号
			反时限				√	√	√					解列灭磁
14		励磁回路过负荷保护	定时限	A									√	发信号
			反时限				√	√	√					解列灭磁
15		低频保护		B									√	发信号

保护装置出口

第四章 同步发电机的运行

序号	分类	保护装置名称		组别	停汽轮机	停锅炉	跳QF	跳MK	跳QF1、QF2	调汽门	切换励磁	跳母联断路器	发声光信号	处理方式
16	异常运行保护	失磁保护	t_0	A									√	发信号
			t_1、t_3				√	√	√					解列灭磁
			t_2						√	√	√			减出力
17		过电压保护		B			√	√	√					解列灭磁
18		逆功率保护	t_1	A									√	发信号
			t_2				√	√	√					解列灭磁
19		失步保护		B						√				增减出力
20		变压器过励磁保护		B			√	√	√					解列灭磁
21		断路器失灵保护		B			√	√	√					解列灭磁
22		非全相运行保护		B			√							解列
23	辅助装置	电流回路断线保护		B									√	发信号
24		电压回路断线保护		B									√	发信号
25		出口装置		B										
26		检测装置		A B										
27		电源装置		A B										
28		分支线差动保护	t_0						√					跳 QF1、QF2 或 QF3、QF4
			t_1				√	√						解列灭磁
29		分支线过电流保护	t_1						√					跳 QF1、QF2 或 QF3、QF4
			t_2											解列灭磁

注 表中打"√"者，表示动作行为有效。

3. 保护装置的控制对象

各种保护装置动作后所控制的对象，按照保护的性质、选择性要求和故障处理方式的不同而异。对于发电机－双绕组变压器组，通常有以下几种处理方式：

（1）全停：停汽轮机、停锅炉、断开高压侧断路器、灭磁、断开高压厂用变压器低压侧断路器，使机炉及辅机停止工作。

（2）解列灭磁：断开高压侧断路器、灭磁、断开高压厂用变压器低压侧断路器。

（3）解列：断开高压侧断路器。

（4）减出力：减少汽轮机的输出功率。

（5）发信号：发出声光信号或光信号。

（6）母线解列：对双母线系统，断开母联断路器，缩小故障影响范围，保住半个厂站正常运行。

各种保护装置在不同处理方式下的控制对象见表4－6。

4. 关于短路保护的说明

（1）在图4－10中，高压厂用变压器高压侧引出线上，没有装设断路器，高压厂用变压器及其高低压侧引出线上发生故障时，保护装置要动作于机组全停。显然，这是认为高压厂用变压器及其高低压引线上的故障率不高，从而省去高压厂用变压器高压侧断路器和节约工程投资。但实践证明这种做法是欠妥当的，事实上由于高压厂用变压器系统故障造成机组全停所带来的损失是惊人的，并且这种做法本身使厂用高压系统备用电源自动投入的功能和效果难以充分发挥。

（2）发电机采用分相封闭母线时是否考虑相间短路故障问题。国内的实践表明，在封闭母线系统中可能发生两相接地短路故障。因此，尽管采用了封闭母线，仍应使发电机差动保护和变压器差动保护的保护区应互相搭接，不允许出现保护死区。

（3）后备保护的配置问题。大型发电机－变压器组，通常接到220kV及以上电压母线上。220kV及以上的线路一般都有完备的保护装置，对于相间故障，不要求在发电机－变压器组装设可保护相邻线路全线的远后备保护。但必须装设作为相邻母线故障的后备保护。在灵敏度和延时方面，要求与相邻线路的主保护相配合。这样，在母线上发生相间故障时，应保证可靠动作。根据上述考虑，在表4－6中配置了一套三相全阻抗保护装置，它仅作为相邻母线的后备保护，故可配置在升压变压器的高压侧。

（4）高压厂用变压器的保护配置。当高压厂用变压器高压侧不装设断路器时，可以把高压厂用变压器置于升压变压器和发电机－变压器组差动保护的双重保护范围之内。如果灵敏度满足要求，则高压厂用变压器可以不再配置专用的差动保护。但是，由于高压厂用变压器的容量只有发电机容量的6% ~ 10%，它的短路阻抗相当大。当其低压侧采用分裂绕组时更为突出。所以在高压厂用变压器低压侧发生两相短路故障时，升压变压器和发电机变压器组差动保护的灵敏度，常不能满足要求。因此，一般情况下，还应配置高压厂用变压器的差动保护装置。按照传统习惯，在高压厂用变压器高压侧都装设过电流保护装置，作为后备保护。因为过电流保护要躲过整组母线自启动电流，整定值高。对于大机组，高压厂用变压器短路阻抗大，其低压侧两相短路电流小，其灵敏度常常不能满足要求。此时，也可以考虑配置阻抗保护装置解决灵敏度问题。

（5）关于断路器失灵保护。按照远后备的原则，升压变压器高压侧断路器拒动时，应由相邻元件（如线路对侧、并列运行的机组）的后备保护切除故障。切除故障的时间长，而且可能把全部电源元件都切除。因此，大机组都应当设置断路器失灵保护，用以在高压侧断路器拒动时切除故障。每一母线的全部连接元件都应装设一套公用的断路器失灵保护装置。应当指出，当变压器瓦斯保护动作后，由于返回较慢，有可能导致失灵保护误动而扩大事故。因此，要求瓦斯保护应经单独的出口继电器且动作后不启动失灵保护。此外，失灵保护的电流判据，应根据系统情况具体选择，以保证有可靠的灵敏系数。

（6）非全相保护。近年来，由于主变压器高压侧断路器长期非全相运行引起大型发电机转子损坏的事故发生多起。因此应从以下三个方面解决非全相问题：①从操作上迅速纠正非全相的发生；②应考虑完善的非全相保护方案；③非全相保护应延时启动失灵保护。

5. 异常运行保护

（1）定子绕组的匝间短路和相间短路故障中，许多是由于定子绕组一点接地故障演变而形成的。因此，定子绕组一点接地保护在大机组保护中占有重要地位。由于其地位重要，所以一方面要求它具有足够的灵敏度且没有死区，以使在尚未受到严重破坏之前动作；另一方面，在配置上可考虑装设两段，Ⅰ段为100%接地保护，Ⅱ段为比较简单的90%接地保护，以保证在一段退出运行或拒动时，另一段作为后备。

（2）针对大型机组热容量相对下降的特点，配置了三套过负荷保护，分别反应定子绕组过负荷、转子表层（负序）过负荷和励磁绕组过负荷。这三套过负荷保护，都设置定时限和反时限两部分。过负荷保护被看作是大型发电机安全运行的一道屏障，在灵敏度和延时方面，都不考虑与其他保护配合，发电机的发热状况是其整定的唯一依据，用于在各种异常运行情况下保障机组的安全。

（3）针对低励、失磁故障，配置了失磁保护；针对定子绕组过电压的危害，装设过电压保护；针对发电机失步，配置了失步保护；针对汽轮发电机断汽运行，防止叶片损坏配置了逆功率保护；针对低频运行对汽轮机叶片的危害，配置了低频保护；针对发电机转子绕组过励磁造成的危害，应装设过励磁保护；针对大电流互感器断线造成的危害，装设了电流回路断线保护；针对断路器非全相跳、合闸故障，为防止事故扩大，必须装设非全相运行保护等。

总之，大型机组继电保护在总体配置上力求严密，功能上力求完善，目前微型计算机型的大机组保护装置已广泛投入运行。

第五节　同步发电机的异常运行和事故处理

一、发电机的异常运行处理

通常发电机是按照制造厂的技术规定在额定方式下运行，在这种情况下，发电机可以连续长期安全运行。但在实际运行过程中，由于系统中设备的故障、人为的操作过失等原因，常使发电机的运行状态处于正常和事故之间，这种状态称为非正常运行或异常运行。当发电机处在这种运行状态时，一般不需要马上从系统解列，在一定条件下，可以运行一段时间，在此期间运行人员在调度的指挥下采取措施。可以将发电机恢复到正常运行状态，保障系统正常供电。若实在无法恢复正常运行时，也可以比较妥善地将其解列。因此，运行值班人员有必要了解和认识发电机非正常运行的特点、对发电机的不良影响以及使之恢复正常运行的方法和措施。下面将讨论发电机运行中常见的几种非正常运行状态。

（一）发电机在系统电压、频率变动时的运行

发电机并网后，均在电力系统中并列运行，当系统无功功率或有功功率供需失去平衡时，就会出现电压或频率波动现象。无功功率不足时电压会降低，无功功率过剩时电压会升高；当系统有功功率不足时频率会降低，有功功率过剩时频率会升高。在事故或负荷无计划地大量增、减情况下，会出现有功功率和无功功率较严重的失去平衡，使发电机工作在超出电压、频率的变动范围。此时，不但不能保证向用户的供电质量，而且对电力系统和发电机本身的运行也非常不利。

1. 电压变动对发电机的影响

发电机电压在额定值的 ±5% 范围内变化时是允许长期运行的。若超出这个范围，将会对用户和发电机本身产生不良影响。

当电压高时，对发电机的影响如下：

（1）转子表面和转子绕组的温度升高。当发电机运行电压达 1.3 ~ 1.4 倍额定电压时，转子表面就会发热，进而使转子绕组的温度上升。主要是由于漏磁通和高次谐波磁通的增加而引起附加损耗增加的结果。从电工学理论中可知，这种铁芯损耗发热与电压的平方成正比，所以电压越高，这种损耗增加越快，使转子发热，转子绕组温度升高，有可能使其超过允许值。

（2）定子铁芯温度升高。铁芯的发热是由两个因素决定的，一个是铁芯本身的损耗引起，另一个是定子绕组温度传到铁芯的。当电压升高，铁芯内磁通密度增加，损耗也就增加，因为损耗近似与磁通的平方成正比，所以磁通的增加引起损耗的增加很快。另外，大容量机组铁芯比小型机组相对利用率高，磁通更靠近饱和，这样，它对电压的升高引起损耗的变化更会明显增加。所以，电压高，铁芯损耗会大大上升，温度大大升高。而且大型机组要比小型机组更严重。一般情况下，系统运行出现的高电压如不超过额定电压的 10%，造成铁芯发热的威胁尚不显著。

（3）定子的结构部件可能出现局部高温。电压高，磁通密度增加，铁芯的饱和程度加剧，使较多的磁通逸出轭部并穿过某些结构部件，如支持筋、机座、齿压板等，形成另外的环路，使在结构部件中产生涡流，有可能造成局部高温。

（4）对定子绕组绝缘产生威胁。正常情况下，发电机耐受 1.3 倍的额定电压，对定子绕组的绝缘来讲问题不大。但是对于运行多年绝缘已老化，或发电机本身有潜伏性绝缘缺陷的机组，这个电压容易发生危险，造成绝缘击穿事故。

电压低于额定值时对发电机的影响如下：

（1）降低了运行的稳定性。这里所说的稳定性包括两个意思，一是并列运行的稳定性；另一个是发电机电压调节的稳定性。并列运行稳定性的降低可从发电机的功角特性看出。当电压降低时，功率极限幅值降低，要保持输出功率不变，必然增大功角运行。而功角接近 90°，稳定性越低。调节稳定性降低的原因是，每台发电机都有空载特性曲线，如图 4-11 所示，横坐标是励磁电流 I_f，纵坐标是电动势 E_0，这里也可看作电压 U，曲线有直线部分和饱和部分，在正常电压运行时，运行点在饱和部分上，如曲线上的 a 点。当降低电压运行时，有可能使运行点落到直线部分上，如 b 点。从图上可以看出在直线部分运行时，发电机电压是不稳定的，只要励磁电流 I_r 变化一点（ΔI_r）时电压就会变化很大（ΔU）。而在 a 点工作则不然，当 ΔI_r 变化很大时，ΔU 变化不大。这说明电压降低后发电机的调节稳定性降低了。

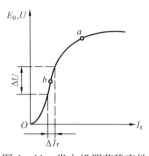

图 4 - 11   发电机调节稳定性

（2）定子绕组温度可能升高。在电压降低的情况下保持发电机的功率不变，则必须增加定子电流。而电流值增大会使定子绕组温度升高。此外，电压降低也将影响厂用电动机的出力和安全运行，使发电机的出力减少，将影响电力系统的稳定性。反过来又会影响发电机本身的运行，形成恶性循环，影响电力系统和发电厂的安全运行。

2. 频率变动时对发电机的影响

频率的允许变动范围是 ± 0.5 Hz。频率的升高极限主要取决于发电机转子和汽轮机的机械强度。由于频率高，转速高，转子上的离心力就增大，在高速旋转下，这就易使转子上的构件损坏。汽轮机的频率最高不应超过 52.5 Hz，即超出额定值的 5%，虽然发电机的转子在制造厂出厂时经受了超出额定值 20% 的超速试验，但汽轮机的危急保安器是整定在超过额定转速的 10% 左右，而在实际运行时再留一点裕度。此外，频率的升高使发电机定子铁芯的磁滞、涡流损耗增加，会引起铁芯的温度上升，但与对转子机械强度的影响相比，已是次要因素。

频率降低时对发电机有以下影响：

（1）频率降低使转子风扇出力降低。因为频率降低，转速低，转子两端风扇出力降低，风量下降，其后果使发电机的冷却条件变坏，使各部分的温度升高。

（2）频率降低使转子绕组的温度升高。从电工学的学习中知道，电动势与频率、磁通成正比，若频率降低，要保持发电机电动势值不变，势必要增加励磁电流以增加磁通。这样就使转子绕组的温度升高，否则就得降低出力。

（3）频率下降如仍要保持出力时可能引起发电机部件超温。由于频率降低后，使发电机电动势降低，要保持出力不变，就要增加励磁电流，而增加励磁的结果，会使定子铁芯出现磁饱和现象，磁通逸出，使机座的某些结构部件产生局部高温，有的部位甚至冒火星。

（4）频率降低可能会引起汽轮机叶片断裂。因为频率低，即转速低，使汽轮机末级叶片出现低频共振而损坏断裂，我国20世纪60年代末至70年代初的一个时期内，由于电网管理混乱，经常在低频率下运行，使大批汽轮机末级叶片断裂损坏。应该指出的是，系统频率的降低使发电机的无功功率出力不足，致使电网电压水平下降。与此同时，频率的下降，使电厂生产本身的辅助机械运转状态变坏，如给水泵转速下降，出力不足，导致锅炉汽压不足；循环水泵和凝结水泵的出力不足，使汽轮机真空下降；频率的下降使电网中的异步电动机需要更多的无功功率。如此下去，形成恶性循环，威胁着发电机、发电厂甚至整个电力系统的安全运行。

通常情况下，电力系统中常常是低频率、低电压"相伴"而生的。一旦系统中出现低电压、低频率的运行状态，应注意监视有关部位的温度，厂用辅助机械的运转，预想可能发生的异常现象和发生事故的可能，事先做好充分的思想准备和采取一些必要的措施，如采用拉闸限电、停止对不重要用户的供电或停止不重要的厂用机械等，避免突然发生问题而束手无策。

（二）同步发电机在不对称负荷下的运行

由于电力系统中三相负荷的不对称或发生不对称短路故障，都会使同步发电机处于三相不对称的非正常运行状态。在这种情况下，发电机中会出现正序、负序电流（若发电机中性点接地时，还会有零序电流）。这些电流的存在，对发电机和电网都将产生某些不良影响，如导致发电机局部发热、过电压以及机组振动等现象发生。为此，运行人员应从物理概念入手，了解不对称三相负荷对发电机运行的不良影响，从而提高执行规程的自觉性。

相序分量是可以在实际中分离出来的。例如三相四线制中，中性线上的电流就是三相的零序电流之和；"负序滤过器"装置，就能把负序分量分离出来，这在继电保护装置中是常用的。在实际计算中，使用"对称分量法"这种方法就可以把不对称的问题归结为对称的问题讨论和计算，然后再把A、B、C相的分量分别相加（相量相加），就可以得到不对称三相作用的结果。

发电机是按三相电流对称连续长期运行设计的。当三相电流对称时，由它们合成产生的定子旋转磁场是与转子转向同方向、同转速旋转的，因此定子旋转磁场与转子相对静止，它的磁力线不会与转子切割。当三相电流不对称时，根据"对称分量法"，可以把这不对称的三相电流分解成三组对称的三相电流，即正序、负序、零序三组分量，但由于发电机常使用星形接线，中性点也不接地，所以零序电流也流不通。这样就只有正序电流和负序电流。根据三相对称电流能在三相绕组中产生旋转磁场的原理，正序电流将产生一个正序旋转磁场，它的转动与转子同方向、同转速；而负序电流将产生一个负序旋转磁场，它的旋转方向与转子的转向相反，其转速对转子的相对转速则是两倍的同步转速，这是不对称三相电流在发电机里出现的情况。

这个以两倍同步转速扫过转子表面的负序旋转磁场的出现，将产生两个主要的后果：一是使转子表面发热；二是使转子产生振动。

负序磁场扫过转子表面时，将会在转子铁芯的表面、槽楔、转子绕组、阻尼绕组（若有的话）以及转子其他金属结构部件中感应出两倍于工频即100Hz的电流。这个电流不能深入到转子深处，因为深处感抗很大，它只能在表面流通，其回路如图4－12所示。这些电流大部分通过转子本体、套箍、中心环，引起相当可观的损耗，其值与负序电流的平方成正比。这种损耗将使转子表面发热达到不允许的温度，尤其是产生局部高温区，则更加危险。

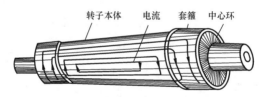

图4－12　负序磁场引起转子表面电流示意图

振动是由脉动力矩造成的，而脉动力矩的产生与转子的磁路是否对称有关。如汽轮发电机，其转子是隐极式圆柱体，沿圆周气隙中磁阻相差不大。所以，发热是主要威胁，而振动占次要地位。转子表面的局部过热严重时，将导致其机械强度下降。一般，本体钢材温度不能超过300℃，铝合金槽楔不超过200℃。对于汽轮发电机，对不对称负荷的限制主要由发热条件决定。规程规定，汽轮发电机的三相电流之差，不得超过额定值的10%，此值相当于负序电流为汽轮发电机额定电流的约6%，在这个电流下，转子的发热是不会很厉害的。

应该指出，各种发电机不对称负荷的极限承受能力是不大一致的。因为就发热来说，决定不对称限度的不是转子的绕组温度，而是局部高温。局部高温在不同材料、结构的转子上出现的地点、大小是不相同的，因此制订一个统一的标准很困难，每台机允许带不对称负荷的数值应在符合下列三个条件情况下由试验得出。

（1）转子体上任一点温度不超过允许值；

（2）机械振动不超过允许值；

（3）最大一相定子电流不超过额定值。

运行人员对不对称负荷的监视通常以观察三相电流表的不对称情况为准，有的电厂为方便运行人员监视，在发电机表盘上装上了负序电流表，以起到加强监视作用。

（三）发电机的过负荷

在发电机的正常运行中，定子电流和转子电流均不能超过允许范围，但在系统发生短路故障，如发电机异步运行、大容量的联络线路掉闸系统解列、大容量的发电机失磁造成强行励磁动作等，发电机定子或转子都可能短时过负荷，过负荷的时间和数值主要是受发电机绕组的温度限制，如温度长时间超出规定时，将造成发电机损坏事故。

过负荷时的允许值应遵守制造厂的规定，若制造厂无规定时，对于空气冷却和氢气表面冷却的发电机，可参照表4-7规定执行。

表4-7　　　　　空气冷却和氢气表面冷却的发电机
允许过负荷倍数表

定子绕组短时过负荷 （电流/额定电流）	1.1	1.12	1.15	1.25	1.5
持续时间（min）	60	30	15	5	2

对于内冷和引进国外生产的发电机，短时过负荷的允许值应遵守制造厂的规定。若制造厂无明确规定或难以查找时，应通过核算来确定。在国标中规定发电机的定子绕组应能从额定条件下稳定温度开始在130%额定电流下运行不小于1min，并据此推出持续时间120s内在同样热量时允许电流，见表4-8，是国标中直接冷却发电机定子绕组短时过电流的规定。发电机转子绕组应能从额定条件下稳定温度开始，在125%额定励磁电压下运行不小于1min，并可据此推出表4-9所示的数值。

表4-8　　　　　定子绕组短时过电流的规定

时间（s）	10	30	60	120
定子电流（%）	220	154	130	116

表 4 - 9	转子绕组短时过电压规定			
时间（s）	10	30	60	120
励磁电压（%）	208	146	125	112

当发电机过负荷时，可首先降低励磁电流。即发电机的无功负荷使定子电流不超过规定值，同时还应注意发电机的电压不能过低，功率因数不能过高，若上述调整不成功时，则应设法降低发电机有功负荷或对不重要的用户限电，使发电机恢复正常运行方式。

（四）同步发电机的振荡和失步

同步发电机在运行中，可能由于某种不利的原因，如负荷的突然变化、电网参数的改变以及其他人为操作不当造成的干扰等，而引起振荡现象。

1. 发电机振荡的物理过程

为了形象地描述同步发电机的振荡现象，可将运行中的发电机定子磁极（三相绕组组合成磁场）与转子磁极（转子磁场）间看成有"弹性"联系，如图 4 - 13 所示，假定原来发电机的功率角为 δ_0，因某种原因（如原动机的调速系统的缺陷）使主力矩大于阻力矩，转子得到加速，δ 角增大。理应在新平衡点 a 轴（$\delta = \delta_1$）处运行。由于惯性作用，转子仍有相对速度，要越过 a 轴。过 a 轴后，阻力矩就大于主力矩，转子逐渐减速。到了 b 轴处（$\delta = \delta_1 + \Delta\delta$），相对速度为零，但这时阻力矩远远大于主力矩，于是转子开始相对地往回移动。仍因有惯性的作用，将越过 a 轴，移到 0 轴处（$\delta_0 = \delta_1 - \Delta\delta$）。在 0 轴处，相应的各力矩不能平衡，转子又将重复上述过程。这就引起振荡。

振荡一般分两种类型，一种是由于振荡中的能量消耗，振幅越来越小，逐渐衰减下来，在经过一定的往复振荡后，发电机转子将处于新的平衡位置，进入了稳定持续运行状态。这种振荡称为同步振荡。另一种是 δ 不断增大，在其振荡过程中有可能产生一种振幅越来越大的所谓自摆脱同步现象，在这种情况下，发电机转子将被拖出同步转速而无法进入新的稳定持续运行状态，称为非同步振荡。

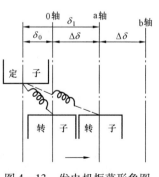

图 4 - 13　发电机振荡形象图

第四章　同步发电机的运行

2. 发电机失去同步的过程

如图 4 – 14 （a） 所示。假定 K 处突然发生短路，短路前发电机的工作点为 "1" 点，如图 4 – 14 （b） 所示，短路后，工作点过渡到短路时的特性曲线 Ⅱ 的点 "2"。由于输出功率减小，阻力矩也减小，使转子开始加速，功率角 δ 开始增大。如果当功率角增到 δ_c 时短路被切除，运行点将由曲线 Ⅱ 的 "3" 过渡到短路消除后的功率特性曲线 Ⅲ 上的点 "4"。可是，此时的发电机输出功率超过输入功率，则转子开始减速，由于在这个过程中转子储藏了动能，在点 "4" 位置的相应相对速度较大。故功率角 δ 还要继续增大。这时有两种可能情况，一是 δ 的变化幅度能逐渐衰减，最后发电机仍以同步转速稳定运行，这种因受大干扰之后仍能恢复运行的情况，说明发电机具有对应于这种短路事故的暂态稳定；另一种情况是，δ 随着时间不断增大，发电机最后失步，说明失去了暂态稳定。此过渡过程中，发电机能否保持暂态稳定与其所储藏的和所消耗的能量情况有关，也即与功角图上相应与这些能量的面积的大小有关。如图 4 – 14 中。面积 1—2—3—3′是属于储藏能量的加速面积，3′—4—5 属于消耗动能的减速面积。加速面积小于减速面积，发电机才能保持稳定；加速面积大于减速面积，发电机就不能保持稳定。如图 4 – 14 的情况，由于加速面积大于减速面积，运行点变化到点 "5" 之后，相对转速不会降低到零值，δ 角要继续增大。运行点越过点 "5"，输出功率反而小于输入功率，使阻力矩小于主力矩，将继续使转子加速。最后，δ 超过 180°，甚至无限地增大下去，发电机即发生了失步。图中 P_{as} 为异步功率。

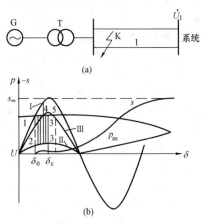

图 4 – 14　发电机失去同步过程
（a） 系统图；（b） 功角特征

3. 振荡时发电机各电气量变化与表计指示现象

发电机在振荡时主要引起电流、电压、功率等电气量的变化，其变化可以从控制盘仪表上看得出来。

由于这些电气量的存在与电网分不开，要定量地求出它们的数值，已不单纯是发电机本身的问题，所以我们从各量的变化规律入手，了解振荡时电流、电压、功率等量随功率角 δ 的变化情况，如图 4 – 15 所示。

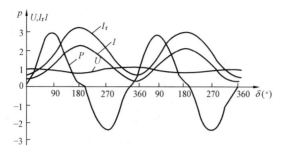

图 4 – 15　发电机振荡时各电气量的变化

P—发电机功率；I_r—励磁电流；U—端电压；I—定子电流

各电气量反映在发电机表计上的变化如下：

（1）定子电流表的指针剧烈摆动，电流有时超过正常值。电流的变化与功率的变化有关。电流中含有平衡电流和负荷电流。平衡电流与电网参数及功率角 δ 的大小有关。δ 为 $180°$ 时，电流最大。

（2）发电机定子电压表和其他母线电压表剧烈摆动，且电压表指示值降低。电压摆动的原因也是由于 δ 的变化引起的。各点电压降低是由于平衡电流和负荷电流在阻抗上的压降引起的。电压降低的程度在各点是不一样的。当发电机装有自动励磁电压调整装置时，其端电压波动也要小一些。

（3）有功功率表的指针在全刻度摆动。在同步振荡时，随着 δ 角的变化，电磁功率也会变化；在非同步振荡时，δ 角在每周期的 $0°$ ~ $180°$ 范围内发电机送出有功功率，在 $180°$ ~ $360°$ 范围内，送出负的有功功率，即吸收有功功率，所以表计摆动很大。

（4）转子电流、电压表的指针在正常值附近摆动。因振荡时发电机定子磁场与转子间有相对速度，励磁绕组及转子其他金属部件中都感应起交变电流。这种电流的大小与定子磁通势有关。定子电流波动，励磁绕组中的交变电流也波动，如图 4 – 15 中的 I_r。该交变电流叠加在原励磁电流上，使得转子电流表、电压表的指针摆动。

4. 引起振荡的原因与防止振荡的措施

根据运行经验，造成发电机失步的非同步振荡主要有以下几种原因：

（1）静态稳定的破坏。这种情况往往发生在运行方式的改变，使输送功率超过极限输送功率的情况下。这一点有很多实例。

（2）发电机与系统联系的阻抗突然增加。造成阻抗增加的原因常是由于发电机与系统通过较长的多回联络线中的部分线路跳闸或误操作造成的。由于阻抗的突然增加，使传输功率极限下降。实质上仍是破坏静态稳定的问题，只不过是由于网络参数变化而引起的。

（3）电力系统中的功率突然发生严重的不平衡。大型机组突然甩负荷、联络线跳闸等，使网络中的潮流分布发生很大的变化和出现严重的功率不平衡，造成稳定的破坏，发生振荡现象。

（4）大型机组失磁。大型机组允许失磁运行时，将吸收大量的无功。系统无功功率不足，电压下降，容易造成振荡现象的发生。

（5）原动机调速系统失灵。作为原动机的汽轮机调速系统调整失灵，如调汽门卡涩等现象，使原动机功率突增或突降，都会使发电机力矩失去平衡而引起振荡。

若发生趋向稳定的振荡，即越振荡越小的同步振荡，则不需要操作什么，振荡几下就过去了，只要做好处理一旦发生事故的思想准备就行了。

若振荡已造成失步时，则要尽快创造恢复同步运行的条件。通常采取下列措施：

（1）增加发电机的励磁。对于有自动励磁调节装置的发电机不要退出调节器和强励，可任其自由动作调整励磁。对于无自动电压调节装置的发电机则要手动增加励磁。增加励磁的作用，是为了增加定、转子磁场间的拉力，用以削弱转子的惯性作用，使发电机较易在达到功率平衡点附近时被拉入同步。

（2）若是一台发电机失步，可适当减轻它的有功出力，即关小汽轮机的汽门，这样容易拉入同步，这样做好比是减小了转子的冲劲。

（3）按上述方法进行处理，经 1~2min 后仍未进入同步状态时，则可以考虑将失步发电机从系统解列。

处理振荡事故，一方面要冷静沉着分析，准确地判断；另一方面要有整体观念，及时报告调度，听从指挥。

电力系统中采用快速继电保护装置、高速断路器、强行励磁、自动励磁调节装置、快速的励磁系统等措施，都是为了提高系统稳定，减小振荡和失步事故的有力措施。

（五）同步发电机无励磁异步运行

发电机在运行中由于某种原因失去励磁电流，使转子的磁场消失，称为发电机失磁。失磁后的发电机若不从电网上解列，则它将进入带一定的有功功率，以某一转差与电网保持联系的异常运行状态。从不致马上使电网发生大的有功功率的缺额和提高供电可靠性的观点上看，失磁后的汽轮发电机最好不立即从系统解列，维持一段时间在电网上运行，使我们有可能寻找失去励磁的原因及恢复励磁。因此，无励磁异步运行，作为一种过渡的运行方式有很大的实际意义。

发电机失去励磁的原因很多，一般在同轴励磁系统中，常由于励磁回路断线（转子回路断线、励磁机电枢回路断线、励磁机励磁绕组断线等）、自动灭磁开关误碰或误掉闸、磁场变阻器接头接触不良等而使励磁回路开路，以及转子回路短路和励磁机与原动机在连接对轮处的机械脱开等原因造成失磁。大容量发电机半导体静止励磁系统中，常由于晶闸管整流元件损坏、晶体管励磁调节器故障等原因引起发电机失磁。

发电机失磁以后，向电网送出的有功功率大为减少，转速迅速增加，同时从电网中吸收大量无功功率，其数值可接近甚至超过额定容量，造成电网的电压水平下降。当失磁发电机容量在电网中所占比重较大时，会引起电网电压水平的严重下降，甚至引起电网振荡和电压崩溃，造成大面积的停电事故，这时失磁发电机应靠失磁保护动作或立刻从电网中解列，停机检查。当失磁发电机在电网容量中占比重较小，电网可供其所需的无功而不致使电网电压降得过低时，失磁发电机可不必立即从电网解列。

无励磁状态下的发电机能送出多少有功功率，这与机组本身的特性和失磁后的状态有关。根据我国一些单位的试验得知，一般转子外冷的汽轮发电机，无励磁运行时可带 50% ~ 60% 的额定功率；水内冷转子的发电机可带 40% ~ 50% 的额定功率。当失磁后，励磁回路闭合于低阻（如励磁绕组经励磁机电枢绕组闭路）比闭合于高阻（如励磁绕组经灭磁电阻闭路或完全开路）带同样有功功率时，转差率要小。这是由于低阻时有较大的电流和力矩的缘故。转差率小，转子损耗也小些。

1. 无励磁异步运行的物理过程

发电机失去励磁后，由于励磁绕组电感较大，励磁电流 I_r 及其产生的磁通 Φ_r，将按指数规律衰减到零，如图 4 - 16 所示，在励磁电流 I_r 减小时，电动势 E_r 也随着减小，功率极限也随之下降，如图 4 - 17 所示。功率角 δ 将增大，定子合成磁场与转子磁场间的引力减小。发电机的转子力矩平衡关系将随着电磁力矩的下降而打破。由于原动机主力矩未变，所以转子将获得使其加速的过剩转矩。当 δ 角增大到 90° 以上，转子就可能超出同步点而失步，进入异步运行状态。

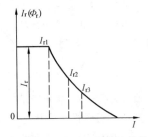

图 4-16 励磁电流衰减曲线

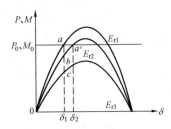

图 4-17 转矩、电动势减小后的
有功功率与功率角 δ 的关系

发电机失磁进入异步运行状态，定子绕组就向电网吸收无功功率，在气隙内产生磁场。由于转子转速超过同步转速，转子与旋转磁场间发生相对运动，其转差 $n_1 - n = sn_1$ [n_1 为定子磁场的同步转速，n 为转子失磁后的转速，$s = (n_1 - n)/n_1$，称为转差率]，转子以 sn_1 的速度切割定子旋转磁场。于是在转子体、转子绕组（若闭合时）、励磁绕组和阻尼绕组中（若有时）感应出频率为 $f_s - f_g$（f_s 为系统频率，f_g 为发电机频率）的交变电流（也称差频电流）。这个电流与定子磁场相互作用，便在定子绕组中感应出电流，形成向系统送出的异步有功功率。此异步功率的大小取决于异步运行的转差率。发电机的转速不会无限制地升高，因为转速越高，异步功率产生的阻力矩越大。当这台发电机的异步转矩在一定的转差下与原动机的拖动转矩相等时，发电机便稳定地运行在异步状态。此时发电机输出的异步功率（即有功功率）保持不变。

试验得知，大多数汽轮发电机可带额定出力，其转差不超过 0.5%；带 60% 额定出力运行 30min 是没有问题的。

2. 无励磁运行对发电机本身和电网的影响

无励磁异步运行对发电机本体及对电网有以下影响：

（1）发电机失步，将在转子的阻尼绕组（若有时）、转子体表面、转子绕组（经灭磁电阻或励磁机电枢绕组闭合）中产生差频电流，引起附加温升。此电流在槽楔与齿壁之间、槽楔与套箍之间、齿与套箍的接触面上，都可能引起局部高温，产生严重的过热现象，危及转子的安全。

（2）同步发电机异步运行。在定子绕组中将出现脉动电流，它将产生交变的机械力矩，使机组产生振动，影响发电机的安全。

（3）定子电流增大，可能使定子绕组温度升高。

（4）发电机失磁前向系统送出无功功率，失磁后从系统吸收无功功率，这样将造成系统较大的无功功率差额，使系统电压水平下降，特别是失磁发电机附近的系统电压将严重下降，威胁安全生产。

（5）上述无功功率差额的存在，将造成其他发电机组的过电流。失磁发电机与系统相比，容量越大，这种过电流越严重。

（6）由于过电流，就有可能引起系统中其他发电机或元件故障切除，以致进一步导致系统电压水平的下降，甚至使系统电压崩溃而瓦解。

3. 无励磁运行时表计的指示变化与原因分析

（1）转子电流表的指示为零或为零后又以定子表计摆动次数的一半而摆动。出现这种现象的原因是由于接线不同造成的。若失磁后的转子绕组是通过灭磁电阻或自同步电阻成闭合回路时，在定子磁场的作用下此回路将感应出差频电流，若转子电流表的分流器在此回路时，直流电流表上反映的是差频电流的变化，因表计是单相的，所以是"一起、一落"以转差频率摆动。如果发生失磁的原因纯属励磁回路开路造成，则转子电流应为零。

（2）定子电流表的指示升高并摆动。失磁后的发电机进入异步运行状态时，既向电网送出有功功率，又从电网吸收无功功率，所以造成电流指示值的上升。摆动的原因简单地说是由于转子回路中有差频脉动电流所引起的。

（3）有功功率表的指示降低并摆动。异步运行发电机的有功功率的指示平均值比失磁前略有降低，这是因为机组失磁后，转子电流很快以指数曲线衰减到零，原来由转子电流所建立的转子磁场也很快消失，这样作为原动机力矩转矩的电磁转矩也消失了，"释载"的转子在原动机的作用下很快升速。这时汽轮机的调速系统自动使汽门关小一些，以调整转速。所以在平衡点建立起来的时候，有功功率要下降一些。有功功率降低的程度和大小，与汽轮机的调速特性及该发电机在某一转差下所能产生的异步力矩的大小有关。

（4）发电机母线电压降低并摆动。发电机失磁前是系统的电源，送出有功功率，也送出无功功率，失磁进入异步运行状态时，系统向发电机倒送大量无功功率，发电机成了系统的无功负荷，母线电压减去线路上的压降才是发电机的出口电压，因此使母线电压降低了些。摆动的原因是由于电流的摆动引起的。如果母线上还运行着其他机组，且这些机组都装有自动电压调节装置，那他们的电压也会摆动，这是由于电流的摆动使各自动电压调节装置不断调整电压引起的。

（5）无功功率表指示负值，功率因数表指示进相。这是由于失磁后的发电机的无功，由输出变为输入而发生了反向，发电机进入定子电流超前于电压的进相运行状态而造成的结果。

（6）转子电压表指示异常。转子电压表的指示与具体的接线情况有关。值得注意的是失磁的瞬间，转子绕组两端将有过电压产生。若转子绕组失磁后闭合在灭磁电阻上，此过电压数值与灭磁电阻的大小有关，电阻大，过电压数值大。一般选择灭磁电阻为转子绕组电阻的 5 倍，使过电压数值限制在 2 ~ 4 倍额定电压。

4. 发电机无励磁异步运行时的处理原则

发电机发生失磁后的处理方法各厂结合实际试验数据一般都有具体的规定。原则上应掌握以下几点：

（1）对于不允许无励磁运行的发电机应立即从电网上解列，以避免损坏设备或造成系统事故。

（2）对于允许无励磁运行的发电机应按无励磁运行规定执行，一般要进行以下操作：

1）迅速降低有功功率到允许值（本厂失磁规定的功率值与表计摆动的平均值相符合），此时定子电流将在额定电流左右摆动。

2）手动断开灭磁开关，退出自动电压调节装置和发电机强行励磁装置。

3）注意其他正常运行的发电机定子电流和无功功率值是否超出规定，必要时按发电机允许过负荷规定执行。

4）对励磁系统进行迅速而细致的检查，如属工作励磁机问题，应迅速启动备用励磁机恢复励磁。

5）注意厂用分支电压水平，必要时可倒至备用电源接带。

6）在规定无励磁运行的时间内，仍不能使机组恢复励磁，则应该将发电机自系统解列。

大容量发电机的失磁对系统运行影响很大。所以，一般未经试验确定前，发电机不允许无励磁运行。如国产 300MW 发电机组，装设了欠磁保护和失磁保护装置。为了使保护装置在系统发生振荡时不致误动，将失磁保护时限整定为 1s，发电机失磁时，经过 0.5s，欠磁保护动作，发电机由自动励磁切换到手动励磁，备用励磁电源投入运行，如果不是发电机励磁回路故障，发电机可拉入同步而恢复正常工作。如果备用励磁电源投入运行后，发电机的失磁现象仍未消除，那么经过 1s，失磁保护动作将发电机自系统解列。

（六）同步发电机变为电动机运行状态

汽轮发电机在运行中，由于汽轮机危急保安器动作，而将主汽门关闭，使发电机失去原动力，而变为同步电动机运行。这时发电机不能向系统发出有功功率，反而从系统吸收一部分有功功率，来维持发电机本身运转。但仍然输出无功负荷，因为励磁系统没有改变。这时发电机的状态为吸收有功、发无功，变为同步调相机运行。

1. 发电机变为电动机的物理过程

当发电机正常带有功负荷运行时，发电机转子所产生的主磁场轴线，总是较电枢合成磁场轴线越前一个 θ 角，如图 4-18 所示。这样，在转子与定子空气间隙中的磁力线便像橡皮筋一样，由转子磁场拉着电枢合成磁场以同步速度旋转。负荷越重，橡皮筋拉得越长，转子磁场越前电枢合成磁场的角度 θ 就越大。若逐渐减少有功负荷，则 θ 角随之减小，当有功负荷为零时，$\theta=0$，电枢和转子磁场轴线重合，磁力线的拉力垂直于转子的表面，如图 4-18（b）所示，气隙中拉力总和便等于零。假如把原动机的动力来源停止，这时发电机自系统中吸收一部分有功功率，以维持同步运转所需要的空载能量损耗，转子磁场轴线就落后于电枢合成磁场轴线，即 θ 角变负值，也就是定子带动转子旋转，如图 4-18（c）所示，这并未失去同步，因为定子与转子空气间隙中仍有橡皮筋似的磁力线联系着，不过它的方向和发电机运行时相反，可见从道理上讲发电机变为电动机运行状态是可以运行的，但实际上是不可能的。因为，对电力系统来说：缺少一部分有功电源，可能会引起系统频率的降低，而且对于汽轮机来说，无蒸汽长时间运行时，末级叶片会因与空气摩擦而过热，特别是大机组这是绝对不允许的，为此都装设了可靠的保护，防止这种状态的发生。

2. 发电机变为电动机时的表计变化现象分析

同步发电机变为同步电动机运行时，发电机表计现象分析如下：

（1）该机配电盘上"主汽门关闭"光字牌亮。

（2）发电机的有功功率表指针摆到零位附近的针挡处，且指向负值。因为这时发电机从系统吸收有功功率以满足它维持同步运转所需要的空载能量损耗。

（3）发电机的无功功率表指示升高。因为有功负荷突然消失，而发电机的励磁电流不变，又保持正常转速运行，这时发电机的电压就升高，而发电机是并在电网上运行的，电压升高就会自动多带感性无功负荷，这样在发电机内就产生更大的去磁电枢反应，将电压自动降低，使发电机电压与电网电压相等。至于无功负荷增加数值的大小，则与发电机原来所带的有功负荷的大小有关，原来的有功负荷越大，无功负荷增加的数值也越大。

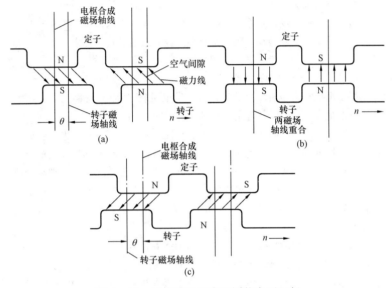

图 4 – 18　同步发电机在不同状态下运行
（a）发电机时；（b）空负荷时；（c）电动机时

（4）发电机的功率因数表指示进相。因为这时发电机由系统吸收有功功率，输出感性无功功率。

（5）定子电流表指示降低。定子电流包括有功分量和无功分量两部分，当有功分量降低后，总的定子电流值就要降低。

（6）定子电压表及励磁回路的仪表指示都正常，因励磁系统未改变。

（7）频率正常。但若该发电机容量较大，所带负荷占电力系统中总负荷的比例较重时，频率也要下降，因系统中缺少较多的有功电源。

3. 发电机变为电动机时的处理原则

当同步发电机变为电动机运行时，主控室运行人员应注意表计的指示，若无"紧急停机"信号，此时不应该将发电机解列，并应注意维持定子电压正常，待主汽门打开后，由司机尽快将危急保安器挂上，再带有功负荷。但有些汽轮机的危急保安器在额定转速下是挂不上的，这时可以将发电机解列，降低转速，在挂上危急保安器后，再进行并列，接带有功负荷，使其恢复同步发电机运行方式。若在"主汽门关闭"信号出现的同时，又有"紧急停机"信号时，则应立即将发电机与系统解列。

上述同步发电机变为调相机运行时，对发电机来说，是没有任何危险的，可以允许长时间运行。根据交流电机的可逆原理，发电机可以变为同步电动机运行，而同步电动机也可以变为发电机运行。

（七）发电机冷却系统的异常运行

发电机的容量主要是由发电机各部分的温度及温升所决定。随着单机容量的提高，发电机的冷却方式采用了对发电机的定子、转子进行直接冷却，如氢内冷、水内冷，使冷却效果大大提高。因此，发电机的冷却系统的运行直接影响发电机的运行，运行人员对冷却系统的不正常现象应予以高度重视，发生异常时应及时分析查明原因。

1. 氢冷发电机冷却系统的异常运行

（1）氢冷发电机氢气压力降低。值班人员发现"氢气压力降低"信号，检查压力表指示低于额定运行氢压时，应立即进行检查，查明原因。氢气压力降低的原因有：轴封中的油压过低或供油中断、氢母管压力低、突然甩负荷而引起的发电机过冷造成氢压降低、氢冷却管道破裂或阀门泄漏、密封瓦塑料垫破裂使氢气大量漏入油中、发电机定子引出线瓷套管或转子的密封破坏造成漏氢，以及运行人员误操作、错开排氢门或未关严跑氢造成氢压降低。当氢气压力降低时，运行人员应根据不同原因进行正确处理。如果压力降低是由于甩负荷后温度下降引起的，则运行人员应立即增加发电机负荷，不应补氢，防止负荷带起来后氢气压力过高。如果暂时不能增加负荷，可调节冷却水的流量，关小出入口门进行调节，使氢气压力提高到正常值。

如果压力降低是由于轴封中供油中断或油压低引起，则运行人员应检查油压和氢侧回流管内有无油流出。如果没有油流出，或油压只比氢压高 $1.96 \times 10^4 Pa$（0.2 表压力）以下，应立即提高油压，同时补氢，将氢压提高到正常氢压运行，若油压不能提高，则可降低氢压运行。当油压降低到不能维持最低运行氢压时，则应停机处理。

若压力降低是由于漏氢引起，则应不断补氢，提高氢压，同时对发电机各电气元件、密封氢气系统中的各阀门和氢气分离器的连接处进行检查，找出漏氢地点。当漏氢处在发电机运行不能消除时，则降低氢压，发电机减负荷运行。如不能维持最低氢压时，则应停止供氢，经气体置换后，转换到空气冷却，同时按照制造厂规定，将发电机减负荷到空气冷却运行允许的数值。

（2）氢冷发电机氢气压力高。在氢冷发电机运行中，氢气压力不允许在高压力下长期运行。当补氢不当或氢冷却器的冷却水中断（或减少）时，可能造成机内氢压不正常的升高，从而由密封瓦处溢出氢气和漏水至汽轮机润滑油系统，造成滑环处着火及油箱、轴承箱内氢爆等故障发生。当值班人员发现"氢气压力高"的信号时，应迅速查明原因，如果氢压高是由于氢母管上的压力高引起，则应调整氢母管的进气阀门，使压力恢复到正常值；如果氢压高是由于补充新氢太多引起，应立即停止补氢，同时打开排污门进行放氢，使压力恢复到正常允许值。

（3）氢冷发电机氢气纯度过低。发电机内的氢气纯度应保持在96%以上，含氧量不超过2%。因为氢气是一种易燃气体，氢气和空气的混合物（其中含氢量在4%～76%范围内）在密闭容器内就有产生爆炸的危险。为防止氢爆事故的发生，所以当氢气的纯度降低到92%以下，而含氧量增长到2%时，值班人员应进行补氢或放氢工作，提高氢气纯度到规定范围内，一般氢气纯度的降低是由于密封油污染或补新氢纯度太低引起的。如属于油系统污染时，则应提高氢压、补新氢或通过放油、放水的阀门，将发电机底部的油水排污门打开，用来提高纯度；如新氢纯度低时，应检查消除制氢设备故障，提高氢气纯度。

2. 水内冷发电机冷却系统的异常运行

（1）冷却水的出水温度高于额定值。值班人员在监视、巡检发现发电机冷却水的出水温度高于80℃时，应立即检查发电机的进水温度、压力及流量，如果发电机冷却水的进水压力和流量低时，则应调节进水压力和流量；如果进水温度高，超过允许值时，则应检查水冷却器的冷却系统是否正常，水冷却系统的水泵出力在规定流量压力范围，阀门应在打开位置，在上述设备一切正常时，则可调节发电机的进水压力，在不超过最大允许工作压力的条件下，提高发电机的进水压力，增加冷却水流量，以降低发电机的出水温度；如果经上述调整措施发电机出水温度仍高于额定值时，则应降低发电机负荷，分析原因，采取措施解决。

（2）在相同进水压力下流量突减。在发电机运行中，如果发现在同样进水压力下流量突然减少，应立即查明原因。若流量的减少是由于定子导线水回路有局部堵塞，这时发电机巡测中出水温度将升高，则可提高进水压力，并减少负荷，如果不能解决时，则应停机处理。

（3）发电机定子导线端部有流胶现象。在发电机运行中，值班人员如从发电机端盖窥视孔发现定子端部线圈有流胶和过热现象时，应检查定子的供水压力、流量及进出水温度是否正常，并应迅速调整增加冷却水量和降低进水和出水温度，电气值班员应降低发电机定子电流，使流胶现象停止，在采取定子电流降低和调整进出水温度的措施后，温度仍未下降，则应转移负荷或停机处理。

（4）冷却水导电率突然增大。当发电机的冷却水导电率突然增大时，在控制盘上发出"水的导电率高"的光字信号，运行人员应首先检查外部冷却系统中的水冷却器是否漏水，补充水的质量是否符合要求。如发现水冷却器漏水引起循环水进入发电机的冷却水系统，则应停用漏水的冷却器；如果是补充水的质量不符合规定，则应切换到质量好的水源供水，并对水质不合格的原因进行查找，尤其是化学除盐装置应进行详细的处理。

（5）水内冷发电机漏水。在巡回检查中，如发现发电机壳内有积水时，应立即查明原因，采取措施。发电机漏水，一般常见的故障有：①绝缘引水管破裂而漏水；②空心导线与接头间焊缝处漏水；③空心导线由于长期受冷热温度差的影响，或因质量不高，造成裂缝漏水；④定子端部冷却元件、汇流管的接头等断裂漏水。水内冷发电机在运行中，发现漏水现象时，应进行以下处理：

1）如果是轻微结露所引起，则应提高发电机的进水温度，使其高于机壳内空气的露点，使结露消除，同时应记录结露的部位，待停机检修时处理。

2）如果是定子线圈及引线有明显的漏水现象，危急到设备的安全运行，则应立即紧急停机，如发现只有滴水和渗水现象，则允许适当降低水压，减少发电机负荷，并加强监视，尽快安排停机处理。

3）在水内冷发电机内有漏水时，可能将有"发电机定子接地"信号发出，运行人员应综合判断，尽快查明故障，按现场规程规定进行处理。

二、发电机紧急事故处理

（一）发电机紧急停运规定

发电机运行中如遇有下列情况之一者，应立即将发电机从系统中解列，并迅速汇报值长。

（1）发电机（包括同轴励磁机）内有摩擦撞击声，振动突然增加0.05mm 或超过0.1mm。

（2）发电机组（包括同轴励磁机）氢气爆炸，冒烟着火。

（3）发电机内部故障，保护或断路器拒动。

（4）发电机主油断路器以外发生长时间短路，静子电流表指针指向最大，电压剧烈降低，发电机后备保护拒动。

（5）发电机无保护运行。

（6）发电机电流互感器着火冒烟。

（7）励磁回路两点接地保护拒动。

（8）定子线圈引出线漏水、定子线圈大量漏水，并伴随定子线圈接地且保护拒动。

（9）发电机－变压器组发生直接危及人身安全的危急情况。

（10）发电机系统发生一点接地，定子接地保护拒动。

（11）发电机失磁且保护拒动。

（12）发电机定子内冷水中断，允许时间内不能恢复，断水保护拒动。

（13）汽轮机发生危急情况，汽轮机打闸，"汽轮机保护"动作光字信号发，同时发电机负荷到零或负起。

（14）当发电机转子绕组发生一点接地时，应立即查明故障点与性质。如是稳定性的金属接地，应立即停机处理。

（15）定子线圈槽部或出水温度间温差超过允许值，或任一定子线圈槽部或出水温度超过允许值，在确认测温元件无误后，应立即停机处理。

（二）发电机紧停操作

（1）立即手动断开发电机主油断路器及灭磁断路器。

（2）检查厂用电是否联动成功，否则尽快倒为备用电源接带。

三、发电机事故处理

在电力系统中，发电机是十分重要和贵重的电气设备，它的安全运行对电力系统的正常工作、用户的不间断供电、保证电能质量方面，都起着十分重要的作用。因此，当发电机系统出现故障时，应准确判断故障性质，及时迅速地将发电机停止运行，防止事故扩大，把损失降到最小。

1. 发电机的非同步并列

当把启动中的发电机在其相位、电压、频率与系统的相位、电压、频率存在较大差异的情况下，即不满足发电机并列条件时，由人为操作或借助于自动装置将带励磁的发电机投入系统，这就称为非同步并列。非同步并列是发电厂电气操作的恶性事故之一。并列合闸瞬间，将发生巨大的电流冲击，使机组发生强烈振动，发出鸣音。最严重时可产生 20 ~ 30 倍额定电流的冲击，在此电流下产生的电动力和发热是发电机和所连设备（如断路器、变压器等）不能承受的。它会造成发电机定子绕组变形、扭弯、绝缘崩裂、定子绕组并头套熔化，甚至将定子绕组烧毁等严重后果。若一台大型发电机发生此类事故，除本身的损坏外，该机和系统间产生的功率振荡，将危及系统的稳定运行。因此，必须严防非同步并列事故的发生。

为防止非同步并列事故，各电厂都采取了一系列有效的组织措施和技术措施，普遍取消了手动同步并列操作，广泛使用自动同步装置完成发电机与系统的并列。大大减少了非同步并列事故的发生。但是，如果运行人员不真正认识这个问题的严重性，不执行有关的规章制度，在技术上不熟悉二次系统同步回路，不会使用发电机自动准同步装置，不能识别同步装置是否正常，也还是有发生非同步并列的可能性的。

被并列发电机发生非同步并列事故时，应根据事故现象正确判断和处理。根据运行经验，当同步条件差得不是很厉害时，汽轮发电机组无强烈的音响及振动，而且表计摆动很快趋于缓和，这时可不必停机。机组自己会拉入同步，进入稳定运行状态。若机组产生很大的冲击和引起强烈的振动，表计摆动剧烈而且并不衰减时，应立即断开发电机的主断路器和灭磁开关，解列并停机，待试验检查确认机组无损坏时，方可再次启动。

2. 发电机跳闸以及处理

当发电机发生故障时，继电保护装置可以在极短时间内将其切除，保障非故障机组和设备可靠地供电以及维护电力系统的稳定运行。但是当故障机组被切除后，非故障机组是否能正常运行；跳闸后机组的妥善停止如何操作；运行方式是否要变动倒换等项工作，目前的自动装置尚不能完成。还必须依靠运行人员迅速果断的操作。

当发电机由于保护动作而自动跳闸，运行人员应首先同时干两件事：①确认非故障机组是否运行正常，是否需要马上调整负荷及各种运行参数，系统运行状况如何，是否影响机组运行；②观察跳闸机组和善后停机处理，要观察清楚跳闸机组的全部表计变化。如三相电流表、电压表、有功和无功功率表、励磁电流和电压表指示是否均已为 0，发电机主断路器和灭磁开关绿灯闪光。然后，根据查看保护跳闸和自动表计记录，分析判断故障的形式和部位。根据初步判断，尽快确定进一步检查内容和处理步骤，查明汽轮机危急保安器是否动作。如果确证发电机的跳闸是由于人员的误动、误碰而引起的话，则应立即将发电机并入电网。

发电机在运行中主断路器自动跳闸的原因概括起来有以下几种：

（1）发电机内部故障，如定子绕组相间短路、匝间短路、转子两点接地等。

（2）发电机外部故障，如发电机母线短路。

（3）值班人员误操作。

（4）继电保护、自动装置及主断路器的机构误动作。

（5）双水内冷发电机断水保护动作。

（6）大型发电机的失磁保护动作。

在处理发电机跳闸事故时，运行人员应充分利用音响、灯光、警告等信号，以及继电保护掉牌，进行分析判断。因为电气事故一般是瞬间发生的，对于指示仪表只能看变化情况和最后结果。当然上述信号也可能出现误发，但毕竟是个别的，而且是可以事先采取措施加以防止的。

当发电机是由于主保护纵差、横差或事先投入的转子两点接地保护动作而跳闸的，运行人员应立即进行下列工作：

（1）解除自动励磁调节装置，将调整电阻放在降压侧最大位置。

（2）检查自动灭磁开关是否跳闸，如果没跳，应尽快断开，以防止发电机内部故障扩大。

（3）查看厂用电联动情况（自带厂用分支的发电机－变压器组）是否正常。

（4）询问汽轮机危急保安器是否动作。

事故情况检查中要注意发生事故时出现的现象和情况，发电机本体故障一般伴有声音、烟火的喷出、机组转动的异常等，根据已动保护的保护区间去迅速查找原因。检查的内容如下：

（1）断开发电机的出口隔离开关，测定发电机绝缘，初步了解机组绝缘是否有明显的损坏。

（2）利用机组本身的定子绕组和铁芯的温度监测，查看各部温度是否正常。

（3）检查引线室是否有焦味、烟气。当机组为密闭式空冷系统时，检查发电机的冷却器室是否有烟雾；当为双水内冷机组，可以小心打开窥视孔进行检查；氢冷机组可以采氢样分析。

这些检查可以区分是否真有故障，但故障的具体损坏情况尚需通过进一步试验和打开端盖检查。

当发电机是由于后备保护或母线等公用保护动作而跳闸，只要外面故障点明显，则无须检查发电机内部，待发电机与外部故障点隔绝，即可将发电机并入电网运行。

当发电机失磁保护动作引起发电机跳闸时，运行人员检查励磁开关确断的情况下，拉开工作励磁机断路器，然后合上备用励磁机断路器，利用备用励磁机给发电机从零升压，如正常，则将发电机并入电网运行。而后通知继电保护人员检查励磁回路设备，消除故障后再使发电机恢复正常励磁方式。

当发电机的跳闸是由于汽轮机"危急保安器"动作而跳闸，此时即应与汽轮机联系，问清原因，若是误动作，则挂上"危急保安器"，即可把发电机并入电网。

当发电机的跳闸是由于误操作、工作人员在二次系统上误接线、误试继电器、保护装置出口继电器误动作（保护无掉牌落下）、断路器操动机构有毛病及汽轮机"危急保安器"误动等原因引起。发电机监视表计上不会反映故障现象，也不能看到保护装置的动作信号。在这种情况下，只要故障原因明显并且解除后，即可尽快恢复并联运行。

对于双水内冷机组的水冷系统漏水事故应做如下处理：

（1）当发电机水冷系统出现渗水和滴水现象，即漏水现象并不严重时，应降低进水压力（不低于最低限额），并适当降低机组负荷，使发电机各部分出水温度不超过限额。倘若降低进水压力后漏水有消失趋向，则可申报调度安排尽快停机处理，但此期间应加强监视。倘若降水压后仍滴水不止，则应果断减负荷停机，并报告上级调度部门。

（2）若漏水严重，呈喷水或转子甩水现象，则应立即停机。

（3）若发现空冷器出汗，经调节判明不是水温、风温过低所致时，应停机检查是否为发电机转子漏水所致。

（4）水冷母线漏水危及邻近电气设备时，应降低水压以致停止向母线供水，按机组规定接带负荷。

3. 发电机着火事故的处理

运转中的发电机常常由于以下原因引起着火，使设备造成严重损坏，甚至酿成严重事故。

（1）定子绕组绝缘击穿。定子绕组的绝缘损坏以后，引起绕组单相接地，由于接地点拉起的电弧温度很高，可以引起绝缘物燃烧，使发电机着火。

（2）导线及接头过热。如果发电机冷却装置失效；水内冷发电机某一段水路发生堵塞；发电机长期超铭牌运行或是导线接头焊接质量不良或结构不合理等，都可能引起定子和转子绕组过热、绝缘老化和绕组间的垫块、绑线炭化以及接头熔化，并可能进一步发展成热击穿，引起电弧起火。

（3）轴承支座漏油、电刷维护不良。轴承支座漏油、电刷维护不良会造成在励磁机或滑环处电刷处积炭粉、积油、摩擦容易着火。

（4）氢冷却系统漏氢。氢冷发电机密封瓦或氢气管路漏氢，遇到明火将会发生着火或氢气爆炸。在发电机的充排氢中，由于误操作或化验错误，也可能发生氢气与空气混合时的爆炸起火事故。

发电机着火后，常常是发电机振动突变，声音异常，指示表计摆动，保护装置发出故障信号。若为空冷发电机，还会从端盖缝隙、轴承风挡、端盖窥视孔等处冒烟见火。

空冷发电机内部着火后，应迅速检查发电机是否已与电网解列。一般在与电网解列和拉掉灭磁开关后，火势就会减弱熄灭，此时就不要再投水灭火，但要保证发电机低速盘车，以防止大轴弯曲。如果与电网解列后火势不减，浓烟加剧，可当即投入喷水灭火。

氢冷发电机内部着火，只要故障电流切断得快，火势将不会蔓延和扩大，这是由于在发电机内部氢气纯度很高时，氢气不会助燃，也不会自燃爆炸。

但是值得注意的是，在氢冷发电机外部漏出的氢气，与空气混合，当氢气浓度下降到 5%～75% 的范围时，星星之火就可以引起着火和爆炸，因此是十分危险的。一旦由此引起着火和爆炸，应迅速关闭来氢的管道和阀门，并用二氧化碳灭火器灭火。如果起火的原因是由于发电机的密封瓦不严，漏氢所造成，则应迅速降低发电机内部氢压，保持 $0.3N/cm^2$ 的低氢压运行，并进行灭火；如果火势不减，可向发电机内迅速送入二氧化碳气体直至火势熄灭。

对发电机附属电气设备的着火，应首先切断电源，并用二氧化碳或1211 灭火器灭火，对转动设备和电气元件不可使用泡沫灭火剂或砂土等。

若发电机油管路着火，应使用泡沫灭火器灭火，如火势猛，油管路大量喷油时，要迅速停机，并在机组降速后拉掉油泵电源，消除管路油压，打开油箱的事故排油阀门，将油箱的油放掉。地面上的油可用砂子和泡沫灭火剂灭火。

抓好发电机防火是搞好电气设备防火工作的重要环节，运行值班人员应掌握发电机灭火的基本知识和要领，一旦发生火灾时，能独立或配合专业消防人员迅速扑灭着火，保障设备和人身安全。

4. **热力系统故障引起的电气事故处理**

（1）汽轮机手动打闸，汽轮机保护动作。汽轮机在手动打闸操作后，自动主汽门关闭，汽轮机保护动作，自动保护装置将发电机从系统解列，有功功率、无功功率指示到零，电气值班人员应首先检查发电机是否已经灭磁。如果灭磁开关尚未跳闸应立即手动拉闸，否则将造成发电机过电压而损坏设备。同时应注意厂用电备用电源是否因母线失电而自切成功，如果因备用电源合闸失灵或者母线残压使备用电源合闸尚未启动应立即手动拉开工作电源断路器、合上备用电源断路器，保证厂用电源的正常供电。

第一篇 发电厂电气值班

此外还应尽量提高正常运行机组的有、无功出力，保证系统频率、电压不致下降过多。监视有关联络线、联络变压器，不致因机组故障跳闸而过负荷。如果热机故障能迅速排除，应做好马上启动并列的准备。

（2）汽轮机手动打闸，汽轮机保护未动作。此时发电机有功负荷表已经反向，而机组尚未从系统解列，继续向系统输送无功变成调相机运行。对于这种情况电气值班人员应迅速切换厂用电源，将无功功率降至零。如逆功率保护在 2min 内将发电机从系统解列，则处理同上述（1）；如逆功率保护未动作，则应手动解列发电机。将发电机从系统解列时应注意两个问题。

其一，要注意确实有功负荷到零（或者已到负值），否则发电机从系统解列后万一主汽门卡涩、调速系统失灵有可能引起汽轮机"飞车"事故。

其二，要将发电机无功负荷降至零后跳主断路器，否则将使发电机发生过电压。某电厂在事故处理中就发生过类似情况，机组由于调速系统故障使主汽门关闭，有功负荷到零。但在无功负荷尚有 160Mvar 时，值班员即拉开主变压器 220kV 断路器，使发电机、主变压器、厂用分支系统电压上升到 1.25 倍额定电压，这对设备的绝缘是很危险的。

提示 第四章共五节，其中第一～三节适合于初级工，第一～四节适合于中级工，第一～五节适合于高级工。

第五章

变压器运行规定

第一节 变压器的技术规范

一、变压器工作原理及其辅助设备的组成

电力变压器是发电厂和变电站中的主要电气设备，尤其是主接线系统中的大型电力变压器，对电力系统的安全稳定经济运行有着十分重要的作用。因此，保证电力变压器的安全运行，是每个电气值班人员的重要职责。

电力变压器是一种静止电器，它是利用电磁感应原理把一种交流电压转换成相同频率的另一种交流电压。其结构的主要部分是两个或两个以上的互相绝缘的绕组，套在一个共同的铁芯上，两个绕组之间通过磁场而耦合，但在电的方面没有直接联系，能量的转换以磁场作媒介。

在两个绕组中，把接电源的一侧称为一次绕组，把接到负载的一侧称为二次绕组。当一次绕组接到交流电源上时，在外施电压作用下，一次绕组中通过交流电流，并在铁芯中产生交变磁通，其频率和外施电压的频率一致，这个交变磁通同时交链着一、二次绕组，根据电磁感应定律，交变磁通在一、二次绕组中感应出相同频率的电势，二次绕组有了电势便可以向负载输出电能，实现了能量转换。

按单台变压器的相数来分，电力变压器可分为三相变压器和单相变压器。在三相系统中，一般使用三相变压器。当容量过大受到制造条件或运输条件或安装位置限制时，在三相电力系统中也可由三台单相变压器组连接成三相组使用。按电力变压器的每相绕组分，有双绕组、三绕组或多绕组等形式。双绕组变压器是适用性强、应用最多的一种变压器。三绕组变压器常在需要把三个电压等级不同的电网相互连接时采用。例如：系统中220、110、35kV 之间有时就采用三绕组变压器来连接。

电力变压器一般由铁芯、绕组、油箱、绝缘套管、调压装置、冷却装置及保护装置等组成，干式变压器没有油箱。电力变压器外形如图 5 – 1 所示。

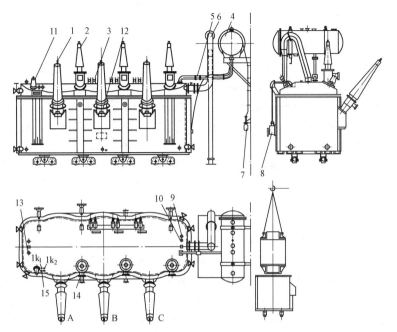

图 5-1　电力变压器外形（SSPSO-360000/220 型）

1—220kV 套管；2—110kV 套管；3—10kV 套管；4—储油柜；5—气体继电器；

6—安全气道；7—吸湿器；8—分接开关操动机构；9—电阻温度计；

10—信号温度计；11—中点套管（35kV）；12—220kV 电流互感器；

13—水银温度计；14—110kV 电流互感器；

15—110kV 中性点电流互感器

铁芯是变压器磁路系统的本体，用导磁性能良好的硅钢片叠装组成。

绕组是电的通路，用铜线或铝线绕在铁芯柱上，导线外边采用纸绝缘或纱包绝缘等。国产 360MVA 变压器绕组结构如下：低压绕组为双螺旋式，采用换位导线绕制，进行 360° 全换位；高压绕组为外接内屏蔽式，部分线股采用换位导线环绕。不论高低压绕组均能保证足够的绝缘强度和机械强度。

油箱是变压器的外壳，大型变压器的油箱一般分上、下两部分。上部油箱为钟罩式，便于检修时只把上部吊起，不必吊器身；下部油箱同底板焊在一起，铁芯和绕组等安装在其中。变压器油箱中充满变压器油，使铁芯和绕组等浸在油中，变压器油起绝缘和散热作用。

绝缘套管用来把变压器各侧绕组的出线引出油箱，套管上有时附有电流互感器。

调压装置能在一定范围内改变绕组的匝数，保证变压器输出电压在额定范围内。它分为无载调压和有载调压两种。无载调压是在变压器完全脱离电源的情况下，变换高压侧分接头位置来改变绕组的匝数进行分级调压的，调压范围为±5%。有载调压是在变压器带负荷运行中，手动或电动变换高压侧分接头位置来改变绕组的匝数进行分级调压，调压范围可达±15%。

冷却装置的作用是疏散热量。变压器在运行中的空载损耗和负载损耗会产生热量，这些热量必须经油箱和冷却系统疏散掉，以延长变压器绕组绝缘寿命，减轻变压器油质劣化。

主变压器一般采用的冷却方式有：自然风冷却、强迫油循环风冷却、强迫油循环水冷却和强迫导向油循环冷却。小容量变压器一般采用自然风冷却。大容量变压器一般采用强迫油循环风冷却。冷却系统主要由散热器、潜油泵、风扇、油流指示器和控制箱组成。

变压器本体保护装置主要用来保护变压器，延长其使用寿命，减轻损坏程度。一般包括储油柜、呼吸器、气体继电器、净油器、压力释放阀和温度计等。

储油柜用来调节变压器内的油量，保证变压器油箱内充满油，减少油和空气的接触面，以避免绝缘油氧化和受潮。

呼吸器与储油柜配合使用，使进入储油柜内的空气首先被呼吸器内的硅胶吸收其潮气，确保变压器油不变质。

气体继电器是当变压器漏油或内部故障产生气体时动作，发出报警信号。内部发生严重故障时，气体继电器接通保护跳闸回路，使断路器跳闸，保证故障不再扩大。

净油器是一个充有硅胶的金属容器，当绝缘油流经该容器时，将油中所含水分、游离酸和加速绝缘老化的氧化物及时吸附，达到变压器油连续净化再生的目的。

压力释放阀的作用是排出气体。当变压器内部发生故障时，变压器油会迅速蒸发分解出大量气体，使油箱内压力升高，通过压力释放阀及时将气体排出，并接通保护回路，使断路器跳闸，可防止油箱损坏。

温度计用来监视变压器运行中的上层油温及线圈温度。当温度超过规定值时，温度计会自动发出信号并启动冷却装置。

二、变压器技术规范

主变压器、高压厂用变压器、高压启动备用变压器的技术规范一般应包括：设备名称、型号、相数、频率、容量、制造厂家、冷却方式、额定电压、额定电流、接线组别、负载损耗、空载损耗、空载电流、阻抗电压、总质量、油质量、器身质量、出厂日期等。

低压厂用变压器的技术规范除没有负载阻抗、空载损耗、空载电流外，其他同上。

干式变压器的技术规范一般应包括：产品型号、标准代号、产品代号、出厂序号、额定容量、额定电压、额定电流、额定频率、相数、联结组标号、冷却方式、绝缘等级、最高温升、使用条件、总质量、绝缘水平、短路阻抗等。干式变压器的最高温升一般为100K，使用条件为户内，绝缘等级为 F 级。

如某厂330MW 机组主变压器、高压厂用变压器、高压启动备用变压器以及冷却器技术规范见表5－1、表5－2。

表 5－1 　　　　　 某厂主变压器及高压厂用变压器、
高压启动备用变压器技术规范

名称	主变压器	高压厂用变压器	高压启动备用变压器
型号	SFP－400000/500	SFF10－CY－52000/20	SFFZ10－CY－52000/110
相数	3	3	3
频率（Hz）	50	50	50
额定容量（kVA）	400000	52000/32500－32500	52000/32500－32500
额定电压（kV）	550/20	20/6.3－6.3	115/6.3－6.3
额定电流（A）	419.89/11547	1501.01/2978.4	261.1/2978.4
额定电压和分接范围（kV）	550－2×2.5%/20	20±2×2.5%/6.3－6.3	115±8×1.25%/6.3－6.3
调压方式	无载	无载	有载
冷却方式	强油风冷（ODAF）	油浸风冷（ONAF）	油浸风冷（ONAF）
接线组别	YNd11	Dyn1－yn1	YNyn0－yn0＋d
负载损耗（kW）	877.47	178.72	183.147
空载损耗（kW）	142.81	29.80	32.80

第五章　变压器运行规定

名称	主变压器	高压厂用变压器	高压启动备用变压器
空载电流（%）	0.05	0.122	0.120
阻抗电压（%）	20.17	9.32	18
效率（%）	99.74	99.54	99.5
总质量（t）	286	67.2	87
油质量（t）	57	14.3	23.7
器身质量（t）	174	35.1	41
上节油箱质量（t）	18	6.0	7.5
制造厂	特变电工沈阳变压器集团有限公司		
出厂日期	2014.7	2014.5	2014.4

表 5 - 2   主变压器、高压厂用变压器、高压
启动备用变压器冷却器规范

名称		主变压器	高压厂用变压器	高压启动备用变压器
型式		YF - 315	DBF - 5Q8	DBF - 5Q8
数量		5 + 1	8	8 + 1
质量（t/组）		2		0.52
冷却器风扇数量（个/组）		3	1	1
每组冷却器冷却容量（kW）		315		
总的风扇功率（kW）		16.5	0.25	0.25
总的油泵功率（kW）		18	/	/
风扇电机	电压（V）	380	380	380
	电流（A）		1.0	1.0
	频率（Hz）	50	50	50
	转速（r/min）		720	720
	相数	3	3	3
	质量（kg）		33	33
	制造日期		2014 年 3 月	2014 年 3 月
生产厂家		2014 年 6 月沈阳东电电力设备开发有限公司	浙江台州通达机电有限公司	浙江台州通达机电有限公司

第一篇 发电厂电气值班

某厂 330MW 机组励磁变压器、低压厂用变压器技术规范见表 5 - 3、表 5 - 4。

表 5 - 3 励磁变压器技术规范

名称	型号	容量（kVA）	额定电压（kV）	额定电流（A）		接线组别	短路阻抗（%）	冷却方式	制造厂
				高压	低压				
励磁变压器	ZLSCB - 3300/20	3300	20/700	95. 3	2721. 8	Yd11	7. 97	AN/AF	海南金盘

表 5 - 4 低压厂用变压器技术规范

名称	型号	容量（kVA）	额定电压（kV）	额定电流（A）		接线组别	短路阻抗（%）	冷却方式	制造厂
				高压	低压				
低压厂用变压器	SCB11 - 2000/6. 3	2000	6. 3 ± 2 × 2. 5% /0. 4	183. 3	2886. 8	Dyn11	10. 10	AN/AF	山东金曼克

第二节 变压器运行与维护

一、变压器运行参数规定

（1）变压器在正常情况下，应按铭牌规范及规定条件运行。

（2）变压器的运行电压一般不应高于该运行分接头额定电压的 105%；无载调压变压器的运行电压在额定电压的 ±5% 以内变动时，其额定容量不变；有载调压变压器的运行电压在额定电压的 ±10% 以内变动时，其额定容量不变。

（3）强迫油循环风冷方式的变压器，允许顶层油温一般不超过 75℃，最高不得超过 85℃；油浸自然循环自冷/风冷方式的变压器，其顶层油温一般不宜经常超过 85℃，最高不允许超过 95℃。干式变压器绝缘系统的耐热等级为 F 级，其绕组各部分的温升不得超过 100K，运行中温度按一般不超过 130℃，最高不得超过 150℃控制，不允许在环境温度 50℃以上的情况下运行。

二、变压器的允许运行方式

1. 变压器的允许温度和温升

运行中变压器产生的损耗主要是铁损和铜损，这些损耗最终转变为热量，使变压器的铁芯和绕组发热，变压器温度升高。当变压器温度高于周围介质（空气或油）温度时，就会向外部散热。变压器温度与周围介质温度的差别越大时，散热就越快，当单位时间内变压器内部产生的热量等于单位时间发出去的热量时，变压器的温度就不再升高了，达到了热稳定状态。

变压器的温度对它的运行有很大影响，主要是对变压器的绝缘材料有很大影响。变压器所使用的绝缘材料在长期高温影响下会逐渐失去原有的绝缘性能，这种现象称为绝缘老化。温度越高，绝缘老化越快，以致变脆而碎裂，使得绕组失去绝缘层保护。即使绝缘还没有损坏，由于温度越高，绝缘材料的绝缘强度就越差，仍然很容易被高电压击穿造成故障。因此，变压器在正常运行中不允许超过绝缘材料所允许的温度。

厂用变压器，大部分是油浸式变压器。这种变压器在运行中各部分的温度是不同的，绕组的温度最高，其次是铁芯，而绝缘油的温度低于绕组和铁芯的温度，变压器上部油温又高于下部油温。一般油浸变压器的绝缘属于 A 级绝缘材料，在正常运行中，当最高环境温度为 40℃ 时，变压器绕组的最高允许温度规定为 105℃。

在实际运行中，变压器的温度是指变压器的上层油温，通过监视变压器上层油温来控制绕组的最高温度。由于变压器绕组的平均温度通常比油温高 10℃ 左右，所以只要监视上层油温不超过 95℃ 就行了，为了防止油质加速劣化，上层油温一般不超过 85℃。

在变压器冷却方式不同时，其油温规定见表 5 - 5。

表 5 - 5　　　　　冷却方式不同的变压器运行允许温度　　　　　℃

冷却方式	冷却介质最高温度	最高上层油温度
自然循环自然风冷	40	95
强迫油循环风冷	40	85
强迫油循环水冷	30	70

对于干式变压器，根据采用的绝缘材料其各部温度允许范围如表 5 - 6。

表 5 - 6	干式变压器运行允许温度		℃
变压器部位		温升限值	测量方法
绕组	A 级绝缘	60	电阻法
	E 级绝缘	75	
	B 级绝缘	80	
	F 级绝缘	100	
	H 级绝缘	125	
铁芯表面及结构零件表面		最大不超过接触绝缘材料的允许温升	温度计法

变压器的温升是指上层油温减去环境温度。当变压器在环境温度
40℃运行时，其绕组的最高极限温升为65℃，上层油的允许温升规定为
55℃。对于采用强迫油循环的变压器，上层油的允许温升规定为60℃。
在变压器运行中，不仅要监视上层油温，而且还要监视上层油的温升，这
是因为变压器内部的传导能力与周围空气温度的变化不是成正比关系的，
当周围空气温度下降很多时，变压器外壳的散热能力将大大增加，而变压
器内部的散热能力却提高很少。当变压器带大负荷或超负荷运行时，尽管
有时变压器上层油温未超过规定值，但温升却可能超过规定值，所以变压
器运行中，对油温和温升应同时监视，不得超过规定值运行。例如一台油
浸自冷变压器，当周围空气温度为30℃，上层油温为75℃时，则上层油
温的温升为75℃ - 30℃ = 45℃，未超过55℃，因此这台变压器运行是正
常的。若该台变压器周围温度为0℃，上层油温为60℃时，油温虽未超过
允许值75℃，但温升为60℃，超过允许温升（55℃）规定值，所以变压
器的运行属非正常的，应采取有效措施（如减负荷等），使温升降低到允
许值运行。

在火力发电厂中，低压厂用变压器一般采用自然循环油浸变压器和干
式变压器，在大中型火力发电厂，高压厂用变压器则采用强迫油循环风冷
式油浸变压器较多。

2. 允许的过负荷运行方式

变压器的过负荷能力是指不影响变压器使用寿命，并在正常和事故状
态下，变压器所能带负载的能力。变压器可以在正常过负荷或事故过负荷
的情况下运行。变压器在正常过负荷下可以继续运行，其允许值应根据变
压器的负荷曲线、冷却介质的温度以及过负荷前变压器所带负荷多少等情

况来确定；变压器事故过负荷只允许在事故情况下使用。

（1）正常过负荷。变压器在额定冷却条件下按照其额定容量长期运行，这是它的正常运行方式。在一定条件下，变压器在正常运行时允许过负荷。变压器正常过负荷能力是根据变压器的负荷曲线、冷却介质的温度以及变压器过负荷程度来确定的。变压器运行时，在一昼夜内所带的负荷有时较大，有时较小。在带小负荷运行时，变压器的温度是比较低的。在一年内变压器周围的冷却介质的温度是随季节而变化的，冬季时变压器周围冷却介质的温度较低，变压器的散热条件好，温度也较低。因此，在不损坏变压器的绝缘和不减少变压器使用寿命的前提下，变压器可以在高峰及冬季过负荷运行，但在过负荷运行时应监视变压器的温升，不允许其超过规定值。

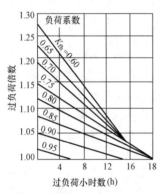

图 5 - 2　变压器在负荷系数小于 1 时允许过负荷曲线

1）由于昼夜负荷的变化而允许的正常过负荷。变压器允许的正常过负荷倍数及允许的持续时间与负荷系数有关。当变压器的昼夜负荷系数小于 1 时，在高峰负荷时间变压器的允许过负荷倍数及允许的持续时间可按图 5 - 2 的曲线来确定。如果缺乏负荷系数资料，可以根据变压器的负荷曲线来确定［见《电力变压器运行规程》（DL/T 572—2010)］。对油浸自冷式变压器在不知其负荷系数时，可监视过负荷前上层油的温升，参照部颁《电力变压器运行规程》（DL/T 572—2010）规定的数值，确定过负荷倍数及时间。对于强迫油循环冷却的变压器的正常过负荷，可按制造厂的说明书上的规定数值执行。

2）由于夏季低负荷而允许的正常过负荷。如果在夏季（6～8 月）三个月的最高负荷低于变压器额定容量时，则夏季负荷每降低 1%，在冬季（11～2 月）四个月可以过负荷 1% 运行，但不得超过 15%。过负荷的百分数计算方法为

过负荷的百分数 =［（负荷电流 - 变压器额定电流）/
变压器的额定电流］×100%

在上述两种情况下的正常过负荷规定，可以叠加使用，但总过负荷值对油浸自冷和油浸风冷变压器不应超过变压器额定容量的 20%。

（2）事故过负荷。事故过负荷将在不同程度上缩短变压器的寿命，应尽量减少出现这种运行方式的机会。必须采用时，应尽量缩短超额定电流运行的时间，降低负荷电流。变压器在过负荷运行时，应投入全部冷却装置。

有以下情形时，变压器不宜过负荷：

1）当变压器有较严重的缺陷（如冷却系统不正常、严重漏油、有局部过热现象、油中溶解气体分析结果异常等）或绝缘薄弱时，不允许超额定电流运行。

2）全天满负荷运行的变压器，不宜过负荷运行。

变压器在过负荷运行期间，应有过负荷记录；经过事故过负荷以后，应将事故过负荷的大小和持续时间记入变压器的技术档案内。

3. 电源电压变化的允许范围

在发电厂厂用电系统中，当厂用电负荷变化时，厂用电母线电压的波动应保持在允许的范围内，即不超过额定电压的 ±5%。变压器作为电源元件，其外加一次电压不得超过其相应额定值的 105%，此时变压器二次侧可带额定电流。电源电压变化，对变压器及设备的影响如下：

（1）若加于变压器的电压低于额定值，对变压器本身不会影响。但电压过低将使电能质量下降，影响厂用机械的正常运转。

（2）如果外加电压高于额定值时，对变压器本身有不良后果。当外加电压较高时，使变压器的励磁电流增加，磁通密度增大，造成变压器铁芯损耗增加而过热，同时使铁芯的饱和程度增加，变压器的磁通和感应电势的波形发生严重畸变，在感应电动势中出现高次谐波分量，可在电力系统中造成谐波共振现象，产生过电压，使电气设备绝缘损坏；还会引起变压器二次侧电流波形畸变，增加电气设备的损耗，影响设备运行，尤其是继电保护、热工仪表控制元件，可能因过热损坏。所以在变压器的运行中，应使电源电压维持在规定范围内。

4. 变压器冷却装置的运行方式

目前，小容量的油浸变压器采用自然冷却，中型油浸变压器采用风吹冷却方式，大容量的油浸主变压器和高压厂用变压器大都采用了强迫油循环风冷却、强迫油循环水冷或强迫油循环导向水冷装置。强迫油循环装置用以加快油的流速，并通过外部的冷却器将油快速冷却，使变压器冷却效果大大地提高。冷却装置的运行，直接影响到变压器的运行。所以冷却装置是变压器不可缺少的附属设备。因此，对冷却器的运行方式有以下要求：

（1）自然冷却的油浸变压器，在运行中各冷却器、散热器的阀门均打开，冷却器在投入状态。

（2）吹风式的干式变压器，当冷却风机故障时，其允许运行时间应按制造厂规定执行。

（3）风吹冷却的油浸变压器，当上层油温超过55℃或带负荷达额定容量的70%时，要开启风扇进行风吹冷却。运行前，应将冷却装置投入运行。

（4）对于强迫油循环风冷、强迫油循环水冷及强迫油循环导向水冷油浸变压器，在运行前应将冷却装置投入运行。

三、变压器绝缘电阻的规定

（1）变压器在投入运行前，应用电压等级合适的绝缘电阻表测量变压器绕组对地和各侧之间的绝缘电阻，并将测量结果和当时的上层油温记入变压器绝缘登记本中。如变压器停电且本体无作业，停电时间或退出备用时间不超过24h，投入运行前可以不测量其绝缘电阻。

（2）绝缘电阻值不予规定，但当绝缘电阻值比以前相同条件下测得值有显著下降（降至以前1/3或以下），应查明原因，并补测吸收比 R_{60s}/R_{15s}，其值不小于1.3。否则，应请示总工决定是否投入运行。当测得高压绕组绝缘电阻值每1kV工作电压大于1MΩ时，则认为合格，如有明显降低时应做分析，查明原因。

（3）测定变压器绝缘前，应拉开变压器各侧隔离开关和中性点隔离开关，验明无电后进行。对主变压器应测定高压线圈对地绝缘电阻；对高压厂用变压器、启动备用变压器应测定低压线圈对地绝缘电阻；对于低压厂用变压器应测定高压线圈对地绝缘电阻、各个电压等级线圈相互间绝缘电阻值，如需测低压线圈对地绝缘电阻时应打开接地端套管接线。

四、变压器投入运行前的准备与检查

1. 投运前的准备

变压器在检修后投入运行前，值班人员应会同工作负责人对检修后的变压器进行检查，拆除所有临时安全措施，恢复固定安全措施后，还应进行绝缘测试和对变压器投运前的检查。

（1）对新装或大修后的变压器，应审查其试验报告齐全合格，资料图纸完善，投运措施正确。

（2）有关检修工作票全部结束，接地线及安全措施全部拆除，常设遮拦及标示牌恢复正常。

（3）检查断路器、隔离开关、电缆等一次设备和系统各部正常，避

雷器投入运行。

（4）检查二次设备和系统各部正常。

（5）新安装和大修后的变压器投入运行前应定相试验合格。

（6）主变压器投入运行前，应试验冷却装置正常。

（7）开关设备传动、保护试验良好。

2. 绝缘电阻测定

测量变压器绕组对地和各侧之间的绝缘电阻，并将测量结果和当时的上层油温记入变压器绝缘登记本中。测定变压器绝缘前，应拉开变压器各侧隔离开关、中性点隔离开关，验明无电后进行。测量绝缘电阻时应使用电压等级合格的绝缘电阻表。当测得高压绕组绝缘电阻值每 1kV 工作电压大于 1MΩ 时，则认为合格，如有明显降低时应做分析，查明原因。

3. 投运前的检查

（1）变压器储油柜及充油套管的油色清亮透明，储油柜的油面高度应在油标上下指示线中。

（2）变压器气体继电器应无漏油，内部无气体，各部接线良好。

（3）套管清洁完整，无放电痕迹，封闭母线完整，温度计完好。

（4）变压器顶部无遗留物件，电压分接头位置正确，与规定记录相符，有载调压操作灵活，操作箱分头位置指示和返回屏分头位置指示应一致。

（5）变压器外壳接地良好，防爆管的隔膜应完整，硅胶颜色正常。

（6）变压器本体应清洁，各部无破损漏油、渗油现象，释压阀指示正确。

（7）储油柜、散热器、气体继电器各阀门均打开，冷却器电源投入，潜油泵、风扇电动机正常，随时可以投入运行。

（8）室内变压器周围及间隔内清洁无杂物、油垢及漏汽、漏水现象，门窗完好，照明充足，吹风装置良好，消防器材齐全。

（9）继电保护、测量仪表及自动装置完整，接线牢靠，端子排无受潮结露现象。

4. 投运前的试验

（1）变压器各侧断路器检修或更换后，在合变压器各侧隔离开关以前应做断路器跳合闸试验。

（2）如果保护回路有作业，则应配合继电保护做跳合闸试验。

（3）新投产或检修时，若一次回路有变更的变压器还应做定相试验。

五、变压器正常运行中的监视与维护

值班人员应按现场规程规定定期监视、检查运行中和备用中的变压器及其附属设备，以便了解和掌握变压器的运行状态。

变压器在正常运行中，一般检查项目有：

（1）变压器的油温和绕组温度指示应正常，储油柜（包括有载调压装置油箱）和充油套管的油位应与温度相对应，各部位无渗油、漏油。

（2）套管绝缘子、避雷器等瓷质设备外部清洁、无破损裂纹、无放电痕迹及其他异常现象。

（3）变压器音响正常，本体无渗漏油，吸湿器完好，硅胶干燥不变色（硅胶失效应填写缺陷报告）。

（4）运行中的各散热器温度应相近，油温正常，各散热器的蝶阀均应开启，风扇、油泵转动均正常，油流继电器指向应正确。

（5）气体继电器与储油柜间阀门应开启，气体继电器内应无气体，压力释放装置情况正常，无动作象征。

（6）变压器附近应无焦臭味，各载流部分（包括电缆、接头、母线等）无发热现象；各控制箱和二次端子箱柜门应关严，无受潮现象；变压器室的门、窗、锁等完好，房屋不漏水，照明及通风系统良好。

（7）有载调压开关的分接头位置及电源指示应正常。

（8）变压器冷却器控制箱内各开关手柄位置与实际运行状况相符，各信号灯指示应正常。

（9）干式变压器温度指示及冷却风扇运行正常，干式变压器的外部表面应无积污。

（10）新安装和运行中的电力变压器，化学部门应做好绝缘油的化学监督，并按照制造厂的要求和有关规定，定期进行色谱分析试验和耐压试验。

（11）高压备用变压器装有可燃烃气体检测仪，用以连续监测绝缘油中的可燃烃气体，正常巡查时应注意指示值变化情况，如发现变动较大或指示值不正常升高报警时，应及时汇报，并通知检修取油样化验。

另外，还应根据气候变化、设备缺陷情况、新安装或大修后初投入等情况，适当增加检查次数。并将增加检查情况的结论，在交接班记录中写明。

（一）变压器的监视

变压器在运行中，值班人员应根据控制盘上的仪表（有功、无功表、电流表，温度表等）来监视变压器的运行状态，使负荷电流不超过额定

值，电压不得过高，温度在允许范围内等，并每小时记录表计数据一次。若变压器在过负荷条件下运行，除应积极采取措施（如改变运行方式或降低负荷等）外，还应加强监视并将过负荷情况记在记事本上。

厂用变压器的检查维护周期，应根据现场实际情况及有关制度分工进行检查。

（1）高压厂用变压器无论在运行中还是在备用中应每班检查一次。

（2）低压厂用变压器应每天检查一次，每周进行一次夜间检查。

（二）油浸式变压器的正常检查与维护

值班人员应按岗位职责，对油浸变压器及其附属设备进行全面维护和检查。

（1）检查储油柜及充油套管内油位的高度应正常，油色应透明稍带黄色，其外壳无漏油、渗油现象。

（2）检查变压器瓷套管应清洁无裂纹和放电现象，引线接头接触良好无过热现象。

（3）检查变压器上层油温不超过允许温度。自冷油浸变压器上层油温应在85℃以下，强油风冷变压器上层油温应在75℃以下。同时，监视变压器温升不超过规定值，并做好温度检查记录。

（4）检查变压器的声音应正常。变压器在运行中一般有均匀的嗡嗡声，如内部有噼啪的放电声，则可能是绕组绝缘有击穿现象，如声音不均匀，则可能是铁芯和穿心螺母有松动现象。发现以上异常声音时，应迅速向值班负责人汇报。

（5）检查防爆管（或安全通道）的隔膜应完好无损。

（6）检查变压器的呼吸器应畅通，硅胶不应吸潮至饱和状态。

（7）对强油风冷的油浸变压器应检查油泵和冷却器风扇的运转是否正常，各冷却器的阀门应全部开启。强油风冷或水冷装置，应检查油和水的压力、流量应符合规定，冷油器中油压比水压高 $9.8 \times 10^4 \, \mathrm{Pa}$ 左右，冷油器出水不应有油。

（8）检查气体继电器内应充满油，无气体存在。继电器与储油柜间连接阀门应打开。

（9）对室内变压器应检查变压器室的门、窗应完好，通风设备正常运行，屋顶无渗水、漏水现象，空气温度应适宜，消防设备俱全。

（10）变压器冷却装置控制箱内各元件及接线无松动、过热现象，控制开关把手位置符合运行方式的规定。

（三）干式变压器的正常检查与维护

干式变压器是以空气为冷却介质，比起油浸式变压器具有体积小、质量小、安装容易、维护方便、没有火灾和爆炸危险等特点。在运行中的正常检查维护内容如下：

（1）高低压侧接头无过热，电缆头无漏油、渗油现象。

（2）绕组的温升，根据变压器采用的绝缘等级，监视温升不得超过规定值。

（3）变压器室内无异味，运行声音正常，室温正常，其室内吹风通风设备良好。

（4）支持绝缘子无裂纹、放电痕迹。

（5）变压器室内屋顶无漏水、渗水现象。

（四）变压器的特殊检查项目

当系统发生短路故障，或者天气突然发生变化时（如大风、大雨、大雪及气温骤冷骤热等），值班人员应对变压器进行特殊检查。

（1）当系统发生短路故障或变压器故障跳闸后，应立即检查变压器系统有无爆裂、断脱、变形、移位、焦味、烧伤、闪络、烟火及喷油现象。

（2）下雪天气，应检查变压器引线接头部分是否有落雪后立即熔化或冒蒸汽现象，导线部分应无冰柱。

（3）雷雨天气，检查瓷套管有无放电闪络现象，并检查避雷器放电记录器的动作情况。

（4）大风天气，应检查引线摆动情况及有无搭挂杂物。

（5）大雾天气，检查瓷套管有无放电闪络现象。

（6）气温骤冷或骤热，应检查变压器的油位及油温正常，伸缩节导线及接头是否有变形或发热现象。

（7）变压器过负荷时对变压器的温度、温升进行特别检查，其冷却系统的风扇、油泵运行正常。

（8）变压器异常运行期间（如轻瓦斯动作）应对变压器的外部进行检查。

（9）大修及新安装的变压器在试运期间，对变压器的声音、电流、温度、引线套管等部位进行检查无异常及过热现象，同时变压器本体无漏油、渗油现象，气体继电器内无气体。

六、变压器冷却装置的运行规定

（一）变压器冷却装置的投入与停止

变压器冷却装置投入与停止的操作是否正确，直接影响到变压器的运行，对不同方式的冷却装置的投停操作应做特定的规定和要求。

1. 油浸风吹式变压器冷却装置的投入与停止

油浸风吹式变压器冷却装置的通风设备主要是由风扇组成，安装在变压器油箱各个散热器上。通常根据容量及体积装设一个或几个风扇，组成一组，把自然对流的作用改为强制对流作用。冷却装置的投入和停止是以变压器油温为依据：当变压器上层油温超过55℃且负荷电流达额定电流的70%时，必须启动风扇，上层油温低于45℃时应停止风扇运行。投入风扇的组数，应根据风扇的具体位置及油温变化的情况确定。

通风装置投入运行时，运行人员应检查风扇的运行状况是否良好，防止有扫膛、摩擦和缺相运行等情况发生。风扇停止运行后，运行人员应检查风扇确实停转并还要严密监测油温的变化应有上升趋势且不超过规定值。

2. 强迫油循环风冷变压器冷却装置的投入和停止

强迫油循环风冷装置应在变压器运行前投入。冷却装置的投入步骤及要求如下：

（1）检查冷却器两路电源送电。

（2）所有控制和信号熔断器给上并良好，分路开关良好。

（3）检查冷却器各阀门全部在打开位置。

（4）将第一路电源切换至投入位置，另一路电源切换至联动备用位置。

（5）投入冷却器操作开关为"工作"位置，冷却器的风扇及潜油泵运转。

（6）其他冷却器根据需要选至"辅助""备用"位置。

在冷却装置运行中，若个别冷却器本身因风扇、潜油泵发生故障时或冷却器油泄漏，则应停止该组冷却器的运行，停止步骤如下：

（1）将该组冷却器操作开关打至"停止"位置。

（2）断开该组冷却器分路电源开关。

（3）关闭该冷却器进出口阀门。

3. 强迫油循环水冷变压器

由于采用了水冷却器的方式，对变压器的冷却效果进一步提高。

无论变压器带多少负荷，应在变压器投运前先投水冷装置，再将变压器投入。水冷装置的投入一般分两个步骤：①投入油系统，即启动油泵，打开油泵的出口门；②投入冷却水系统，打开冷却器出口总门后，依次打开各冷却器出口门和进口门，最后打开冷却器总进水门向冷却器通水。在通水时应注意维持油压大于水压。

强迫油循环水冷装置的停止与投入顺序相反，即先停水系统然后再停油系统。

（二）变压器冷却装置投入与停止的注意事项

值班人员在进行变压器冷却装置的操作时，有以下注意事项。

（1）在变压器投入运行前，应先投入强油风冷、水冷及导向水冷装置，变压器停用后退出。

（2）在投入强油风冷装置时，严禁先启动冷却器潜油泵，后开该组冷却器的进出口阀门。停止强油风冷装置时，严禁在未停下潜油泵的情况下，关闭其阀门。这是为了防止将大量空气抽入变压器本体内或损坏潜油泵轴承及叶轮。

（3）对于强迫油循环水冷却器，在投入运行时，必须先启动潜油泵，待油压上升后，才可以开起冷却水门，操作时应缓慢进行，且油压大于水压，以避免冷却器有泄漏时，水渗到油中，影响变压器油的绝缘性能造成变压器故障。

（4）强迫油循环水冷装置使用的水质应不含腐蚀物质，防止因腐蚀造成冷却器泄漏。水冷却器在冬季停止运行时，应将冷却器水室和进出水管剩水放尽，以免冻裂设备。

七、变压器分接头的切换

变压器分接头的作用是改变变压器绕组的匝数比（变比）而达到改变二次侧电压的目的。分接头均安装在分接头开关上，而分接头开关分为无载调压和有载调压两种。在发电厂中，一般高压启动（备用）变压器采用有载调压变压器。通过调整分接头，保证机组启动时的厂用母线电压质量，其他厂用变压器则为无载调压变压器，变压器分接头的调整，应根据实测的潮流分布计算和运行方式进行。

1. 无载调压变压器的分接头切换

无载调压的变压器分接头切换时，必须在变压器停电并做好安全措施后进行。为了使切换后的分接头开关接触良好，在变换分接头时应正反方向各转动 5 次，以便消除氧化膜及油污，然后固定在需调整的位置上。在变压器切换分接头时应通知检修试验人员测量分接开关的直流电阻，合格后，方可将变压器投入运行。

变压器分接头位置切换后，运行值班人员应核对分接头位置的正确性检查锁紧位置，做好分接头位置变更记录后，再将变压器投入运行。

2. 有载调压变压器的分接头切换

变压器的有载调压分接头接在变压器的高压侧，如系统电压发生变动或厂用电负荷变化需调整电压时，只需改变高压侧分接头开关位置即可达到低压侧所需的电压，来保证厂用电的质量，它能在额定容量范围内带负荷调整电压。

变压器正常运行时，有载调压开关运行维护规定：

（1）新安装及大修后的有载调压开关投入运行时，应在变压器完成冲击合闸后，且在空载的情况下，在集控室用电动操作一个循环，各项指示正确，极限位置电气闭锁可靠，方可调到要求的分头位置。

（2）操作时每调一级要注意电压指示应有相应的变化，当电压指示值不符合调整规律时，必须退回原分头，并向反方向调整一级，当电压有变化时，可继续操作，无变化时，退回原分头，禁止操作并通知检修处理。

（3）当电动操作发生连调时（即操作一次，开关调整了一个以上分头）必须立即切断电动机电源，然后手动复位，并通知检修处理。

（4）变压器在过载期间，禁止操作有载调压开关。

（5）每次调压后，应及时到就地检查变压器。

带有载调压装置的变压器切换可以在运行中切换，操作分为远方电动和就地手动操作。正常调整时，采用远方电动操作，如果远方调整机构有故障时，才允许使用就地手动来调整。有载调压装置的调压操作步骤如下：

1）检查有载调压装置指示灯亮。

2）按下调压按钮。

3）检查分接头已调至所需位置，即分接头调至某号电压指示正常，分接头位置指示灯亮。

运行人员应注意，在有载调压变压器过负荷期间，不允许调整分接头。

第三节　变压器的操作及保护

一、变压器的操作与并列运行

（一）变压器的操作

1. 一般规定

（1）新安装（或大修后）的变压器，投运前应分别进行 5（3）次全电压冲击合闸试验，试验时变压器差动、瓦斯保护全部投入。

（2）变压器并、解列操作应使用断路器进行，严禁用隔离开关投入或切除变压器。

（3）变压器倒闸操作严格按操作票进行。

（4）主变压器投运或停运前，必须合上其中性点接地开关，正常运行时主变压器中性点的接地方式应符合调度规定。

（5）变压器充电时，应根据表计变化，确认充电良好方可接带负荷，并对断路器及变压器各部进行检查。

（6）用无载调压变压器调整分接头工作，必须在变压器停电后，由检修人员进行，并在专用记录本上写明分接头位置及变动原因。

（7）主变压器分接头切换应根据系统调度员的命令执行。

2. 变压器的停送电操作顺序

（1）单电源变压器。单电源变压器停电时应先断开负荷侧断路器，再断开电源侧断路器，最后拉开各侧隔离开关，送电时操作顺序与此相反。

由于变压器主保护和后备保护大部分装在电源侧，送电时，先送电源，在变压器有故障的情况下，变压器的保护动作，使断路器跳闸切除故障，便于按送电范围检查、判断及处理故障。送电时，若先送负荷侧，在变压器有故障的情况下，对小容量变压器，其主保护及后备保护均装在电源侧，此时，保护拒动，这将造成越级跳闸或扩大停电范围；对大容量变压器，均装有差动保护，无论从哪一侧送电，变压器故障均在其保护范围内，但大容量变压器的后备保护均装在电源侧，为取得后备保护，仍然按照先送电源侧，后送负荷侧为好。停电时，先停负荷侧，在负荷侧为多电源的情况下，可避免变压器反充电；反之，将会造成变压器反充电，并增加其他变压器的负担。

（2）双电源或三电源变压器。双电源或三电源变压器停电时，一般先断开低压侧断路器，再断开中压侧断路器，然后断开高压侧断路器，最后拉开各侧隔离开关，送电操作顺序与此相反。特殊情况下，此类变压器停送电的操作顺序还必须考虑保护的配合和潮流分布情况。

多电源的情况下，先停负荷可以防止变压器反充电。若先停电源侧，遇有故障可能造成保护装置误动或拒动，延长故障切除时间，并可能扩大故障范围；当负荷侧母线电压互感器带有低频减负荷装置而未装电流闭锁时，一旦先停电源侧断路器，由于大型同步电动机的反馈，可能使低频减负荷装置误动。

（3）投入或断开中性点直接接地系统电压为 110kV 及以上的空载变压器时，应将变压器中性点接地，以防变压器线圈间由于静电感应引起传递过电压。

凡有中性点接地的变压器，变压器的投入或停用，均应先合上各侧中性点接地开关。变压器在充电状态，其中性点隔离开关也应合上。第一，可以防止单相接地产生过电压和避免产生某些操作过电压，保护变压器绕组不致因过电压而损坏；第二，中性点接地开关合上后，当发生单相接地时，有接地故障电流流过变压器，使变压器差动保护和零序电流保护动作，将故障点切除。

（4）用无载调压分接开关进行调整电压时，应将变压器停电后，才可改变变压器的分接头位置，并应注意分接头位置的正确性。在切换分接头以后，必须用电阻表或测量用电桥检查回路的完整性和三相电阻的一致性。变压器如带负荷调压装置时，可以带负荷手动或自动调压。

（二）变压器的并列运行

1. 变压器并列运行的重要意义

（1）可以提高供电的可靠性。当一台变压器故障时，余下的变压器可继续供电，以保证重要设备的用电。

（2）利于变压器的检修。当变压器需要检修时，可先并列上一台备用变压器，然后将需检修的变压器从电网中退出，这样，既能保证有计划的轮流检修，又能保证不间断供电。

（3）利于经济运行。随着负载的变化确定并列运行变压器的台数，既可减少变压器的空载损耗，提高效率；又可减少无功励磁电流，改善高压电网的功率因数。

（4）随负载增加，可分期安装变压器，以减少初期投资。

在发电厂内，厂用变压器的并列操作一般有两种：①厂用低压工作变压器的计划性检修或因故停用，需将低压备用变压器投入；②单元机组高压启动备用变压器在机组启动正常后，厂用电切换到本机组的高压厂用变压器运行。在上述两种情况下都要先将两台变压器短时间并列运行后，才能停止其中一台变压器的运行。由于变压器有不同容量和不同的结构型式，必须满足于并列运行条件才能允许并列。

2. 变压器的并列运行

变压器的并列运行，就是将两台或两台以上变压器的一次绕组并联在同一电压等级的母线上，二次绕组并联在另一电压等级的母线上运行，如图 5 - 3 所示。

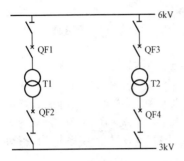

图 5 - 3 变压器并联运行的示意图

当几台厂用变压器并联运行时，使运行方式灵活，经济调度方便，在轻负荷时就可以停止一台变压器的运行，从而减少空载损耗，提高运行效益。同时，当一台变压器检修时，另一台仍可向负荷供电，以提高供电的经济可靠性。在低压厂用变压器中，有时会出现变压器满载或过负荷运行的情况。将低压备用变压器与厂用低压工作变压器并列运行，就能合理的分配负荷，避免变压器因过负荷而发热损坏。

变压器在并联运行时理想的运行状态是：当变压器已经并联起来，但没有带负荷时，各台变压器之间应没有循环电流，即各台变压器仍如单独空载运行时一样，仅有空载电流。当带上负荷以后，各台变压器能合理地分配负荷，即按照它们各自容量比例来分担负荷。

3. 变压器并列运行的条件

为了达到变压器的理想运行状态，变压器并联运行时，必须满足下列条件：

（1）各台变压器的接线组别应相同。

（2）各台变压器的变比应相等。

（3）各台变压器的短路电压（或阻抗百分数）应相等。

新安装或大修后的变压器，除了满足于上述三个条件外，还应核对变压器一、二次侧的相序相同。

4. 厂用变压器的并列操作

（1）高压厂用变压器的并列。在 300MW 以上大容量的发电机组中，采用从发电机出口引接高压厂用变压器接线，机组启动接带负荷正常后，将高压启动备用变压器切换为高压厂用变压器运行，即厂用电由本机接带。并列操作的操作步骤如下：

1）检查高压厂用变压器及工作电源开关具备送电条件。

2）投入同步装置进行同步鉴定，高压厂用变压器的电压与系统电压接近相等。如相位差超过允许范围时，调整发电机端电压或高压启动备用变压器的分接头电压，使两台变压器的二次侧电压尽量相等。

3）高压变压器并列的合闸操作应注意进行同步鉴定。

（2）低压厂用变压器的并列。低压厂用变压器的并列操作，应注意以下几点：

1）低压厂用变压器的高压侧必须通过本厂的电气系统合环，在高压并列的情况下进行操作。

2）低压厂用变压器并列时应密切注意负荷分配情况，检查变压器接带负荷正常。

3）低压厂用变压器的并列，应查看并列变压器的分接头位置应一致，或实测低压侧电压在电压差允许的范围内时，方可进行并列操作。

在变压器的并列操作中，一般待投入运行的变压器的电压较高，这是由于变压器处于空载运行状态，而运行的变压器是负载状态。变压器并列前，如电压差超过允许范围时应调整电源电压，使其符合于并列条件。

二、变压器的投入停止运行

变压器在投入运行后，均有计划性检修，或因故障需将变压器停止运行等工作，因此运行人员将会遇到变压器的停送电操作工作。

在变压器倒闸操作过程中，应严格遵守以下原则：

（1）变压器各侧装有断路器时，投入或停止时，必须使用断路器进行切合负荷电流及空载电流的操作。如没有断路器时，可用隔离开关拉合空载电流不大于2A的变压器。

（2）变压器投入运行时应由装有保护装置的电源侧进行充电。变压器停止时，装有保护装置的电源侧断路器则应最后断开。

（3）变压器的高低压侧都具有电源时，为避免变压器充电时产生较大的励磁涌流。一般采用高压侧充电，低压侧并列的方法。停用时相反。

（4）经检修后的厂用变压器投入运行或投入热备用前，应从高压侧对变压器充电一次，并注意表计变化，确认正常后，方可投入运行或热备用。

（5）对于中性点直接接地系统的变压器，在投入或停止运行时，均应先合入中性点接地开关，以防过电压损坏变压器的绕组绝缘。必须指出，在中性点直接接地系统内，仅一台变压器中性点接地运行时，若要停止此台变压器，则必须先合入另一台运行变压器的中性点接地开关后方可操作。否则，将会使这个系统短时变成中性点绝缘的系统。变压器投入运行后，应根据值长的命令和系统的中性点方式的需要，切换中性点接地开关的状态。

目前，大中容量的高压厂用变压器通常采用强迫油循环风冷和强迫油循环水冷变压器。冷却装置的安全运行，直接影响到变压器的安全运行。

所以，对冷却装置的投入或停止运行有以下要求：

（1）当变压器投入或停止运行时，冷却器装置能自动投入和退出。冷却器电源的控制回路受变压器断路器的辅助触点控制。根据断路器的状态来控制冷却器的运行或停止，实现自动控制的功能。

（2）变压器在投运时，应先启动冷却装置。变压器停止运行后，停止强迫油循环装置的运行。

（3）冷却装置的冷却器在投运时，应根据具体情况来选择工作、辅助、备用状态，确保在变压器运行过程中，工作冷却器发生故障时，备用冷却器能自动联动投入。

（4）冷却系统有两路独立的交流电源，以提高电源的可靠性。两路电源可任意一个工作（或备用），当一路发生故障时，另一路自动联动投入。

为了保证冷却器工作的可靠性，在变压器投运前，应做冷却器与冷却电源和变压器断路器与冷却器的联投、联停试验。

对于大修后或新安装的变压器投入运行时，由于是全电压投入，应做好运行技术措施。作为投入的基本试验内容为：充电五次、定相试验及保护联投试验。在投运过程中，应特别注意气体保护的运行情况。当变压器轻重瓦斯保护动作后，要及时采取气样、油样进行分析，必要时作色谱分析。

三、变压器气体保护的运行与规定

（1）新装或大修后的变压器充电时，重瓦斯保护应投入，充电工作完成后，应将重瓦斯保护连接片打开，经检查无气体排放，气体继电器正常后，方可再投入。

（2）运行中的变压器在进行滤油、加油、换碳胶或打开阀门放气以及清理呼吸器孔等工作前，应将重瓦斯保护连接片打开，只有当工作完毕变压器停止排气泡时，方可将重瓦斯保护连接片投入。

（3）气体继电器及回路作业，或绝缘不良时，应将重瓦斯保护退出。

（4）新投运的变压器或变压器纵联差动保护回路上工作后，在纵联差动保护退出作相量检查期间，重瓦斯保护必须投入跳闸位置。

（5）气体继电器上设有供收集气体的试验阀。当气体继电器动作后，应立即收集气体，检查气体的可燃性和化学成分，根据分析结果，确定气体继电器动作的原因和故障的性质。

四、变压器保护的使用规定

无论是主变压器还是厂用变压器，在火力发电厂中都是不可缺少的，且品种数量繁多，对发电厂生产的安全经济性至关重要。虽然现代变压器结构比较可靠，故障机会较少，但在实际运行中出现不正常运行情况以致发生事故仍时有发生。为了提高变压器工作的可靠性，尽量限制故障范围和减轻影响程度，保证火电厂的安全运行，必须根据变压器的容量及重要程度配置相应的保护装置。

1. 变压器的故障和不正常运行情况

变压器的故障可分为内部故障和外部故障。内部故障主要有绕组的匝间短路、相间短路或单相接地以及铁芯烧损等。普遍采用的三相式变压器，由于结构工艺改进和绝缘性能加强，发生内部相间短路的可能性很小。变压器最常见的内部故障是绕组的匝间短路。变压器内部一旦发生故障，不仅会损坏本身，而且往往会产生电弧，使绝缘材料和变压器油将急剧气化，从而可能导致油箱爆炸等严重后果。因此，发生内部故障时，必须尽快地将其切除。

变压器的外部故障主要是套管和引线上发生短路，这种故障可能导致变压器引出线相间短路或单相引线碰接变压器外壳造成接地短路。

在大电流接地系统中，当变压器绕组发生单相接地短路时，将产生很大的短路电流而破坏系统的正常运行。因此，配置的保护装置应能尽快地动作于它的断路器跳闸。

在小电流接地系统中，当变压器绕组发生单相接地时，通常根据接地电流的大小具体情况可装设或不装设专用的单相接地保护装置。

变压器的不正常运行情况包括由于外部短路引起的过电流、油箱内油面严重降低以及变压器中性点电压升高等。一般情况下，厂用变压器不容易发生过负荷现象，配置保护时可不予考虑。

发生外部短路引起的过电流将使变压器绕组过热，从而加快绕组绝缘老化，进而可能引起内部故障。

当环境温度显著下降或油量不足，甚至外壳漏油时，可能产生油面降低现象，根据油面降低的严重程度，保护装置应动作于信号或跳闸。

火力发电厂的 3~6kV 厂用电系统大部分采用中性点不接地运行方式，当发生接地故障时，非故障相的电压将会升高。且中性点电位将发生位移，分别达到线电压和相电压的数值，可能超过其绝缘的允许限额，必须引起注意。

2. 主变压器的特点

与厂用变压器相比，主变压器具有下列特点：

（1）主变压器的主要任务是将发电机发出的机端电压大电流电力转

变为高电压小电流电力送入电网。因此，它是大容量升压变压器。

（2）相对于厂用变压器，由于容量大，一次额定电流也大，因此工作于高磁密状态，易引起过电压或过励磁。

（3）一般情况下，通过联络线向电网枢纽变电站供电，所以它往往处于多电源并联工作状态。

（4）标称工作电压为 500kV 的主变压器，几乎都是单相自耦变压器组，其中性点为金属性直接接地。

3. 变压器的保护配置

变压器在投入运行前，必须正确的投入保护，变压器不允许无保护运行。鉴于上述介绍的变压器的故障情况和用途不同，下面分别说明了其保护配置情况：

（1）低压厂用工作和备用变压器的保护配置。

1）电流速断保护。电流速断保护用作反应绕组内部及引线发生的相间短路故障。保护采用两相两继电器接线方式，瞬时动作于高压侧断路器及低压侧具有备用电源自动投入装置的所有空气断路器跳闸。

2）气体保护。气体保护用作反应变压器油箱内部故障及油面降低程度。容量为 800kVA 及以上或装于主厂房内的 400kVA 及以上的油浸式变压器，须装设气体保护，其轻瓦斯保护动作于信号，重瓦斯保护瞬时动作于高压断路器及低压侧具有备用电源自动投入装置的所有低压断路器跳闸。如果低压厂用变压器远离高压厂用配电装置时，重瓦斯保护实现跳闸有困难时可以考虑仅发信号至附近的值班室。

3）过电流保护。过电流保护用作反应外部相间短路所引起的异常过电流。保护采用两相两继电器的接线方式，且带时限动作于高压侧断路器及低压侧具有备用电源自动投入装置的所有低压断路器跳闸。

若变压器低压侧带两个及以上分段时，还应在低压侧各分支分别装设过电流保护及零序过电流保护。保护采用两相两继电器的接线方式，且带时限动作于本分支低压断路器跳闸。

当备用厂用变压器低压侧分支线自动投入于永久性故障时，该分支的相间或零序过电流保护应加速跳闸。

4）零序电流保护。零序电流保护用作反应变压器低压侧单相接地短路所引起的零序电流。通常保护由一个接于变压器低压侧中性线电流互感器的定时限或反时限电流继电器构成，且带时限动作于高压侧断路器及低压侧具有备用电源自动投入装置的所有低压断路器跳闸。

5）单相接地保护。如果变压器所引接的高压厂用电系统均装有接地保护时，则在低压厂用变压器的高压侧亦须配置单相接地保护，其接线方式同高压厂用工作变压器的单相接地保护。

(2) 高压厂用工作变压器的保护装置。

1) 纵联差动保护。高压厂用工作变压器的容量在 6300kVA 及以上时，须配置纵联差动保护，用以反应绕组内部及引出线的相间短路故障。变压器容量为 16000kVA 及以上时，保护应采用三相三继电器接线方式。仅当安装条件困难时低压侧可以考虑少装一相电流互感器。当变压器容量为 16000kVA 以下时，如果保护灵敏度足够，可采用两相三继电器的接线方式。保护瞬时动作于变压器两侧断路器跳闸。当变压器高压侧未装设断路器时，则应动作于低压侧断路器及发电机－变压器组保护总出口继电器，使其各侧断路器及灭磁断路器跳闸。当变压器容量为 6300kVA 以下时，如果灵敏度足够，可采用电流速断保护。

2) 气体保护。容量为 800kVA 及以上的油浸式变压器，应配置气体保护，用作反应变压器油箱内部故障和油面降低程度。当油箱内部故障时，若产生轻微瓦斯或引起油位降低，则保护应动作于信号，当产生大量气体时，保护应瞬时动作于各侧断路器跳闸。当变压器高压侧未装设断路器时，作用于断路器跳闸范围同 1) 中所述。凡容量为 400kVA 及以上的车间油浸式变压器，亦应配置瓦斯保护。

2) 过电流保护。过电流保护用作反应外部相间短路而引起的过电流，并作为纵联差动保护或电流速断保护和重瓦斯保护的后备保护。

对于 Yy0、Dd0 接线组别以及已配置纵联差动保护的 Yd11 接线组别的变压器，保护一般采用两相两继电器的接线方式。如果 Yd11 接线组别的变压器，主保护为电流速断时，一般采用两相三继电器的接线方式，带时限动作于各侧断路器跳闸。若厂用变压器接带两个分段时，还应在低压侧的各分支上分别装设过电流保护，可采用两相两继电器接线方式，带时限动作于所在分支断路器跳闸。对于分裂变压器，如果灵敏度不够时，可以装设低电压闭锁的过电流保护。

4) 单相接地保护。如果高压厂用变压器高压侧用电缆接至发电机电压系统，且该系统各馈线装有单相接地保护时，则变压器回路也需要装设单相接地保护，使它能有选择性地指示厂用变压器高压侧的单相接地故障。该保护由一个接至零序电流互感器二次侧的电流继电器构成。接至变压器高压侧的电缆为两根及以上且每根电缆分别装设零序电流互感器时，应将零序电流互感器的二次线圈串联后，接至电流继电器。电缆终端盒的接地线应穿过零序电流互感器，以保证保护能瞬时动作于信号。如果变压器高压侧用硬母线或软导线接至发电机电压系统，由于其距离较近，且硬母线或软导线发生单相接地的可能性极小，因此，即使各馈线装设了单相接地保护，变压器亦可不装设单相接地保护。

5）低压侧分支差动保护。当高压厂用变压器低压侧带两个分段时，若变压器至厂用配电装置间的电缆两端均装设断路器，且每分支的故障会引起发电机－变压器组的断路器动作时，则在每一分支上应分别装设纵联差动保护。保护可由两相两继电器接线方式构成，瞬时动作于所在分支两侧的断路器跳闸。

（3）高压厂用备用（或启动）变压器保护配置。

1）纵联差动保护。高压厂用备用（或启动）变压器容量为16000kVA及以上时，或经常带一部分负荷运行的启动变压器容量为6300kVA及以上时，应配置纵联差动保护，其保护范围不包括分支线。该保护用以反应绕组内部及引出线的相间短路故障。

当容量在16000kVA以下，作为备用变压器或不经常带负荷运行的启动变压器时，应配置电流速断保护。若电流速断保护的灵敏度不满足要求时，应配置纵联差动保护。该保护可根据灵敏度要求由两相三继电器或三相三继电器的接线方式构成，瞬时动作于变压器各侧断路器跳闸。

2）气体保护、过电流保护和高压侧接于小电流接地系统的变压器接地保护。

上述保护的配置原则与高压厂用工作变压器相应保护相同，不再赘述。

3）零序差动保护。高压侧接于大电流接地系统的备用（或启动）变压器，其高压侧的接地保护可采用零序电流速断保护。如该保护对接地短路的灵敏度不满足要求时，可配置零序差动保护，瞬时动作于变压器各侧的断路器跳闸。

4）低压侧备用分支的过电流保护。其配置原则与高压厂用工作变压器低压侧分支的过电流保护相同，保护带时限动作于所在分支断路器跳闸。当备用电源投入于永久性故障时，备用分支的过电流保护应加速跳闸。

（4）主变压器保护配置。

1）纵联差动保护。

a. 用BCH－4型继电器的差动保护。由于BCH－2型继电器不具备制动特性，BCH－1型继电器只具备单侧制动特性，用于多侧电源的大型主变压器差动保护时，往往不能满足灵敏度要求。因此，对多电源多绕组

（或具有分裂绕组）的变压器，可采用 BCH－4 型差动继电器作纵联差动保护，其单相原理图如图 5－4 所示。

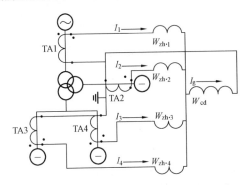

图 5－4　采用 BCH－4 型继电器的变压器
差动保护单相原理接线图

应当指出，对于断路器数目（或电流互感器组数）大于 3 的其他变压器，若采用 BCH－Ⅰ 型继电器灵敏度不能满足要求时，也可采用 BCH－4 型继电器。

b. 鉴别涌流间断角的变压器差动保护。具有制动特性的变压器差动保护的动作电流按躲过励磁涌流条件整定时，动作电流大于变压器的额定电流，灵敏度不高。采用鉴别涌流间断角原理构成的变压器差动保护具有灵敏度高、构造简单和动作迅速等优点。

根据理论分析和实际测量的结果可知，当保护范围内部故障时，非周期分量迅速衰落后，流入保护的电流是正弦波，而变压器的励磁涌流波形在合闸最初时间内完全偏于时间轴的一侧，在两周之间出现间断角 θ_{jd}，如图 5－5 所示。

利用鉴别这两种波形的差别而构成了间断角原理的变压

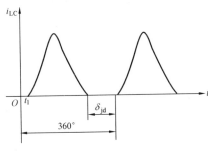

图 5－5　励磁涌流间断角波形图

器差动保护。此外，继电器还具有制动回路，利用外部故障时的穿越性短路电流来实现制动特性，可进一步提高差动保护在内部故障时的灵敏度。

图 5－6 为鉴别波形间断角原理的差动继电器框图。

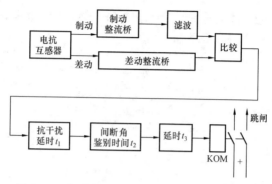

图 5 - 6　鉴别波形间断角原理的差动继电器框图

整定计算原则：对于大型变压器的差动保护，在保证选择性的条件下，要求有较高的灵敏度，即要求动作电流尽量小以利于反应匝间或层间短路。这种原理的差动保护的整定值远小于额定电流，因此其灵敏度高于BCH 型继电器构成的差动保护。

c. 二次谐波制动的差动保护。励磁涌流中含有很大比例的二次谐波，而内部和外部短路电流中二次谐波的比例很小。因此，利用二次谐波制动原理能有效地防止涌流的影响。为了躲过正常运行和外部故障时穿越性短路电流的影响，可同时装设比率制动回路。这样即可构成性能可靠、接线简单的二次谐波制动的变压器差动保护。

在空载投入变压器和内部短路、外部短路（考虑电流互感器的影响）三种情况下，流入差动继电器电流中谐波电流，见表 5 - 7。

表 5 - 7　　　　变压器空载投入、内部和外部短路
时差动电流中的谐波电流　　　　　　　　　　A

谐波电流分量	励磁涌流	内部短路电流	外部短路不平衡电流
I_0	58	38	0
I_1 （基准值）	100	100	100
I_2	63	9	4
I_3	22	4	32
I_4	5	7	9
I_5	3	4	2
I_6	4	6	1
I_7	3	2	3

表 5 – 8 中数据表明,利用二次谐波电流 I_2 可以鉴别励磁涌流和短路故障。

由于这种差动保护的整定值低,一般均能满足灵敏度的要求。但应注意,由于动作电流小于额定电流,正常运行中如果电流互感器二次回路断线时,继电器有可能误动作。为此,严禁在差动回路中连接其他元件,并应加强日常维护工作,防止差动电流二次回路发生断线故障。否则,应增加断线闭锁环节。

2)相间后备保护。

a. 采用复合电压启动的过电流保护。

i)双绕组变压器。保护的电流元件接于低压侧的电流互感器,电压元件也接于发电机母线电压互感器,当经过校验低压元件对高压母线三相短路灵敏度不够时,可附加一个接于高压母线电压互感器相间电压的低电压元件。

ii)中压侧无电源的三绕组变压器。保护装于中压侧和低压侧,此时中压侧可采用简单的不带电压启动元件的过电流保护;低压侧装设复合电压启动的过电流保护,电压元件接于发电机母线电压互感器,当高压侧母线三相短路而灵敏度不够时,可采用与双绕组变压器相同的措施。

iii)三侧电源的三绕组变压器。三侧均装设复合电压启动的过电流保护,中压侧的保护要装设方向元件,为了消除电压死区,方向元件的电压取自发电机电压侧的电压互感器,并为了简化接线,方向元件按 60° 接线方式连接。此时,为了提高方向元件的灵敏度,选用内角为 30° 的继电器。装设在高压侧和中压侧的保护动作于本侧的断路器跳闸;装设于低压侧的保护动作于总出口中间继电器,断开各侧断路器。

b. 采用低电压启动的过电流保护。保护配置与复合电压启动的过电流保护相同。电流元件接于低压侧的电流互感器,电压元件接于对应于中性点的相电压(在中性点非直接接地电网中,电压元件若接于对地的相电压,则当该电网发生单相接地故障且变压器过负荷时,保护可能误动作),低电压元件灵敏度要按高压母线上三相短路和两相短路校验,如果灵敏度不够,则要附加三个低电压元件接于高压侧电压互感器相间电压。

3)过励磁保护。由于系统的不正常运行或发电机励磁系统失控等原因,都可能造成变压器电压升高。现代大型电力变压器的铁芯均采用冷轧硅钢片,一般工作磁密接近饱和,在 1.03 倍额定电压下能长期运行,1.1

倍额定电压时已趋于饱和。变压器铁芯饱和后，励磁电流急剧增大，将导致铁芯过热，危及变压器安全。此外，当系统频率降低时，变压器的阻抗变小，励磁电流也会增大。所以对大型变压器装设过励磁保护是必要的。过励磁保护的主要判据是 U/f，反应磁通密度变化，动作于信号，以提醒运行人员及时采取有效措施或直接跳闸。

4）零序后备保护。

a. 对于两侧或三侧电源的主变压器，当其与中性点直接接地电网连接时，一般需在变压器上装设零序后备保护，该保护作为相邻元件及变压器本身主保护的后备。

b. 对非自耦变压器，零序过电流保护应接于中性点处的电流互感器。

c. 当变压器中性点直接接地运行时，对于双绕组变压器应装设两段时限的过电流保护，以短时限解列母联（或分段）断路器，使无故障的母线段系统恢复正常运行；以较长时限段作用于总出口，断开主变压器各侧断路器。

对于三绕组变压器，应装设三段时限的零序过电流保护，以第一段时限解列母联（或分段）断路器；以第二段时限作用于变压器本侧断路器跳闸；以第三段时限作用于总出口，跳开变压器各侧断路器。这样，可以达到尽量减少电量损失的目的。

d. 发电厂主变压器为分级绝缘且多台主变压器中仅部分直接接地，而另一部分则不接地运行。这种情况下，变压器中性点应装设两套零序电流保护：①变压器中性点直接接地运行方式下的零序过电流保护，其功能与时限安排同 c 中所述；②变压器中性点不接地运行方式下的间隙零序过电流保护。保护动作后立即断开本侧断路器，经 $0.25\sim0.5\text{s}$ 延时断开本变压器的各侧断路器。

e. 自耦变压器的零序电流保护。由于自耦变压器高压侧与中压侧不仅有磁的联系，而且有电的联系，它们有共同的接地中性点。当系统内发生单相接地短路时，零序电流将由一种电压网络流向另一种电压网络，而流过中性点电流的大小及其与零序电压间的相位，将随系统运行方式和短路点位置的变化而有显著变化，因此高压和中压侧的零序电流保护不能接到中性线回路的电流互感器，而应接于各自电压侧由电流互感器组成的零序电流滤过器。同时，各侧的零序电流保护应根据选择性的要求，必须加装方向元件，才能正确发挥其零序后备作用。

第四节　变压器的异常运行与事故处理

一、变压器的异常运行及处理

变压器是发电厂内重要的电气设备，在电能的输送过程中担负着电压转换（升压或降压）的主要任务，变压器的不正常运行，直接影响着电力系统及厂用电系统的安全运行。变压器中虽然没有转动的部分，但由于制造质量、检修工艺不高、运行维护不当，以及变压器长期通过大容量电动机启动电流冲击和引起发热等原因，都将使变压器发生故障，造成厂用电供电的中断，甚至将造成停机、停炉、全厂停电事故。因此，电气值班员要加强对变压器的巡视检查工作，根据设备的缺陷、气候的变化等情况，及时做好事故预想，以便在变压器发生故障时，正确判断，防止故障扩大，影响厂用电系统的正常运行。所以，运行中的变压器如果发生不正常的现象，电气值班员应迅速准确地查明原因，排除故障，保证变压器的安全运行。

变压器在运行中可能发生的异常现象一般分三种类型：①变压器油标指示油位发生剧烈的变化。通常是由于冷却装置停运，散热或冷却系统的渗漏或环境温度的急剧变化引起。②外部条件正常，负荷也无明显变化的情况下，变压器温度温升明显升高，油色变暗并有碳粒，通常伴有瓦斯气体不断出现，应视为变压器有潜伏性故障。③变压器在运行中，出现过负荷运行状态。运行人员应按照运行规程规定，采取措施予以消除上述异常现象。

1. 变压器油位过高或过低

变压器的油位是随变压器内部油量的多少、油温的高低、变压器所带负荷的变化、周围环境温度的变化而变化的。此外，由于变压器箱体各部焊缝和放油门不严造成渗漏油也会影响变压器油位的变化。

储油柜的容积一般为变压器容积的10%左右。如因环境温度及负荷变化油位过高时，易引起溢油，不但造成浪费，而且会使本体和部件脏污。值班人员如果发现变压器的油位高于油位线时，应通知检修人员放油，使油位降低到油位线以下。

当变压器油位过低，低于变压器上盖时，会使变压器的引接线部分暴露在空气中，降低了这部分的绝缘强度，有可能造成闪络。与此同时，由于增大了油与空气的接触面积，加速油的老化速度，如遇到变压器低负荷、停电或冬季气温下降等情况时，则油位将会继续下降，甚至使铁芯、线圈暴露出来，有可能造成铁芯、线圈因过热而烧坏的事故。运行值班人员如发现油位过低、看不到油位计的油位时，应对变压器各部位进行检查，查明原因，并通知检修人员加油。

在高压厂用变压器中，冷却系统如果采用水冷却方式，若发现油位降低时，应立即查明原因，检查水中是否有油花，以防止由于冷却器漏、渗水至变压器油中，影响变压器的绝缘。

当变压器的引出线采用充油套管时，套管油位随气温影响变化较大，不得满油或缺油。发现油位过高或过低时，应放油或加油。

从以上分析可知，变压器在运行中，一定要保持正常油位，一般油位应在储油柜上表计的 ±35℃ 的中间的零位附近。发现油位过高时，如夏季，应及时放油；在油位过低时，如冬季，应及时加油，以保持正常油位，确保变压器的安全运行。

2. 变压器油温升高

在正常负荷和正常冷却条件下，变压器油温较平时高出 10℃ 以上或变压器负荷不变，油温不断上升，而检查结果证明冷却装置及冷却管路良好，且温度计、测点无问题，则认为变压器已有内部故障（如铁芯故障或绕组匝间短路等），此时运行值班人员应加强对变压器的负荷监视。联系进行变压器油的色谱分析，经过综合判断，查明原因。

3. 变压器油色不正常

变压器内的绝缘油可以增加变压器内各部件间的绝缘强度。还可以使变压器的绕组和铁芯得到冷却，并且具有熄灭电弧的作用。在检查变压器的过程中，对油色、油位的变化要密切监视。并根据油色、油位的变化，判断变压器的异常。

变压器在运行中，由于长期受温度、电场及化学复合分解的作用，会使油质劣化。油质劣化的原因主要是空气和温度的影响。

在变压器中，空气在油箱内的空间与油面接触，而空气中危害最大的是氧气。油被空气氧化后，生成各种有机酸类，可能造成油质劣化。变压器长期通过负荷电流时，绕组温度升高，在油温 70℃ 以下时，油几乎很少发生变质，当温度达到 120℃ 或更高时，油将发生氧化。值班人员在变压器跳闸及正常巡视检查时，若发现变压器油位计中油的颜色发生变化，应汇报班长通知检修人员，取油样进行分析化验。当化验后发现油内含有碳粒和水分，油的酸价增高，闪点降低，绝缘强度也降低，这说明油质已急剧劣化、变压器内部存在故障。因此，值班人员应尽快联系投入备用变压器，停止该变压器的运行。在正常检查巡视中，值班人员观察储油柜的油色应是透明带黄色。如呈现红棕色，则说明出现油质劣化现象，应通知有关部门进行油化验，并根据化验结果决定进行油处理或更换新油。

4. 变压器过负荷

变压器的过负荷运行分为两种情况，即正常过负荷和事故过负荷。

（1）变压器正常过负荷。变压器在运行中负荷是经常变化的。日负荷曲线的负荷率大多小于1。负荷曲线有高峰和低谷，在高峰期间可能过负荷，绝缘寿命损失将增加；而欠负荷运行时，绝缘寿命损失将减小。只要将在大负荷期间（高峰期间）多损耗的绝缘寿命和在小负荷（低谷）期间少损失的绝缘寿命互相补偿，仍可获得变压器的使用年限，不增加变压器寿命损失的过负荷称为正常过负荷。

在正常过负荷时，油浸自冷、风冷变压器为额定值的1.3倍，强油循环风冷、水冷变压器为额定值的1.2倍。在过负荷期间，绕组最热点的温度不超过140℃，上层油温不超过90℃。油浸自冷、风冷变压器不应超过变压器额定容量的30%，强油循环风冷和强油循环水冷的变压器不应超过20%。

运行人员在变压器过负荷时，应遵照现场运行规程中允许过负荷规定执行。

（2）变压器的事故过负荷。当发电厂及电力系统发生事故时，为了保证对重要用户的连续供电，故允许变压器在短时间内（消除故障所必须用的时间）过负荷运行，称为事故过负荷。事故过负荷是牺牲变压器的寿命为代价，但如果严格执行变压器事故过负荷规定的数值和时间，不会过分牺牲变压器的寿命。

变压器事故过负荷的时间和数值，根据不同的冷却方式和环境温度，应按制造厂的规定执行。在无制造厂规定时，应按表5-8变压器允许事故过负荷倍数及时间执行。

表5-8   变压器允许事故过负荷倍数及时间

过负荷倍数	1.30	1.45	1.60	1.75	2.00	2.40	3.00
允许持续时间（min）	120	80	30	15	7.5	3.5	1.5

变压器过负荷期间，冷却系统的风扇冷却器全部开启投入。应特别注意：变压器有严重缺陷时，如铁芯烧损、线圈匝间故障修复后，不应过负荷运行。

变压器在过负荷时，其各部分的温度比额定负荷时高，使绝缘材料的机械、电气性能变坏，逐渐失去绝缘材料原有的性能，产生绝缘老化现象。这种绝缘材料虽有一定的电气强度，但变得干燥而又脆弱，在发生外部故障或正常运行中的冲击产生电动力的作用下，很容易损坏。绝缘的老化程度主要受温度的影响。

运行中的变压器过负荷时，出现电流指示超过额定值，有功、无功电能表指针指示增大，可能伴有"变压器过负荷"信号及"变压器温度高"信号，警铃动作等现象。

值班人员在发现上述异常现象时，应按下述原则处理：

1）恢复警铃，汇报班长、值长，记录过负荷运行时间。

2）调整负荷的分配情况。联系值长采用切换、转移的方法，减少该变压器所带的负荷。

3）及时调整运行方式，若有备用变压器时，应将备用变压器投入并列运行，分担一部分负荷。

4）如属于正常过负荷，可根据正常过负荷的时间，严格执行，同时，应增加对该变压器的检查次数，加强对变压器温度的监视，不得超过规定值。

如果变压器存在有较大缺陷（如冷却系统不正常、油质劣化、色谱分析异常等），不允许变压器过负荷运行。

5. 变压器内部发出不均匀的异声

变压器在正常运行中发出的声音应是均匀的"嗡嗡"声，这是由于交流电通过变压器绕组时，在铁芯内产生周期性的交变磁通，随着磁通的变化，引起铁芯的振动，而发出响声。由于制造技术、结构材料不同，容量差异，使变压器这种响声有所差异，但基本上都是均匀的"嗡嗡"声，这是正常现象，如果产生不均匀响声或其他异声都属于不正常现象，运行人员应根据声音进行分析判断，查明原因。

（1）由于大动力设备启动时产生沉闷的"嗡嗡"声音。如高压厂用变压器带有大容量的给水泵、一次或二次风机、引风机等电动机，启动电流较大，引起负荷骤然变化，而属于这种现象是短时的，启动完毕后可恢复正常。若变压器的负荷为电弧炉或大容量整流电源时，五次谐波分量较大，致使变压器内产生"哇哇"声。

（2）在用电设备的高峰期间，由于变压器过负荷，使变压器内发出很高而又沉闷的"嗡嗡"声。

（3）在长期运转和反复冲击下运行的变压器，使个别部件松动，变压器内发出异声。如因负荷突变，某些零件过度松动，造成变压器内部有部件松脱声。如果变压器轻负荷或空负荷时，使某些离开叠层的硅钢片端部发生共振，造成变压器内部有一阵一阵的"哼哼"声，如铁芯的穿心或紧固螺钉不紧，使铁芯松动，造成变压器内部有周期性的强烈不均匀的"呼呼"声。

（4）若系统内发生短路故障或接地，在通过较大的短路电流时致使变压器内部发出沉重的"嗡嗡"声，在故障点切除后，变压器的声音恢复正常。

（5）由于内部接触不良或绕组击穿对铁芯或外壳发生间歇放电时，使变压器发出"吱吱"或"噼啪"的放电声。

（6）如果铁芯谐振，使变压器内发出"嗡嗡"和尖细的"哼哼"声，这种声音呈周期性变粗或变细。

（7）变压器内部发生短路故障，将产生电动力，发出的声音是"嗡咚"的冲击声。

6. 变压器不对称运行

在变压器运行中，造成不对称运行，其主要原因有三个方面：

（1）由于三相负荷不一样，造成不对称运行。例如变压器带有大功率的单相电炉、电气机车及电焊变压器等。

（2）由3台单相变压器组成三相变压器组，当一台损坏而用不同参数的变压器来代替时，造成电流和电压的不对称。

（3）由于某种原因使变压器两相运行时，引起不对称运行。例如：中性点直接接地的系统中，当一相线路故障，暂时两相运行；三相变压器组中一相变压器故障暂时以两相变压器运行；三相变压器一相绕组故障；变压器某侧断路器的一相断开；变压器的分接头接触不良等。

变压器不对称运行造成的后果是：变压器的容量要降低，即可用容量小于仍在运行的两相变压器的额定容量之和，且可用容量的大小与电流的不对称程度有关。

变压器发生不对称运行时，不仅对变压器本身有一定的危害，而且因电压、电流的不对称运行使用户的工作受到影响，另外对沿线通信线路的干扰、对电力系统继电保护工作条件的影响等都不容忽视。因此，在运行中出现变压器不对称运行时，应分析引起的原因，尽快消除。

7. 变压器冷却系统不正常

变压器在运行中，温升的变化直接影响到负荷能力及使用年限。为了降低温升，提高出力，大中容量的变压器的冷却方式进行了改进，采用了强迫油循环风冷、水冷及导向水冷的冷却装置，以提高变压器的散热能力。因此，变压器的安全运行，取决于冷却装置的安全运行。对各种冷却装置的运行方式，都有一定的要求和规定。

（1）油浸自然冷却。油浸自然冷却的冷却方式，一般容量在7500kVA及以下的变压器采用。散热是依靠油箱外壳的辐射和散热器周围空气的自然对流带走热量。在正常运行中只要油箱和散热器连接的阀门在打开位置，就能保证变压器散热条件，能在额定负荷下连续运行。

（2）油浸风冷冷却。容量在10000kVA以上的变压器采用油浸风冷冷却方式，此种方式是在散热器上加装风扇，以加速散热器中的热量散出。当冷却风扇故障，只要变压器上层油温不超过55℃，对变压器的运行影响不严重，在短时间内是允许的。

（3）强迫油循环风冷、水冷。在120000kVA以上的变压器均采用此类冷却方式。变压器在运行中无论负荷带多少，应与冷却装置同时运行。因为变压器的结构中其油箱散热面积很少，甚至在冷却装置停止的情况下，也不能将变压器空载损耗的热量散发出去。所以，这两类变压器，当冷却系统故障，如冷却装置电源、风扇、潜油泵故障和冷却水中断等，而使冷却系统停止运行时，应停止变压器的运行。对于强油循环冷却装置，首先要保证可靠性，其设计方面应满足以下几点要求：

1）冷却器总电源为两路，从不同电源引接，正常情况下，一路工作，一路联动备用，保证冷却器电源的供电连续性。

2）监视冷却器电源故障、冷却水中断及冷却器的异常运行状态等各种异常信号接至控制室，以便运行人员对异常运行情况进行监视处理。

3）冷却器的运行方式分为工作、辅助、备用、停止。

4）当运行中的变压器上层油温或变压器负荷达到规定值时，能自动投入辅助位置的冷却器运行。当辅助冷却器投入运行后，温度或负荷下降到规定值时，能自动退出运行。

5）当工作或投入运行后的辅助冷却器风扇电动机跳闸后，在备用位置的冷却器能自动投入。作为冷却器本身的风扇、水泵、油泵等辅助设备的电动机应有过负荷、短路及断相保护。一旦保护动作后，启动备用冷却器组。

在变压器冷却装置的运行中，冷却系统故障主要是指冷却器的电源失电，风扇、潜油泵的电动机故障以及冷却水系统发生异常。上述故障将会使变压器冷却装置全部或部分停止运行。值班人员应根据不同现象进行如下处理：

1）当变压器控制盘上出现"冷却装置全停"光字牌时，这是由于工作和备用冷却器电源同时发生故障。值班人员应迅速查找原因，尽快恢复冷却器电源的供电。同时，监视变压器温度，控制变压器的负荷。必要时请示值长，停用变压器冷却器全跳保护连接片。如变压器为自然冷却的变压器，应特别注意：冷却器允许全停时间，变压器油温是否超过规定等。

2）当变压器控制盘上出现"备用冷却器投入"或"备用冷却器投入后故障"信号，说明工作组的冷却器跳闸或备用冷却器投入后又跳闸。这种情况可能是由于油泵或风扇电动机故障引起的。运行人员应检查工作、备用冷却器跳闸原因，并根据情况倒换冷却器的运行方式，尽快恢复冷却器的运行。

3）当变压器控制盘上出现"冷却水中断"光字牌时，运行人员应检查冷却泵及冷却管道系统，尽快查明原因，恢复正常运行。

4）油浸风冷变压器当冷却系统发生故障时，变压器允许带负荷运行的时间应遵守制造厂的规定。如制造厂无规定时，可参照表5-9的规定执行。

表5-9　　　　油浸风冷变压器切除全部风扇后允许带额定负荷运行的时间

空气温度（℃）	-10	0	10	20	30	40
允许运行时间（h）	35	15	8	4	2	1

当冷却系统发生故障时，变压器中的油位、油温将明显发生变化。冷却装置停用后，会发生油位、油温上升，严重时甚至有可能从防爆膜或呼吸通道跑油。冷却装置恢复后，油位又会急剧下降，甚至下降到储油柜油标的下限。运行人员应根据这一变化规律及时检查变压器恢复运行的情况，防止由于缺油引起变压器事故。

当冷却装置由于电源故障或冷却系统发生故障切除全部冷却器时，在额定负荷下允许运行的时间为20min。容量为120000kVA以上时，为10min。如果上层油温未达到75℃时，则允许上升到75℃，但冷却器全停的最长运行时间不得超过1h。这时，应由变压器全停保护动作，将变压器从电网中解列。在规定时间内保护未动时，运行人员应按规定手动解列。

8. 变压器轻瓦斯动作

瓦斯保护装置的作用是，当变压器内部发生绝缘被击穿、线圈匝间短路及铁芯烧毁故障时，给值班人员发出信号或切断各侧断路器，以保护变压器。按照规定，800kVA 以上的油浸式变压器和 400kVA 及以上的厂用变压器都装有气体继电器，200～315kVA 的厂用变压器只装带信号触点的气体继电器。

当变压器轻瓦斯信号动作时，运行值班人员应立即查明原因，进行处理。气体保护动作于信号的原因有以下三个方面：

（1）因滤油、加油和冷却系统不严密使空气进入变压器或因温度下降、漏油，使油位降低。

（2）变压器内部轻微故障，而产生微量气体。

（3）发生穿越性短路，保护的二次回路故障引起的误动。

当发生上述现象，经变压器外部检查未发现任何异常时，应对气体继电器中的气体进行鉴别。鉴别瓦斯的方法如下：

（1）气体中不含可燃性成分，且是无色无臭的，说明聚集的气体为空气，此时变压器仍可运行，继续观察。

（2）如果气体有可燃性，则说明变压器内部有故障，应停止变压器运行。并根据气体性质来鉴定变压器内部故障的性质。如气体颜色为黄色可燃的，即为木质故障；若为淡灰色强烈臭味可燃性气体，即为绝缘纸或纸板故障；若为灰色和黑色易燃的气体，即为短路后油被烧灼分解的气体。

轻瓦斯信号动作后，经上述查找，还不能作出正确判断时，应对油进行色谱分析，并结合电气试验做出综合判断。

当轻瓦斯动作而重瓦斯未动时，还应严密监视变压器的运行情况，如电流、电压及声音的变化，并记录轻瓦斯动作的时间和间隔。此时重瓦斯不得退出运行。值班人员还应对变压器外部进行检查，首先检查变压器储油柜油色和油位、气体继电器气体量及颜色，收集气体继电器中的气体，判明气体性质。必要时取油样进行化验和作色谱分析。若确证气体继电器中的气体是空气时，则可将气体继电器中的气体放掉。如经鉴定为可燃性气体时，应尽快做油的色谱分析以判定是否将变压器退出运行。

9. 必须停止变压器运行的异常情况

当发生以下严重异常现象时，应立即停止变压器的运行：

（1）变压器内部声响很大，并有不均匀的爆炸声。

（2）在正常负荷和冷却条件下，变压器油的温升很不正常，并不断升高。

（3）从储油柜喷油或从安全气道（防爆管）喷油。

（4）大量漏油，使油位迅速下降，低至气体继电器以下或继续下降。

第一篇 发电厂电气值班

（5）变压器套管油色骤然恶化，油内出现碳质等。

（6）套管有严重破损和放电现象。

（7）对于导向强迫油循环水冷的变压器，当水油差继电器失常时。

二、变压器的事故处理

变压器与其他电气设备相比，它的故障是很少的，这是因为它没有转动部分，而且元件都浸在油中，有一个可靠的工作条件，因此，只要对变压器的运行加强监视，做好经常性的维护工作，及时消除设备缺陷，定期进行检修和预防性试验，就能避免变压器的事故。只有在变压器的运行中，由于运行人员操作不当，检修质量不良，设备缺陷没有及时消除，运行方式不合理等情况下，才可能引起事故。如果主变压器发生事故，则要限制发电机的出力，减少和中断对部分用户的供电，延长变压器修理时间，在没有备用变压器的情况下，对国民经济将造成严重损失。为了确保变压器的安全可靠运行，采用有效的反事故措施，将事故消灭在萌芽状态，防止事故发生的同时，还应对已发生事故的变压器，根据事故现象，正确判断事故原因和性质，以便迅速而正确地处理事故，防止事故扩大。

1. 变压器的故障检查和分析

变压器发生故障的原因有时比较复杂，为了顺利和正确地分析故障原因，事前详细了解下列情况：

（1）变压器的运行情况，如负荷状态、负荷种类等。

（2）变压器的温升与电压状况。

（3）事故前与事故发生时的气候与环境状况，如是否有雷击、雨雪等。

（4）变压器周围有无检修工作。

（5）哪种保护动作。

变压器在运行中若发现油温较平时相同负荷和气温下高出 10℃ 以上，或变压器负荷不变，但油温不断上升，这时应首先检查冷却装置及温度计，如皆正常，则认为变压器内部有故障，如保护装置尚未动作，应立即减少负荷，如仍无效，应再减少负荷，直至停止变压器运行为止。

变压器在运行中，有下列情况之一者应立刻停止运行：

（1）变压器的油箱内有强烈而不均匀的噪声和放电的声音，内部有爆裂声，变压器在运行中出现强烈而不均匀的噪声且振动加大。这是由于铁芯的穿心螺钉夹得不紧，使铁芯松动，造成硅钢片间产生振动，振动会破坏硅钢片间的绝缘层，并引起铁芯局部过热。至于变压器内部有"吱吱"的放电声则是由于绕组或引出线对外壳闪络放电，或是铁芯接地线断线，造成铁芯对外壳（地）感应而产生的高压电发生放电引起的，放电的电弧可能会损坏变压器的绝缘。

（2）变压器储油柜或防爆管向外喷油。储油柜喷油或防爆管薄膜破裂喷油表示变压器的内部已有严重损伤，喷油使油面降低到油面指示计的最低限度时，有可能引起气体保护动作，使变压器两侧断路器自动跳闸，如气体保护因故没有动作而使油面低于顶盖时，则引出线绝缘降低，造成变压器内部有"吱吱"的放电声，且在变压器顶盖下形成空气层，造成油质劣化，此时，应切断变压器电源以防止事故扩大。

（3）变压器在正常负荷和正常冷却方式下，如果变压器油温不断升高，则说明变压器内部有故障，如铁芯着火或绕组匝间短路。铁芯着火是由涡流引起或夹紧铁芯用的穿心螺钉绝缘损坏造成的。因为涡流会使铁芯长期过热而引起硅钢片间的绝缘破坏，此时铁损增大，油温升高，使油的老化速度加快，减少了气体的排除量，所以在进行油的分析时，可以发现油中有大量的油泥沉淀，油色变暗，闪点降低等。而穿心螺钉绝缘破坏后，会使穿心螺钉短接硅钢片，这时便有很大的电流通过穿心螺钉，使螺钉过热，引起绝缘油的分解，油的闪点降低，使其失掉绝缘性能，铁芯着火若继续发展，会引起油色逐渐变暗，闪点降低，这时由于靠近着火部分温度很快升高，致使油的温度逐渐达到着火点，造成故障范围内铁芯过热、熔化，甚至熔焊在一起，在这种情况下，若不及时断开变压器，就可能发生火灾或爆炸事故。

（4）油色变化过甚，在取样进行分析时，可以发现油内含有碳粒和水分，油的酸价增高，闪点降低，绝缘强度降低，这说明油质急剧下降，这时很容易引起绕组与外壳间发生击穿事故。

（5）瓷套管发现大的碎片和裂纹，或表面有放电及电弧的闪络痕迹时，尤其在闪络时，会引起套管的击穿，因为这时发热很剧烈，套管表面膨胀不均，甚至会使套管爆炸。

（6）变压器着火，此时应将变压器从电网切断后用消防设备进行灭火。在灭火时，须遵守《电力设备典型消防规程》（DL 5027—2015）有关规定。

对于上述故障，在一般情况下，变压器的保护装置会动作，将变压器两侧的断路器自动跳闸，如保护因故未动作，则应立即手动停用变压器，再由检修人员进行检修。

变压器的气体保护装置的信号动作时，应立即停止音响信号，查明动作原因。若从变压器外部检查不出不正常运行的象征，则应收集变压器顶部的气体进行分析，根据气体的颜色及可燃性判断故障性质（见表5-10）。

表5-10　　　　　　　　　气体特征与故障性质参考表

气体特征	故障性质
无色、无味且不可燃	空气
微黄色，不易燃	木质故障
淡黄色，带强烈臭味，可燃	绝缘材料故障
灰色或黑色，易燃	油过热分解或油发生闪络

经过分析，气体为空气，值班人员应将气体继电器内积聚的空气放出，并注意监视信号。若气体继电器信号连续动作三次，而每次动作间隔时间逐次缩短，每次分析都证明是空气，则变压器可以连续运行。此时，将重瓦斯保护触点动作于信号，报告领导处理，新投产或大修后的变压器，由于油中含有空气，故经常发生上述情况。长时间运行中的变压器若发生上述情况，应检查变压器是否漏油。

变压器因气体继电器动作跳闸，并经检查证明是因可燃气体使保护装置动作时，变压器在未经检查并试验合格前暂不许投入运行。

在运行中如变压器的过电流保护或差动保护动作，应检查保护范围内的设备，并测量线圈的绝缘电阻，如未发现不正常现象，应通知试验人员检查继电保护装置。

2. 变压器常见故障的处理

（1）变压器自动跳闸。变压器在运行中，当断路器自动跳闸时，值班人员应按以下步骤迅速处理：

1）当变压器的断路器自动掉闸后，应恢复断路器的操作把手至断开位置，检查备用变压器是否联动投入。如无备用变压器时，应倒换运行方式和负荷分配，维持运行系统及设备的正常供电。

2）检查保护掉牌，何种保护动作，判明保护范围和故障性质。

3）了解系统有无故障及故障性质。

4）若属于人员误碰或者保护有明显误动象征或者变压器后备保护动作（过电流及限时过电流），同时，故障点切除。经请示值长同意，可不经外部检查对变压器试送电一次。

5）如属于差动、重瓦斯或电流速断等主保护动作，故障时又有明显冲击现象，则应对变压器进行详细的检查，并停电后进行测定绝缘试验等。在未查清原因以前禁止将变压器投入运行，减少变压器的损坏程度以防扩大故障范围。如重瓦斯保护动作，判明为变压器内部发生的故障，重瓦斯保护动作后使变压器跳闸。运行人员处理时，应用取样瓶在气体继电器排气门处收集气体，取得气体后可根据气体继电器内积累的气体量、颜色和化学成分，初步判断故障的情况和性质。根据气体的多少可以判断故障的程度。若气体是可燃的，则气体继电器动作的原因是变压器内部故障所致。气体的鉴别必须迅速进行，否则经一定的时间颜色就会消失。根据气体的颜色和性质可初步判断故障的性质和部位。如气体为黄色不易燃烧，即为木质部分故障；若为淡灰色强烈臭味可燃性气体，即为绝缘纸或纸板故障；若为灰色或黑色易燃的气体，即为短路后油被烧灼分解的气体。根据鉴别情况，结合变压器的结构和绝缘材料，以及对变压器油的色谱分析和变压器电气试验，就可分析判断出变压器的故障部位，为检修变压器创造条件。

6）详细记录故障现象、时间及处理过程。

（2）变压器着火。变压器发生火灾是非常严重的事故，因为变压器内部不仅有大量的绝缘油，而且许多绝缘材料都是易燃品，若处理不及时，变压器可能发生爆炸或使火灾事故扩大。当发生变压器着火时，值班人员应立即拉开各侧电源断路器及隔离开关，切断电源进行灭火，并迅速投入备用变压器或切换运行，恢复对负荷的供电。如果变压器油溢出并在变压器盖上着火，则应打开变压器下部的放油阀放油，使油面低于着火处；如果变压器外壳炸裂并着火时，必须将变压器内部所有的油放至储油坑或储油槽中；若是变压器内部故障引起着火时，则不能放油，以防变压器发生爆炸。厂用变压器装有氮灭火装置时，若该装置未动作，应手动投入灭火装置灭火。必要时，也可用灭火器灭火，在万不得已的情况下使用砂子灭火。

（3）分接开关故障的处理。

1）分接开关故障的现象。

a. 油箱内有放电的"吱吱"声。

b. 电流表随着放电的"吱吱"声而摆动。

c. 瓦斯保护信号指示可能动作。

d. 油的闪点急剧下降。

2）分接开关故障的处理措施及方法。

a. 密切监视变压器的电流、电压、温度、油位、油色和声音的变化。

b. 取油样分析，鉴定故障性质。

c. 当判定为分接开关故障时，备用变压器投入运行；当无备用变压器时，将故障变压器停运，并拉开一、二次侧隔离开关，把已损坏的分接开关挡位调节到良好的另一挡位上，变压器则可投入运行。最后待负荷允许时，再进行停电检修。

为了保证变压器的安全运行，分接开关应在变压器投入运行前测量各分接触头的直流电阻，以检查分接开关的弹簧压力和触头的烧伤情况。在倒换分接头位置时，为保证接线良好，将分接开关手柄转动 10 次以上，以消除触头上的氧化膜及油污等。

提示 第五章共四节，其中第一、二节适合初级工，第一～三节适合中级工，第一～四节适合高级工。

第六章

配电装置运行规定

第一节 配电装置设备的技术规范

一、GIS 设备规范

某厂 GIS 设备的规范见表 6-1~表 6-7。

表 6-1   GIS 额定参数

名称		单位	性能指标	备注
安装方式（户内/户外）			户外	
型号			ZF27-550 型气体绝缘金属封闭开关设备	
额定电压		kV	550	
额定电流		A	6300	
额定短时耐受电流		kA	63	有效值
额定短时耐受电流持续时间		s	3	
额定峰值耐受电流		kA	160	
额定雷电冲击耐受电压	相对地	kV	1675	峰值
	断口间	kV	1675	峰值
额定 1min 工频耐受电压	相对地	kV	740	有效值
	断口间	kV	740	有效值
SF_6 额定/最低功能压力	断路器	MPa	0.6/0.5	
	其余气室	MPa	0.45/0.4	

表 6-2   气室 SF_6 气体湿度参数

部位	交接验收值（μL/L）	长期运行值（μL/L）
有电弧分解物气室	不大于 150	不大于 300
其他气室	不大于 250	不大于 500

表 6 - 3　　　　　　　断路器主要技术参数

名　　　称	单位	性能指标	备　　　注
额定电压	kV	550	
额定电流	A	6300	
断口数	个	1	
额定操作顺序		O - 0. 3s - CO - 180s - CO	
分闸时间	ms	≤25	
合闸时间	ms	≤100	
开断时间	ms	≤50	
重合闸无电流间隔时间	ms	300	
合分时间	ms	≤40	金属短接时间
额定雷电冲击耐压（1. 2/50μs）	kV	1675	对地（峰值）
	kV	1675	断口间（峰值）
额定1min工频耐压	kV	740	对地（有效值）
	kV	740	断口间（有效值）
操作冲击耐受电压	kV	1300	对地
	kV		
额定短路开断电流	kA	63	有效值
额定开断时间	ms	40	
额定短时耐受电流	kA	63	有效值
额定短时耐受电流持续时间	s	3	
额定短路关合电流	kA	160	
额定峰值耐受电流	kA	160	峰值
额定出线端故障的瞬态恢复电压	kV/μs	2	
额定线路充电开合电流	A	160	
额定电缆充电开合电流	A	160	
开合变压器空载励磁电流	A	0. 5 - 15	
近区故障开断能力	kA	45	
失步状态下开合电流	kA	12. 5	

第六章　配电装置运行规定

名　　称	单位	性能指标	备　　注
机械稳定性	次	—	
额定短路开断电流下的连续 开断能力（电寿命）	次	20	
允许不检修的连续操作次数	次	3000	
开断额定短路开断电流的次数	次	20	
开断额定电流的次数	次	3000	
断路器主回路的电阻值	μΩ	60	

表 6-4　　　　　　　操动机构主要技术参数

操动机构的型式和型号		单位	液压：CYT
操动机构 工作压力	额定压力	MPa	34.5
	安全阀打开压力	MPa	34.5
	合闸闭锁压力	MPa	27.8
	分闸闭锁压力	MPa	25.8
	油泵启动压力	MPa	31.6
	油泵停止压力	MPa	32.6
液压机构预充氮压力		MPa	18（15℃）
操动机构的合闸电源电压		V	DC110
操动机构的分闸电源电压		V	DC110

表 6-5　　　　SF$_6$断路器的压力参数（20℃时表压）　　　　MPa

额定压力	0.60
报警压力	0.52
闭锁断路器操作压力	0.50

表 6-6　　　　　　　辅助设备的额定值和功率消耗

液压泵电动机		加　热　器	
电压	AC220V	电压	AC220V
功率	600W	总功率（三相）	100W

液压泵电动机		加　热　器	
频率	50Hz	频率	50Hz
驱动电流	3A	分相	100W

表 6 - 7　　　　　　　　SF$_6$ 气 体 参 数

湿　　　度		≤150μL
空气含量		≤0.1%
额定压力	断路器气室	0.60MPa
	其余气室	0.45MPa
低气压报警压力	断路器气室	0.52MPa
	其余气室	0.42MPa
低气压闭锁压力	断路器气室	0.50MPa
	其余气室	0.40MPa

二、高压 SF$_6$ 断路器规范

（1）ZF27 - 550 型 SF$_6$ 断路器的技术规范见表 6 - 8。

表 6 - 8　　　　ZF27 - 550 型 SF$_6$ 断路器主要技术参数

型　　号	ZF27 - 550		额定操作顺序	O - 0.3s - CO - 180s - CO	
额定电压（kV）	550		机械寿命（次）		
额定电流（A）	6300		额定频率	50Hz	
额定绝缘水平	额定电压	雷击冲击耐压（峰值）		60s 工频耐压（有效值）	
		相对地	断口间	相对地	断口间
	550kV	1675kV	1675kV	740kV	740kV
合闸闭锁压力（MPa）	27.8		分闸闭锁压力（MPa）	25.8	
额定开断时间（ms）	40		安全阀打开压力（MPa）	34.5	
额定短时耐受电流（kA）	63		额定峰值耐受电流（kA）	160	

型　　号	ZF27 – 550	额定操作顺序	O – 0.3s – CO – 180s – CO
SF$_6$额定气压 （20℃）（MPa）	0.6	额定短路开断电流 （kA）	63
开关型式	CYT 液压 操动机构	额定操作压力 （MPa）	32.6
电动机电压	AC220V	油泵启动/停止压力（MPa）	31.6/32.6
操作电压	DC110V	加热电源	AC220V
气体断路器的压力参数（MPa）			
报警气压	0.52	正常　　0.6	闭锁气压　　0.5
其他气室压力参数（MPa）			
报警气压	0.42	正常　　0.45	闭锁气压　　0.4

（2）ZF10 – 126 型 SF$_6$断路器的技术规范见表 6 – 9～表 6 – 11。

表 6 – 9　　　　ZF10 – 126 型 SF$_6$断路器主要技术参数

名　　称	单位	技术参数	备　　注
额定电压	kV	126	
额定电流	A	2000	
额定频率	Hz	50	
额定短路开断电流（I_N）	kA	40	
额定热稳定电流/持续时间	kA/s	40/4	
额定短路关合电流	kA	100	
额定动稳定电流	kA	100	峰值
额定雷电冲击耐压	kV	550	对地（峰值）
	kV	630	断口间（峰值）
额定1min工频耐压	kV	230	对地（有效值）
	kV	265	断口间（有效值）
操作冲击耐受电压	kV		
	kV		

名　　　称	单位	技术参数	备　　注
额定操作顺序		O－0.3s－CO－180s－CO	
全开断时间	ms	60	
分闸时间	ms	≤30	
合闸时间	ms	≤150	
合分时间	ms	40～50	
近区故障开断电流	kA	36（90%I_N）	
额定失步开断电流	kA	10（10%I_N）	
机械稳定性	次	3000	
额定短路开断电流下的连续开断能力（电寿命）	次		
允许不检修的连续操作次数	次		
开断额定短路开断电流的次数	次	20	
开断额定电流的次数	次	3000	
断路器主回路的电阻值	μΩ	≤45	

表 6－10　ZF10－126 型 SF₆ 断路器操动机构主要技术参数

型式和型号	弹簧：HMB4.3
合闸电源电压	DC110V
合闸线圈电流	3.3A
分闸线圈电流	5.8A
储能电动机电源电压	DC220V
储能电动机功率	300W
储能电动机转速	750r/m
储能电动机电流	2.7A
加热器功率	100W
加热器电源电压	220V
加热器自动投入条件	空气湿度大或环境温度在5℃以下时

第六章　配电装置运行规定

表 6-11   **SF₆气体主要参数（20℃）**

额定压力	0.50MPa
报警压力	0.45MPa
闭锁断路器操作压力	0.40MPa

注   −40℃使用时，断路器内的 SF_6 气体的额定压力为 0.40MPa，短路开断电流为 31.5kA。

三、高压少油断路器规范

SW2-220IV（W）型少油断路器的技术规范见表 6-12～表 6-15，仅供参考。

表 6-12   **SW2-220IV（W）型少油断路器主要技术参数**

名　　　称		参　　　数
额定电压（kV）		220
最高工作电压（kV）		252
额定电流（A）		2000
额定短路开断电流（有效值）（kA）		40
额定短路关合电流（峰值）（kA）		100
额定热稳定电流（4s）（kA）		40
分闸时间（s）		≤0.04
合闸时间（s）		≤0.2
自动重合闸无电流时间（s）		≥0.3
自动重合闸"合分"时间（s）		≥0.1
额定操作顺序		分-O-合分-180s-合分
端子静拉力（N）	水平：纵向/横向	1250/1800
	垂直：上下	1250/1250
机械寿命（次）		2000
断路器三相自重（kg）		6600
三相油重（kg）		1200
首开相系数		1.5

表 6-13　　　SW2-220IV（W）型少油断路器调试
应达到的额定技术数据

名　　　称	参　　　数
导电杆总行程（mm）	390^{+10}_{-15}
导电杆超行程（mm）	70 ± 5
刚分速度（有油）（m/s）	7.6 ± 0.6
最大分闸速度（有油）（m/s）	8.5 ± 1.5
刚合速度（有油）（m/s）	5 ± 0.6
分闸时间（s）	$\leqslant 0.04$
合闸时间（s）	$\leqslant 0.2$
同相分、合闸不同期性（ms）	$\leqslant 2.5$
相间分、合闸不同期性（ms）	$\leqslant 10$
每相回路电阻（μΩ）	< 300

注　断路器的无油速度（缓冲器必须注满油）一般比有油速度高 0.1~0.2m/s。

表 6-14　　　　　CY5-Ⅱ液压机构技术数据

名　　　称	参　　　数
预充氮气压力（MPa）	15 ± 0.5
额定工作压力（MPa）	30 ± 1
最低合闸油压（合闸闭锁油压）（MPa）	25.5
最低分闸油压（分闸闭锁油压）（MPa）	24
安全阀动作油压（MPa）	40 ± 1
油泵电动机电压（交流）（V）	380
油泵电动机功率（交流）（kW）	1.5
分、合闸线圈额定电压（直流）（V）	220
分、合闸线圈额定电流（直流）（A）	2
分、合闸线圈电阻（Ω）	110 ± 10
机构加热器（交流）（V/W）	$220/2 \times 500$
机构总质量（kg）	300
机构油质量（kg）	20

注　压力值换算公式 $p_i = (273 + t)/293 \times p_{20}$，$p_{20}$ 为在环境温度为 20℃时的额定
预充压力值，MPa。

表 6 – 15   CY5 – Ⅱ 液压机构控制压力参数

名称	贮压筒活塞杆行程 （mm）	参考压力值 （MPa）	备　　注
1W	215	30	油泵自动停止
2W	200	28.5	油泵自动启动
3W	172	25.5	合闸及重合闸闭锁
4W	160	24	分闸闭锁
5W	0	0	零压闭锁，油泵自动停止
6W	195	28	重合闸闭锁或其他
YX2		38	压力异常升高，油泵自动停止
YX1		23	压力异常降低，油泵自动停止

四、高压真空断路器规范

（1）某厂 6kV 电源开关使用的 EVB – 12/4000 – 50 型真空断路器技术规范见表 6 – 16。

表 6 – 16   EVB – 12/4000 – 50 型真空断路器主要技术参数

型　　号	EVB – 12/4000 – 50
额定电压（kV）	12
额定电流（A）	4000
额定开断电流（kA）	40
额定短路关合电流（kA）	100
绝缘水平（kV）	75
额定热稳定持续时间（s）	3
额定操作顺序	O – 0.03s – CO – 180s – CO

（2）某厂 6kV 负荷开关使用的 EVB – 12/1250 – 50 型真空断路器技术规范见表 6 – 17。

表 6 – 17   EVB – 12/1250 – 50 型真空断路器主要技术参数

型　　号	EVB – 12/1250 – 50
额定电压（kV）	12
额定电流（A）	1250

型 号	EVB – 12/1250 – 50
额定开断电流（kA）	40
额定短路关合电流（kA）	100
绝缘水平（kV）	75
额定热稳定持续时间（s）	4
额定操作顺序	O – 0.03s – CO – 180s – CO

（3）某厂 6kV 电源开关使用的 3AF – 116 型真空断路器的技术规范见表 6 – 18。

表 6 – 18   3AF – 116 型真空断路器主要技术参数

名 称	参 数
最大工作电压（kV）	7.2
额定雷电冲击耐受电压（kV）	60
额定工频耐受电压（kV）	32
额定短路开断电流（kA）	40
额定热稳定时间（s）	3
额定电流（A）	3150
额定短路关合电流（kA）	100

五、高压 F – C 断路器规范

某厂 6kV 负荷开关使用的 VCR193 – 7.2M/M200 型 F – C 断路器技术规范见表 6 – 19。

表 6 – 19   VCR193 – 7.2M/M200 型 F – C 断路器主要技术参数

型 号	VCR193 – 7.2M/M200
额定电压（kV）	7.2
额定电流（A）	450
额定开断电流（kA）	50
绝缘水平（kV）	75

六、隔离开关规范

（1）某厂出线隔离开关、检修接地隔离开关及快速接地隔离开关的技术规范见表6-20~表6-22。

表6-20 出线隔离开关参数

额定电压（kV）		550
额定频率（Hz）		50
额定电流（A）		6300
额定峰值耐受电流（kA）		160
额定短时耐受电流及其持续时间（kA，s）		63/3
分闸时间（ms）		4000
合闸时间（ms）		4000
分闸平均速度（m/s）		1
合闸平均速度（m/s）		1
额定工频1min耐受电压（kV）	断口	740
	对地	740
额定雷电冲击耐受电压（1.2/50μs）（kV，峰值）	断口	1675
	对地	1675
额定操作冲击耐受电压（250/2500μs）（kV，峰值）	断口	
	对地	1300
开断小电容电流值（A）		0.5A
开断小电感电流值（A）		2.0A
操动机构型式		电动
电动机电压		AC220V
控制电压		AC220V
允许电压变化范围（%）		80~110

表6-21 检修用接地开关主要技术参数

额定电压（kV）	550
额定频率（Hz）	50
额定短时耐受电流（有效值）及其持续时间（kA，s）	63，3

额定短路关合电流（峰值）（kA）	
额定工频 1min 耐受电压（kV）	740
额定雷电冲击耐受电压（1.2/50μs）（kV，峰值）	1675
额定操作冲击耐受电压（250/2500μs）（kV，峰值）	1300
开断小电容电流值（A）	
开断小电感电流值（A）	
操动机构型式	电动
电动机电压	AC220V
控制电压	AC220V
允许电压变化范围（%）	80～110

表 6-22 快速接地开关主要技术参数

额定电压（kV）	550
额定频率（Hz）	50
额定短时耐受电流（有效值）及其持续时间（kA，s）	63，3
额定短路关合电流（峰值）（kA）	160
额定工频 1min 耐受电压（kV）	740
额定雷电冲击耐受电压（1.2/50μs）（kV，峰值）	1675
额定操作冲击耐受电压（250/2500μs）（kV，峰值）	1300
机械操作次数（次）	3000
快速接地时间（ms）	100
开断电容电流能力（A/kV）	10/15
开断电感电流能力（A/kV）	160/15
操动机构型式	电动弹簧式
电动机电压	AC220V
控制电压	AC220V
允许电压变化范围（%）	80～110

（2）某厂出线隔离开关及接地开关的技术规范见表 6-23。

表 6-23　　某厂出线隔离开关及接地开关的技术规范

设备名称	型　号	额定电压（kV）	额定电流（A）
2071、207 线 0、20710 2081、208 线 0、20810	CW₄ -220 IVDW	220	1250
2070、2080	CW₃ -110	110	630
169 南、北	CW₄ -110W	110	1250

七、封闭母线规范

某厂 12、13 号机组离相、共箱封闭母线的技术规范见表 6-24 ~ 表 6-27。

表 6-24　　　　　　　　離相封闭母线技术规范

名　　称	主回路	厂用分支、TV 分支
型号	全连离相封闭母线	
额定电压（kV）	20	20
额定电流（A）	15000	2000
工频耐压（1min）（kV）	68	
冲击耐压（kV）	125	
母线导体最高允许温度（℃）	90	90
母线外壳最高允许温度（℃）	70	70
母线导体镀银接头最高允许温度（℃）	105	105
母线导体规格（mm）	$\phi 1050 \times 8$	$\phi 700 \times 5$
外壳规格（mm）		
相间距离（mm）	1400	1000
冷却方式	自冷	自冷
环境温度（℃）		
制造厂家	北京电力设备总厂	

表 6-25　　　　　　　　共箱封闭母线技术规范

名　　称	厂用共箱 封闭母线	励磁封闭母线 （交/直流）
型式	不隔相共箱封闭母线	
额定电压（kV）	6.3	1

续表

名　　称	厂用共箱 封闭母线	励磁封闭母线 （交/直流）
最高工作电压（kV）	7.2	1.2
额定电流（A）	4000	4000
工频耐压（1min）（kV）	42	4.2
冲击耐压（kV）	75	8
母线导体最高允许温度（℃）	90	90
母线外壳最高允许温度（℃）	70	70
母线导体镀银接头最高允许温度（℃）	105	105
母线导体规格（mm）	$\phi130 \times 12$	TMY3 - 100 × 10
外壳规格（mm）	1000 × 500	650 × 400/500 × 400
相间距离（mm）	280	180
冷却方式	自冷	自冷
环境温度（℃）		
制造厂家	北京电力设备总厂	

表 6 - 26　　　　离相封闭母线微正压充气装置规范

额定电压 （V）	380	母线充气压力 （kPa）	0.3 ~ 1.5
额定频率 （Hz）	50	制造厂	保定宝汇通机电设备有限公司

表 6 - 27　　　　封闭母线各处的温度、温升　　　　　　　　℃

名　　称	母线导体	母线镀银接触面	外壳	外壳接头
最高允许温度	90	105	70	70
温升	50	65	30	30

八、电压互感器的规范

电压互感器的技术规范一般应包括：设备编号、设备名称、设备型号、电压等级、变压比、接线型号等。某厂的电压互感器的技术规范见表 6 – 28。

表 6 – 28　　　　　**某厂的电压互感器的技术规范**

设备编号	设备名称	设备型号	电压等级 (kV)	变　　比	接线 型号
TV		XDKF – 6410	0.38		
1TV	7、8 号机 保护测量 用 TV	3 × JDZJ	15	$\dfrac{15}{\sqrt{3}}/\dfrac{0.1}{\sqrt{3}}/\dfrac{0.1}{\sqrt{3}}$	Yyd
2TV		3 × JDZJ	15	$\dfrac{15}{\sqrt{3}}/\dfrac{0.1}{\sqrt{3}}$	Yy
3TV		3 × JDZJ	15	$\dfrac{15}{\sqrt{3}}/\dfrac{0.1}{\sqrt{3}}/\dfrac{0.1}{\sqrt{3}}$	Yyd
4TV	220kV 线 路侧 TV	TYD220/$\sqrt{3}$ – 0.0075H	220	$\dfrac{220}{\sqrt{3}}/\dfrac{0.1}{\sqrt{3}}/\dfrac{0.1}{\sqrt{3}}$	Yyd
6702A(B)	6kVA(B) 段 TV	3 × JDZJ – 6	6	$\dfrac{6}{\sqrt{3}}/\dfrac{0.1}{\sqrt{3}}/\dfrac{0.1}{\sqrt{3}}$	Yyd
600A(B) – 2	高启变 6kV 侧 TV	3 × JDZJ – 6	6	$\dfrac{6}{\sqrt{3}}/\dfrac{0.1}{\sqrt{3}}/\dfrac{0.1}{\sqrt{3}}$	Yyd

九、电流互感器的规范

电流互感器的技术规范一般应包括：设备名称、型号、额定电流、额定短时热电流、额定动稳定电流、额定电流比、准确级、负荷、接线端标志等。某厂的电流互感器的技术规范见表 6 – 29。

表 6 – 29　　　　　**某厂的电流互感器的技术规范**

设备 名称	型　　号	额定电压 (kV)	额定短时 热电流	额定动稳定 电流（峰值）	额定 电流比
207、208	LCWB – 220(W)	220	21 – 42kA(5s)	55 – 110kA	2 × 600/5A
110kVCT	LB2 – 110	110	30 – 50kA(1s)	75 – 125kA	2 × 600/5A

十、避雷器的规范

避雷器的技术规范一般应包括制造厂产品代号、型号、系统额定电压、避雷器额定电压、持续运行电压、直流参考电压、放电电压、电压等级、公称爬电比距、重量等。某厂高压侧使用的氧化锌避雷器的技术规范见表6-30。

表6-30   某厂高压侧使用的氧化锌避雷器的技术规范

制造厂产品代号	Y20WF1-420/1006
型号	Y20WF1-420/1006 氧化锌避雷器
系统额定电压（kV）（有效值）	500
避雷器额定电压（kV）（有效值）	420
持续运行电压（kV）（有效值）	318
直流参考电压（直流1mA）（kV）	
公称爬电比距（mm/kV）	
单台避雷器质量（kg）	900
单台避雷器外形尺寸（mm）	800×800×1100

十一、低压开关规范

1. ZK2、ZK7系列真空断路器

ZK2、ZK7系列真空断路器的技术规范见表6-31。

表6-31   **ZK2、ZK7系列真空断路器的技术规范**

型　　号	额定电压（V）	额定电流（A）	极限通断能力（kA）	电寿命	机械寿命（次）	固有分闸时间（ms）	合闸时间（ms）	辅助开关性能	
								额定电压（V）	额定电流（A）
ZK7-1140/400	1140	400	8	1140V 400A 3×10³次	2×10⁴	≤30	≤100ms	220V	交流5 直流1
ZK2-1140/500	1140	500	12.5（3次）	1140V 500A 3×10³次	1.5×10⁴	≤30	≤100ms	220V	交流5 直流1

2. DM4-2500/2型磁场断路器

DM4-2500/2型磁场断路器的技术规范见表6-32。

表 6-32　　　　　DM4-2500/2 型磁场断路器的技术规范

额定电压	800V	强励电压	1600V
额定电流①	2500A	主回路耐压②	4200V
分断电流	7500A	建压能力（回路电感 1H 时）	>1500V
机械寿命	5000 次	电寿命	400 次
触头开距	>29.7mm	触头压力	(206±24.5) N
重量		127N	
控制功率	闭合	DC220V	<40A
	脱扣	DC220V	<0.8A
闭合	操作时间	<100ms	分励	操作时间	<100ms
	同步性	<20ms		同步性	<15ms

① 断路器能在 110% 额定电流下长期工作。

② 主回路出厂耐压为 5600V。

3. DW×15-200、400、630 低压万能式限流断路器

（1）断路器分断能力及飞弧距离。断路器分断能力及飞弧距离详见表 6-33。

表 6-33　　　　　断路器分断能力及飞弧距离

型号	额定短路分断能力 I_c（有效值）（kA）/ 最小额定短路接通能力 $n×I_c$（峰值）（kA）						飞弧距离（mm）	全分断时间（ms）	限流系数 K（380V）
	额定短路通断能力			一次极限通断能力					
	380V	660V	操作顺序	380V	660V	操作顺序			
DW×15 -200	50/105	20/40	IEC 157-1 P-1 O-CO	100/220	40/84	CO	300	10	<0.6
DW×15 -400	50/105	25/52.5		100/220	40/84		300	10	<0.6
DW×15 -630	50/105	25/52.5		100/220	40/84		300	10	<0.6

注　限流系数 $K \leqslant \dfrac{实际分断电流（峰值）}{预期短路电流（峰值）}$。

（2）型号与意义。

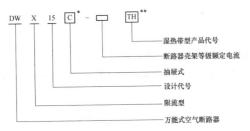

DW X 15 C * — TH **

湿热带型产品代号
断路器壳架等级额定电流
抽屉式
设计代号
限流型
万能式空气断路器

* 固定式时无此代号。

** 环境条件为一般型时无此代号。

第二节　配电装置正常运行中的检查与维护

一、GIS 的运行监视与维护

GIS 是 SF_6 全封闭组合电器（gas insulator switchgear）的简称。它是将断路器、母线、隔离开关、电流互感器、电压互感器、避雷器、套管等七种电器元件组合在封闭的管型金属容器中而成。管型金属容器中是它的绝缘介质 SF_6 气体，SF_6 气体的绝缘性能、灭弧性能都比空气好得多。GIS 设备的所有带电部分都被金属外壳所包围，外壳用铜母线接地。

值班员日常巡检项目应检查 GIS 组合电器本体及其周围无杂物，绝缘子、套管应清洁无破损及裂纹等痕迹，GIS 组合电器有无异常响声、气味、烟雾或振动，控制柜控制开关所指示的断路器（GCB）、隔离开关（DS）、接地开关（ES）的状态是否正确，控制柜指示是否完好；SF_6 气压、油压应正常。

二、断路器的运行监视与维护

断路器的作用是切除或投入发电机、变压器、电动机和线路等电气设备。在非正常情况下，能迅速和自动切断故障电流。由此可见，它的工作好坏直接影响到电力系统的安全运行。

运行值班人员应按巡回检查制度的规定，认真地对断路器进行巡视检查。巡视时应在操作走廊或通道上进行，不得越过遮栏进入断路器间隔，以免发生触电事故。

（一）油断路器的运行维护

油断路器在运行中，应检查其表面清洁，各部件完好，导体无发热变色现象；检查断路器油筒及套管的油位、油色应正常，油筒无漏油、渗油现象；断路器的瓦斯排气管应完好、严密、无喷油现象；检查断路器传动装置中销子、连杆应完好、无断裂现象；检查断路器的分、合闸线圈应无焦味、冒烟及烧伤现象；分、合闸位置指示器应指示正确；小车式断路器还应检查闭锁装置良好、位置正确、活动端子排接触良好及连锁杆正直等。对使用液压机构的断路器，要特别重视检查液压回路应不漏油，且油液压力在规定范围以内。

（二）空气断路器的运行维护

空气断路器在运行中，运行值班人员应着重检查压缩空气压力指示在规定范围内，压缩空气系统的阀门、法兰、管道等应无漏气现象；检查充入断路器内的压缩空气的质量应合格，其最大相对湿度应不大于 70%；检查断路器周围的环境温度应不低于 5℃，否则应投入控制箱内电加热器。对于检修后仅作冷备用的断路器，应充以 0.4～0.5MPa 干燥清洁的压缩空气，以避免潮气及水分浸入断路器内部，降低断路器的绝缘。

值班人员还应定期对空气压缩机及其管路系统进行巡视检查。检查和维护的项目有：

（1）空气压缩机及其管道系统的运行符合正常运行方式。

（2）空气压缩机运转应正常，气缸活塞无金属撞击及异常响声和激烈振动现象，空气压缩机气缸外壳温度不得超过规定值。

（3）空气压缩机的原动机（即电动机）运转正常。

（4）空气压缩机及其管路系统无漏气现象，各级压力指示正常。如发现压力低于规定值而自动装置未启动时，应迅速启动空气压缩机或开启有关阀门补气至规定值，然后检查压力降低的原因并处理之；如发现压力高于规定值而自动装置未动作时，值班人员应开启有关阀门，适当排气至规定值。

（5）值班人员应定期开启各储气罐的气水分离疏水门进行排污，检查是否有水排出。在排污时，应注意各级压力不得低于规定值，以免影响断路器分合闸，否则应关闭疏水门，开启有关阀门补气至正常值后再排污，直到水排完为止。

（三）SF$_6$断路器的运行维护

SF$_6$气体具有优良的灭弧和绝缘性能，因此，广泛地应用于各级电压等级的高压断路器之中。SF$_6$断路器在运行中维护工作量很少，巡视检查的主要项目有：监视 SF$_6$气体压力变化，特别注意监视因温度变化而引起的压力异常；检查断路器液压机构回路无渗油现象，断路器油压正常；检查断路器瓷套管无破损及严重脏污现象；检查断路器并联电容器无漏油现象，与灭弧室的连接螺钉紧固。

SF$_6$断路器可以开断故障电流和负荷电流，断路器在开断时产生的电弧，由断路器内的SF$_6$气体来熄弧。熄弧时产生的低氟化物，对人体健康有害，由断路器里的吸附剂所吸收，吸附剂放在断路器的过滤器里。

三、母线与隔离开关的运行监视与维护

1. 母线的运行维护

在发电厂电气系统中，各级电压配电装置的母线在运行中可能发生某种故障。为了保证安全运行，值班人员应按现场巡回检查制度的规定，对其认真巡视检查。

巡视检查母线时，主要查看母线有无明显松动或振动，瓷套管和支持绝缘子有无放电或其他异常现象，母线各接头有无发热现象（变色漆不变色）。特别要注意观察铜铝搭接的母线，因为铜铝搭接后，在空气中受到氧化使铝金属锈蚀，接触电阻增大，造成温度过高，甚至发生损坏事故。目前判断母线及其接头发热的主要方法有：观察变色漆及母线涂漆有无变色现象；对较大负荷流过的母线接头，用红外线测温仪或半导体点温计等进行测试；在大雾天、大风天、大雪天及连绵雨天等气候发生较大变化时，还应对母线进行特殊检查，其温度最大允许值按以下规定控制。

母线及连接点在通过允许电流时，裸母线及接头最高温度为70℃；当其接触面处有锡的可靠覆盖层时，为85℃；有银的可靠覆盖层时，为95℃；闪光焊接时为100℃。

当采用封闭母线时，母线导体温升不超过50℃，母线镀银接触面温升不超过65℃，外壳温升不超过25℃，外壳接头处温升不超过30℃。

2. 隔离开关的运行维护

高压电路中的隔离开关，主要用途是在设备停电以后，形成可以看得见的空气绝缘间隙，即与带电高压设备形成明显的断开点，以便在检修设备时隔离电路，保证工作人员的安全。

值班人员应按规定的时间，对运行中的隔离开关进行巡视检查，特别是当隔离开关通过较大的电流时，检查其温度和声音是否正常，合闸状态的隔离开关应接触严紧、无变色等异常现象。若发现有异常现象时，应汇报值长采取有效措施。如隔离开关接触不良发热时，可用绝缘棒向合闸方向轻轻推敲，使其接触良好。如不是上述原因，应在必要情况下采取倒换母线或减少负荷，或加强通风冷却等临时方法，然后申请停电处理。

四、电压互感器的运行监视与维护

电压互感器实际上就是一种容量很小的降压变压器，其工作原理、构造及连接方式都与电力变压器相同。

电压互感器在运行中,二次侧是不允许短路的。因为电压互感器本身阻抗很小,如二次侧短路,二次回路通过的电流很大,会造成二次侧熔断器熔体熔断,影响表计的指示及可能引起保护装置的误动作。

值班人员应定期对运行中的电压互感器进行外部检查,其检查项目如下:

(1)电压互感器绝缘子应清洁,无裂纹、缺损及放电现象。

(2)电压互感器油面应正常,无漏油现象。

(3)电压互感器一、二次回路接线应牢固,各接头无松动现象。

(4)电压互感器二次接地应良好。这种接地属于保护接地,可以防止因互感器一次绝缘损坏而击穿时高电压窜到二次侧来,对人身和设备造成危害。

(5)检查电压互感器一、二次熔断器,一次隔离开关应接触良好。

五、电流互感器的运行监视与维护

电流互感器又称变流器,它的作用是把电路中的大电流变为小电流,以供给测量仪表和继电器的电流线圈。由于电流互感器二次回路中只允许带很小的阻抗,所以在正常工作情况下,接近于短路状态,这就是电流互感器与电力变压器及电压互感器的主要区别。

运行中的电流互感器二次侧是不准开路的,否则在二次绕组两端产生很高的电压,可能烧坏电流互感器,同时,对设备和工作人员也产生很大的危险。因此,若有必要在运行中拆装仪表时,必须先把电流互感器的二次绕组短路,方可进行。

电流互感器在运行中,应对下列各项进行检查,使其符合正常要求:

(1)电流互感器各接头无发热及松动现象。

(2)检查二次侧接地应良好。这种接地也属于保护接地,以防止一次侧绝缘击穿,二次侧窜入高电压,威胁人身安全和损坏设备。

(3)检查电流互感器无异常气味,瓷质部分应清洁完整,无破损及放电现象。

(4)检查充油电流互感器的油面、油色应正常、无漏油渗油现象等。

六、避雷器的运行监视与维护

避雷器的用途是保护电气设备免受雷电等高电压的危害。

值班人员在巡视时,应检查避雷器瓷质完好、接线端及接地端接触良好、避雷器雷电动作器指示正确等。每次雷雨后,还应注意:仔细听内部是否有放电声音;外部绝缘子套管是否有闪络现象;检查雷电动作记录器是否已动作,并做好记录。

七、电缆的运行监视与维护

充油电缆在运行中，内部绝缘油存在着一定的压力，使绝缘油沿着线芯或铝包内壁流到电缆外部，造成电缆漏油，特别在电缆两端高度差别较大时，漏油更严重。另外，电缆头密封性能较差时，也会引起电缆头漏油。电缆漏油的结果，可以使电缆内腔干枯，绝缘性能下降，严重时会引起电缆绝缘击穿或电缆头爆炸事故。

在电力电缆运行中，运行值班人员应监视电缆的负荷不得超过其额定电流。同时应经常监视电缆的温度，不准超过规定数值。为测量和监视高压电缆芯的温度，电缆芯上应装设温度计。高压电缆在运行中，禁止值班人员用手直接触试电缆表面，以免发生意外。值班人员还应定期检查电缆有无渗油、漏油及放电现象。若发现电缆或电缆头有放电声，或电缆有焦味及冒烟现象，或电缆头严重漏油等异常现象时，应迅速报告值班长，进行故障处理。

八、封闭母线的运行监视与维护

为了减少发电机和变压器低压侧短路的几率以及减小短路电流，发电机和变压器之间采用封闭母线。正常应监视控制箱电源指示灯应亮；封闭母线气压应保持在 0.3 ~ 1.5kPa 之间，母线气压低于 0.3kPa 时，设备应自动启动向母线内充气，"充气"指示灯应亮；母线气压高于 1.5kPa 时，设备应自动停止向母线内充气，"充气"指示灯灭；储气罐向微正压输入气体压力应保持在 0.2 ~ 0.6MPa 之间，气压低于 0.2MPa 时，空压机应自动启动，"空压机"运行指示灯亮；气压高于 0.6MPa 时，空压机应自动停止，"空压机"运行指示灯灭；超压报警、超载报警、超湿报警指示灯应不亮。

值班员巡检时，还应检查封闭母线外壳短路板接地装置及电缆母线外壳接地应牢固；从观察孔观察母线无变形，无与外壳连接的金属物，支持绝缘子应清洁无裂纹；封闭母线外壳无局部发热现象，导线接头无发热变色迹象。外部接地线无过热变色现象；封闭母线（主要在接头处）和外壳温度、温升符合规定；检查微正压充气装置运行正常。

第三节　配电装置的操作及注意事项

一、断路器的操作及注意事项

操作断路器的远方控制开关时不得用力过猛，以防止损坏控制开关，同时，也不得返回太快，以防止断路器机构未及时动作。合远方控制开关时，应注意表计变化，当表计有指示然后到零时，证明断路器动作后机构有问题，表计指示不动时，说明操作回路有故障。

在一般情况下，断路器不允许带电手动合闸，应采用电动合闸，主要是因为手动合闸速度较慢，易产生电弧，手动合闸往往在检修开关做试验时进行。

在断路器操作后，应检查有关信号灯及测量仪表的指示，以判断断路器动作的正确性，但不得以此为依据来证明断路器的实际分、合位置，还应到断路器本体的机械位置检查指示器实际分、合位置，防止机构动作而触头不动作的情况发生。特别是停电操作时，应检查断路器在实际分闸位置后，再操作隔离开关，防止发生带负荷拉隔离开关的误操作事故。

除此之外，SF_6 断路器还应注意：SF_6 气体可带电补充，无需退出运行；经受过放电和电弧作用的 SF_6 气体气味有毒，无论出于何原因一旦出现大量泄漏，所有人员都应撤到嗅不到刺激性气味的地方。

二、母线、隔离开关的操作及注意事项

（一）母线停送电的操作及注意事项

厂用母线要进行定期检修，或者在母线故障时，电气值班人员要将母线停电或者送电，这是一项比较复杂的操作任务，在执行倒闸操作的过程中，必须严格执行操作票制度和操作监护制度，防止误操作事故的发生。

1. 母线停电时的准备工作

母线的停电，应将负荷转移后进行。电气值班人员对母线上的负荷逐一进行联系，采用转移负荷或停电的方法，将母线上所有负荷断路器断开。

2. 母线停送电的原则

（1）母线停电时，应断开工作电源断路器，检查母线电压到零后，再对母线电压互感器进行停电。送电时顺序与此相反。

（2）母线停电后，应将低电压保护熔断器取下；母线充电正常后，装上低电压保护熔断器。

3. 厂用母线的停电操作

母线停电时，应先考虑不能停电的负荷转移，电气值班员应与机械值班员做好联系工作，有双套设备的、备用的厂用机械、电气设备进行切换，对单一负荷，要事先联系停运，将所停母线上的负荷停电。在停电过程中，应注意以下问题：

（1）母线停电时，应考虑负荷分配，防止由于母线停电引起其他系统或电气设备过负荷现象。

（2）负荷停用后，应将母线上所有负荷的电气设备进行停电。

（3）母线负荷全部停电后，以电源断路器切断空母线，母线的电压互感器在母线电源切除后停用。

（4）在母线停电时，对继电保护的有关连接片、时限进行必要的切换和改定值。

4. 厂用母线的送电操作

厂用母线在检修工作完毕后，运行人员结束工作票时，应对现场的作业情况再次进行详细检查，并按规定进行厂用母线的送电操作。厂用母线送电操作的原则步骤如下：

（1）母线在恢复送电前应先测绝缘电阻，并详细检查，无问题后再进行操作。

（2）母线的恢复送电，应先送电压互感器，然后以电源断路器（工作或备用）对母线充电。

（3）充电正常后，应做工作与备用电源的联动试验。

（4）联动正常后，经联系分别对各负荷进行逐步送电。

（5）母线上的负荷、断路器恢复后，对运行方式及继电保护装置恢复正常状态。

（二）隔离开关的操作及注意事项

在手动合入隔离开关时，应迅速果断。但在合闸行程终了时，不能用力过猛，以防合闸过头及损坏支持绝缘子。在合闸过程中如果产生电弧，应将隔离开关迅速合上，隔离开关一经合上后，禁止将隔离开关再次拉开，因为如果发生带负荷拉隔离开关会产生弧光短路，造成设备损坏。隔离开关合好后，刀片应完全进入固定触头内，如果发生误合隔离开关时，应使用断路器切断负荷电流后，再将误合的隔离开关断开。

在手动拉开隔离开关时，应缓慢而谨慎，特别是刀片刚离开固定触头时，如发生电弧，应立即合上隔离开关，并停止操作，查明原因。

在厂用电接线中，没有断路器时允许使用隔离开关直接进行的操作包括：切断小容量设备的空载电流，切断一定长度的架空线、电缆线路的充电电流和较小的负荷电流，以及隔离开关的解环等。

单联隔离开关的操作一般是用绝缘杆进行。若需用单联隔离开关拉开较小的负荷电流时，对于三相水平排列的隔离开关，应先拉开位于中间位置的那一相，然后再拉开两侧的；如属于三相垂直排列的隔离开关，应先拉开位于中间的那一相，再拉开上面的一相，最后拉下面那一相。如必须用单联隔离开关送电时，操作顺序与此相反。

隔离开关的拉合操作完毕后，操作人员必须进行检查，防止由于操作机构调整不当出现未拉开或未到位的现象。

应注意，在带负荷的情况下禁止合上或拉开隔离开关；禁止利用隔离开关投入或切断变压器及送出线；禁止利用隔离开关切除接地故障点。

三、电压互感器的操作及注意事项

（一）电压互感器投运前应进行的检查项目

（1）检查电压互感器油色油位应正常，无漏油、渗油现象。

（2）检查电压互感器本体清洁、套管无裂纹、放电痕迹或其他异常现象。

（3）检查一、二次熔断器完好，二次线牢固，检查电压互感器接地线完好。

（4）在运行中，对电压互感器除按以上各条检查外，还应注意：

1）电压互感器无焦味或其他异味。

2）电压互感器内部无异常声音及放电声音。

3）各结合处无发热现象。

（二）电压互感器运行操作注意事项

电压互感器在运行中，二次不得短路。因为电压互感器本身阻抗很小，短路会使二次回路通过很大电流，使二次熔断器熔断，影响表计的指示，甚至引起保护装置的误动作。

为了防止一、二次绕组绝缘击穿时，高压窜入二次侧，危及人身和设备安全，二次侧必须有一端接地。

下面说明电压互感器的操作步骤：

（1）停电操作先取下二次侧熔丝，再拉互感器隔离开关，后取下一次侧熔丝；送电操作顺序与此相反。

（2）投入一次隔离开关时不要用力过猛，拉开时也要小心。

（3）电压互感器一次侧不在同一系统时，二次侧严禁并列切换。

（4）当二次侧熔丝熔断后，在未找出原因前，即使电压互感器在同一系统时，也不得进行二次切换。

第四节　配电装置的事故处理

一、断路器的事故处理

高压断路器是电力网中发送电连接的主要电气设备，它具有完善的灭弧装置，在正常运行时，用来开断负荷电流及改变系统的运行方式；在故障情况下，用来切断短路电流，切除故障点。在电力网中常用的高压断路器主要有油断路器、高压压缩空气断路器、六氟化硫断路器以及真空断路器，这些断路器因采用的灭弧介质不同，在结构及性能上也有所不同。在高压断路器的运行中，由于制造工艺不良、操作维护不当等原因，也常发生事故，如拒分、拒合、SF_6断路器液压机构泄压等，需运行人员正确判断，迅速处理。

1. 油断路器在运行中缺油

值班人员在进行对油断路器的巡视检查过程中，如发现油位计中看不到油位，并有明显的漏油现象，则应认为该油断路器缺油，已不能安全地断开电路，首先应考虑是否可以进行带电加油，制定可靠的安全措施，若带电加油非常困难或不可能，则应考虑以下方法进行处理。不论采取哪种方法，首先应立即取下该油断路器的操作熔断器，并在机械跳闸装置上悬挂"禁止操作"的警告牌。

（1）如果是双母线上的某一油断路器缺油（如发电机、变压器或送电线路等），应进行倒换母线的操作，用母联断路器串带缺油断路器工作。并将母联断路器的保护定值改为所带缺油断路器的整定值。此后，联系调度带电加油或停电处理。

（2）母联断路器缺油，则应迅速将双母线运行倒换为单母线运行，然后停用缺油的母联断路器。

（3）若厂用电某一负荷断路器缺油而带电加油实在困难或不可能，应按值长命令转移负荷，然后将缺油断路器所在的母线瞬间停电，拉出该断路器，再恢复上一级断路器的运行。

（4）若为发电机－变压器组接线中发电机的主油断路器缺油，则应将发电机的负荷减到零，断开变压器高、中压侧断路器，减去发电机的励磁，再断开该断路器。

2. 空气断路器气压降低

当值班人员发现空气断路器的气压降低时，应迅速检查原因，及时调整，使其恢复正常。如果气压降低是由于漏气引起，当气压降至允许投入自动重合闸的最低压力以下时，则应解除自动重合闸；当气压降至该断路器断路容量所需的最低压力时，则应取下断路器的操作熔断器；若气压继续下降，则应将进气阀关闭，并注意维持断路器内部的正常通风，然后倒换母线，用母联断路器或旁路断路器来代替该断路器运行。

3. 液压操动机构的断路器泄压

在110kV及以上的高压或超高压断路器上，常采用液压操动机构，由于质量工艺不良，常发生漏油失压，或高压油进入氮气中的现象，必须及时处理。若断路器在运行中发生液压失压时，在远方操作的控制盘上将发出"跳合闸闭锁"信号，自动切除该断路器的跳合闸操作回路。运行人员应立即断开该断路器的控制电源、储能电动机电源，采取措施防止断路器分闸，如采用机械闭锁装置（卡板）将断路器闭锁在合闸位置，断开上一级断路器，将故障断路器退出运行，然后对液压系统进行检查，排除故障后，启动油泵，建立正常油压，并进行静态跳合试验正常后，恢复断路器的运行。

4. 断路器的非全相运行

220kV 及以上高压断路器大都采用分相操动机构，由于操动机构或控制电源的故障，将可能发生非全相合闸或非全相分闸。运行人员在操作时，应密切注视三相电流表计的变化，进行判断，及时处理。如在合闸时发生非全相合闸（未合入相的电流表无指示），则应将已合上相断开，重新合闸一次，如不成功时，应对未合上相的电气回路和机构进行检查，查明原因。如在分闸时发生非全相分闸（未断开相的电流表指示不到零），应立即切断控制电源，就地手动断开拒动作相，然后查明原因进行处理。

5. 断路器拒绝合闸或拒绝跳闸

（1）断路器拒绝合闸。断路器拒绝合闸时的现象是红灯不亮，电流表无指示，在合闸过程中黄灯或绿灯闪，喇叭响。断路器拒绝合闸有可能是以下原因造成的：

1）操作、合闸电源中断，如操作、合闸熔断器熔断等。

2）操作方法不正确，如操作顺序错误、联锁方式错误、合闸时间短等。

3）断路器不满足合闸条件，如同步并列点不符合并列条件等。

4）直流系统电压太低。

5）储能机构未储能或储能不充分。

6）控制回路或操动机构故障。

当发生断路器拒绝合闸时，值班人员应根据现象分析判断，进行下述处理：

1）操作、合闸熔断器熔断时，应进行更换，若更换后仍熔断，应查明原因，找出短路点，并将其消除。

2）如属于操作不正确时，应按操作规定重新试合一次。

3）断路器不满足启动条件时，应停止操作，待其条件满足后再进行合闸，严防非同步合闸，以致发生非同步并列事故。

4）由于电压低不能合闸时，应先调整直流系统电压再进行合闸操作。

5）储能机构引起拒绝合闸时，应查明原因，如液压机构故障、油泵及电源故障、液压系统泄漏等，进行相应处理。

6）断路器控制回路及操动机构故障时，处理步骤如下：将断路器隔离开关断开或将断路器推至试验位置，远方试合，观察其动作情况，合闸接触器不动作时，则为操作回路故障，如二次接线端子插头松、辅助触点切换不良、转换开关（按钮）触点不好、合闸接触器犯卡、跳跃闭锁继电器未复归等；若合闸接触器动作，而合闸铁芯不动或动作无力，则为合闸回路故障，如合闸熔断器熔断、合闸接触器触头不好、合闸铁芯犯卡等；如果合闸铁芯动作而不能合闸时，为断路器机构原因，大致为机构调整不当或卡涩引起。

7）液压操动控制回路及机构故障时，处理步骤如下：断开隔离开关后，试合断路器进行分析判断，对于分相操作的断路器，应用就地按钮分别试合三个单相断路器，以区分故障相和范围，若就地合闸成功，则可判断为控制回路故障；若分相试合不成功，则判断为该相操动机构有故障，应对其控制回路的油泵及元件、液压是否在正常范围内、液压机构各部件进行检查，尽快处理之。

在处理断路器拒绝合闸的故障时，严禁在断路器一次送电的情况下手动合闸，手动合闸仅在断路器停电的情况下试验断路器时使用。

（2）断路器拒绝跳闸。当发生故障时，断路器拒绝跳闸则可能引起严重的事故，扩大故障范围。断路器拒绝跳闸的原因有以下几个方面：

1）操动机构的机械有故障，如跳闸铁芯犯卡等。

2）继电保护故障。如保护回路继电器烧坏、断线、接触不良等。

3）电气控制回路故障，如跳闸线圈烧坏、跳闸回路有断线、熔断器熔断等。

若发生断路器拒绝跳闸事故时，值班人员应进行下述紧急处理：

1）事故情况下需紧急遮断时，应立即拉开上一级断路器，然后用机械遮断装置打掉断路器，再恢复上一级断路器的供电。

2）故障情况下而时间又允许时，应用机械遮断装置打掉断路器，停电后查明原因。

3）SF_6断路器或液压操动机构，若是由于液压机构压力或SF_6气体压力降低而闭锁，则禁止断开该断路器，应采取防跳措施，断开上一级断路器进行处理。

对拒绝跳闸的断路器应查明原因，在未查明原因及未做试验以前，不得将断路器重新投入运行或列为备用。

6. 高压断路器允许联系停用的异常情况

在高压断路器的运行中，运行人员将定期进行检查，在检查过程中，如遇下列情况，应联系停电处理：

（1）断路器内部有放电声。

（2）绝缘子、套管或绝缘杆发生裂纹或边缘破损、绝缘拉杆断裂。

（3）触头引线及其接头发热超过 70℃或严重过热、多股引线严重断开。

（4）多油断路器内部有爆炸声、少油断路器灭弧室冒烟或内部有异常响声。

（5）油断路器严重漏油、油位看不见、油筒严重喷油、油色变质。

（6）空气断路器内部有异常声响或严重漏气、压力下降、橡胶垫吹出现象。

（7）高压断路器的跳合闸线圈冒烟或烧毁。

（8）SF_6 断路器 SF_6 气体压力低，发出"跳合闸闭锁"信号，SF_6 气体含量超过标准。

（9）真空断路器出现真空损坏的"*丝丝*"声。

（10）液压操动机构泄压到零。

发现上述异常时，值班人员应迅速报告值长、值班负责人，要求减少负荷，联系尽快停电处理。

7. SF_6 断路器运行中的故障处理

SF_6 断路器在运行中可能出现的故障类型、原因及处理见表 6-34。

表 6-34　　　　　　　　SF_6 断路器运行中的故障处理

分类	异常现象	可能原因	检查及处理
分合动作异常	不能电气合闸	电源不良	检查控制电压（>80% U_N）
		电气控制系统不良	控制线断线、端子松、合闸线圈、辅助开关
		由于气压不足（SF_6），动作闭锁	补气到额定气压
		其他	用手动关合电磁铁，合闸，检查电磁铁间隙

分类	异常现象	可能原因	检查及处理
分合动作异常	不能电气分闸	电源不良	检查控制电压（ >65% U_N ）
		电气控制系统不良	控制线断线、端子松、分闸线圈及辅助开关
		由于气压不足（ SF_6 ），动作闭锁	补气到额定气压
		其他	用手动关合电磁铁，分闸，检查电磁铁间隙
气压控制系统异常	SF_6 压力下降（发出补气信号）	漏气	补气至额定气压（参考充入气作业要领），查找漏气点，消除漏点

二、母线、隔离开关的事故处理

1. 母线及隔离开关过热

现象：隔离开关过热，漆变色；室外设备如遇下雪天，积雪立即熔化，雨天冒气很大，严重时有火花放电声。

处理：设法用温度计或试温蜡等测试温度；如隔离开关接触不紧发热时，可用绝缘杆向投入方向轻轻敲打；如温度超过规定值，汇报值长切换备用或停电处理；如温度升高很快，来不及倒换备用，应报告值长限制母线负荷，之后进行妥善处理。

2. 隔离开关合不上或拉不开的处理办法

（1）有闭锁装置的隔离开关，应检查闭锁是否开启，在未查明原因前，禁止继续操作。

（2）户外隔离开关因结冰不能操作时，应设法消除冰冻。

（3）隔离开关非因气候关系而不能操作时，不可强行操作，应轻轻摇动设法找出隔离开关拒动原因，并注意勿使支持绝缘子断折。

（4）如果操动机构发生障碍，影响设备或人身安全时，应停止操作。

（5）如隔离开关合不严，可用绝缘杆轻轻推入，待检修时处理。

（6）如隔离开关为电动操动机构，不能实现电动操作时，首先判断操作的正确性，控制回路是否被闭锁，若操作正确，应分清是电气故障还是机构故障，针对不同的故障，进行相应处理，必要时报告值班长，经批准后，改用手动操作。

三、电压互感器的事故处理

（一）电压互感器故障类型

（1）熔丝熔断的情况，一般表现如下：

1）电压表、功率表、功率因数表及频率表不指示或指示少，电能表不转或转得慢，低电压继电器动作，强励信号表示。

2）电压回路断线光字牌表示。

3）若是自动励磁调整装置用的电压互感器熔丝熔断时，发电机无功负荷下降，电压降低，电流减少。

（2）互感器本身故障、温度升高、内部有显著声音、大量漏油、火花放电、冒烟等。

（二）电压互感器的故障处理

（1）二次熔丝熔断应立即更换。

（2）一次熔丝熔断应拉开隔离开关后更换。

（3）如是自动励磁装置用互感器一次熔丝熔断，则停自动励磁装置。

（4）如是发电机仪表用电压互感器一次熔丝熔断，应立即通知汽轮机保持负荷，主控室加强监视发电机的定转子电流不变，停用该互感器，更换熔丝。

（5）若是电压互感器本身故障，则应立即停止运行。

当运行中发现电压互感器熔丝熔断或电压互感器发生短路及其他异常需要将其退出时，应按以下步骤处理：

（1）汇报值长退出可能误动的保护。

（2）发电机仪表用电压互感器断线时，应汇报值长，保持流量、压力，维持负荷。

（3）低压熔断器熔断，可直接更换熔断器试送一次，如不成功，通知检修处理。

（4）高压熔断器熔断，将电压互感器拉出间隔，测绝缘合格检查各部良好后，更换熔断器。

（5）熔断器更换正常后，恢复正常运行。

四、电流互感器的事故处理

因为电流互感器正常情况下二次侧接近于短路状态，因此，运行中的电流互感器二次侧是不允许开路的。电流互感器的二次回路开放，表现为电流表、功率表不指示或指示少，电能表不转或转得慢，如是差动回路，则表示为差动回路信号发出。当运行中发现电流互感器开路时，应按以下步骤处理：

（1）汇报值长退出可能误动的保护。

（2）发电机仪表用电流互感器断线时应根据流量、压力保持发电机负荷，严禁发电机过负荷，若为电流互感器内部开路，则应请示值长，停机处理。

（3）对故障电流互感器及所带负荷回路进行检查，检查时应穿绝缘靴，戴绝缘手套，如为表计回路故障，通知仪表班处理，如为保护回路故障，应按《继电保护和安全自动装置技术规程》（GB/T 14285—2006）有关规定进行处理。

（4）有条件时应尽可能停电处理。

（5）电流互感器内部故障时，应停电处理。

（6）电流互感器开路期间应按高压设备带电测量规定进行，并遵守《电力安全工作规程　发电厂和变电站电气部分》（GB 26860—2011）有关规定，不准用低压电能表或低压验电笔对该回路进行测量。

五、电缆的事故处理

如果电缆着火或爆炸应按以下步骤处理：①立即切断故障电缆的断路器，遮断故障电流；②戴防毒面具（或正压式空气呼吸器）后方可接近故障点，用干式灭火器进行灭火；③待灭火后再启动事故通风装置，加强通风，停电后进行处理。

如果电缆头漏油应及时填写设备缺陷，并联系检修进行处理。

六、避雷器的事故处理

如果发生瓷套管爆炸或有明显的裂纹、引线折断、接地线不良任何一种现象，应立即停用避雷器。

当发现上述现象，应查明故障性质，并将其退出运行，对无隔离开关的或不能拉出的应用相应的断路器将其切断。

允许联系处理的事故：①内部有轻微的放电声；②瓷套管有轻微的闪络痕迹。发现上述现象可以联系停电，由检修人员处理。

七、封闭母线的事故处理

当封闭母线过热时，应降低机组负荷，并加强监视，使母线的温度尽快降到允许值以下。对封闭母线所属设备进行检查，发现异常及时汇报处理。事故后应对封闭母线进行特殊检查。

提示　第六章（共四节），其中第一～三节适合初级工，第一～四节适合中、高级工。

第七章

电动机的运行

在火电厂内，汽轮机和锅炉设备的上水、上煤、除灰、化学制水等主要用电动机作为拖动设备。它具有运行经济、操作简单、维护方便、使用可靠、易于实现自动化控制等特点，因此广泛应用于电力生产的各个环节。厂用机械设备所用电动机按电动机的轴中心高度或定子铁芯外径大小分为大、中、小型及微型电动机；按电压等级分为高压电动机和低压电动机，一般额定电压为3kV及以上的电动机为高压电动机，380V及以下的电动机为低压电动机；按转子的结构形式可分为笼型和绕线型电动机；按电压的性质可分为直流和交流电动机；按电动机的安装方式可分为卧式和立式电动机。根据厂用机械的用途和使用环境，采用电动机的型式也各不相同。如：高压启动油泵，氢侧、空侧密封油泵，输煤皮带，化学酸碱系统等所用电动机是防爆型异步电动机；输煤系统翻车机推车、牵车等制动电动机采用的是绕线型电动机；汽轮机润滑油、密封油系统的直流油泵等设备用直流电动机。

第一节　电动机设备规范、运行参数、监视与维护

一、电动机的设备规范、运行参数规定

（一）电动机的设备规范

电动机的设备规范一般应包括：设备名称、型号、额定容量、额定电压、额定电流、额定转速、接线方式、绝缘等级、生产厂家、出厂号及出厂日期等。电气运行规程中的电动机设备规范见表7-1。

表7-1　　　　　　　　　　　电动机设备规范

设备名称	型　　号	额定容量（kW）	额定电压（kV）	额定电流（A）	额定转速	接线方式	绝缘等级	生产厂家	出厂号
循环泵	JSQ-157-8	440	3	107.5	738	Y	A	湘潭电机厂	642252

第一篇　发电厂电气值班

续表

设备名称	型号	额定容量（kW）	额定电压（kV）	额定电流（A）	额定转速	接线方式	绝缘等级	生产厂家	出厂号
给水泵	Y900 - 2 - 4	5500	6	596	1492	Yy	F	哈尔滨电机厂	031437
凝结泵	YLST355 - 4	250	6	30	1480	Y	F	沈阳电机厂	28042
氢冷升压泵	Y225S - 4	37	0.38	70.4	1480	D	B	湖北电机厂	95

电动机的设备规范一般在电动机的铭牌上均有标注，具体含义如下：

（1）额定功率。额定功率是电动机轴上的输出功率，单位为 kW。

（2）额定电压。额定电压指绕组上所加线电压，单位为 V。

（3）额定电流。额定电流指定子绕组线电流，单位为 A。

（4）额定转速。额定转速指额定负载下的转速，单位为 r/min。

（5）温升。温升指绝缘等级所耐受超过环境温度值，单位为℃。

（6）工作定额。工作定额是指电动机允许的工作运行方式，即电动机运行允许的持续时间，分"连续""短时"和"断续"三种，后两种电动机只能短时间使用。

（7）绝缘等级。绝缘等级是由电动机所用的绝缘材料决定的，一般发电厂内所用的电动机均是 F 级，它的最高允许温度是 130℃。

（8）绕组的接法。绕组的接法可分为三角形（D）或星形（Y）连接两种，与额定电压相对应。

（9）型号。型号表示电动机的种类和特点。一般中小型电动机的型号由四部分组成，排列顺序及其含义如图 7 - 1 所示。

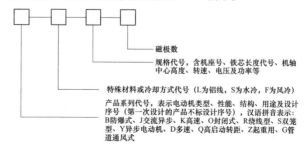

图 7 - 1　电动机型号示意图

第七章　电动机的运行

例如：JO3 – 100S – 6 中 JO3 表示交流异步，封闭式，第三次设计；100S 表示机座中心高 100mm，其中 S 表示短机座（铁芯长度代号：S 表示短机座，M 表示中机座，L 表示长机座），6 表示 6 极。

（二）电动机运行参数规定

1. 电动机的允许温度和温升

电动机在运行中，损耗主要是以热的形式转换的，它使电动机的绕组和铁芯发热，温度升高。当电动机处于过负荷或通风不良等运行状态时，它的温度就会很快超过规定值，即使不会立即损坏，也将使电动机的绝缘随温度的升高而老化，使电动机寿命大大缩短，尤其是当系统发生一点接地时，绝缘有可能被击穿，形成两点接地短路故障，造成设备损坏。据有关资料介绍，A 级绝缘的电动机，当线圈温度比允许值高 8℃ 运行时，电动机的寿命将缩短一半。为了保证电动机的正常运行，电气值班员和机械值班员应密切监视电动机运行中的各部温度和温升，使其在不超过规定的允许值情况下运行。

电动机各部分的允许温度是由所使用的绝缘材料等级和测温方法决定的。绝缘等级一般是指定子的绝缘等级，定子绕组的绝缘包括股间、匝间、排间、相间绝缘等，所以制造厂在产品出厂时，根据电动机使用的绝缘材料和测量方法，规定出允许温度和温升值，附在电动机的铭牌上。值班人员在任何运行方式下，均应遵守制造厂关于电动机的最高允许温度和允许温升的规定。当无制造厂或铭牌规定时，应参照表 7 – 2 的数值来监视电动机各部分的温度和温升。

表 7 – 2　　　　　　　　　电动机最高允许温度和温升

电动机各部名称	各级绝缘情况下的允许温度和温升值										测定方法
	A 级		E 级		B 级		F 级		H 级		
	t（℃）	θ（℃）	t（℃）	θ（℃）	t（℃）	θ（℃）	t（℃）	θ（℃）	t（℃）	θ（℃）	
定子绕组	105	70	120	85	130	95	155	120	180	145	电阻法
转子绕组	105	70	120	85	130	95	155	120	180	145	
定子铁芯	105	70	120	85	130	95	155	120	180	145	温度表法
滑环	$t = 105℃$，$\theta = 70℃$										

电动机各部名称	各级绝缘情况下的允许温度和温升值										测定方法
	A 级		E 级		B 级		F 级		H 级		
	t (℃)	θ (℃)	t (℃)	θ (℃)	t (℃)	θ (℃)	t (℃)	θ (℃)	t (℃)	θ (℃)	
滚动轴承	$t=100℃$, $\theta=65℃$										温度表法
滑动轴承	$t=80℃$, $\theta=45℃$										温度表法

注 t 为最高允许温度，θ 为允许温升，本表为冷却空气温度为35℃时的值。

电动机在运行中，要加强对温升变化的监视。通过对电动机各部位温升的监视，可以判断电动机是否发热，及时准确地了解电动机内部的发热情况，有助于判断电动机内部是否发生异常等。

通常电动机的冷却系统是由其容量和使用的条件而决定的，大容量的电动机甚至配有专用的冷却器和风道系统，一般小容量的电动机是靠自然冷却，因此与环境温度紧密地联系着。

电动机的冷却空气温度的高低，对其各部分的温度有着很大的影响。所以，电动机运行中，还要考虑冷却空气温度变化时，负荷应如何相应地调整变化。表7-3为采用A级绝缘的电动机允许负荷变化的百分数与冷却空气温度的关系。

表7-3   冷却空气温度变化时允许电动机负荷变化范围

冷却空气温度（℃）	允许负荷变化百分数
25 及以下	+10%
30	+5%
35	额定负荷
40	-5%
45	-10%
50	-15%

由表7-3可以看出，当冷却空气在温度35℃时，电动机可以在正常电压、频率的情况下带满负荷长期运行。冷却空气温度高于额定温度时，

电动机的出力就应该控制降低；若低于额定温度时，其出力允许升高，但以 +10% 为限。对大容量高压电动机采用空气冷却器时，其入口气温不应低于 +5℃，入口冷却水量以不使空气冷却器凝结水珠为准，以防止电动机定子绕组端部绝缘变脆。

2. 电压与频率的允许变化范围

电能质量的指标是电压与频率。在电动机运行中，供电母线的电压和频率经常发生变化，如果变化较大时，对电动机的运行将带来十分不利的影响。因此，规定了电压、频率的允许变化范围。当频率在额定值时，电动机可以在（95% ~ 110%）额定电压范围内运行，其额定出力不变。

（1）电压变化时对电动机运行的影响。根据电机学的有关理论，电动机的电磁转矩与外加电压的平方成正比。所以电动机外加电压的变化严重影响电动机的转矩。若电源电压降低时，电动机转矩将会减少。由于大多数机械负荷不变，势必造成电动机的电流增加，严重时甚至烧坏电动机。若电源电压稍高时，使电动机磁通增加、转矩增加、电流减少，结果使电动机温度会略有下降。比较而言，电动机在电压较高时运行比在较低时运行情况要好一些，但是由于电源电压过高，电动机铁芯磁通高度饱和，励磁电流将急剧上升，发热情况恶化，温度升高，对电动机的绝缘会带来危害。对于三相电动机，在运行中还需注意三相电压是否平衡。如果三相电压不平衡，则三相电流也不平衡。将使电动机出现由于负序电流产生的阻止运转的反转距，增加了电动机的负担，从而使电流大的一相定子绕组发热量更大，严重时可能过热烧断。因此，在电动机运行中，三相电压的差值不应大于额定电压的 5%，各相电流的差值不应大于额定电流的 10%。当发现电动机电源电压不平衡时，应查找原因消除之。对未消除缺陷而继续运行的电动机，应加强监视该电动机各部位温度及温升的变化，如超过规定时，应及时停运，防止电动机损坏。

（2）频率变化时，对电动机运行的影响。若电源频率在额定值时出现下降趋势。正在运行中的电动机其定子旋转磁场的速度（同步转速）相对减慢，电动机转矩减小，因此电动机的出力也减少了，尤其是电动机带机、炉主要附属设备运行时，将会降低机炉出力，影响安全运行。倘若频率升高时，会使电动机的固定损耗（铁损部分）增大，从而使之发热。总之，严重的频率变化，对电动机的运行及其产品质量都会带来危害，因此在正常运行中，必须保持频率在规定的允许范围之内。

3. 电动机振动值及串动值的允许范围

在电动机启动和运行中，还要定期对电动机轴承的振动进行检测，由于电动机在设计、制造和安装不良情况下会造成电压不对称或机械不平衡，导致振动发生。振动严重时对电动机及机械危害极大，不仅会使电动机机械部分的零件疲劳断裂，而且会增加电动机的发热和磨损，影响电动机的使用寿命，所以对电动机振动值也必须加强监视。振动值允许范围见表 7 - 4。当测试所得电动机的振动超过允许值时，应采取措施，查找原因，将振动降低到允许值内。

表 7 - 4　　　　　　电动机振动、串动值规定

电动机额定转速（r/min）		3000	1500	1000	750 以下
电动机振动值（双振幅）（mm）	中小型	0.05	0.085	0.10	0.12
	大型	0.03	0.045	0.065	0.88
串动值（mm）		滚动轴承的电动机不允许串动			
		滑动轴承的电动机不超过 2 ~ 4mm			

二、电动机启动前的准备和检查

电动机及其带动的设备检修后，检修工作负责人应办理工作票终结手续，并向运行人员交代设备的检修情况，做好记录。

电动机送电前厂用电值班员还应进行检查，具体项目如下：

（1）检查检修工作票已终结，临时安全措施全部拆除，设备上无人工作，电动机周围清洁，无妨碍运行的物件。

（2）检查继电保护及联锁装置投入正确，电动机的测量仪表、信号装置、保护及事故按钮正常。

（3）检查电动机各部螺钉、接地线、电缆护罩、接头、控制箱内设备完好。

（4）直流电动机应检查整流子、电刷接触良好。绕线型电动机无卡死现象，转子与静子之间无摩擦声。

机械值班员在电动机所带设备送电前，还应进行下列检查项目：

（1）机械工作票已收回，工作结束手续已办理完毕。

（2）设备已具备启动条件，并且无倒转现象发生的可能，靠背轮已接好，护罩完整无缺，手动盘车检查机械是否正常。

（3）滑动轴承的电动机应检查油位油色正常，顶盖关闭严密，采用强制润滑的电动机，其辅助油泵已送电。油泵系统已投入运行。

（4）由室外引入冷却空气的窗门是否打开，大型密闭式电动机空气冷却器的冷却水系统是否已投入，并且运行正常。

三、电动机的启动与停止

（一）电动机的启动特点和方法

作为电气值班员和机械值班员，应对电动机的特性及有关性能进行熟练掌握，以便更好地使用和维护，使电动机正常、安全地运行。

1. 异步电动机的启动特点

（1）启动电流大。在异步电动机启动瞬间，由于定子旋转磁场以很高的速度切割转子导体，使其感应很高的电势和产生很大的电流，以便使转子旋转起来，这时电动机的定子电流即为启动电流，异步电动机的启动电流很大，一般为电动机额定电流的 4 ~ 7 倍，但转子一经转动以后，电流就迅速减小，因此正常的电动机本身不会发生很大危害。但大容量的电动机启动电流很大，会引起厂用电母线电压显著下降。这样将对接在同一母线上的电动机的运行状态造成不良影响。因此一般电动机不宜频繁启动，特别是大容量电动机，较大的启动电流，对电动机本身造成热量积累，这不仅增加了能量损耗，而且使电动机的绝缘因过热而加速老化，缩短了电动机的使用寿命，严重时甚至烧毁电动机。为此规定，在正常情况下，笼型转子的电动机允许在冷态下（铁芯温度 50℃ 以下）启动 2 ~ 3 次，每次间隔时间不得小于 5min，允许在热态下（铁芯温度 50℃ 以上）启动 1 次。只有在事故处理时，以及启动时间不超过 2 ~ 3s 的电动机可以视具体情况多启动一次。

（2）启动转矩小。异步电动机的另一个启动特性是启动转矩小，因此，应尽可能采取有效措施，增加启动转矩。如绕线型电动机启动时，在转子绕组中串入启动电阻就是为了限制启动电流和增加启动转矩。

2. 异步电动机的启动方法

（1）直接启动。这种启动方式是：在启动时，电动机的定子三相绕组通过断路器等设备接到三相电源上，一合断路器就加上全电压使电动机转动。直接启动具有接线简单，启动操作方便、启动方式可靠以及便于自启动等优点，因此在火电厂内广泛应用。

（2）降压启动。由于直接启动时，电动机的启动电流大，因此采用降压启动方式来减少启动电流。电动机星形 – 三角启动的继电器控制线路如图 7 – 2 所示。

启动时，按下启动按钮 SB1，使接触器 K1 主触点闭合，电动机定子绕组接成星形（K1 的动断辅助触点断开，以防止 K2 闭合而造成的电源短路）。此时，时间继电器 KT1、KT2 线圈得电，经一定的时间延时后 KT1 动断触点断开，K1 线圈失电，其主触点断开，K1 的动断触点闭合为 K2 的接通做好准备；经一定的时间延时后 KT2 动合触点闭合，使 K2 线圈得电，其主触点闭合，电动机定子绕组接成三角形（K2 的动断辅助触点串入 K1 的线圈回路，同样是为防止 K1 的主触点接通造成的电源短路）。时间继电器动合瞬动触点 KT2 是为了 K1 的动合辅助触点断开而 K2 尚未闭合时起到保持控制电路仍在接通的自锁作用。SB2 为停止按钮。用星形－三角形转换来启动定子绕组为三角形接线的笼型电动机，当电动机启动时，先将定子接成星（Y）形，待电动机达到稳定转速时，再改接成三角（△）形。因为采用 Y 接线时，每相定子绕组的电压只有△接线的 $1/\sqrt{3}$，因而 Y 接线启动时，线路电流仅为△接线的 $1/\sqrt{3}$，这样，就达到了降压启动的目的。

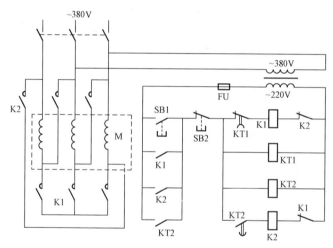

图 7－2　星形－三角启动控制回路图

（3）绕线型电动机的启动方法。根据电机学知识，在电压不变的前提下，在一定范围内启动力矩与转子电阻成反比关系，而绕线型电动机正是利用增加转子回路中的电阻来降低启动电流、增大启动力矩的。它的启动设备常用的是启动变阻器或频敏变阻器。在绕线型电动机启动时，将启动变阻器或频敏变阻器接入转子电路，获得较大的启动力矩，在启动过程快要完成时再逐段切除启动电阻，以满足对电动机启动的要求。绕线型电动机虽然有启动性能较好的特性，但它有结构复杂、成本较高、维护麻烦的缺点。一般使用在一些要求启动电流小、启动力矩大的设备上。

（二）电动机的启动、停止操作

电动机启动前，机械值班员应做好以下工作：

（1）进行启动前的全面检查，检查电动机及其周围应清洁无杂物，无妨碍运转的情况，设备无漏水、漏汽且无人工作，检查电动机及控制箱无异常，机械部分良好，电动机已送电，具备启动条件。

（2）对于大中容量的电动机，启动前应通知值长或电气值班人员（紧急情况下除外）。

（3）采取必要的措施，保证电动机在空载情况下启动。

（4）注意电动机停运天数以及受潮情况，超过规定时间时，通知厂用电值班员对电动机的绝缘进行测定。

在启动电动机时，值班人员应密切监视启动过程中电流的变化。在启动瞬间，电动机电流应很大，随着电动机升速到正常，电流表指示应迅速返回到额定电流以下，大容量的电动机启动时，机组就地应有机械值班员监视启动及升速过程，直到转速升到额定转速。

电动机需进行停止操作时，值班人员根据运行方式的需要，将电动机停止运行时，首先应将机械负荷减至最小后进行操作。例如：水泵应将出口门关闭，然后停止电动机运行。电动机停止运行的判断方法是：电流表指示到零位，开关位置指示灯正确，电动机停止转动。在停止电动机运行时，如发现断开断路器后电流表指示异常时，应立即合上断路器，通知厂用电值班员进行检查是否是非全相断开。

四、电动机运行中的监视与维护

电动机及其所带的机械，经检修后，除了按照检修工艺规程达到的检修质量要求外，在投入运行及运行中，必须依靠运行人员加强检查和维护，及时发现缺陷和消除缺陷，这就要求运行管理必须有一个良好的检查制度和具体要求。要保证电动机正常投入运行，应注意以下几个环节。

电动机在运行中的监视、外部检查等工作均由该电动机所带动的机械归属单位值班人员负责。但对重要的电动机，电气值班人员亦应按巡回检查制度的规定进行检查和维护工作。当厂用电值班人员在检查过程中发现电动机运行不正常时，必须立即通知该电动机所带机械所属的值班员或班长，才能改变电动机的运行方式。若发现必须立即停转的故障时，可以先停止电动机的运行，但应尽快通知机械值班员或值长。

运行中的电动机的检查项目如下：

（1）监视电动机的电流表不应超过允许值。

（2）检查电动机各部分温度和温升应不超过规定值，测温装置应完好。

（3）注意电动机及其轴承的声音是否正常，有无气味。

（4）检查电动机的振动、串动值不超过规定值。

（5）检查轴承润滑情况是否良好，不缺油、不甩油，润滑油油位、油色、油环转动均应正常。对于综合润滑的滑动轴承，还应检查强制润滑系统工作正常。

（6）检查电动机冷却系统的工作是否正常。

（7）检查电动机周围是否清洁无杂物，无漏水、漏油，无沟、管道漏蒸汽现象。

（8）检查电动机各部护罩、接线盒、控制箱、事故按钮及外壳接地是否良好。

（9）检查电动机整流子、滑环及其电刷运行是否正常。

（10）电动机冷却系统的检查维护。

电动机在运行中，各种损耗将使电动机发热，这些热量除一小部分经铁芯机壳的传导作用散发外，绝大部分热量是依靠风扇强制对流的作用，将电动机内的热量带走。小型笼型三相电动机采用风扇自冷方式，对于大容量电动机采用以空气为介质的通风系统。以空气为介质的冷却方式主要有两种：①闭合循环外加冷却器方式，它是依靠转子的通风力和装于轴两侧的轴向风扇形成循环气流，在密闭的冷却系统内循环，循环气流依次通过电动机和冷却器，将电动机内部的热量带走，排出电动机的热风经冷却器进入风室再由风扇吸走。②管式冷却，它依靠内风扇在电动机内部循环并经过冷风管道、外风扇将冷风排入管道，将管内的热量置换，从管的另一头排出。

电动机的冷却系统直接影响电动机的安全运行，所以值班人员在电动机运行中必须对电动机的冷却系统进行检查和维护，内容如下：

1）小型笼型电动机应检查风扇、风轮无脱落和断裂现象，风罩完好无损。

2）由外部引入空气冷却器的电动机，应保持风道清洁、畅通不堵塞。冷却空气的窗门在打开位置。

3）外部强制通风的电动机，其冷却风机运转正常。

4）大型密闭式电动机空气冷却器的水系统运行状态正常，冷却器及管道阀门无漏水、渗水现象。冷却系统的冷风温度、冷却水流量、冷却水压、冷却水温等参数都在规定范围内运行。

在检查上述项目的同时，还应对电动机周围环境进行检查，应无杂物、油污、漏汽、漏水现象，防止异物吸入电动机，使电动机遭到损坏。

五、电动机的保护

（一）低压电动机的保护元件

1. 熔断器

熔断器俗称保险，是电力负载最简单的保护设备。当电动机过载或者发生短路故障引起电流过大时，熔断器中的熔丝或熔片便发热而熔断，从而切断了负载电源，使导线和电动机等电气设备免遭损坏的危险。

一般常用的熔断器有以下几种：

（1）熔丝盒，即一个带盖的瓷盒，熔丝安装在瓷盒内。

（2）插入式熔断器，由瓷质绝缘的上插盖和下插座两部分组成，熔丝安装在插盖下，如图 7-3（a）所示。

（3）管式熔断器，如图 7-3（b）所示。在纤维管 1 的两头带有黄铜圈 2，并用黄铜帽 3 封闭起来，管子的两端带有扁平的金属接触刀 4，以便插入固定的簧片触头 5 内，电路导线就接在簧片触头座上，纤维管内装有熔丝或熔片。有的纤维管式熔断器内还装有石英砂，这种石英砂主要是当熔丝熔断时起消弧作用。

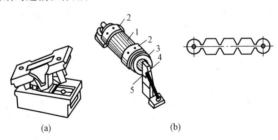

(a)　　　　　　　(b)

图 7-3　熔断器

（a）插入式熔断器；（b）管式熔断器

1—纤维管；2—黄铜圈；3—黄铜帽；4—金属接触刀；5—簧片触头

当熔丝或熔片通过的电流超过其允许值时，它就发热而熔断，同时，纤维管中部分纤维受热分解变成了气体，因管子是封闭的，所以管内压力非常高，电弧就可以很快地熄灭。显然，管式熔断器的灭弧能力强于熔丝盒。电流流过熔丝或熔片时会使它发热。从理论分析，当电流数值小于某一电流值时，熔丝或熔片不会熔断；大于这一电流值时则熔断；等于这一电流值时，则经过无限长时间而熔断，这个电流值称为极限熔断电流，也就是最高安全工作电流。对于非电动机负载，一般熔断电流等于（1.2～1.3）倍负载额定电流；对于电动机负荷，其熔断电流应保证启动状态（电流可达5～7倍额定电流）下不致熔断，取（1.5～2.5）倍额定电流。

2. 热继电器

热继电器又称热偶。其原理示意图如图7-4所示。当负载电流下流过发热元件1（一种合金电阻片，通过电流时产生并发散热量）时，使它附近的膨胀元件2受热。元件2是由两种膨胀性能不同的金属片沿全表面焊接而合成，称为双金属片。双金属片的下层金属片具有较大的膨胀系数。当通过超过特定电流时，发热元件的热量使双金属片向上弯曲，如图中虚线所示，于是Γ形杆3在弹簧4的拉力作用下向左偏转，控制电路内的触点7断开，线圈5内的电流消失，因而它的铁芯在弹簧8的作用下拉向右侧，于是主触点9断开，负载电路被切断。按钮6用来把Γ形杆3恢复到使触点7闭合的位置。主触点9即负载电路中交流接触器的工作触点。

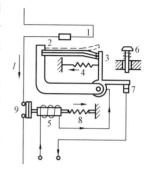

图7-4　热继电器工作原理
1—发热元件；2—双金属片；
3—Γ形杆；4—弹簧；
5—线圈；6—按钮；
7—触点；8—弹簧；
9—主触点

（二）具有保护环节的低压电动机控制电路

1. 单向运转的电动机控制电路

图7-5示出单向运转的电动机控制电路。其工作原理如下：

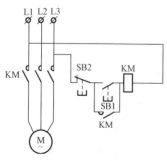

图7-5　单向运转的
电动机控制电路

当按下启动按钮SB1时，接触器KM线圈通电，主触头KM闭合，电动机M通电启动运行。此时控制电路电流的路径是：由电源L3相，通过停止钮SB2，启动按钮SB1和接触器线圈KM回到L1相。由于接触器KM的动合辅助触点并接在启动按钮SB1上，而辅助触点又是随着主触点同时动作的，当按启动按钮SB1使电动机启动的同时，并接在SB1两端的辅助触点也随之闭合。因此，放开启动按钮SB1以后，接触器 KM 线圈通过其本身的动合辅助触点继续保持通电，此时的电流路径是：由电源 L3 相，通过停止按钮 SB2，接触器辅助触点及接触器线圈回到 L1。这种依靠接触器本身的辅助触点使其线圈保持通电的作用称为自保持作用，实现自保持作用的电路称为自保持电路。这一对起自保持作用的辅助触点称为自保持触点。在控制电路和继电保护回路中，这种自保持作用的应用是很普遍的。

当需要电动机 M 停止运转时，按停止按钮 SB2，此时接触器 KM 线圈电流被切断，其铁芯释放，主触点断开，切断电动机的电源，电动机停止运转。

这个控制电路还具有低电压或失压保护的作用。由于控制电路采用了自动复位按钮，通过自保持触点使接触器线圈保持通电。当电源电压过低或消失时，接触器 KM 的铁芯就释放，其主触点和辅助触点全部断开，电动机停止转动。如果电源电压恢复正常，接触器线圈不能自行通电，必须再按启动按钮 SB1，接触器才能通电，其主触点和辅助接点接通，从而使电动机启动运转。电路的这个作用即称为失压保护或低电压保护。

2. 具有保护环节的控制电路——磁力启动器

为了保证电动机的安全运转，必须设有防止事故的保护装置，保护装置一般有短路保护和过负载保护两种。

低压异步电动机的短路保护通常是在主电路中串接低压熔断器，熔断器中装有低熔点合金制成的熔丝或熔片。当发生短路时，很大的短路电流使熔断器的熔体（熔丝或熔片）熔断，把电动机从电源上断开，使电动机得到了保护。

熔断器的熔断时间与通过的电流大小有关。当通过电流为熔体额定电流的两倍以下时，必须经过相当长的时间熔体才能熔断。如果通过电流为熔体额定电流的许多倍，则熔体在很短的时间内就会熔断。在一般电路里，熔断器既可以是短路保护，也可以是过载保护。但对三相异步电动机来说，熔断器主要用作短路保护。如前所述，笼型异步电动机的启动电流很大，大约为其额定电流的 4～7 倍，如果用熔断器作电动机的过载保护，则熔断器熔体的额定电流应略大于电动机的额定电流，约为其（1.2～1.3）倍，在电动机的工作电流超过其额定电流时，经过一段时间熔体就会熔断。但由于电动机的启动电流大大超过其额定电流，即大大超过熔断器熔体的额定电流，熔体将在很短的时间内熔断。为此，通常按（1.5～2.5）倍电动机额定电流选择熔体的额定电流。当电动机轻载启动时取低值，重载启动时取高值。在日常运行中，应通过实践掌握熔断器熔体的额定电流选择规律，定期检查与更换熔体，使其有效地作为电动机的短路保护。

由于作为电动机短路保护的熔断器熔体的额定电流大大超过电动机的额定电流，所以不能对电动机起过载保护的作用。通常，笼型异步电动机的过载保护采用热继电器。热继电器的热惯性大，即使通过发热元件的电流超过其额定电流好几倍，它也不会瞬时动作。所以，它能承受异步电动机启动过程中的大电流，适于保护电动机的过载，而不适于保护短路故障。

电动机的过载运行一般有两种情况：一种是电动机轴上的负荷过大，因此使负荷电流超过了电动机的额定电流。这种情况下，三相电源提供的电流是对称的，即每相电流都有几乎相同的增长。保护这种过载运行，只需在三相电源电路的任何一相中串接一只热继电器的发热元件即可。但是，电动机还有另一种过载情况，就是运行中电动机三相电源线中有一相断线，或者一相熔断器熔体熔断，这时电动机仍维持运行，称为电动机单相运行，显然轴上的负载并没有超过额定负载，但电动机定子绕组中通过电流却超过其额定电流。这种方式持续时间稍长，电动机会因过热而损坏。为了保护这种过载情况，不能只在某一相串接发热元件。如果只在一相中串接发热元件，而这一相恰好又是断线的一相，这时热继电器发热元件无电流通过，不能反映另两相的过电流情况，起不到保护作用。因此，要保护电动机由于单相运行而造成的过载，必须在两相电源电路中串接热继电器的发热元件。这样，任何一相发生断线故障时，至少有一个发热元件能够反映电流的增长而起过载保护作用。制造热继电器时，常用两个发热元件共同触动一个动断触点，串接于控制电路。通常将接触器和热继电器组合在一起，用于异步电动机的启动和停止控制，又具有低电压和过载保护作用。这种组合电器称为磁力启动器。

电动机的控制电路，只有在加保护环节之后，才具有应用价值。熔断器和热继电器的发热元件串接在电动机的电源电路中，主回路短路故障时，熔断器熔体熔断，切断故障相电源；过载时，热继电器的动断触点断开，接触器线圈失电，电动机电源被切断。这样就构成完整的控制与保护电路。

3. 低压断路器

低压断路器广泛地使用于500V以下低压厂用系统中。低压断路器中设有过电流脱扣器，可作为过负荷保护和短路保护，失压脱扣器可作为低电压保护，并可附加分励脱扣器以实现远方操作，当低压断路器具有几个脱扣器时，每一个脱扣器都能单独地作用于脱扣机构，使低压断路器跳闸。低压断路器的保护特性比熔断器稳定得多，而且可以比较精确地整定其脱扣电流，与熔断器比较，可以实现多次动作，运行比较方便。

低压断路器（包括万能式、塑料外壳式、小型塑壳式、剩余电流保护式等）是电力系统中不可缺少的重要电气器具之一。中国低压断路器的发展经历了仿制（前苏联）、自行设计的四个阶段，近年来又获得新的更大的发展。目前，一大批新品牌产品，如 HSM1、DW45、CM1、JM30、JXM1、S 系列及 C45N 等系列产品，占据了市场的主要部分，有力地促进了我国国民经济的发展。

（1）万能式（柜架式）低压断路器。例如 DW15 系列产品、智能型万能式断路器及 DW45 系列智能型万能式断路器。DW10 系列产品最大额定电流为 400A，其过电流脱扣分级较多，在大容量的低压厂用电动机上广泛采用。我国第三代自行设计的典型产品是 DW45 系列智能型万能式断路器，目前已批量生产的壳架电流等级有：2000、3200、4000、6300A 四种，这种断路器具备过载长延时、短路短延时、短路瞬动的三段保护功能，又有单相接地故障保护功能。其智能化控制器（脱扣器）可实现：电流表、电压表功能；额定电流、整定电流、动作时间可调；显示、试验、热记忆、故障记忆、负载监控、自诊断、MCR 和通信接口等功能。

（2）塑料外壳式断路器。自 20 世纪 80 年代中期以来，我国相继有 HSM1、CM1、TM30、JXM1、S 系列产品问世，其产品的技术性能大约是国际 20 世纪 80 年代至 90 年代初的水平，短路分断能力从 AC 400V、25kA 到 AC 400V、85kA，在一般情况下可满足国内各类用电场合的需求。塑壳式断路器今后的发展方向是：小型化、高分断、多功能、附件模块化、智能化（包括三段保护、电流和动作时间可调、显示、故障记忆、负载监控、通信接口等功能）。

（三）电动机的单相接地保护——零序电流保护

高压厂用电动机运行于中性点不接地的系统中。对于单相接地故障，当接地电容电流大于 5A 时，应装设单相接地保护。单相接地电容电流达到 10A 及以上时，保护装置一般动作于跳闸；单相接地电容电流不足 10A 时，保护装置可动作于跳闸或信号。

低压厂用电动机的电源变压器，一般兼供动力与照明，其中性点是直接接地的。当低压电动机发生单相接地故障时，流过故障点的电流为单相短路电流。由于低压厂用变压器的零序阻抗较大，单相接地短路电流较小，对于容量较大的低压电动机（如 100kW 左右），相间短路保护的整定值比较大，兼作单相接地的灵敏度往往不能满足要求，而且相间保护多采用两相式接线，如果在未装设继电器的一相发生接地短路时，就将失去保护。因此，通常对容量在 100kW 及以上的低压电动机要求装设单相接地保护。

（四）电流速断保护

对于高压厂用电动机的相间短路，广泛采用电流速断保护装置。考虑到它们都是在小电流接地系统中运行，因此保护装置可以按照两相式接线构成。

采用两相电流差的接线方式，虽然能反应各种类型的两相短路，但当 AB 或 BC 相短路时，其灵敏系数仅为三相短路时的一半。所以，只有当灵敏度能够满足要求时，才可以采用两相电流差接线方式。

厂用高压电动机的电流速断保护装置，一般多采用不完全星形接线。对于这种接线方式，不论哪种类型相间短路，流入继电器的电流均为所接电流互感器的二次电流，因此灵敏度相同。与两相电流差接线比较，可以降低保护的整定值，提高保护的灵敏度。

电流速断保护装置简单、经济，但灵敏度不高。在满足灵敏度要求的情况下。可作为电动机相间短路的主要保护。

（五）纵联差动保护

电流速断保护的动作电流是按躲过电动机的启动电流来整定的，而电动机的启动电流比额定电流大得多，这就必然降低了保护的灵敏度，因而对电动机定子绕组的保护范围很小。因此，大容量的电动机应装设纵联差动保护，来弥补电流速断保护的不足。实际上，容量为 2000kW 及以上的电动机在火电厂中为数不多，但都属重要设备，电动机定子绕组有 6 个引出端，为装设纵联差动保护提供了物质条件。对于容量在 2000kW 以下，但具有 6 个引出端的重要电动机，当电流速断保护灵敏度不满足要求时，均应考虑装设纵联差动保护。

在小电流接地系统中。纵联差动保护按两相式接线。电流互感器应具有相同的磁化特性，并且通过电动机的启动电流时，仍应能满足 10% 误差的要求。

（六）高压厂用电动机的低电压保护

高压厂用电动机的低电压保护的作用如下：

1. 保证重要电动机自启动效果

当电压消失或降低时，电动机的转速下降；当电压恢复时，在电动机绕组内开始流过比额定电流大几倍的自启动电流，如果是一段厂用母线上所有的电动机成组自启动，将使厂用电网的电压降加大，从而使电压恢复过程延长，也增加了电动机升速的困难，严重时甚至可能导致自启动不能成功。为了保证重要电动机的自启动成功，必须切除一部分不重要的电动机，使厂用电网的电压降减小。因此，在不重要和次重要的电动机上可装设低电压保护，当电压消失或降低时动作，将其从厂用电网上切除。从而减少了参加自启动的电动机容量。发电厂中重要的电动机，是指那些短时将它们断开就会引起发电厂出力降低甚至停电的厂用机械的电动机，如给水泵、凝结水泵、循环水泵、送风机、引风机、排粉机等电动机。而另一些电动机断开时，并不影响发电厂的出力，如具有中间煤仓的磨煤机和捞渣机等电动机。

2. 保证技术安全及工艺流程的特点

某些情况下，当电压长期消失时，根据技术安全的条件及生产工艺流程的特点，需将某些电动机切除。例如锅炉已经灭火。自启动已没有必要时，为了保证工艺联锁动作，应装设低电压保护动作于跳闸。另外，还有一些带恒定阻力矩机械的电动机。如磨煤机、碎煤机等，在电压下降时不可能自启动，这些电动机也应在电压下降时迅速切除。

（七）低压厂用电动机的低电压保护

低压厂用电动机低电压保护的配置原则与高压厂用电动机基本相同，但实现方法有别。

1. 采用接触器或磁力启动器构成低电压保护装置

当电动机的操作设备采用接触器或磁力启动器时，它们的电磁铁线圈当电压降低时能自动释放，可以起到低电压保护的作用。磁力启动器是利用电磁铁的作用来保持合闸位置的，电磁铁线圈接于电源电压侧。当厂用低压电网的电压降低到一定程度时，电磁铁的吸力不足，触头断开，切断了电动机的电源，实现了低电压保护。但是，当电压恢复时，磁力启动器不能自动投入，所以不能实现自启动。对于要求实现自启动的重要电动机，就不宜采用这种接线。

2. 采用电压继电器构成低电压保护

保护装置主要由三个低电压继电器和两个时间继电器构成，对保护的要求、接线方式及动作情况也与高压厂用电动机相同，不同点仅在于没有考虑两相熔断器同时熔断时保护装置可能误动的情况，因为这种情况实际出现的机会很少。

（八）电动机的过电压保护器

火力发电厂在生产运行中，由于辅机高压电动机（如磨煤机、排粉机电机）需经济运行、节约厂用电，其启停是极其频繁的。随之而来的问题就是高压电动机频繁烧毁，给生产带来很大的影响，给检修维护带来极大的工作量及检修费用。目前，国产真空断路器广泛应用于火电厂中，其一般的截流水平在 2~4A，具有开断间隙小、断弧快的问题，极易产生过高的感应电动势，特别是相间过电压的幅值较高，使得厂用电系统设备事故频繁，对机组的安全运行极其不利。为此，在电力系统中广泛采用了氧化锌避雷器来限制过电压的幅值，对电气设备进行可靠的保护。电动机的四星形接线的 TBP 过电压保护器如图 7－6 所示。

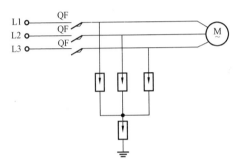

图 7－6　电动机的四星形接线 TBP 过电压保护器图

　　TBP 过电压保护器采用间隙和氧化锌阀片组成，这种组成方式使两者互为保护，间隙的采用使正常运行中持续的运行电压下阀片不易老化，其次间隙在续流时易损坏，可氧化锌阀片能使之无续流，两元件发挥各自优点，又弥补了各自的缺点。由于真空断路器开断时，真空泡内触头在开距很小的情况下，能产生击穿，而在重击穿的高频电流过零时又具有强烈的熄弧能力，故具备了三相同步开断的条件，为此，氧化锌避雷器只安装在6kV 厂用系统的母线上，其过电压的保护功效是极其有限的。特别是对高压电动机和变压器负载在开断时截波过电压和三相同步开断时，过电压的产生主要体现在负荷侧，直接对设备产生危害。所以，除了在母线上安装三星形氧化锌避雷器外，应在高压电动机侧加装 TBP 过电压保护器，更加可靠地给予设备直接的保护。

第二节　高压电动机变频调速装置

　　异步电动机的转速与供电电源的频率成正比。因此，改变供电电源的频率，可以达到改变电动机转速的目的。用这种方法调速效果很好，但需要专门的变频电源。随着变频电源制造水平的不断提高，变频调速的应用也越来越广泛。

一、电动机变频调速的基本原理

电厂辅机大多采用异步电动机驱动。异步电动机的转速 $n = 60f(1-s)/p$，式中 f 为供电电源频率；s 为转差率；p 为电动机的极对数。可见改变供电电源频率 f，可以成正比地改变电动机的转速 n。

在应用变频调速时，如果只是简单地改变频率，会不可避免地改变电动机的主磁通 Φ_m，而主磁通的改变将产生不利后果。若主磁通增大，必将引起磁路过饱和，励磁电流将大大增加；若主磁通减小，电动机的输出功率将随之下降，其容量将得不到充分利用。因此，通常希望电动机的主磁通 Φ_m 保持不变。

根据电源电压 U 与电源频率 f 和主磁通 Φ_m 之间的关系，即 $U \approx E = 4.44\,fwk\Phi_m$。式中 w 为定子绕组匝数，k 为定子绕组系数，均为电动机的绕组参数。由关系式可见，要使电动机空气隙磁场 Φ_m 保持不变，应使电压 U 随频率 f 按正比例变化，也就是说，在改变频率的同时，还应协调地改变电动机的外加电压。

二、变频装置的基本原理

1. PWM 控制技术

变频器按实现方式分为很多种类型，其中发展最快、应用最广泛的是电压型 PWM 交－直－交变频器。PWM 即脉冲宽度调制（pulse width modulation），是利用半导体开关器件（双极晶体管 BJT、绝缘栅双极晶体管 IGBT、可关断晶闸管 GTO 等）的导通与关断，把直流电压变成电压脉冲列，并通过控制电压脉冲宽度或脉冲列的周期以达到变压目的，或者控制电压脉冲宽度或脉冲列的周期以达到变压、变频目的的一种控制技术。PWM 方式的特点是变压与变频集中在逆变器中完成，即由不可控整流器将交流变为直流，中间直流电压恒定，而后由逆变器既完成变频又完成变压。PWM 方式的原理如图 7－7 所示。

图 7－7　PWM 方式原理图

PWM 控制技术（或称为 PWM 波生成法，PWM 法）又可以分为等脉宽 PWM 法、正弦波 PWM 法（SPWM 法）、磁链追踪型 PWM 法和电流追踪型 PWM 法，前三者属于控制输出电压的电压源逆变器，后者属于控制输出电流的电压源逆变器。等脉宽 PWM 法的脉冲宽度均相等，改变脉冲列的周期可以调频，改变脉冲的宽度或占空比可以调压，采用适当控制方法可使电压和频率协调变化。SPWM 法在等脉宽 PWM 法的基础上发展而来，其原理是以一个可调频调幅的正弦波作为基准波（称为调制波），用一列等幅的三角波与之比较，比较结果用来控制开关器件的通断，逆变器输出电压波在半个周期内等距、等幅、不等宽（可调），总是中间的脉冲宽，两边的脉冲窄，各脉冲面积与该脉冲区间正弦波下的面积成正比。磁链追踪型 PWM 法以三相对称正弦波电压供电时交流电动机的理想磁链圆为基准，用逆变器不同开关模式所产生的实际磁链矢量来追踪基准磁链圆，由追踪的结果决定出逆变器的开关模式，从而形成 PWM 波。电流追踪型 PWM 法的基本原理是，将电动机定子电流的检测信号与正弦波电流给定信号用比较器进行比较，决定逆变器开关器件的通断，达到调节实际电流的目的，这时实际电流波形围绕给定的正弦波呈锯齿状变化。

单一 SPWM 变频器的输出电压从波形上看，在半个周期内为一系列等幅不等宽的正脉冲，在另半个周期内为一系列等幅不等宽的负脉冲，呈现出交流性质。为使变频器的输出电压波形更加接近正弦波，可利用移相变压器形成多相交流电源，逆变功率单元多重化配置，变频装置多电平移相式 PWM 技术。

2. 多电平移相式 PWM 电压源型逆变器

用于 6、10kV 等级多电平移相式 PWM 电压源型高压变频调速装置，调频范围为 5～60Hz，采用功率单元串接实现多电平输出（完美无谐波），容量范围大，无输出变压器，不需要滤波装置，对电动机无特殊要求。具有运行稳定、输出波形好、输入电流谐波含量低及效率高等特点。

多电平移相式 PWM 电压源型逆变器由移相整流变压器、逆变功率单元、主控制系统、旁路机构等组成，电路结构如图 7-8 所示。

移相整流变压器为二次多绕组的三相变压器，二次绕组之间相互绝缘。移相整流变压器的二次绕组分为三个大组，对应功率单元的三相，每一组二次绕组分别给相应的功率单元供电。每一大组内的绕组之间采用延边三角形绕法，实现多重化，降低输入电流谐波。6kV 的系统中每相 5 组，共 15 组，相应的共有 15 个功率单元；10kV 的系统中，每相 8 组，共 24 组，相应的共有 24 个功率单元。移相整流变压器的每组二次绕组的

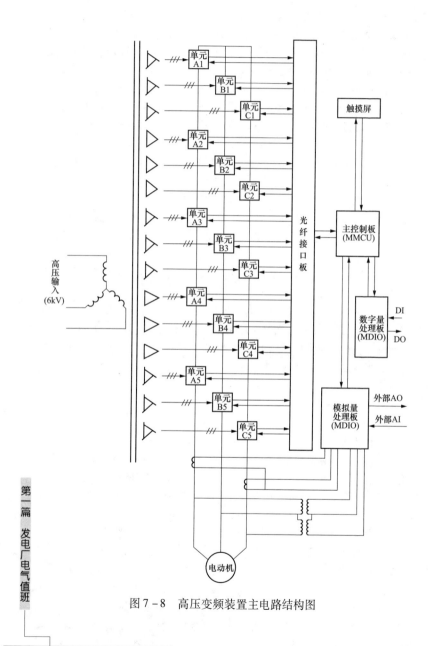

图 7 - 8 高压变频装置主电路结构图

输出电压均为690V。

功率单元为三相输入单相输出的交-直-交PWM电压源型逆变器，每相相邻功率单元的输出端串联，串联后的输出按星形接法输出，实现变压变频的高压直接输出，供给高压电动机。以6kV系统为例，每相由5个功率单元串联而成，额定输出相电压3460V，线电压6000V，每个功率单元均输出线电流，但只输出1/5的相电压和1/15的功率。变频装置输出采用多电平移相式PWM技术，输出电压非常接近正弦波。

高压变频调速装置功率单元输入三相交流电压为690V左右，输入侧设三相熔丝，然后经三相桥式整流，每个单元有大容量电力电容滤波，构成电压源型高压变频装置。与采用高压器件直接串联的变频器相比，由于不是采用传统的器件串联的方式来实现高压输出，而是采用整个功率单元串联，器件承受的最高电压为单元内直流母线的电压，可直接使用低压功率器件，器件不必串联，不存在器件串联引起的均压问题。功率单元采用IGBT功率模块，驱动电路简单。另外，功率单元采用模块化结构，同一变频器内的所有功率单元可以互换，维修也非常方便。采用单元串联结构后，整个装置的等效开关频率是单个单元的5倍，而单元的开关频率可以做得更高，从这个角度出发，输出电压的高次谐波含量也相当低。

功率单元原理如图7-9所示。各功率单元自带微处理器，有多路PWM产生功能，正弦调制波由单元自行产生，由主控统一同步和指挥，单元内部控制部分的供电取自单元的三相输入电压，单元与主控的唯一联络通道是光纤。主控通过光纤向单元发送指令和同步信号，单元通过光纤向主控返回单元的测量数据及状态。

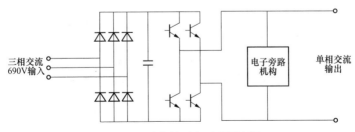

图7-9　功率单元主回路原理图

当电网瞬时失电时，变频器逆变功率单元失电，停止输出，电动机因失去电源而转速开始下降。由于剩磁原因，当转子由于惯性继续转动时，切割定子中剩磁产生的磁力线，在定子绕组中感应出与转子转速对应频率的交流信号。高压变频调速装置的主控制器通过此感应信号，测量跟踪转子转速。当电网电压重合闸恢复后，主控制器就在当前转子转速的基础上提升电动机转速，直至恢复到电网失电前的状态。

由于高压变频调速装置采用单元串联式结构，同相的功率单元均流过相同的线电流，当运行中的单元退出运行时，都需要将自身旁路（使单相输出部分短路），以保证电流回路的完整。因此，变频调速装置的每个功率单元均带有旁路机构，包括电子旁路机构和物理旁路机构。电子旁路机构是功率单元的组成部分，通过导通可控制的功率元件实现；物理旁路机构安装在装置柜体上，采用闸刀实现。当功率单元发生短路、过电流、过压、过温或程序错误等故障时，单元的电子旁路机构自动动作，将本单元旁路，单元退出运行，同时主控制器将接收到此单元退出的状态；当单元处理器收到主控制器的退出指令时，处理器主动启动电子旁路，将本单元旁路，退出运行，同时向主控制器发送本单元已退出的状态。电子旁路的动作时间不超过 $20\mu s$，不会引起系统电流、电压等产生大的波动。

功率单元电子旁路机构动作以后的瞬间，变频装置的输出三相之间失去平衡，此时主控制器收到单元退出的状态信号，执行三相自动平衡指令，使有单元退出的一相中的其他单元增大输出电压，弥补因有单元退出造成的电压跌落，使装置的三相输出重新恢复平衡。平衡的结果是三相输出线电压、线电流一致。

三、变频调速装置的优势

（1）高压变频调速装置具有的单元自动备用和带电更换单元功能，可保证系统的可靠性和不间断运行。

（2）电网自动重合闸后继续运行，可有效地抑制电网线路切换及重合闸对电动机运行状态的影响。

（3）单元串联多电平结构以及 du/dt 抑制线路，可降低输入输出谐波，满足对电动机无特殊要求、变频器至电动机远距离传输的要求。

（4）完善的限制和保护功能使装置不因过电流、过压、过温、短路等异常工况而损坏。

（5）强过载能力使系统完全胜任额定运行，且不受负载扰动的影响。

（6）高压变频调速装置体积较小，对运行环境要求不高，易于现场安装。

（7）可以通过触摸屏操作维护界面查看记录、设置参数、现场操作，加之操作按钮和仪表显示，即使触摸屏失效，仍可对变频装置进行控制。

（8）多台电动机并列运行时，在变频器容量允许范围内，并列的电动机数量不受限制。

（9）在全部转速范围内，保持高功率因数运行，在 20% ~ 100% 负荷范围内，功率因数大于 0.95。

（10）输入电压范围宽，可短时承受 - 30% 的电压降落。在 90% ~ 115% 输入电压范围内可长时间额定运行等。

第三节　电动机异常及事故处理

一、电动机停不下来的处理

电动机需要停止运行时，经常会出现停不下来的情况，一般为电动机的电源开关断不开造成。

电动机的电源开关（或接触器）断不开现象：

（1）断闸时绿色灯不亮，有关表计无变化。

（2）松手时红灯闪光。

（3）接触器某相接点粘死，或开关某相断不开。

电动机电源开关（或接触器）断不开时应做以下处理：

（1）检查操作电源正常完好，操作回路正常完好。

（2）检查油压是否正常。

（3）在正常操作时，可根据跳闸铁芯的动作与否判明是回路故障还是机构有问题，然后用机械跳闸使开关遮断。

（4）将拒绝跳闸原因及结果汇报上级，联系检修人员处理，在未查明原因或未试验良好时，不得将开关重新投入运行或列入备用。

（5）若为接触器某相接点粘死，或开关某相断不开，应按电动机缺相运行处理。

二、电动机运行中的异常及处理

电动机在运行中经常会出现一些不正常的现象，如电动机声音异常、焦臭味、电动机振动、电动机过负荷、轴承和线圈温度升高、电动机电流增大及转速变化等，这些异常虽然不会马上使电动机保护动作跳闸，但已影响到电动机的安全运行。某些异常运行的重要电动机，若不及时处理，不仅造成电动机本身事故，而且可能扩大为停机、停炉等大事故。当发现上述现象时，机械值班人员应仔细观察所发生的现象，判断故障原因，必要时立即汇报值长或值班负责人，经联系切换运行方式，将电动机停运，进行检查。

（一）电动机的缺相运行

1. 现象

电动机缺相运行时，电流表指示上升或为零（如果正好安装电流表的一相发生断线时，电流表指示为零）；电动机本体温度升高，同时振动增大，声音异常。

2. 处理

当发生上述现象时，应立即启动备用电动机，停止故障电动机运行，通知值长及电气值班负责人派人进行检查。厂用电值班员在处理故障时，应首先判断是电动机电源缺相还是电动机定子回路的故障。

3. 原因分析

电动机的缺相运行就是三相电动机因某种原因造成回路一相断开时的运行。造成缺相运行的原因很多，例如，一相熔断器熔丝熔断或接触不良，断路器、隔离开关、电缆头、接触器及导线中的一相断线等，属于电动机一次回路电气元件故障引起，作为电动机本身的原因是定子绕组一相断线和电动机引线接头开焊或断线等，均可造成电动机缺相运行。

三相电动机变成缺相运行时，假若电动机负荷未变化，两相绕组要负担原来三相绕组所承担的负荷，则这两相绕组的电流必然增大。原因是，当一相断线时，加在其他两相绕组的电压为正常情况下的 $\sqrt{3}/2$ 倍，运行的两相绕组中的电流约增加 1.73 倍，这个电流比一般过负荷大得多，但又比绕组短路时的电流小，所以熔断器的熔丝不会因缺相而熔断。若电动机回路中装有断路器时，继电保护一般不会动作跳闸。所以，防止电动机的缺相运行的方法：一是靠值班人员判断，发现后及时停用；二是在电动机回路中装设缺相保护，如电动机缺相保护器，在发生缺相运行时，保护动作于电动机跳闸，避免电动机由于缺相运行过热而烧坏。

（二）电动机本体发热

电动机在运行中若发现本体温度和温升比正常情况显著上升，且电流增大时，值班人员应迅速查找原因，并按下述原则进行处理：

（1）检查所带机械部分有无故障（是否有摩擦或卡涩现象），当机械部分发生故障，应迅速启动备用电动机，停止故障电动机运行。

（2）检查机械负载是否增大，若属于机械负载增加时，要求减小负载。

（3）检查电动机通风系统有无故障，如属于通风不良、周围环境不良等原因时，应迅速排除或采取强制风冷措施，否则采取减负荷的方法，直到温度降低到允许值以下。

（4）检查电动机各相电流是否平衡，判断是定子绕组故障还是缺相运行，根据情况，停运处理。

（5）判断是否为电动机定子铁芯故障引起温度升高。

（三）电动机振动超过规定

由于电动机和所带机械都为旋转设备，都会引起振动。振动可能有以下原因：

（1）电动机与所带动机械的中心找得不正；

（2）电动机转子不平衡；

（3）电动机轴承损坏，使转子与定子铁芯或线圈相摩擦（即扫膛现象）；

（4）电动机的基础强度不够或地脚螺钉松动；

（5）电动机缺相运行等。

当发生振动现象时，值班人员应对振动的程度进行测试，若振动在规定允许值内时，尚可以继续运行。并应积极查找振动原因，尽快安排停运处理，如强烈振动超出允许值范围时，应及时停止电动机运行。

（四）电动机声音异常

电动机在运行中，如果声音突然发生异变时，值班人员应及时对电动机各部位进行全面检查，分析原因，进行处理。

电动机机械方面的原因是：轴承声音不正常，如因缺油造成电动机声音异常时，应迅速加油；若轴承已损坏，伴随有电动机转子、定子相碰的摩擦声，应立即停止运行。

电气方面的原因是：电动机不正常的声音来自本体，首先应检查电压及频率是否在规定范围内，若电压超出规定时，应调整母线电压；检查三相定子电流是否平衡，判断是否有断线现象或绕组内部有匝间短路情况，及时汇报值班负责人，必要时停止电动机运行进行检查。

（五）电动机启动时的故障处理

电动机在启动时容易发生一些故障，例如合上断路器后电流很久不返回，电动机不转却只发嗡嗡的声音，或电动机转速达不到额定转速，从电动机内冒出烟火等。

电动机启动时的故障，可能由以下原因造成，现逐条进行分析。

1. 合上电动机断路器后，电动机不转动

发生此种现象，说明电动机定子或电源回路中一相断线，如低压电动机熔断器一相熔断，高压电动机的断路器或隔离开关一相未接通，因而不能形成三相旋转磁场，电动机就旋转不起来。

2. 电动机启动后达不到正常转速

电动机定子绕组方面发生匝间短路、定子或电源一相断线、接触不良、定子接线是否正确（例如将三角形误接为星形，或星形接法的一相接反）也将影响电动机的转速。而在转子方面，则应是转子回路断线或接触不良，如笼型电动机鼠笼条与端环开焊、绕线式电动机转子的变阻器回路断线、滑环与碳刷接触不良等，使转子绕组回路无电流或电流减少，因而使电动机不转或转慢，达不到正常转速。

3. 电动机启动中跳闸

由于机械负载大或传动中有卡涩现象，电动机带负荷直接启动，都会引起电动机启动过负荷跳闸现象。从热工保护方面，不具备启动条件时，保护闭锁，也将会发生此现象。

机械值班员在发现电动机启动不起来时，应迅速检查断路器或接触器是否跳闸（通常过负荷、热偶保护或反时限过电流保护应动作），若保护未动作时，应手动拉开断路器或接触器，然后向值长汇报启动故障情况，电气值班员在处理故障时，应首先向机械值班员了解启动过程中的故障现象，根据故障现象对电动机一次回路接线、控制回路进行检查处理，采取必要的测试手段，判断故障点，待故障点排除后，通知机械值班员试启动，电气值班员应就地观察故障排除是否正确。如不能处理时通知有关部门进行处理。

（六）电动机的事故处理

电动机运行中，属于电动机保护范围内的故障，电动机保护动作于断路器自动跳闸，但有一些故障如机械振动超标、机械损坏等，对电动机暂时不会造成威胁，但对机械设备的运行将产生不良后果，这就需要机械值班员手动将电动机停止运行，以保证设备损坏程度不致扩大。

1. 电动机自动跳闸事故处理

电动机在运行中，控制室中突然发生喇叭、警铃齐鸣，电动机电流表到零，断路器控制开关绿灯闪光，电动机停转等现象时，说明电动机已经自动跳闸。此时，机械值班员应立即按下列步骤和原则进行处理，以保证整个系统的正常运行。

（1）如果备用电动机自动投入成功，应恢复警报音响，将各控制开关恢复到正常位置。

（2）如果备用电动机未自动投入，应迅速合上备用电动机的控制开关。

（3）如果没有备用电动机或启动备用电动机需较长时间影响发电时，准许将已跳闸的电动机强送电一次。但下列情况除外：当电动机及其回路上有明显的短路或损伤现象（如电动机的电流表有严重冲击现象，电动机冒烟、着火、声音异常等）；发生需要立即停止运行的人身事故；电动机所带的机械严重损坏。

（4）通知电气值班负责人对故障电动机进行查找原因。

电动机在运行中自动跳闸，电气值班人员应根据实际经验进行分析判断，尽快找出故障点，常见的故障原因如下。

（1）电动机及其电气回路发生短路等故障，使得保护动作于熔断器熔丝熔断或动作于断路器跳闸。

（2）电动机所带机械部分严重故障，电动机负荷急剧增大而过负荷，使过电流保护动作于断路器跳闸。

（3）电动机保护误动（如接线错误、连接片误投及直流系统两点接地），如纯属此错误原因时，系统无冲击现象。

（4）电动机所带的设备受联锁条件控制，联锁动作。

2. 电动机着火

电动机冒烟着火时，必须立即切断电动机电源后灭火，在灭火时应特别注意以下两点。

（1）使用灭火器时，只有在着火时方可进行，稍有冒烟或焦煳味时不可进行。

（2）灭火时使用四氯化碳、二氧化碳或干粉灭火器灭火，严禁将大股水注入电动机内和使用砂子灭火。

提示 第七章共三节内容，其中第一节适合于初级工学习，第二、三节适合于中、高级工学习。

第八章

直流系统的运行

第一节 直流系统的作用与运行方式

一、直流系统的作用

直流系统是发电厂、变电站的重要组成部分，承担着为控制、信号、保护、自动装置、事故照明、直流油泵和交流不停电电源装置等设备供电的任务。在大型发电厂中，远动装置、通信设备、热工保护及自动装置等也要求采用专用的直流系统作为电源。直流系统的作用犹如人体内的控制神经一样占据着非常重要的地位，对保证发供电设备安全投运和可靠切除起着关键作用。因此，对于直流设备的运行维护要给以足够的重视。保证直流系统可靠运行。

直流系统按其作用不同，大体可分为直流电源部分（即蓄电池组）、电源充电设备部分（即充电柜、直流配电装置）和直流负荷部分（即直流馈线屏）。蓄电池一般采用铅酸蓄电池，也有采用新型胶体蓄电池。目前使用的铅酸蓄电池绝大部分为防酸隔爆铅酸蓄电池。

从直流设备工作的可靠性、供电质量、绝缘水平、安装维护等方面考虑，如果控制负荷专用，采用110V电压等级；动力负荷和事故照明负荷专用，采用220V电压等级；如果控制负荷、动力负荷共用，采用220V电压等级。

二、直流系统的接线、运行方式及操作

直流母线按其所带负荷作用不同分为动力母线和控制母线两种。动力母线主要是接带大的动力负荷，如直流润滑油泵、直流密封油泵、交流不停电电源及事故照明等。控制母线主要接带发电机－变压器组的操作、保护，厂用变压器操作、保护，厂用6kV、380V配电装置的操作电源等。

（1）目前，各发电厂采用的直流系统接线方式较多，这里介绍的是某厂300MW机组的直流系统。该机组配置220V动力直流系统、110V控制直流系统，如图8－1和图8－2（见文后插页）所示。

1）220V 动力直流母线采用单母线制，配有一组蓄电池（103 个电瓶）、一个工作浮充柜、一个备用充电柜（两台机公用）、馈电柜、微机绝缘监视装置等，如图 8 – 1 所示。

a. 机组正常运行时，每台机工作浮充柜和蓄电池组并列连接于动力直流母线上，公用充电柜作为两台机工作充电柜的备用电源，母联断路器和母联隔离开关在断开位置。

b. 任一台工作浮充柜停运，启用公用充电柜接带该段负荷并给蓄电池组进行浮充电。

c. 一台工作浮充柜及蓄电池组停运（或公用充电柜给蓄电池大充电），该段母线可用另一台机组的工作浮充柜及蓄电池组接带。

2）110V 控制直流母线采用双母线制，各设一套蓄电池组（52 个电瓶）、一个工作浮充柜、馈电柜、微机绝缘监视装置等，如图 8 – 2 所示。

a. 机组正常运行时，每套工作浮充柜和蓄电池组并列连接于一条控制直流母线上，两母线分段运行，母联断路器和母联隔离开关在断开位置。

b. 一台充电柜及与之并列运行的蓄电池组停运（或充电柜给蓄电池组大充电），该母线可用同一机组的另一组控制充电柜及蓄电池组接带。

3）操作母联断路器时，要注意两段母线电压的差值不能超过 5%，否则应调整电压后再操作，防止环流大造成充电装置掉闸。另外，要特别注意两段母线的绝缘情况，尤其是选择接地时，若两段母线均有接地，且接地分别为不同极性时，禁止合上母联断路器，防止造成系统两点接地而使发供电设备误动掉闸。

（2）正常运行时，蓄电池、充电器和直流母线及供电网络组成一个系统，向机组直流负载供电。蓄电池和充电设备并联运行。经常性的直流负荷由充电装置承担，同时还向蓄电池进行浮充电，以补偿蓄电池的自放电损耗。当直流系统中出现较大的冲击性直流负荷时（断路器合闸电流或油泵启动电流），由蓄电池供给。冲击负荷消失后，负荷仍恢复由充电电源供给，蓄电池又进入浮充电状态，这种方式也称为浮充电运行方式。实践证明，采用浮充方式可提高蓄电池的使用寿命。同时，直流负荷的供电可靠性得到提高。特别是在大的冲击负荷或发电厂设备事故情况下，蓄电池可以提供稳定可靠的保安电源。

正常时，向蓄电池小电流充电的电流也称为浮充电流，浮充电流的大小，可根据规程或按公式确定

$$I = 2Q_H/2400$$

式中 Q_H——蓄电池的额定容量，Ah。

影响蓄电池浮充电流大小的因素有：①蓄电池的新旧程度；②电解液的浓度和温度；③电池的绝缘情况；④电池局部放电的大小；⑤浮充时负载的变化；⑥浮充前电池的状态。

采用浮充电方式运行的蓄电池，要定期进行核对性放电试验，其目的是促使蓄电池内有效物质起化学反应，及时发现蓄电池是否有维护不当的问题，选择合理的充放电周期。对于新装蓄电池要按制造厂的规定执行。定期核对性放电次数应根据具体观察的现象来定，一般以一年一次为宜。

三、ATC 系列晶闸管整流电源

现代发电厂的直流电源大都选用高频开关电源，将高频开关技术应用于充电电源，不仅有利于充电电源的小型化和高效化，而且易于产生极性相反的高频脉冲电流，从而实现蓄电池脉冲快速充电。现场应用的生产厂家产品也较多，下面简单介绍 ATC 系列晶闸管整流电源的工作原理及主要特点。

1. 工作原理

高频开关电源模块工作原理如图 8 - 3 所示：三相交流输入电源经输入三相整流、滤波变换成直流，全桥变换电路再将直流变换为高频交流，高频交流经主变压器隔离、全桥整流、滤波转换成稳定的直流输出，其中各部分的作用如下：

（1）一次侧检测控制电路。监视交流输入电网的电压，实现输入过压、欠压、缺相保护功能及软启动的控制。

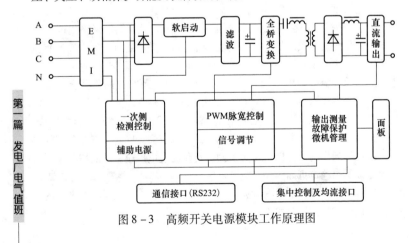

图 8 - 3　高频开关电源模块工作原理图

（2）辅助电源。为整个模块的控制电路及监控电路提供工作电源。

（3）EMI 输入滤波电路。实现对输入电源作净化处理，滤除高频干扰及吸收瞬态冲击。

（4）软启动部分。用作消除开机浪涌电流。

（5）信号调节、PWM 控制电路。实现输出电压、电流的控制及调节，确保输出电源的稳定及可调整性。

（6）输出测量、故障保护及微机管理部分。负责监测输出电压、电流及系统的工作状况，并将电源的输出电压、电流显示到前面板，实现故障判断及保护，协调管理模块的各项操作，并跟系统通信，实现电源模块的高度智能化。

2. 主要特点

（1）软开关技术。充电模块采用移相全桥零电压脉宽控制软开关技术，开关管为零电压、零电流开关，无电压、电流过冲或尖峰，具有理想软开关特性，与硬开关相比，软开关充电模块的开关损耗降低了 40%，给充电模块带来了最明显优点是：

1）整机效率提高到 94% ~ 96%，使在相同工作环境下充电模块的温升大幅降低，同类产品中的 ATC 系列充电模块温升最低。

2）由于无电压及无电流过冲或尖峰，功率开关器件承受的电应力较小，功率开关器件的可靠性得到提高。

3）由于电压变化率（du/dt）及电流变化率（di/dt）的减少，使充电模块的电磁干扰明显降低，提高了电磁兼容性能。

（2）防尘技术。通风散热风道与电路完全隔离技术，用特制的散热器，使散热风道与内部电路完全隔离，把发热的器件贴在散热器的表面，风机运行时，将热量迅速排出模块，既提高了散热效率又能有效防止电路板的尘埃吸附，使充电模块对环境的适应能力显著提高。

（3）智能化模块。充电模块内置 CPU，协调管理模块各项操作及保护，并以电气隔离的数字通信方式接受上位机的控制，其优点有：

1）设有光电隔离的数字通信接口，具有电气隔离能力，可承受外界 2000V 电压冲击。

2）模块接受的指令是数字信号，只有在接到符合通信协议的指令时，才执行相应的操作，任何干扰导致的非法指令均不接收，不会引起模块误动作。

3）模块故障时，故障模块自动退出，不影响系统正常运行。

4）智能化模块能监测到集中监控器的工作，当集中监控器故障时，

第八章　直流系统的运行

控制充电模块转换到手动控制方式，此时，可以手动控制各个充电模块，实现均/浮充电压、电流的设置。

5）智能化模块的监控采用分散控制方式。

（4）充电模块具有如下独立的功能：

1）稳定的直流输出。

2）均/浮充电压、电流的设置功能。

3）均/浮充转换，开关及控制功能。

4）自主均流功能。

（5）可直接显示输出电压、电流及各种工作状态。

（6）设有完善的过电流、过压、短路保护及防雷措施。

（7）采用 SMT 表面贴片工艺，稳定性好。

3. 工作指导

（1）开/关机。开机步骤：检查输入、输出接线是否正确；检查交流输入电源是否在规定的范围内；接入交流输入电源，合上启动开关（或三相空气开关），输入状态指示灯点亮，表示输入正常；按下"开/关机"按钮，模块开始工作，有输出，输出状态指示灯点亮，输出表计显示输出电压、电流值。

关机步骤：先松开"开/关机"按键，关闭启动开关（或三相空气开关）。

（2）模块的均/浮充。按下"均/浮充"按钮，均充状态指示灯亮，模块的输出电压自动调整到设定的均充电压；松开"均/浮充"按钮，均充状态指示灯灭，模块的输出电压自动回调到设定的浮充电压。

（3）多机并联。多机并联运行的要求：限流挡应处于同一挡；各模块的浮充电压及均充电压应保持基本一致；对于配有集中监控的系统，模块的通信地址编码应按模块的数量顺序设定，不能出现重复设置。

（4）自动/手动。当模块与集中监控系统通信正常时，模块处于自动状态，模块的浮充电压、均充电压及均/浮充转换、开/关机由集中监控器控制；通信不正常或无集中监控器时，模块自动回到手动控制状态，模块的浮充电压、均充电压为面板设定的电压，均/浮充转换、开/关机由面板控制。

（5）注意事项。设备内部设有抗雷保护电路，为确保设备及人身安全，保护地线必须安全可靠接地，接地电阻要小于 5Ω。机器前面进风罩与后面排风，不要遮挡，前、后应留有 80～100mm 的间隙，以免影响整机散热。

四、直流系统绝缘监视装置

发电厂和变电站的直流系统为各种监控保护设备及操作回路提供电源，其工作状况的好坏直接关系发电厂和变电站能否正常运行。支路接地是直流系统最常见的故障，若不能及时找到并排除，在系统出现多点接地时，将造成直流电源短路或保护设备误动，引起严重后果。

传统的直流系统接地检测装置采用低频信号注入法，该方法有两个致命缺陷，一是检测准确度受系统分布电容影响较大，二是向直流系统注入交流信号，实际上是给直流系统引入了一个干扰源，影响直流系统正常工作。随着传感器技术的发展，直流微电流传感器的问世，利用该类传感器直接测量母线及支路的漏电流，根据漏电流计算出绝缘电阻。该方法克服了低频信号注入法的两个致命缺陷。

下面以 TLZJ 微机直流系统绝缘监视装置为例进行说明：

1. 装置功能

（1）检测功能：检测母线电压，母线正、负极对地电压；检测母线正、负极对地绝缘电阻值；检测支路正、负极接地电阻及接地电流值。

（2）接地选线功能：可判别母线接地和支路接地，若为支路接地，可选出接地支路。

（3）故障报警功能：当母线发生过压、欠压、母线或支路绝缘电阻下降，接地故障时产生报警信号，并通过报警继电器输出。

（4）显示功能：显示实时时钟，装置运行状态，系统配置参数，接地故障的母线或线路号，故障起止时间，母线电压，母线正、负极对地电压，母线正、负极对地绝缘电阻，支路正、负极对地电阻及接地电流值。

（5）设置功能：提示用户设置或修改母线参数，线路参数，报警限值，实时时钟，通信方式，整定时间等。

（6）通信功能：装置具有一个串行通信口，用户可根据需要通过菜单设置成 RS-232 或 RS-485 通信接口，通信速率可通过菜单选择。

（7）故障追忆：可追忆查询最近 32 次接地故障。

2. 装置组成

装置的硬件框图如图 8-4 所示。

该装置硬件主要包括主控板、信号采集板、底板、键盘显示板、电源板。模拟量输入、开关量输出及数据通信全部采用了光电隔离，现场抗干扰能力强，设备运行稳定可靠。采用了高性能的滤波电路，提高了选线的准确性。采用了瞬态抑制电路，抗雷击等强干扰能力强。

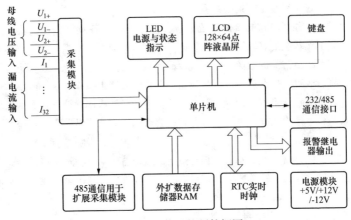

图 8-4 装置的硬件框图

3. 选线原理

根据直流系统的特点，本装置的测量分为两个部分：①母线绝缘监测；②支路漏电流巡检。

(1) 直流母线绝缘监测。根据不平衡电桥原理实现正负极母线对地绝缘电阻的测量，参见图 8-5。其中：U 为直流系统正负极母线电压；U_+ 为直流系统正极母线对地电压；U_- 为直流系统负极母线对地电压；R_z 为直流系统正极母线对地电阻；R_f 为直流系统负极母线对地电阻；R_j 为直流系统电桥接地检测电阻；U_A 为电桥网络一接地检测电压；U_B 为电桥网络二接地检测电压；K1、K2 分别为电桥网络一和电桥网络二接地检测开关。利用电桥网络一和电桥网络二可计算出母线正极对地电阻 R_z 和母线负极对地电阻 R_f。

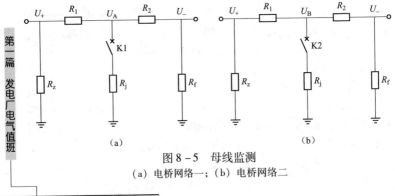

(a)　　　　　　　　　　　　　(b)

图 8-5 母线监测

(a) 电桥网络一；(b) 电桥网络二

（2）支路漏电流巡检。当直流母线对地绝缘电阻下降到设定报警极值时，装置自动检测各支路的漏电流大小。漏电流传感器环绕安装在直流回路的正负出线上。当装置运行时，实时检测各支路传感器输出的信号，当支路绝缘情况正常时，流过传感器的电流大小相等，方向相反，其输出信号为零；当支路有接地时，漏电流传感器有差流流过，传感器的输出不为零。因此，通过检测各支路传感器的输出信号，就可以判断直流系统接地支路，该原理选线精度高，不受线路分布电容的影响。支路漏电流巡检如图 8－6 所示。

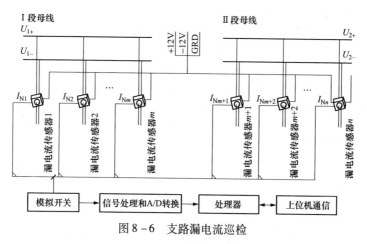

图 8－6　支路漏电流巡检

第二节　蓄电池的基本知识

在发电厂中，给信号设备、继电保护、自动装置、断路器的控制回路等负荷供电的电源，称为操作电源。目前，发电厂中普遍采用蓄电池组直流电源作为操作电源。

蓄电池是一种独立可靠的直流电源。尽管蓄电池投资大、寿命短且需要很多的辅助设备（如充电和浮充电设备、保暖、通风、防酸建筑等），以及建造时间长，运行维护复杂，但由于它供电具有独立而可靠的特点，因而在发电厂和变电站内发生任何事故时，即使在交流电源全部停电的情况下，也能保证直流系统的用电设备可靠而连续地工作。另外，不论如何复杂的继电保护装置、自动装置和任何型式的断路器，在其进行远距离操作时，均可用蓄电池的直流电源作为操作电源。因此，蓄电池组在发电厂中不仅是操作电源，也是事故照明和一些直流自用机械的备用电源。

蓄电池是储存直流电能的一种设备，它能把电能转变为化学能储存起来（充电），使用时再把化学能转变为电能（放电），供给直流负荷。这种能量的变换过程是可逆的，也就是说，当蓄电池已部分放电或完全放电后，两极表面形成了新的化合物，这时如果用适当的反向电流通入蓄电池，就可使已形成的新化合物还原成原来的活性物质，供下次放电之用。在放电时，电流流出的电极称为正极或阳极，以"＋"表示，电流经过外电路之后，返回电池的电极称为负极或阴极，以"－"表示。根据蓄电池采用的电解液和电极材料的不同，可将蓄电池分为酸性蓄电池和碱性蓄电池两种。其中酸性蓄电池在发电厂中被广泛应用。下面以铅酸蓄电池为例，对蓄电池的结构及工作原理进行介绍。

一、铅酸蓄电池的结构

铅酸蓄电池由极板、电解液和容器构成，如图 8－7 所示。极板分正极板和负极板，在正极板上的活性物质是二氧化铅（PbO_2），负极板上的活性物质是灰色海绵状的金属铅（铅绵），电解液是浓度为 27%－37% 的硫酸水溶液（稀硫酸），其与水的相对密度在 15℃时为 1.21，放电时比重稍为下降。

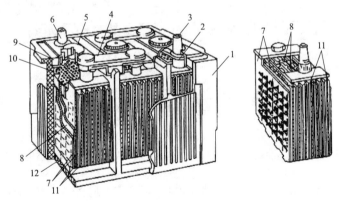

图 8－7　铅酸蓄电池的结构图

1—蓄电池外壳；2—电极衬套；3—正极柱；4—连接条；5—加液孔螺塞；

6—负极柱；7—负极板；8—隔板；9—封料；10—护板；

11—正极板；12—肋条

正极板采用表面式的铅板，在铅板表面上有许多助片，这样可以增大极板与电解液的接触面积，以减少内阻，增大单位体积的蓄电容量。

负极板采用匣式的铅板，匣式铅板中间有较大的栅格，两边用有孔的薄铅皮加以封盖，以防止多孔性物质（铅绵）的脱落。匣中充以参加电化学反应的活性材料，即将铅粉及稀硫酸等物调制成糊糊状混合物，涂填在铅质栅格架子上。

极板在工厂经过加工处理后，正极板的有效物质为深棕色的二氧化铅，负极板中的有效物质是淡灰色绵状的金属铅。正、负极板之间用多孔性隔板隔开，以使极板之间保持一定距离。

电解液面应该比极板上边至少高出 10mm，比容器上边至少低 15～20mm，前者是为了防止反应不完全而使极板翘曲，后者是防止电解液沸腾时从容器内溅出。蓄电池中负极板总比正极板多一块，使正极板的两面在工作中起的化学作用尽量相同，以防止极板发生翘曲变形。同极性的极板用铅条连接成一组，此铅条焊接在极板的突出部分，并用耳柄挂在容器的边缘上。为了防止在工作过程中有效物质脱落到底部沉积，造成正、负极板短路，所以极板的下边与容器底部应有足够的距离，容器上面盖以玻璃板，以防灰尘侵入和充电时电解液溅出。

二、铅酸蓄电池的工作原理及特性

1. 蓄电池的放电及放电特性

蓄电池供给外电路电能的过程，称为蓄电池的放电。放电时，放电电流在外电路中从正极板经负荷 R 流向负极板，而在蓄电池内部则由负极板流向正极板，如图 8－8（a）所示。

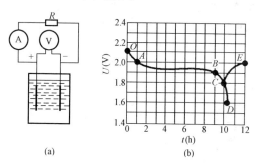

(a)　　　　　　　　(b)

图 8－8　铅酸蓄电池的放电

（a）放电电路；（b）放电特性曲线

放电时极板的化学反应式为

负极　　　　　　$Pb + SO_4^{2-} \longrightarrow PbSO_4 + 2e$

正极　　$PbO_2 + 2H^+ + H_2SO_4 + 2e \longrightarrow PbSO_4 + 2H_2O$

将上二式相加，可得化学反应式

$$\underset{(\text{正极})}{PbO_2} + \underset{(\text{负极})}{Pb} + \underset{(\text{电解液})}{2H_2SO_4} \longrightarrow \underset{(\text{正极})}{PbSO_4} + \underset{(\text{负极})}{PbSO_4} + \underset{(\text{电解液})}{2H_2O}$$

由以上化学反应式可见，蓄电池放电时，正、负极板都有硫酸铅（$PbSO_4$）生成，同时消耗电解液中的硫酸（H_2SO_4）而析出水（H_2O），使电解液的密度下降。

蓄电池以恒定电流（如额定 10h 放电电流）进行连续放电时，其端电压随放电时间的变化曲线，称为放电特性曲线，如图 8-8（b）所示。

从图 8-8（b）中可以看到：放电初期，由于极板表面和有效物质微孔内的电解液密度骤减，使电势减小很快，因而蓄电池端电压迅速下降，如曲线 OA 段；在放电中期，极板微孔中生成的水与从极板外表渗入的电解液达到了动态平衡，使微孔内电解液密度的下降速度减缓，相应的蓄电池电势的下降亦减慢，此时端电压随内阻的增大而减小，如曲线 AB 段；到放电末期，极板上的有效物质大部分已变成了硫酸铅，堵塞了极板上的微孔，使电解液很难渗入，因此微孔中电解液密度很小，蓄电池的内阻迅速增大，所以蓄电池的端电压出现了迅速下降的情况，如 BC 段。到 C 点时，电压为 1.8V 左右，放电便告结束。若继续放电，端电压将骤减，如曲线 CD 段。若在 C 点停止放电，则蓄电池的端电压可能回升至 2.0V 左右，如曲线 CE 段。

通常将对应于 C 点的电压称为蓄电池的放电终止电压。如果继续放电，将会在极板表面和有效物质微孔内形成硫酸铅晶块，影响蓄电池的使用寿命，造成极板硫化和个别蓄电池的反极现象。若过度放电，极板将会发生不可恢复的翘曲和臃肿，使蓄电池极板报废。

图 8-8（b）所示曲线表述的是以 10h 放电电流放电时端电压的变化情况。如果蓄电池以更大的电流放电，则到达终止电压的时间将缩短。同时，放电电流越大，蓄电池的端电压下降越快。所以，当放电电流改变时，蓄电池的初始电压、平均电压和终止电压均随之改变，图 8-9 所示为不同放电电流时的放电特性曲线。

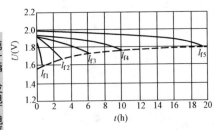

图 8-9　铅酸蓄电池不同放电
电流时的放电特性曲线

2. 蓄电池的充电和充电特性

蓄电池放电到规定的电压以后，必须及时予以充电。蓄电池的充电是用专门的直流电源，如整流器、直流发电机或高频开关型充电模块等，充电电路如图 8 − 10（a）所示。

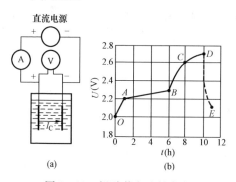

(a)

(b)

图 8 − 10　铅酸蓄电池的充电

（a）充电电路；（b）充电特性曲线

充电时，直流电源的正极接蓄电池的正极，直流电源的负极接蓄电池的负极。当直流电源的端电压高于蓄电池的电势时，蓄电池中将有充电电流 I_c 通过，在蓄电池内部，电流从正极板流向负极板，电解液中的正、负离子移动方向与放电时相反，即氢的正离子移向负极，硫酸根的负离子移向正极。充电时的化学反应式如下

负极　　　　　　　　$PbSO_4 + 2e \longrightarrow Pb + SO_4^{2-}$

正极　　　　$PbSO_4 + 2H_2O \longrightarrow PbO_2 + 2H^+ + H_2SO_4 + 2e$

将上二式相加，得

$$\underset{(正极板)}{PbSO_4} + \underset{(负极板)}{PbSO_4} + \underset{(电解液)}{2H_2O} \longrightarrow \underset{(正极板)}{PbO_2} + \underset{(负极板)}{Pb} + \underset{(电解液)}{2H_2SO_4}$$

由上式可知，蓄电池充电后，正极板恢复为原来的二氧化铅（PbO_2），负极板恢复为原来的铅（Pb），而且，电解液中的水减少，硫酸增加，电解液的密度也恢复到原来的数值。

结合蓄电池放电时的化学反应方程式可知，蓄电池的充、放电过程是一个可逆的化学变化过程，其化学反应式可写为

$$Pb + 2H_2SO_4 + PbO_2 \underset{充电}{\overset{放电}{\rightleftharpoons}} 2PbSO_4 + 2H_2O$$

当蓄电池以恒定不变的电流（如 10h 充电电流）进行连续充电时，则端电压随充电时间的变化曲线如图 8 − 10（b）所示。这个充电过程是

以 10h 充电电流为基础的，如果以较大的电流充电，则极板有效物质还原的速度加快，细孔内电解液密度急剧增大，蓄电池内部电压降也增大，所以充电特性曲线高于 10h 充电特性曲线，而需要的充电时间将缩短。但必须指出，蓄电池的最大允许充电电流不得过大。如果充电电流太大，可能在有效物质还没有全部还原时，电解液就开始出现沸腾，因而误认为充电已经完毕。这会使极板翘曲，有效物质受冲击而脱落，影响蓄电池的寿命。而且，没有完全充电的蓄电池，极板易于硫化，便蓄电池的出力达不到应有的容量。

为了减少充电时用于电解水的电能消耗，应在充电到电解液开始冒气泡时，减小充电电流，一般减到不超过最大允许充电电流的 40%，使蓄电池的充电得以充分而经济地进行。

3. 蓄电池的自放电

充足电的蓄电池，经过一定时期后，会自行失去电量，这便是蓄电池的自放电现象。产生自放电的主要原因，是由于极板中含有杂质，形成局部的小电池，小电池的两极间存在短路回路，短路回路内的电流则会引起蓄电池的自放电。另外，由于蓄电池上、下部的电解液的密度不同，极板上、下电势的大小不等，因而在正、负极板的上、下部分之间的均压电流也会引起蓄电池的自放电。通常铅酸蓄电池在一昼夜内，自放电所消耗的电量约占总容量的 0.5% ~ 1%。蓄电池的自放电也会使极板硫化，为防止自放电的产生应定期进行均衡充电。

4. 蓄电池放电和充电程度的测量

放电时电解液因硫酸减少而变稀，充电时电解液因硫酸增多而变浓。因此，电解液的浓度就代表着蓄电池放电和充电的程度。电解液的浓度用其密度大小来衡量。液体的相对密度是液体的质量与相同容积水的密度的比值。水的密度为 $1g/cm^3$，蓄电池使用的纯硫酸的密度是 $1.83g/cm^3$，因此电解液的相对密度总是大于 $1g/cm^3$。具体数字要看其中所含硫酸的多少而定。蓄电池放电放得越多，电解液中硫酸越少，相对密度就越小；反之，充电充得越多，电解液中硫酸越多，相对密度就越大。电解液的密度和温度有密切关系，例如温度升高，电解液受热胀，密度就降低。通常，在室内温度为 20℃ 时，充足电的蓄电池，它的电解液密度是 1.275 ~ $1.334g/cm^3$，当蓄电池放电到电解液密度为 1.13 ~ $1.18g/cm^3$ 时，它的正、负极板已接近于全部转化为硫酸铅，此时应该停止放电。

电解液相对密度可以用密度计测量，但测试用的密度计不可能测出极板细孔中电解液的密度，故必须在电池静止状态（停止充、放电时）进行测试较为准确。

用电压表在蓄电池两极板之间测出的电压称为蓄电池的端电压。手电筒用的干电池,不论是几号电池,每节电池的额定电压都是 1.5V。蓄电池的电压也与容量大小无关,额定电压均为 2V。

三、蓄电池的电动势和容量

1. 蓄电池的电势

蓄电池电动势的大小与蓄电池极板上活性物质的电化性质和电解液的浓度有关,与极板的大小无关。当电极上活性物质已固定后,蓄电池的电动势主要由电解液的浓度决定。因此,蓄电池的电动势可近似由下式确定

$$E = 0.85 + d \qquad (8-1)$$

式中　E——蓄电池的电动势,V;

　　　d——电解液的密度,g/cm^3;

0.85——铅酸蓄电池电动势的常数。

固定型的铅酸蓄电池充电完毕后,电解液的密度为 $1.21g/cm^3$,故其电势为

$$E = 0.85 + 1.21 = 2.06 \text{(V)}$$

电动势与电解液的温度有关。当温度变化时,电解液的黏度要改变,黏度的改变会影响电解液的扩散,从而影响放电时的电动势,因而引起蓄电池容量的变化,运行中蓄电池室的温度以保持在 10～20℃ 为宜,因为电解液在此温度范围内变化较小,对电动势影响甚微,可忽略不计。蓄电池在运行中,不允许电解液的温度超过 35℃。

2. 蓄电池的容量

蓄电池的容量是指蓄电池放电到终止电压时,所能放出的电量 Q,即放电电流安培数与放电小时数的乘积。当蓄电池以某一恒定的放电电流放电时,蓄电池的容量计算公式如下

$$Q = I_{fd} t_{fd} \qquad (8-2)$$

式中　Q——蓄电池的容量,Ah;

　　　I_{fd}——放电电流,A;

　　　t_{fd}——放电时间,h。

蓄电池的容量并不是一个常数,它除与极板表面的有效物质及其数量有关外,还与放电电流的大小、放电时间的长短、电解液的密度和温度、蓄电池的新旧程度等因素有关。蓄电池在使用过程中,其容量主要受放电率和电解液温度的影响。

（1）放电率对蓄电池容量的影响。蓄电池每小时的放电电流称为放电率。蓄电池容量的大小随放电率的大小而变化，一般放电率越高，则容量越小，因蓄电池放电电流大时，极板上的活性物质与周围的硫酸迅速反应，生成晶粒较大的硫酸铅，硫酸铅晶粒易堵塞极板的细孔，使硫酸扩散到细孔深处更为困难。因此，细孔深处的硫酸浓度降低，活性物质参加化学反应的机会减少，电解液电阻增大，电压下降很快，电池不能放出全部能量，所以，蓄电池的容量较小。放电率越低，则容量越大，因蓄电池放电电流小时，极板上活性物质细孔内电解液的浓度与容器周围电解液的浓度相差较小，且外层硫酸铅形成得较慢，生成的晶粒也小，硫酸容易扩散到细孔深处，使细孔深处的活性物质都参加化学反应，所以，电池的容量就大。

（2）电解液温度对蓄电池容量的影响。电解液温度越高，稀硫酸黏度越低，运动速度越大，渗透力越强，因此电阻减小，扩散程度增大，电化学反应增强，从而使电池容量增大。当电解液温度下降时，渗透力减弱，电阻增大，扩散程度降低，电化学反应滞缓，从而使电池容量减小。电解液温度与蓄电池容量的关系为

$$Q_{25} = \frac{I_{25}t}{1 + 0.008(T - 25)} \qquad (8-3)$$

式中　Q_{25}——电解液平均温度为 25℃时的容量，Ah；

　　　T——放电过程中电解液的实际平均温度，℃；

　　　I_{25}——电解液温度为 25℃时的放电电流，A；

　　　t——连续放电时间，h。

四、蓄电池的数量

蓄电池组中蓄电池的数量主要由发电厂直流系统的电压和单个蓄电池的电压决定，蓄电池个数应满足在浮充电运行时直流母线电压为 $1.05U_n$ 的要求，蓄电池个数应按下式计算

$$n = 1.05 \frac{U_n}{U_1} \qquad (8-4)$$

式中　n——蓄电池个数；

　　　U_n——直流电源系统标称电压，V；

　　　U_1——单体蓄电池浮充电电压，V。

五、蓄电池的运行方式

在火电厂中，蓄电池组的运行方式有两种：均衡充电方式和浮充电方式。其中浮充电方式应用得较为广泛。

1. 均衡充电方式

均衡充电是对蓄电池的特殊充电。在蓄电池长期使用期间，可能由于充电装置调整不合理产生低浮充电电压或使用表盘电压表读数不正确（偏高）等原因造成蓄电池自放电未得到充分补偿，也可能由于各个蓄电池的自放电率不同和电解液密度有差别使它们的内阻和端电压不一致，这些都将影响蓄电池的效率和寿命，为此，必须进行均衡充电（也称过充电），使全部蓄电池恢复到完全充电状态。均衡充电通常采用恒压充电，就是用比正常浮充电电压高的电压进行充电，充电的持续时间与采用的均衡充电电压有关。

2. 浮充电方式

蓄电池组浮充电运行方式的特点是，充电装置与蓄电池组同时连接于母线上并列工作，充电装置除给直流母线上经常性的直流负荷供电外，同时又以很小的电流（浮充电电流）向蓄电池组充电，以补偿蓄电池的自放电损耗，使蓄电池经常处于满充电的状态。当出现短时大负荷时，例如当许多断路器同时合闸、直流电动机启动、直流事故照明瞬间开启时，主要是由蓄电池组以大电流放电来供电的；在充电装置的交流电源消失或故障断开时，直流负荷完全由蓄电池组供电。所以说蓄电池组主要担负冲击负荷和交流系统故障或充电装置断开的情况下的全部直流负荷的供电。

蓄电池组直流电源采用浮充电方式运行，不仅可提高电源的可靠性、经济型，还可减少运行维护的工作量，因而在发电厂中广泛应用。

六、蓄电池的安装

蓄电池安装时应遵循以下几点：

（1）蓄电池应排列整齐、间距相等。

（2）焊接牢固，焊接处光滑、清洁，无焊渣、无裂缝和漏焊。

（3）连接螺钉应紧固，接触良好，无腐蚀，接头应涂抹凡士林油。

（4）蓄电池对地绝缘良好，安装时加垫绝缘。

（5）蓄电池室的建筑、照明、通风、防酸及导线等条件应符合有关规程规定。

第三节 直流系统的运行和维护

一、直流系统运行的一般规定

（1）直流母线不允许脱离蓄电池长期运行。

（2）两组直流母线都有接地信号时，严禁串带运行。

（3）直流母线运行时，其绝缘监测装置应投入。因故退出时，应每小时测量一次母线正、负极对地电压，以监视该系统绝缘情况。

（4）两充电装置的倒换、两母线分段运行方式与串带运行方式的倒换，必须在极性相同的情况下，且电压差符合要求（一般不大于额定电压的5%）时，可短时合环进行倒换，否则采用停电法。

（5）各直流分电屏电源的倒换均应采用停电法。

二、直流系统投入前检查

（1）充电装置、母线绝缘合格。装置内接线良好，且相序、极性、色别正确。

（2）确认负载设备已具备送电条件。

（3）各蓄电池表面无磨损，无漏液，电压正常。

（4）检查熔断器完好无损。

三、直流系统的正常监视与维护

（1）220V动力直流母线电压正常应保持在（231±1）V，110V控制直流母线电压正常应保持在（116±1）V。

（2）各直流系统绝缘良好，运行中的直流母线对地绝缘电阻值应不小于10MΩ，若有接地现象应立即查找和处理。

（3）各蓄电池正常在浮充电状态，浮充电流应保持在正常范围内，无经常摆动和突然增大或减少现象。

（4）检查充电柜及馈电柜内装置无过热现象，各运行参数指示正常，充电模块无过热等异常情况。

（5）检查集中监控器运行正常，指示正确。

（6）检查控制、动力直流系统充电柜电源开关及其指示灯正常，各隔离开关、断路器位置正常，交流输入电压值、充电装置输出的电压值和电流值、蓄电池组电压值正常。

（7）对蓄电池进行仔细检查。

四、蓄电池运行中的检查及维护

（1）电解液液面高度和密度的检查。电解液的液面应高于极板上缘10～20mm。蓄电池在作浮充电运行时，电解液的密度应保持在1.20～1.21g/cm³，若密度高于1.25g/cm³或低于1.21g/cm³时，应补加蒸馏水或稀硫酸。

（2）极板颜色和形状的检查。在充好电后，正极板是红褐色的，负极板是深灰色的；在放完电后，正极板和负极板分别变成浅褐色和浅灰色的。极板无弯曲短路、局部发热、硫化脱落现象，极板颜色正常。极板形状不应翘曲、断裂、臃肿、短路等，极板有效物质不应大量脱落。

（3）沉淀物的检查。蓄电池在正常情况下，沉淀物的高度距极板下缘不应超过 10mm。若沉淀物过多，则必须清除。

（4）蓄电池电解液冒泡情况的检查。蓄电池在正常运行时，电解液会冒出细小气泡。若只有极少的细小气泡冒出，则为浮充电流太小；若个别不冒气泡，则为电池极板短路或硫化严重；若普遍气泡大，则为浮充电流太大。依上述情况作出调整浮充电流或更换电池的处理。

（5）绝缘电阻的检查。定期检查蓄电池的绝缘电阻，用电压表法测出的绝缘电阻值应不小于 0.2MΩ（电压为 220V）。

（6）蓄电池在浮充电运行中，单个电池的电压是否符合规定，电压应保持在（2.23±0.1）V。

（7）温度的检查。蓄电池室温度应保持在 15～30℃，最高不得超过35℃，最低不得低于10℃，蓄电池电解液温度应保持在 15～30℃，不得低于10℃，电解液温度上升不宜超过40℃。

（8）蓄电池室门窗严密，通风良好，门锁、照明完好，检查墙壁屋顶有无脱落，地面有无下沉等。

（9）蓄电池电瓶各接头螺钉及焊接处支持绝缘子良好，电瓶外壳无破裂。

（10）防酸雾帽应完整无损通气良好。

（11）检查中如发现异常立即通知检修人员处理。

五、工作充电柜运行中的检查及维护

（1）检查充电柜电源正常，电源Ⅰ、Ⅱ指示灯均亮。

（2）检查充电柜防雷器指示正常（窗口为绿色）。

（3）检查充电柜各充电模块接线良好。

（4）检查充电柜内交流电源切换开关在"互投"位置。

（5）运行中各充电柜的监控模块及充电模块运行正常，各参数显示在正常范围内，充电模块无过热等异常情况。

第四节　直流系统的异常及事故处理

一、直流系统接地的现象及处理

1. 现象

控制（或动力）直流系统绝缘监测仪发出报警信号，DCS 系统电气光字牌画面"控制（或动力）直流系统绝缘降低"光字出现。

2. 处理

用对应的直流系统监控模块进行检查，步骤如下：

（1）在监控模块主屏幕上进入主菜单。

（2）在主菜单中进入其他智能设备子菜单。

（3）进入绝缘监测仪子菜单。

（4）查看绝缘监测仪实时数据，如正、负母线电压和对地电阻、绝缘故障支路号等信息（反白表示该设备与监控模块通信中断）。

（5）检查完后根据显示的故障线路，将故障排除。

（6）返回主菜单，恢复到常规监测。

（7）经检查支路无故障时，应对蓄电池、直流母线及充电柜进行倒换选择。

二、硅整流装置及充电柜的异常及事故处理

（1）工作充电柜各充电模块设有输入缺相、输入欠压、输入过压、IGBT（功率管）过电流、模块过热、输出欠压、输出过压等保护，运行中出现异常信号时应及时检查属于何种故障，并检查造成故障的原因及时联系检修人员处理。

（2）若是由于电源的问题，应及时进行检查电源并恢复正常。

（3）上述故障现象中除输出过压时模块自动关机闭锁外，其他故障在引起故障的原因消失后可自动恢复正常工作。

（4）充电模块的输出电压一旦超过模块内部设置的过压保护点，充电模块便自动关机，锁死输出，只有重新开机才能启动输出。因为过电压可能会损坏用电设备，所以一旦发生过电压应检查过电压的原因并排除故障后，才能重新开机。

（5）若由于充电模块故障需要拔出时应注意先关掉其交流电源开关，然后依次将其后面的交流电源插头、直流输出插头拔出；充电模块恢复插入投入运行时应先将其交流电源插头插入，再合上其交流电源开关，投入运行正常后再插入其直流输出插头。

三、直流母线及蓄电池异常及事故处理

（一）直流母线短路

1. 现象

接于该段的充电柜掉闸，蓄电池熔断器熔断，母线电压消失，中央信号盘有关光字（蓄电池熔断器熔断、直流系统电压异常）出现。

2. 处理

（1）立即将所有负荷断开，对母线进行绝缘测定，如无问题应立即将充电柜投入运行，并更换蓄电池熔断器，对负荷逐路进行绝缘测定，查出故障点，恢复无故障负荷运行。

（2）如故障点在母线上，不能自行消除，则应将接于该母线的所有电源及负荷全部停电做好安措，通知检修处理。

（二）负荷干线熔断器熔断的处理

（1）因接触不良或过负荷时更换熔断器送电。

（2）因短路熔断者，测绝缘寻找故障消除后送电，故障点不明用小定值熔断器试送，消除故障后恢复原熔断器定值。

四、蓄电池的常见故障及处理

（一）极板硫化

1. 现象

（1）电解液密度下降，容量减小。

（2）极板表面呈浅褐色，且带有白色斑点，严重时极板翘曲。

（3）充电时电解液温度上升较快、过早出现气泡或开始充电就出现气泡。

2. 处理

（1）若硫化较轻，可用均衡充电的方法处理；否则采用"水治疗法"。即将电池的电解液倒出，注入纯水，用正常充电第二阶段（见图8-10中 AB 段）一半的电流充电，直到正、负极板开始均匀地冒气泡，密度已不再上升时，即可停止充电。而后再用 10h 一半的电流放电，使电压降至 1.85V 为止。如此反复多次，直到容量恢复到正常为止。

（2）放电不要超过规定限量。

（3）电解液密度不超过规定值。

（4）电解液液面高度和杂质含量应保持在规定范围内。

（5）更换极板。

（二）极板短路

1. 现象

（1）电池电压下降，电解液密度下降。

（2）充电时电解液温度上升快，电解液密度上升慢甚至不上升。

（3）充电末期出现的气泡少或无气泡。

（4）极板硫化，沉淀物剧增。

2. 处理

（1）检查有无杂质落入电池内部而造成短路。

（2）检查电池内部是否因沉淀过厚而造成短路。

（3）若短路是由于极板弯曲所致，可用绝缘板将其隔开。

（4）更换极板。

提示 第八章共四节内容，其中第一节适合于初级工学习，第二～四节适合于中、高级工学习。

第九章

微型计算机应用

第一节 利用微型计算机进行电气
系统的监视、控制和调整

随着我国电网自动化水平的不断提高，微型计算机监控管理系统的大量运用，运行人员必须了解、掌握利用微型计算机进行电气系统的监视、控制和调整的方法。火电厂分散控制系统（DCS）就是以微型计算机为基础，根据系统控制的概念，融合了计算机技术、控制技术、通信技术和图形显示技术，实现集中管理、分散控制的微型计算机监控管理系统。它根据火力发电厂工艺特性，将控制系统分成若干独立子系统，由相应的分布式处理单元独立完成，分布式处理单元可根据功能和地理位置分散布置。DCS 的各子系统分工协作，并行工作，得用系统通信网络进行数据交换，共享系统资源。特别是电气控制系统纳入 DCS 后，DCS 已成为火力发电厂完整的控制系统。

火力发电系统的计算机监控系统必须具备下列功能。

（1）计算机系统应能连续地、及时地采集和处理机组在不同工况下的各种运行参数和设备运行状态，并有良好的中断响应。

（2）通过彩色 CRT（屏幕显示）和功能键盘，应能为运行人员提供机组在正常和异常工况下的各种有用信息。

（3）通过打印机应能完成打印制表，开关跳变与顺序记录，事故追忆，CRT 画面拷贝等功能。

（4）应能在线进行各种性能计算和经济分析。

通过微型计算机可以实现以下电气参数的监控：发电机功率（有功和无功）、发电机出口电压及三相电流、转子的电压和电流、发电机频率、发电机定子线圈温度、发电机定子冷却水水温、发电机铁芯温度、发电机冷风温度、发电机热风温度、发电机励磁机端氢侧及空侧回油温度、发电机汽轮机端氢侧及空侧回油温度、发电机氢温、发电机氢气压力、氢侧密封油压力、空侧密封油压力、发电机冷却水压力；发电机冷却水流量、发电机氢纯度；励磁机绕组温度、手动与自动调压回路电压、副励磁机出口电压、高压厂用变压器电流和有功功率、A 段与 B 段的电流和电压、6kV 公用厂用变压器 A 段与 B 段的电压、6kV 公用 A 段与 B 段的电流、高压启动变压器的 A 与 B 分支电流、低压工作变压器电流和电压、低压备用变压器电流、电动机的电流、电动机的绕组温度、电动机的铁芯温度等。

发电过程的监视、控制与调整功能要通过画面来实现。通俗地讲，画面就是计算机监控系统中反映控制对象运行状态参数、使操作者能对所控对象进行有效的监视操作及运行管理的一种交互式图形显示形式。画面上一般包括静态信息和动态信息两部分。静态信息是指画面上不随现场运行状态变化而变化，即始终固定不变的那部分数字与符号等（如画面上的画面名、设备名等均是静态信息）；而动态信息则是指画面上随现场运行状态变化而变化，以实时反映被控对象状态参数的信息项（如画面上的机组出力数值显示、断路器状态符号等均是动态信息）。

一套完整的计算机监控系统通常应包含如下三种类型的画面：

（1）目录索引画面，如 CRT 画面目录索引、打印表格索引等。这类画面一般只含有静态项，但通过这些画面可以很方便地选择调用其他的有关面面。

（2）监控操作类画面。这类画面包括下列四种图形：

1）计算机网络监控画面。反映计算机系统组成、功能分配及各设备的实时状态的画面。这些画面为运行人员和系统维护工程师实时地了解连接在系统中的各计算机设备及通信链路等的状态提供了有效手段。

2）运行设备监视及操作图。包括全厂设备运行监视图、主接线系统图、有关设备操作画面（有软件窗口提示显示）等。这些画面上的设备状态参数大都是实时变化刷新的动态项。

3）各种报表和事件记录表。如运行日志、开关量事件记录等。这些报表与记录内容能定时自动打印。平时运行人员也可以随时在 CRT 上调出来查看。

4）AGC、AVC 操作画面与参数设置图、趋势记录设置图等。

以上画面通常均为彩色显示。为方便运行人员准确而有效地使用画面，在开发画面时，通常都对画面上的各种显示颜色进行了约定。以便通过色彩的变化来反映不同的状态信息。不同的系统对颜色的约定各不相同。如某电厂计算机监控系统对显示画面颜色的约定采用了如下规则：

对于模拟量数值显示，当数值处于正常范围内时，显示数字为黑色；当数值超越运行上下限值时，显示数字为黄色；当数值超越紧急上下限值时，显示数字为红色。

对于开关状态量显示，当设备合闸时，设备显示符号为红色；当设备分闸时，设备显示符号为绿色；当设备状态不确定时，设备显示符号为黄色。

对于电气接线图的电压等级显示，红色表示 500kV，洋红色表示 220kV，黄色表示 35kV，蓝绿色表示 0.4kV。

设备在屏幕上大多是按国家标准规定的符号来表示的。但有些电厂依照自己的习惯采用了与国标不同的符号约定，因此，运行人员在使用画面时，一定要首先弄清楚本厂的图形符号和颜色所表示的含义。

调出画面的方法有很多，常用的有如下几种：

（1）用操作键盘上的画面显示键调画面。如按操作键盘上的按键"主接线"调全厂主接线画面。

（2）通过索引画面调画面。首先将索引画面（即目录画面）调显于 CRT 上，然后将光标移至所要调出的画面各处，按选择键。

对于运行人员来说，了解了画面的一般知识和调用方法，便可以通过各种不同的画面来完成不同类型的发电过程监视与操做功能。对水电厂发电过程而言，主要需要进行定期监视的量有：发电机组的有功无功、定子三相电流、转子电流、机端电压、转速、机组各部位温度值等模拟量以及主要开关状态、故障报警信号等开关量。这些量可以利用一幅或几幅完整的监视画面全部实时地显示出来。运行人员只要将机组监视画面调出，便可通过画面上显示数字、符号及其颜色的变化来全面了解机组的发电运行状态。

若运行人员想监视全厂设备运行工况，可通过调出相应的监视画面来实现。全厂主接线画面能全面反映出全厂所有机组的运行方式、所有断路器的运行状态以及隔离开关、接地开关的实际位置等。

运行人员通过操作控制台能进行的发供电过程操作包括开停机控制、断路器操作，主、备用励磁机切换，机组出力给定值调节等。控制命令由运行人员在控制台上发布给上位机，由上位机送至 RTU。RTU 接到命令后按程序编制的步骤激励相应的出口继电器，继电器作用现场的自动化设备，并对操作结果经校核后报送上位机转发回控制台显示，将设备动作后的状态反馈给操作人员，利用计算机进行上述操作的一般步骤如图 9 – 1 所示。

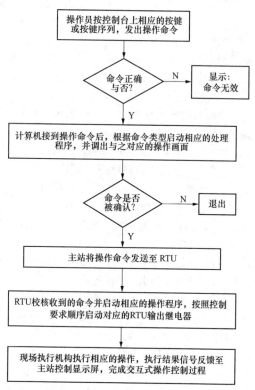

图 9 - 1　利用计算机进行操作的一般步骤

图 9 - 1 给出的是 RTU 处于远方控制方式时的情况。但有时由于某种运行要求，需通过计算机在现场控制设备时，可采用 RTU 的另一种控制方式——现地控制方式。在现地，运行人员可以通过配置在 RTU 机柜内的操作终端（或操作面板）发布有关操作命令，操作结果可在操作终端上显示出，同时 RTU 将操作结果报送上位机，使集控室的人员也能及时监视其操作过程。一般情况下，运行人员总是习惯远方操作，计算机现地操作仅作为一种备用方式使用。

运行人员除了必须实时监视与控制全厂的发供电过程以外，还必须记录发供电过程的有关参数。以往这些记录都是通过值班员定期巡回抄表来实现的。计算机系统采用以后，这一问题得到了根本性解决。系统可根据设计要求自动进行周期性（如每班或每天）制表打印。同时，运行值班员也可以随时召唤打印或屏幕调显各类运行报表。常见的报表有发电机运行日志、电气运行日志等日报表以及负荷调度曲线考核表、月运行报告等月报表。

第二节　微型计算机在发电厂防止误操作运行管理中的应用

电力系统如何防止错误的倒闸操作引发的事故（特别是重大事故），一直是困扰本行业的重大问题。随着计算机技术的迅猛发展，微型计算机防误闭锁系统凭其独特的逻辑判断能力已经担负起了重任，计算机的模拟（甚至于仿真）培训系统也使电气操作人员的培训工作进入了一个崭新的阶段。

微型计算机防误闭锁系统是一种以计算机及其外围设备为基础、智能专家系统为核心的防止人为操作失误的计算机监控体系，它由以下六大部分组成：微型计算机、模拟操作及显示屏、现场信息采集及通信系统装置、电脑钥匙、电子闭锁装置、智能专家系统软件等，以及电源、打印机、键盘、鼠标等辅助设备，其结构详见图9-2所示（虚框内设备为可选部件）。

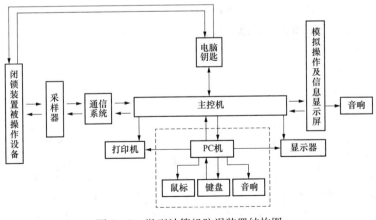

图9-2　微型计算机防误装置结构图

各种类型的产品由于其内部结构的不同，其工作方式均有各自的特点及功能差别，但其基本的工做功能是相同的。

1. 微型计算机

微型计算机是整个防误闭锁系统中的核心，其内部存储和运行全过程的程序控制。它的主要作用如下：

（1）接收和分析从现场与模拟显示屏传来的信息。由于被操作设备的实际状况是决定可操作程序的依据，因此，它在每次操作前和操作后都要逐一准确地读取、核对被操作设备及相关设施的现状，并将其与模拟操作显示屏对比，且给出提示信息供操作员纠正错误，以确保本次操作（或下次操作）前的状态正确性。

（2）监测模拟操作过程。按行业法规，电气倒闸操作前均应先在模拟显示屏上进行预演，微型计算机根据智能专家系统或事先编写的典型操作程序全过程监视模拟操作的每一步骤，并进行逻辑判断，确定操作步骤是否合理，并提示错误内容，以便操作人员更正。

（3）传递操作程序指令。当操作人员在模拟操作显示屏预演操作结束后，微型计算机将正确的操作程序指令发送到电脑钥匙及打印机。

（4）核对操作过程。微型计算机要求操作人员在现场完成操作任务后，插回电脑钥匙汇报操作过程，微型计算机从电脑钥匙中的"黑匣子"读出操作记录，并发出语音或字符信息指出其已执行的合法非预定操作项目和被电脑钥匙闭匙未遂的违规操作项目及没有执行的预定操作项目。

2. 模拟操作及显示屏

模拟操作及显示屏是用于供操作人员在对实际设备进行实际操作前，进行操作预演和显示有关提示信息的装置。一般是在特制的屏板装设上表示实际设备"电气一次接线图"和相应断路器、隔离开关的模拟操作电键、状态指示灯及与微型计算机相联的通信口。

3. 电脑钥匙

电脑钥匙的主要功能是用于辨别被操作设备身份和打开符合规定程序的被操作设备的闭锁装置，以控制操作人员的操作过程。高性能产品的电脑钥匙还带有微处理器和"黑匣子"，具有智能防误功能，供操作人员在紧急情况下，无须返回主控室进行模拟预演而直接进行不在预定操作程序中的合法操作，但事后须用电脑钥匙向微型计算机汇报操作过程，如前所述，微型计算机会追查、复核操作过程，并指出已执行的不在预定程序中的合法项目和被电脑钥匙闭锁而中止的未遂违规操作项目及没有执行的预定操作项目。

4. 信息采集及通信装置

信息采集及通信装置的主要作用是及时、真实地将设备状态传送到微型计算机，作为逻辑分析依据。

5. 电子闭锁装置

电子闭锁装置的主要功能就是控制被操作设备的操动机构的开放与否，它包括电子编码锁具和智能电子钥匙两部分。为了实现程序闭锁，每一个设备的每一个操作控制点均应装配一把有唯一固定电子编码的电子锁具。

由于电脑钥匙中已经储存了本次操作的规定程序，因此，操作者进行操作时电脑钥匙一插入被操作设备的控点电子锁内，则产生以下效果：

（1）电脑钥匙读出该点身份编码，以确定该操作控点是否是预定程序中本步操作控点。

（2）比较确认正确，则打开该控点闭锁，提示"可以操作"；否则闭锁控点，提示"步骤错误"和显示错误性质，直到操作人员找对正确的操作控点为止。

（3）本步操作完毕后，关闭该控点闭锁，提示"本步操作已完成"，可进行下一操作。

上述3项在每一步操作时均重复执行，并记录在"黑匣子"中。直到本操作任务全部操作完毕，提示"操作结束"。

6. 智能专家系统

智能专家系统软件是整个微型计算机防误闭锁系统的灵魂。各种产品的结构及性能差异较大，但一个最基本的功能是状态判断与逻辑分析。

7. 外围设备

外围设备是包括键盘、鼠标、打印机、显示器、音响等附件在内的计算机输入、输出设备。主要用于系统维护人员进行程序修改、逻辑编制和操作人员进行操作任务选择、操作票打印等任务时，完成人机对话功能。

第三节　DCS系统发生故障时的事故处理原则

DCS系统发生故障时，应紧急采取处理措施，避免事故的发生或事故的扩大，应重点注意以下内容：

（1）已配备DCS的电厂，应根据机组的具体情况，制定在各种情况下DCS失灵后的紧急停机停炉措施。

（2）当全部操作员站出现故障时（所有上位机"黑屏"或"死机"），若主要后备硬手操及监视仪表可用且暂时能够维持机组正常运行，则转用后备操作方式运行，同时排除故障并恢复操作员站运行方式，否则应立即停机、停炉。若无可靠的后备操作监视手段，也应停机、停炉。

（3）当部分操作员站出现故障时，应由可用操作员站继续承担机组监控任务（此时应停止重大操作），同时迅速排除故障，若故障无法排除，则应根据当时运行状况酌情处理。

（4）当系统中的控制器或相应电源故障时，应采取以下对策：

1）辅机控制器或相应电源故障时，可切至后备手动方式运行并迅速处理系统故障，若条件不允许则应将该辅机退出运行。

2）调节回路控制器或相应电源故障时，应将自动切至手动维持运行，同时迅速处理系统故障，并根据处理情况采取相应措施。

3）涉及机炉保护的控制器故障时应立即更换或修复控制器模件，涉及机炉保护电源故障时则应采用强送措施，此时应做好防止控制器初始化的措施。若恢复失败则应紧急停机、停炉。

4）加强 DCS 系统的监视检查，特别是发现 CPU、网络、电源等故障时，应及时通知有关人员并迅速做好相应对策。

5）规范 DCS 系统软件和应用软件的管理，软件的个性、更新、升级必须履行审批授权及责任人制度。在修改、更新、升级软件前，应对软件进行备份。未经测试确认的各种软件严禁下载到已运行的 DCS 系统中使用，必须建立有针对性的 DCS 系统防病毒措施。

提示　第九章共三节内容，其中第一、二节适合于初级工学习，第一～三节适合于中、高级工学习。

第十章

发电厂电气值班综述及
二次部分简介

第一节　发电厂电气值班综述

发电厂电气值班员是发电厂电气主系统运行的维护、操作人员，负责管辖发电厂发变电系统的所有电气设备及其附属设备，必须熟悉和掌握有关电力系统及发电厂各种有关的规程、制度，熟练掌握发电厂电气系统的各种运行操作。

由于发电厂的电气值班员管辖的设备系统较多，涉及面较广，为了安全、经济、连续可靠的发供电，工作中的各种操作和检查维护的项目也较多，在工作中一旦发生失误影响的范围也较广，将有可能影响到设备和人身的安全，所以要求电气值班员应对工作有高度负责的精神，工作中一定要严格执行《电业安全工作规程》、《电业生产事故调查规程》、《电气运行规程》、《消防规程》、操作票制度、工作票制度、运行交接班制、设备定期切换制度、巡回检查制度以及其他有关制度，保证工作质量。

发电厂电气值班员通过学习第一、二篇的有关内容，对于初级工应掌握各电气一次系统的接线形式、运行方式及各种运行方式之间进行相互切换的倒闸操作的正确方法和所管辖的所有电气设备的正常监视、维护和检查项目以及设备发生异常及事故情况下的紧急停用规定等；对于中级工，除应具有初级工的技能外，还应对电气二次部分的控制、测量和保护部分有一定的了解，能够正确处理电气系统的一般事故及异常；对于高级工和技师，应熟练掌握所有电气一、二次系统设备的各种正常操作、运行监视、维护和事故处理，并能根据特殊情况制定安全合理的运行方式，对管辖设备、系统发生的异常及事故进行正确的原因分析，合理组织和分配电气运行人员进行各项工作。尤其是对电气设备的二次部分（包括继电保护和自动装置）应熟练掌握。下面几节内容简要介绍一下发电厂电气二次部分。

第二节 发电厂的电气监控系统

为保证发电厂的安全和经济运行，必须装设各种测量仪表、测温表计和绝缘监察装置等。

一、测量仪表和互感器的配置

（一）测量仪表的配置

1. 发电机的定子回路

为监视发电机的运行，应在发电机的控制屏上装设以下测量仪表：电流表3只，有功和无功功率表各1只，电压表1只，有功和无功电能表各1只，自动记录式有功和无功功率表各1只。

2. 发电机的转子回路

为监视发电机转子的运行情况，须装设以下表计：励磁电流表1只，励磁电压表1只。为了监视发电机励磁系统的运行情况，还应装设主励磁机励磁电流、电压表及副励磁机输出电压表等。

3. 双绕组变压器

双绕组变压器的测量仪表应装在变压器的低压侧。对采用单元接线的双绕组变压器可不另装仪表，运行中的电气量可用发电机的仪表读取。连接在发电机电压母线上的双绕组变压器，在低压侧应装设电流表、有功功率表、无功功率表、有功电能表、无功电能表各1只。对可逆工作的双绕组变压器，其低压侧应装设电流表，具有双向标度的有功功率和无功功率表各1只，具有逆止装置的电能表2只。

4. 三绕组升压变压器及自耦变压器

三绕组升压变压器及自耦变压器的低压侧与双绕组变压器装设仪表相同。若变压器只在高压侧与低压侧有可逆工作状态，中压侧比低压侧可少装一只电能表。高压侧可仅装1只电流表。

5. 6～500kV线路

6～10kV引出线应装设电流表、有功电能表和无功电能表各1只。若经此线路供给用户的功率有一定限制时，应再装设1只有功功率表。

35kV线路应装设电流表、有功功率表、有功电能表和无功电能表各1只。

110kV及以上线路应装设3只电流表，并装设有功功率表、无功功率表、有功电能表和无功电能表各1只。

6. 母线

火电厂的发电机电压母线，每一分段和备用母线，均应装设 1 只电压表和 1 只频率表。对于容量较大的火电厂，可装设自动记录式电压表和频率表各 1 只。35 ~ 60kV 电压母线，装设 1 只电压表。110kV 及以上电压母线，装设 1 只能切换测量三个线电压的电压表和 1 只频率表。

对于中性点非直接接地系统，母线上应装设一套绝缘监察用的 3 只电压表，这 3 只电压表可通过转换开关切换到母线的任一分段，作为全厂公用。

7. 其他回路

母联断路器和分段断路器回路，应装设电流表，其中 110kV 以下装 1 只，110kV 及以上装 3 只。

电工测量仪表不能完全监视发电机和变压器的工作，为更可靠地保证发电机与变压器的正常运行，除装设上述电工测量仪表外，还应装设一些热工仪表。

（二）电流互感器的二次接线及其配置

电流互感器是将电力系统一次回路中的大电流变为二次侧小电流的专用设备。为了反映一次回路的信号并与测量仪表、继电保护和自动装置的要求相适应，电流互感器的接线方式有星形接线、不完全星形接线、单相接线、三角形接线和两相差接线等方式。如图 10 - 1 所示。

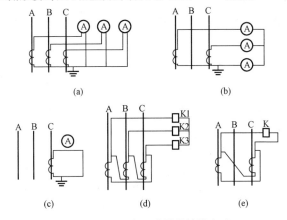

图 10 - 1　电流互感器的接线方式

（a）星形接线；（b）不完全星形接线；（c）单相接线；

（d）三角形接线；（e）两相差接线

（1）星形接线。如图 10-1（a）所示，该种接线利用 3 台电流互感器分别接于三相中。二次侧接成星形，它可用于负荷平衡或不平衡的三相三线制和低压三相四线制电路中，供测量和保护用。但必须注意，若任一电流互感器二次绕组极性接反或二次回路断线，将会造成装在中性线上的继电器的不正确动作。

（2）不完全星形接线。如图 10-1（b）所示，该接线又称 V 形接线或两相三继电器接线，该种接线常用于三相三线制的中性点不接地系统，供测量和保护使用。

（3）单相接线。如图 10-1（c）所示，该接线只能反应被测相的电流，因此仅适用于三相负荷较为对称的电路中。

（4）三角形接线。如图 10-1（d）所示，该种接线具有以下特点：

1）能反映各种类型故障。

2）对于不同类型故障，继电器中流过的电流值不同。

3）零序电流不流出三角形之外。因此常用于变压器的差动保护和距离保护。

（5）两相差接线。如图 10-1（e）所示，该种接线简称差接线，它仅用于三相三线制电路反映相间短路，或用于小电流接地系统及装有接地保护的中性点直接接地系统。

电流互感器应根据电气测量仪表、继电保护和自动装置的要求进行配置，其配置原则为：

1）凡装有断路器的回路均应配置电流互感器，发电机、变压器的中性点也应配置。

2）发电机回路，电流互感器应三相配置。

3）发电机电压引出线，母线分段断路器回路，母线联络断路器回路可采用两相配置。

4）升压变压器回路和 110kV 及以上的线路采用三相配置，35kV 线路则根据需要采用两相或三相配置，如图 10-3 所示。

（三）电压互感器的二次接线及其配置

电压互感器是将一次回路的高电压变为低电压以供二次设备使用的设备。为了测量电力系统中的线电压、相电压、相对地电压和零序电压，电压互感器有以下几种常用的接线方式，如图 10-2 所示。

图 10-2（a）所示为一台单相电压互感器的接线，可测量 35kV 及以下系统的线电压，或 110kV 及以上中性点直接接地系统的相对地电压。

图 10 - 2（b）所示为两台单相电压互感器接成的 Vv 形接线，可测量线电压，但不能测量相电压。这种接线广泛用于中性点非直接接地系统。

图 10 - 2（c）所示是一台三相三柱式电压互感器的 Yyn 形接线。它只能测量线电压，不能用来测量相对地电压，也不能作为交流绝缘监察用。

图 10 - 2（d）是一台三相五柱式电压互感器的 YNynd 形接线，其一次绕组和二次绕组基本接成星形，且中性点接地，辅助二次绕组接成开口三角形。此种接线可测量线电压和相对地电压，还可作为中性点非直接接地系统中的绝缘监察及实现单相接地的继电保护，该接线广泛用于 6 ~ 10kV 系统中。

图 10 - 2（e）所示为三台单相三绕组电压互感器的 YNynd 形接线，该种接线可用于 35kV 中性点非直接接地系统（测量信号与三相五柱式同），也可用于 110kV 及以上中性点直接接地系统中。

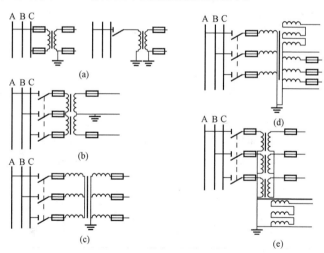

图 10 - 2　电压互感器的接线方式
（a）一台单相电压互感器的接线；（b）Vv 接线；
（c）Yyn 接线；（d）三相五柱式电压互感器接线；
（e）三台单相三绕组电压互感器接线

电压互感器的配置应考虑测量仪表、继电保护和发电机自动调节励磁的要求，并应考虑同期点的设置。

图 10 - 3 是一现场电流互感器和电压互感器的配置实例图，图中发电机回路装设的电压互感器 TV1，是三相五柱式或三台单相三绕组浇注式电压互感器，供给测量仪表、继电保护及同期回路。TV2 是三台单相电压互感器，按 Dy 接线，供给自动调节励磁装置。发电机电压工作母线的每一段及备用母线，各装一台三相五柱式或三台单相三绕组浇注式电压互感器 TV3，用来供给引出线和母线的测量仪表、继电保护、自动装置、同期装置和绝缘监察装置。发电机 - 三绕组变压器单元的低压侧，装设三相五柱式电压互感器 TV4，供给测量仪表、继电保护以及系统与发电机的同期回路。若变压器低压侧接在发电机电压母线上，则其低压侧可不装设电压互感器，此时变压器回路内的测量仪表和继电器，可利用发电机电压母线上的电压互感器。若需要用变压器低压侧与发电机进行并列时，可利用高压侧电压互感器。对于 35kV 及以上的工作母线和备用母线，各装设一套由三台单相电压互感器组成的电压互感器组，如图 10 - 3 中 TV5 和 TV6。线路若与系统相连时，在断路器的线路侧装一台单相电压互感器，以监视电压及作为同期用。

二、绝缘监察装置

发电厂的绝缘监察装置有直流绝缘监察装置和交流绝缘监察装置两种。

（一）直流绝缘监察装置

发电厂直流系统的供电网络比较复杂，分布范围也较广，发生接地的机会也较多。直流系统发生一点接地时影响不大，仍可继续运行。但是一点接地长期存在是非常危险的，若发生另一点接地时，就有可能引起信号回路、控制回路、继电保护装置和自动装置的误动作或造成直流电源短路。为防止直流系统出现一点接地的运行，必须装设直流绝缘监察装置。

目前，发电厂中广泛采用的直流绝缘监察装置的原理如图 10 - 4 所示。

这种装置分为信号和测量两部分，且均按直流电桥的工作原理进行工作的。它能在任一极的绝缘电阻降低时，自动发出灯光和音响信号，并且可利用它判断出接地极和正、负极的绝缘电阻值。

工程实际中应用的直流绝缘监察装置的电路如图 10 - 5 所示。转换开关 SA2 有 "断开" "负对地" 和 "正对地" 三个位置，通过电压表 PV2 的指示可测量出母线电压及判别接地极。转换开关 SA1 也有三个位置，分别为 "信号" "测量 I" 和 "测量 II"。它可以控制信号继电器是否投入，还可与电压表 PV1 配合，测量直流系统对地总的绝缘电阻，再利用相应公式换算出正、负极对地的绝缘电阻值。

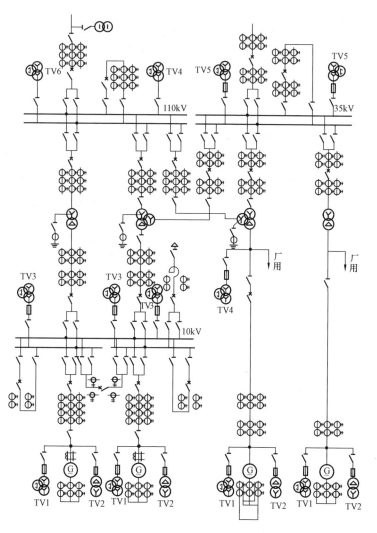

图 10-3　发电厂电流互感器和电压互感器的配置图

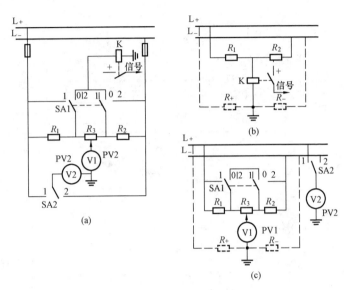

图 10 - 4 直流绝缘监察装置原理图

（a）原理图；（b）信号部分；（c）测量部分

K—信号继电器；SA1、SA2—转换开关

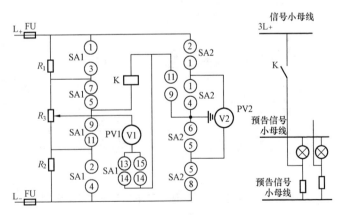

图 10 - 5 直流绝缘监察装置电路图

FU—熔断器；K—信号继电器；

SA1、SA2—转换开关

现新建的电厂广泛使用的为微型计算机型直流系统绝缘监察装置。

（二）交流绝缘监察装置

在中性点非直接接地的三相系统中，发生一相接地时，故障相对地电压降低（极限情况下降到零），其他两相对地电压升高（极限情况下升至线电压值），但相间电压保持不变，接于相间运行的设备仍可正常工作。因此，在中性点非直接接地系统中发生一相接地时，可以允许继续运行一段时间，通常为 2h。但是，假如一相接地的情况不能及时被发现和加以处理，则由于两非故障相对地电压的升高，可能在绝缘薄弱处引起绝缘被击穿而造成相间短路。因此，必须装设绝缘监察装置，以便在电网中发生一相接地时，及时发出信号，使值班人及时找出接地线路并消除接地故障。

图 10-6 所示为交流绝缘监察装置的电路图。正常运行时，由于一次回路电压对称，因而装置中的 3 只电压表指示相同，

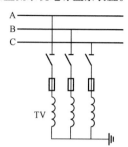
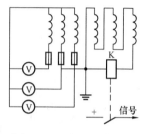

图 10-6　交流绝缘监察
装置电路图
K—过电压继电器

均为一次回路的相电压，而开口三角形的输出电压为 0V，无信号发出。若一次系统某相发生接地时，开口三角形将有电压输出（极限值为 100V），若此电压达到或超过电压继电器 K 的启动电压时，K 动作并发出信号。同时，工作人员可依 3 只电压表的指示得知接地相（电压指示降低的相即为接地相）。

第三节　断路器的控制回路

一、概述

在发电厂中，对断路器的控制方式有两种，即就地控制和距离控制（又称远方控制）。就地控制就是操作人员在断路器的附近进行控制。就地控制一般适用于电压等级较低的一些回路中，如发电机电压母线的直配线、6～10kV 厂用馈线等。而对于电压等级较高的回路中的断路器，一般采用距离控制，即操作人员利用控制开关对几十甚至几百米以外的断路器

所进行的操作。

（一）断路器的控制回路及对其的基本要求

断路器的控制回路是由发出操作命令的控制机构、执行操作命令的断路器的操动机构和传送操作命令的中间传送机构构成的。

断路器控制回路的型式，随断路器的操动机构、监视断路器状态的方式和断路器的操作要求（如三相联动还是分相操作）的不同而有所区别。但无论何种形式的断路器控制回路都必须满足下述基本要求：

（1）断路器操动机构的合、分闸线圈都是按短时通过电流设计的，因此供给合、分闸线圈的电流应该是短时的，在操作完成后应立即自动断开电流，以免烧坏线圈。

（2）断路器的控制回路应能满足手动操作和自动操作的要求，并且应有区分手动操作和自动操作的信号及显示断路器状态的位置信号。

（3）当断路器的操动机构不带机械"防跳"机构或机械"防跳"不可靠时，必须装设电气"防跳"装置。

（4）断路器的控制回路应有保护短路和过载的保护电器，同时还应具有监视控制回路完好性的措施。

（二）控制开关

控制开关是由运行人员直接操作，发出操作命令的开关，是控制回路中的重要元件。目前发电厂中常用的为 LW2 系列，这种控制开关具有结构封闭以及控制过程中设有预备位置的优点。LW2 系列控制开关主要有 LW2 - Z 和 LW2 - YZ 两种型式。

图 10 - 7 为 LW2 - Z 型控制开关的外形图和触点位置表。该种控制开关共有 6 个位置，按操作顺序分别为："分闸后""预备合闸""合闸""合闸后""预备分闸""分闸"。其中"分闸后"和"合闸后"为两个固定位置。"预备合闸"和"预备分闸"为两个预备位置。设置此位置的目的是提醒运行人员对操作设备的正确性做最后一次检查，以减少误操作。它仅为一种过渡位置，并不长久停留在该位置上。"合闸"和"分闸"为两个自动复归位，当作用外力失去后，分别复归至"合闸后"和"分闸后"位置。

LW2 - YZ 型控制开关的操作程序与 LW2 - Z 型控制开关完全相同，其区别在于：

（1）LW2 - YZ 型的操作手柄上带有指示灯，而 LW2 - Z 型无。

（2）LW2 - YZ 型的触点位置（见图 10 - 8）与 LW2 - Z 型的不同。

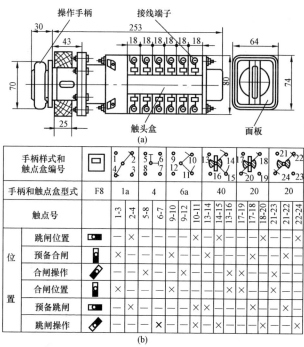

图 10 - 7　LW2 - Z 型控制开关

（a）外形图；（b）触点位置表

注：×表示接通；—表示断开。

手柄样式和触点盒编号		□	⊙	⊙	⊙	⊗	⊗	⊗
手柄和触点盒型式		F1	灯	1a	4	6a	40	20	20
触点号		1-3	2-4	5-7	6-8	9-12	10-11	13-14	13-16	14-15	17-18	18-19	17-20	21-23	21-22	22-24	25-27	25-26	26-28
位置	跳闸位置	×	—	—	×	—	—	—	×	—	×	—	—	—	×	—	×	—	—
	预备合闸	—	×	×	—	—	×	—	—	×	—	×	—	—	×	—	—	×	—
	合闸操作	—	×	—	—	×	—	—	—	×	—	×	—	×	—	—	×	—	—
	合闸位置	—	×	—	—	×	—	—	—	×	—	×	—	×	—	—	×	—	—
	预备跳闸	×	—	—	—	—	×	×	—	—	×	—	—	×	—	—	×	—	—
	跳闸操作	×	—	—	×	—	—	×	×	—	—	—	×	—	—	×	—	—	×

图 10 - 8　LW2 - YZ 型控制开关的触点位置表

注：×表示接通；—表示断开。

二、具有电磁操动机构的断路器控制回路

(一) 用灯光监视的控制回路

具有电磁操动机构用灯光监视的断路器控制回路，如图 10-9 所示。

图中的 1L + 和 1L - 为控制小母线，它与操作直流母线相连，是控制回路的电源；L（＋）是闪光小母线，它通过闪光继电器与正电源相连，闪光继电器的动作过程详见本章第四节的有关内容；2L + 和 2L - 是为断路器合闸线圈提供电能的合闸小母线。该控制回路动作情况叙述如下。

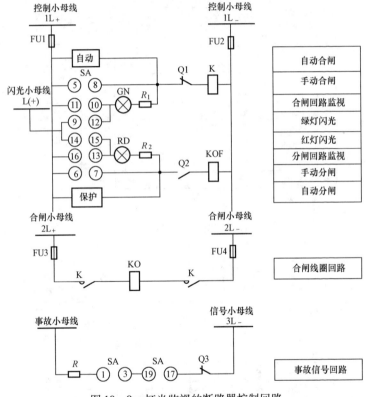

图 10-9　灯光监视的断路器控制回路

SA—控制开关；Q1、Q2、Q3—断路器辅助触点；K—合闸接触器；

KO—合闸线圈；KOF—跳闸线圈

1. 合闸状态

断路器处于合闸状态时，SA 在"合闸后"位置，此时断路器的动合

辅助触点 Q2 是闭合的，SA 的辅点⑯⑬也是闭合的，结果回路 1L＋→⑯⑬→RD→R_2→Q2→KOF→1L－接通，红灯亮且发平光。此时虽然分闸线圈中有电流流过，但因红灯 RD 的电阻和 R 的分压，KOF 中的电流小于其动作值，因而断路器不会分闸。红灯发平光，一方面指示断路器在合闸状态，另一方面也说明下一步操作回路（分闸线圈回路）是完好的。

2. 分闸状态

断路器处于分闸状态时，控制开关 SA 在"分闸后"位置，此时回路 1L＋→⑪⑩→GN→R_1→Q1→K→1L－接通，绿灯发平光。同样，由于绿灯 GN 的电阻和 R 的作用，使 K 中的电流较小，K 不动作，从而也不会使断路器合闸。

3. 手动分闸

在对断路器进行手动分闸操作时，先将控制开关 SA 打到"预备分闸"位置，此时回路 L(＋)→⑮⑭→RD→R_2→Q2→KOF→1L－接通，启动闪光继电器，结果红灯发闪光。然后运行人员继续旋转 SA 至"分闸"位置，将分闸回路接通，分闸线圈动作，使断路器分闸。断路器分闸后，一方面其动合辅助触点 Q2 打开断开分闸回路；另一方面其动断辅助触点 Q1 接通，使回路 1L＋→⑪⑩→GN→R_1→Q1→K→1L－接通。绿灯发平光，指示断路器已经分闸。随后运行人员松手，控制开关自动反弹到"分闸后"位置，断开触点⑥⑦，而⑪⑩仍接通，绿灯依然发平光。

4. 手动合闸

对断路器进行手动合闸时，控制开关 SA、断路器的状态和灯光的变化如下：

SA：分闸后→预备合闸→合闸→合闸后

断路器：｜←分闸状态→｜←合闸状态→｜

灯光指示：绿灯发平光→绿灯发闪光→红灯发平光

5. 事故分闸

运行中的一次电路发生事故时，继电保护动作，保护出口继电器的触点闭合，接通分闸回路，使断路器分闸。断路器分闸后，一方面控制开关 SA 依然在"合闸后"位置，回路 L(＋)→⑨⑫→GN→R_1→Q1→K→1L－接通，绿灯发闪光；另一方面又通过断路器的动断辅助触点 Q3 和 SA 的①③及⑲⑰接通事故信号回路，发出事故信号。

6. 自动合闸

断路器自动合闸时，由自动装置将合闸回路接通，使断路器合闸。但由于控制开关 SA 依然处于"分闸后"位置，故红灯发闪光。

综合上述六种情况，可得出以下结论。

（1）红灯亮表示断路器在合闸状态，绿灯亮表示断路器在分闸状态。

（2）手动操作的结果是灯光发平光，自动操作的结果是灯光发闪光。

（3）当控制回路断线或熔断器 FU1、FU2 熔断时，红灯和绿灯均不亮。

图 10-9 所示的控制回路未设电气防跳装置。所谓防跳就是防止断路器手动合闸到故障线路上时，断路器发生多次合、分闸的跳跃现象。因为合闸于故障线路时，SA 的触点⑤⑧接通，使断路器合闸。在合闸的瞬间，线路的故障立即被继电保护反映出来，使断路器分闸。但此时运行人员仍使控制开关处在"合闸"位置，SA 的⑤⑧触点仍接通，断路器将再次合闸，接着继电保护又再次动作，如此循环，形成断路器的跳跃现象，一直到控制开关的手柄弹回，SA 的⑤⑧触点断开后，才停止跳跃。这种跳跃一方面可使断路器受到严重损坏，另一方面又使一次系统的工作受到影响。为此必须采用一定的防跳措施。目前，发电厂中既有利用断路器本身的机械防跳装置防跳的，如采用 CD10 系列的电磁操动机构；也有在控制回路中加装电气防跳设施防跳的。

图 10-10 所示为具有电气防跳功能的断路器控制回路。

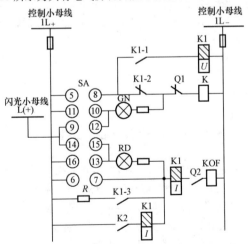

图 10-10　具有电气防跳的断路器控制回路

Q1、Q2—断路器辅助触点；K—接触器；K1—防跳跃闭锁继电器；

SA—控制开关；K2—出口继电器触点；KOF—跳闸线圈

此回路加装了防跳跃闭锁继电器 K1，该继电器具有一个电压线圈、一个电流线圈、两对动合触点和两对动断触点。在 SA 的触点⑤⑧接通后的合闸过程中，若一次电路有故障存在，继电保护动作，出口继电器的触点 K2 闭合，使断路器分闸。此时，K1 的电流线圈中流过电流使 K1 动作，一方面利用其动断触点 K1 - 2 的断开切断合闸回路，避免再次合闸；同时利用其动合触点 K1 - 1 的闭合使防跳跃闭锁继电器经 SA 的⑤⑧触点形成自保持，直至 SA 返回，触点⑤⑧断开为止。

（二）用音响监视的控制回路

在大型发电厂中，因断路器较多，如采用灯光监视的控制回路。运行中若控制回路发生故障（如分、合闸回路断线或熔断器熔断），灯光的熄灭不易被值班人员发现，为此采用音响监视的控制回路。

音响监视的断路器控制回路如图 10 - 11 所示。音响监视的断路器控制回路的特点如下：

（1）断路器的位置指示灯回路与控制回路分开，而且只用一个信号灯，灯泡装在控制开关手柄内（此控制开关为 LW2 - YZ 型，其触点位置表见图 10 - 8）。

（2）在控制回路中加入位置继电器 K5、K6，正常时只有一个通电，若出现控制回路故障，如控制回路断线或熔断器熔断，则利用分、合闸位置继电器的动断触点 K5 - 3 和 K6 - 2 接通控制回路断线预告信号小母线，启动中间继电器 K7，再由 K7 的触点启动音响信号，从而发出音响。

音响监视的断路器控制回路与灯光监视的控制回路的操作过程完全一致，但由于前者只有一个位置指示灯，若要判断断路器的状态，应根据控制开关 SA 的位置和灯光的情况进行。如控制开关 SA 处在"合闸后"位置，而灯光发平光，则说明断路器处在合闸状态，但此时若灯光发闪光，则说明断路器在分闸状态。反之若 SA 处在"分闸后"位置，灯光发平光说明断路器在分闸状态；灯光发闪光，说明断路器处在合闸状态。

三、具有弹簧和液压操动机构的断路器控制回路

弹簧和液压操动机构是利用预先储存的能量使断路器合闸，因此所需合闸电流不大。因而可以直接利用控制开关控制断路器操动机构的合闸线圈，而不再需要经合闸接触器的放大。另外，为使断路器按要求进行操作，必须采取措施保证操动机构所储能量在规定的范围内，因而应在相应的控制回路中加入一些辅助触点。这是具有弹簧和液压操动机构的断路器控制回路与具有电磁操动机构的断路器控制回路的基本区别。

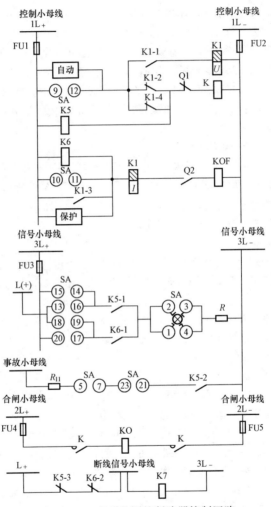

图 10 – 11 音响监视的断路器控制回路

（一）灯光监视的具有液压操动机构的断路器控制回路

液压操动机构在我国 110kV 及以上电压等级的少油断路器和 SF₆ 断路器中普遍采用。

液压操动机构是利用液压储能使断路器分、合闸并靠油压使断路器保持在合闸状态。因此，工作时必须保证油压在允许的范围内。一般要求油压为 15.8 ~ 17.5MPa，为此需要增设油泵电动机的控制回路，当油压低于

15.8MPa 时，应能自动启动油泵补压；而当油压高于 17.5MPa 时，油泵电动机应能自动停止。另外还需增设油压监察装置，油压出现异常时自动发出信号。通常当油压降至 14.4MPa 时，应发出油压降低信号；当油压低于 13.2MPa 时，则应闭锁断路器的合闸回路，禁止断路器合闸；当油压高于 20MPa 时，应发出油压异常信号。液压操动机构的断路器控制回路如图 10 - 12 所示。

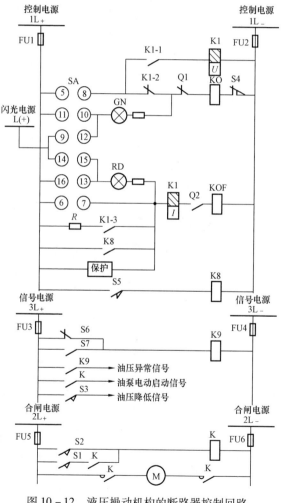

图 10 - 12　液压操动机构的断路器控制回路

K1—防跳跃继电器；KO—合闸线圈；KOF—跳闸线圈

由图 10-12 中可见，为保证油压在允许范围内和实现对油压的监察，控制回路中接入了触点 S1～S7。其中 S1～S5 为液压操动机构所带微动开关的触点，S6 和 S7 为压力表的电触点，各触点的动作条件见表 10-1。

表 10-1　　　　控制回路中各触点的动作条件　　　　　MPa

触点符号	S1	S2	S3	S4	S5	S6	S7
动作条件及结果	>17.5 断开	>15.8 断开	<14.4 闭合	<13.2 断开	<12.6 闭合	<10 闭合	>20 闭合

（二）灯光监视的具有弹簧操动机构的断路器控制回路

对弹簧操动机构的控制回路的特殊要求如下：

（1）合闸弹簧的储能要自动完成。

（2）合闸弹簧储能不足时不允许合闸，同时应发出信号。

具有弹簧操动机构的断路器控制回路如图 10-13 所示，它与具有电磁操动机构的断路器控制回路的区别如下。

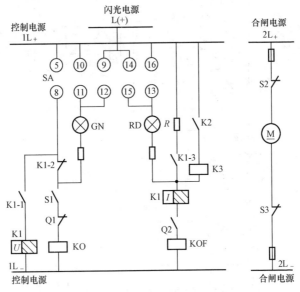

图 10-13　具有弹簧操动机构的断路器控制回路

（1）控制开关 SA 直接控制操动机构的合闸线圈 KO。

（2）控制回路中加入了储能电动机的控制回路和三对操动机构的辅助触点 S1、S2 和 S3。当弹簧拉紧不到位时，S2、S3 闭合，启动储能电动机，拉紧弹簧。弹簧拉紧后 S2、S3 断开，电动机停转。S1 为动断辅助触点，弹簧拉紧后，S1 接通，以保证只有在弹簧拉紧的条件下，才可以进行合闸操作。

四、6kV 真空断路器控制回路

图 10 - 14 为 6kV 真空断路器的控制回路。该断路器控制电源采用 110V 直流电源，设有电动储能机构。可实现 DCS 远方分合闸、就地电气合闸、就地机械分合闸功能。图中 S10 为开关本体的"远/近控切换开关"，当 S10 打至"REMOTE"位时，接通远方合闸回路，同时切断就地电气合闸回路，当 S10 打至"LOCAL"位时，接通就地电气合闸回路，同时切断远方合闸回路；Y9 为合闸线圈，Y1 为分闸线圈；S11 为就地电气合闸按钮；K11 为 DCS 分闸命令继电器，其对应的动合触点也用 K11 表示；K12 为 DCS 合闸命令继电器，其对应的动合触点也用 K12 表示；F31 为综合保护装置，过电流保护、接地保护都通过该装置出口跳闸；K21 和 K27 分别为过电流保护继电器和接地保护继电器的动断辅助触点，它们串接在合闸回路中，当过电流或接地继电器动作后，将闭锁开关合闸，只有排除故障并复位后才可解除闭锁。该回路动作情况如下。

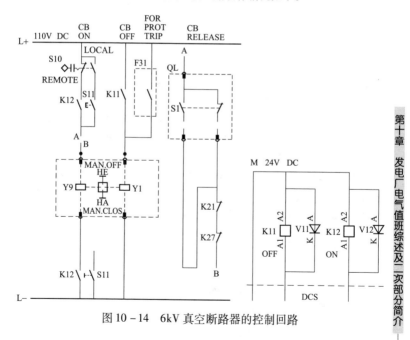

图 10 - 14 6kV 真空断路器的控制回路

1. 合闸回路

（1）远方合闸：当 S10 打至"REMOTE"位，DCS 发出合闸命令时，合闸命令继电器 K12 带电，其一对动合辅助触点 K12 闭合，接通合闸回路，即 L＋→S10→K12 动合触点→K21 动断触点→K27 动断触点→Y9→K12 动合触点→L－接通，合闸线圈带电，断路器合闸。DCS 合闸命令为脉冲命令，合闸结束后，合闸命令继电器 K12 失电，其一对动合辅助触点 K12 打开，断开合闸回路，合闸线圈失电。

（2）就地合闸：当 S10 打至"LOCAL"位，按下就地合闸按钮 S11，其一对动合辅助触点 S11 闭合，接通合闸回路，即 L＋→S10→S11 动合触点→K21 动断触点→K27 动断触点→Y9→S11 动合触点→L－接通，合闸线圈带电，断路器合闸。松开就地合闸按钮 S11，其一对动合辅助触点 S11 打开，断开合闸回路，合闸线圈失电。

2. 分闸回路

（1）远方分闸：当 DCS 发出分闸命令时，分闸命令继电器 K11 带电，其动合辅助触点 K11 闭合，接通分闸回路，即 L＋→K11 动合触点→Y1→L－接通，分闸线圈带电，断路器分闸。DCS 分闸命令为脉冲命令，分闸结束后，分闸命令继电器 K11 失电，其动合辅助触点 K11 打开，断开分闸回路，分闸线圈失电。

（2）保护分闸：当一次回路发生故障，比如过电流、接地故障等，断路器保护装置 F31 动作接通跳闸回路，即 L＋→F31 保护装置触点→Y1→L－接通，分闸线圈带电，断路器分闸。过电流速断或接地保护动作后，相应的过电流保护继电器 K21、接地保护继电器 K27 动作保持，其动断辅助触点 K21 或 K27 打开，断路器合闸回路打开，闭锁断路器合闸。

3. 手动分合闸

断路器本体设有手动合闸（MAN. CLOSE HA）和手动分闸（MAN. OFF HE）按钮。断路器在试验位置时，直接按下分、合闸按钮进行手动分合闸操作；断路器在工作位置时，需要提起加长杆，然后按下分、合闸按钮进行手动分合闸操作。

断路器的位置和分合闸状态由内部辅助触点将信号传至 DCS，在 DCS 画面上可显示断路器的位置和状态，红色表示合闸，绿色表示分闸；断路器图形周围边框为蓝色则表示该断路器在试验位，同时在细节窗口中也有断路器在试验位的描述（TEST）。另外，保护动作、断路器未储能、控制电源小断路器跳闸、储能电源小断路器跳闸等都在 DCS 上进行报警，方便值班人员分析和查找故障。

第四节 信 号 回 路

一、概述

在发电厂中，运行人员除了依靠测量仪表对设备的运行情况进行监视外，还必须借助信号装置及时反映出设备的工作状况和非正常运行状态，以及作为与有关车间联络、指挥的工具。由于信号装置反映的情况比较直观、及时，且易引人注意，因此它是运行人员判别和分析故障，消除和处理事故，以及生产调度、协调的有力工具。

发电厂中的信号装置按用途可分为如下几种：

（1）位置信号。包括断路器的位置信号和隔离开关的位置信号。前者用灯光表示，而后者则用一种专用的位置指示器表示，在 DCS 控制的系统上可在各系统的画面上显示断路器、隔离开关的实际位置信号。

（2）预告信号。当电气设备出现不正常工作状态时，如设备过负荷、控制回路断线、设备温度过高等，此种情况下并不必立即使断路器分闸，但必须发出信号提醒值班人员，这种信号就是预告信号。预告信号由灯光信号和音响信号组成。音响信号一般由电铃发出，以引起值班人员的注意；灯光信号是利用光字牌显示出不正常工作状态的性质。

（3）事故信号。当电力系统发生故障而使相应的断路器分闸后，应发出事故信号。事故信号也是由灯光信号和音响信号组成。音响信号一般由蜂鸣器发出，以区别于预告信号；灯光信号则显示出发生故障的设备。

（4）指挥信号。指挥信号用于发电厂中值长各车间的相互联系。

二、中央复归能重复动作的中央信号装置

预告信号和事故信号都装设在主控制室的中央信号屏上，称中央信号。目前发电厂中普遍装设的是中央复归能重复动作的中央信号装置。

中央复归能重复动作的信号装置，主要是利用冲击继电器实现的。现着重讲述目前广泛使用的 JC－2 型冲击继电器的工作原理。

JC－2 型冲击继电器利用电容充放电原理构成，并利用双线圈双位置的极化继电器作为执行元件的一种特种继电器，其内部电路如图 10－15（a）所示，图 10－15（b）为其典型电路。

当一个突增的电流自端子⑤流入时，在电阻 R_1 上得到电压增量，该电压通过极化继电器的两个线圈向电容 C 充电，其充电电流使极化继电器动作。极化继电器具有双位置特性，当电容充电完毕，充电电流消失后，极化继电器触点仍保持在动作位置。极化继电器的返回则可以通过按

钮或触点将电流通入端子②，经电阻 R_2 使极化继电器线圈流过反方向电流而返回；也可以用反向冲击自动返回，即当电流突然减小时，在电阻 R_1 上有一电压减量，该电压使电容 C 经极化继电器线圈放电，其放电电流使极化继电器返回。当继电器接于电源正端时，应将端子④⑥接通，用负电压加到端子②来复归，如图 10－15（b）所示。继电器也可以接于电源负端，此时应将端子⑥⑧接通，用正电源加到端子②来复归。

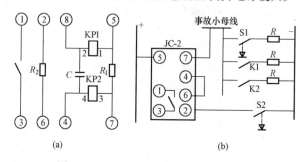

图 10－15　JC－2 型冲击继电器原理图

（a）内部接线图；（b）典型接线图

KP1、KP2—极化继电器线圈；S1、S2—自动恢复按钮

（一）中央复归能重复动作的事故信号装置

图 10－16 为用 JC－2 型冲击继电器构成的事故信号电路图。图 10－16 所示电路的工作过程如下：

当发电厂内有断路器自动分闸时，则相应断路器的不对应回路接通（如图 10－16 中的启动回路），此时事故信号小母线 5L 与信号负电源 3L－接通，从而冲击继电器的⑤⑦端子间流过一个突增的电流，使冲击继电器 1KP 动作，冲击继电器的动合触点闭合，而后启动中间继电器 K1。K1 动作，一方面接通蜂鸣器 HA，发出音响；另一方面启动时间继电器 1KT，经延时后 1KT1 闭合，使 1KP 自动复归，实现自动解除音响。音响也可通过按下复归按钮 S2 手动解除。

当某一断路器自动分闸且音响已经解除，但该断路器的控制开关尚未进行对位操作时，如果又有一断路器自动分闸，此时相当于在事故信号小母线 5L 与电源负端 3L－之间又接入了一个启动回路，由于每个启动回路中都串有电阻 R，新的启动回路的接入会使冲击继电器的⑤⑦端子间流过的电流增大，这就使得冲击继电器重新启动，再次发出音响，实现重复动作。

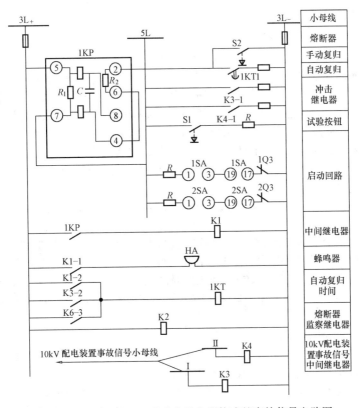

图 10 – 16 利用 JC – 2 型冲击继电器构成的事故信号电路图

另外，电路中的 K3 和 K4 为发电厂中 6～10kV 配电装置事故信号中间继电器。由于 6～10kV 配电装置内的断路器通常采用就地操作方式，其控制开关 SA 及断路器的辅助触点均在配电装置内，为了节省控制电缆及简化接线，因而设置了 6～10kV 配电装置事故信号小母线。运行中若 6～10kV 配电装置中的某一断路器自动分闸，将通过Ⅰ或Ⅱ母线启动 K3 或 K4，再通过触点 K3 – 1 或 K4 – 1 启动 1KP，使主控制室内出现事故音响信号。

事故信号回路中的熔断器由继电器 K2 进行监视。正常运行时，K2 处于动作状态，当熔断器熔断时 K2 因断电而返回，其动断触点 K2 – 1（见图 10 – 17）闭合，启动预告信号回路。

（二）预告信号及中央复归能重复动作的预告信号装置

当设备发生某些故障或出现不正常运行情况时，利用预告信号装置发出音响和灯光信号，帮助值班人员及时地发现故障或隐患，以便采取适当措施加以处理，防止事故扩大。常见的电气设备不正常情况有：发电机和变压器的过负荷，发电机转子一点接地，变压器轻瓦斯保护动作，变压器油温过高，变压器通风故障，发电机强行励磁动作，电压互感器二次回路断线，交流或直流回路绝缘损坏发生一点接地和直流电压过高或过低等。

预告信号一般由反应该回路参数变化的单独继电器发出，例如过负荷信号由过负荷继电器发出，绝缘损坏由绝缘监察继电器发出等。

为了区别于事故信号，预告信号装置的音响信号为警铃，而用光字牌的文字显示设备不正常的性质。

预告信号分瞬时预告信号和延时预告信号两种。对某些当电力系统中发生短路故障时可能伴随发出的预告信号，如过负荷、电压互感器二次回路断线等，应带延时发出，其延迟时间应大于外部短路的最大切除时限。这样，当外部短路切除后，这些由系统短路所引起的信号就会自动消失，而不让它发出警报，以免分散值班人员的注意力。

图 10-17 为由 JC-2 型冲击继电器构成的延时预告信号和瞬时预告信号电路图。

1. 瞬时预告信号

图 10-17 中的瞬时预告小母线一般布置在中央信号屏和各个控制屏的屏顶。1SA 为瞬时预告信号的转换开关，正常时处于"运行"位置，其触点⑬⑭、⑮⑯接通，其余断开；1SA 的另外一个位置为"试验"位置，在此位置时，其触点除⑬⑭和⑮⑯外都接通，而⑬⑭、⑮⑯断开。S4 为瞬时预告信号的试验按钮，按下 S4，冲击继电器 3KP 立即启动，其触点闭合，使中间继电器 K6 动作，电铃发出音响。S2 为复归按钮，按下后，3KP 返回，音响解除。

当电气设备出现不正常工作状态时，相应的继电保护装置动作，其触点闭合，使回路 3L+→保护装置触点→光字牌指示灯→瞬时预告小母线→1SA 的⑬⑭和⑮⑯→3KP→3L-接通，结果相应光字牌亮，同时电铃发出音响。

当值班人员要检查瞬时预告信号的所有指示灯时，可将转换开关 1SA 打到"试验"位置，此时，两根瞬时预告信号小母线将通过 1SA 的相应触点（如前述）分别接至电源的正、负极（3L+、3L-），使指示灯串接于电源之间。

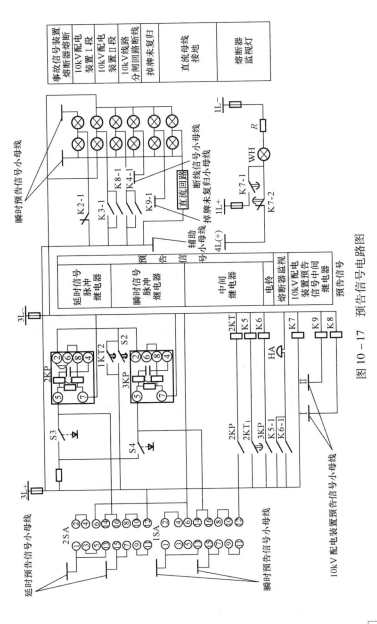

图 10-17 预告信号电路图

6～10kV 配电装置出现不正常工作状态时，其相应的预告信号小母线将与正电源接通，通过中间继电器 K8 或 K9 使主控制室内发出预告信号，以利工作人员迅速作出判断并做出相应处理。

K7 为熔断器监视继电器，正常时处于动作状态，当预告信号回路中的熔断器熔断时，K7 失电，通过其延时触点 K7－2 使 WH 发出闪光。若监视灯 WH 回路的熔断器熔断，则 WH 熄灭。值班人员可根据监视灯的情况作出判断，并进行处理。

2. 延时预告信号

延时预告信号与瞬时预告信号的区别在以下两点：

（1）延时信号的光字牌中只有一个灯泡，另一只灯泡用电阻代替。

（2）延时预告信号回路中的冲击继电器 2KP 动作后，启动的是一个时间继电器，音响（电铃）是靠时间继电器的延时闭合触点发出，也就是说，音响的发出要比 2KP 的动作或光字牌的光信号慢一段时间（一般约 9s）。

三、指挥信号

在采用主控制室控制方式的火电厂中，电气值班人员与汽轮机值班人员之间的联系，是通过指挥信号进行的。在主控制室的发电机的控制屏（台）上装有指挥信号用的按钮和光字牌，在汽轮机的控制屏上也装有指挥信号用的按钮和光字牌。图 10－18 所示为装在发电机控制屏（台）上的指挥信号光字牌及按钮。

主控制室发给汽轮机房的指挥信号有：注意、减少负荷、增加负荷、发电机已合闸、发电机已断开、停机、更改命令和电话共八种。汽轮机房发给主控制室的指挥信号有：注意、减负荷、可并列、汽轮机调整、更改命令和机器危险共六种。

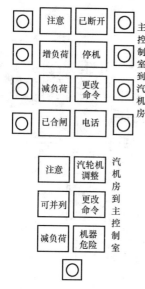

图 10－18　装在发电机控制屏（台）上的指挥信号光字牌及按钮

指挥信号的简化电路，如图 10－19 所示。图中 1S、…、9S、…为带自保持线圈的按钮，用于发送命令，其中 1S～8S 在主控制室，9S～14S 在汽机房。HL 为光字牌。下面仅以召唤为例，说明电路的工作情况。主控制室按下发电机屏上的"注意"按钮 1S 后，3L＋经汽轮机屏上解除按

钮 SB4，再经按钮 1S 后分三路到 3L－：其一路经按钮 1S 的自保持线圈到
3L－，使放手后按钮 1S 仍保持接通；另一路经主控制室的"注意"光字
牌灯 1HL1 和汽轮机房的"注意"光字牌灯 1HL2 到 3L－，使两处光字牌
亮；还有一路经汽轮机控制屏上的电喇叭到 3L－，使电喇叭响。汽轮机
运行人员按下解除按钮 SB4，可使音响解除和两处的光字牌熄灭，并使 1S
的自保持线圈停电，按钮 1S 弹回。

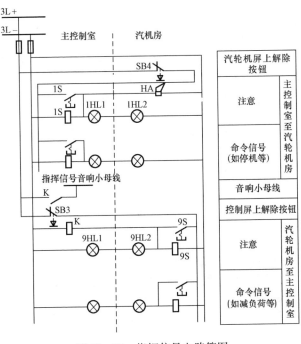

图 10－19　指挥信号电路简图

　　汽机房要向主控制室发送"注意"信号时，同时也有音响信号。为
了区别于事故信号，采用电铃发出音响。由于机组较多，所有机组采用一
公用电铃，并将此电铃接于指挥信号音响小母线和信号电源负母线 3L－
之间。当指挥信号音响小母线上有正电压时，电铃即发出音响。
　　现在新建的大型发电厂一般都采用机、电、炉集中控制，机组运行人
员均在一个控制室内，所以就没有必要用上述指挥信号了，上述指挥信号
系统一般用于较小容量的机组，机械和电气运行人员不在同一控制室的
情况。

第五节 同 期 回 路

一、同期方式及同期点的选择

（一）同期方式

同步发电机并列的方式主要有两种，即准同期和自同期。

1. 准同期方式

准同期方式是在发电机并列前已励磁，当发电机的频率、电压和相位与运行系统的频率、电压和相位均近似相同时，将发电机出口断路器合闸。这种操作的优点是正常情况下并列时的冲击电流较小，不会使系统电压降低；缺点是并列操作时间长，并且如果合闸时机不准确，可能造成非同期并列事故而引起发电机损坏。因此，对准同期并列操作的技术要求较高，必须由有一定经验的运行人员来执行。

准同期按同期过程的自动化程度，可分为手动准同期、半自动准同期和自动准同期三种。目前，在发电厂中一般装有手动和自动准同期装置，作为发电机的正常并列之用。

2. 自同期方式

自同期方式是发电机先不励磁，当其转速接近于同步转速时，将其投入系统，然后给发电机加上励磁，在原动机转矩和同步转矩的作用下将发电机拉入同步。

自同期方式实质上是先并列后同期，因此不会造成非同期合闸且并列过程快，特别是在系统发生事故时需要紧急投入备用机组时，减少并列操作时间更为重要。此外，自同期较准同期更易于实现自动化，在系统的电压和频率降低很多时仍有可能将发电机投入。但自同期方式也存在下述缺点：

（1）未经励磁的发电机并入系统时会产生较大的冲击电流。此电流可能对发电机的绕组产生不利的影响以及使机组的振动加剧。

（2）未加励磁的发电机投入系统时相当于是一台大容量的电动机，将从系统中吸取很大的无功电流，这将引起系统频率和电压的下降。

由于上述缺点，自同期方式一般应用在容量较小的汽轮发电机和各种水轮发电机和同步调相机的同期并列。另外采用发电机 – 变压器单元接线的汽轮发电机也可采用自同期方式。

自同期方式按同期过程的自动化程度，分为手动自同期、半自动自同期和自动自同期三种。汽轮发电机较多采用的是半自动自同期方式。

（二）同期点和同期方式的设置

在发电厂中，并不是每个断路器都必须进行同期操作，只有当某个断路器跳闸后其两侧均有电压，而两侧电压又有可能不同期时，才将此断路器设置为同期点。设为同期点的断路器只有满足同期条件时才允许进行合闸操作。具体来说，发电厂同期点和同期方式设置的原则如下：

（1）直接与母线连接的发电机引出端的断路器、发电机－双绕组变压器单元接线的高压侧断路器、发电机－三绕组变压器单元接线各电源侧断路器，应设为同期点。其同期方式，对火电厂同时设有手动准同期和自动准同期；水电厂同时设有手动准同期、自动准同期和自动自同期。

（2）双侧有电源的双绕组变压器的低压侧或高压侧断路器（一般设在低压侧）、三绕组变压器有电源的各侧断路器，应设为同期点。其同期方式一般用手动准同期。

（3）母线分段断路器、母线联络断路器、旁路断路器，应设为同期点，其同期方式一般用手动准同期方式。

（4）接在母线上且对侧有电源的线路断路器，应设为同期点，一般采用手动准同期方式，有些线路则采用半自动准同期方式。

（5）对于110kV及以上线路，当设有旁路母线时，也可用旁路母线上的电压互感器进行同期并列。

（6）多角形接线和外桥接线中，与线路相关的两个断路器，均设为同期点；3/2断路器接线的运行方式变化较多，一般所有断路器均设为同期点，且均采用手动准同期方式。

二、手动准同期

目前，发电厂中广泛采用的手动准同期装置均为带非同期闭锁的手动准同期装置。它由同期表计、同期检查继电器和相应的转换开关组成。

（一）同期表计

为了检查待并发电机的频率、电压、相位与运行系统的频率、电压、相位是否一致，必须用相应的表计来测量、比较。常用的测量装置有两种型式，即同期小屏和组合式同期表。

·1.同期小屏及其接线

图10－20（a）为同期小屏的屏面布置图，图10－20（b）为同期小屏的接线图。为便于操作人员的观察、比较，同期小屏通常装设在发电机控制屏（台）的两侧。

由图10－20中可看出，同期小屏上共有5块表计，即两块电压表和两块频率表，用以测量待并发电机和运行系统的电压和频率，以及一块同期表，用以测量待并发电机和运行系统的相位关系。同时，同期小屏上还有两个转换开关 SA1 和 SA2。

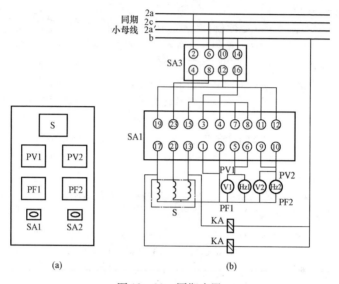

图 10-20 同期小屏

（a）屏面布置图；（b）接线图

SA1、SA2、SA3—转换开关；KA—同期检查闭锁继电器

同期表目前应用较多的是电磁型的和微机型的，新建电厂一般都是用微机型的，不论是电磁型还是微机型，其最基本的原理是一样的。1T1-S型同期表的外形、内部结构和接线图如图 10-21 所示。

同期表内部有三个线圈 L、1L 和 3L，其中 1L 和 3L 两个线圈垂直布置，分别接在待并发电机的不同相电压上，以产生旋转磁场，另一个线圈 L 接在运行系统的相间电压上，线圈 L 布置在 1L 和 3L 的内部，并绕在可动 Z 型铁片 F 的轴套 C 的上面。由于电压和频率的差异，可动部分将带动指针 E 旋转，反映出相位的情况。若待并发电机的频率高于运行系统的频率时，指针就向"快"的方向不停地旋转，反之就向慢的方向旋转。频率差的越多，指针转动的就越快，反之则越慢。若两侧频率相同，指针就停止不动，其停留的位置与零位中心线（红线）之间的夹角，就表示两侧电压的相位差。当待并发电机电压滞后运行系统一个角度时，指针就停留在"慢"的方向一个相应的角度；待并发电机电压若超前运行系统一个角度时，则指针就停留在"快"的方向一个相应的角度；当指针指向零位中心线（红线）时，两侧的相位差为零。

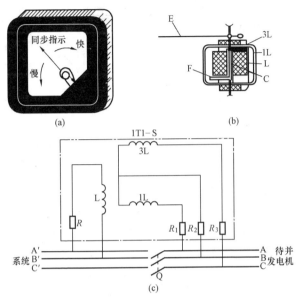

图 10 – 21　同期表的外形、内部结构和接线图
（a）外形；（b）内部结构；（c）接线图

SA1 为同期表计的转换开关，它有"断开""粗略"和"精细"三个位置。平时不使用同期表计时，此开关打在"断开"位置，将表计退出。转换开关 SA1 打到"粗略"位置时，则利用其偶数触点将电压表和频率表（各两块）分别接于待并发电机和运行系统的电压小母线（称为同期小母线）上，以监视电压和频率，而同期表不接入。调整待并发电机，使相应的电压表和频率表的指示达到额定值，待指示相同时，将 SA1 打到"精细"位置，此时再将同期表接入，来判断合闸（即将发电机并入系统运行）的时机。

SA2 是同期检查继电器 KA 的闭锁开关，它有"退出"和"投入"两个位置。当 SA2 处在"退出"位置时，其触点①③接通，将同期检查继电器闭锁；当 SA2 处在"投入"位置时，其触点①③断开，将同期检查继电器投入。SA2 触点①③的连接情况见图 10 – 23。

2. 组合式同期表及其接线

发电厂中常用的 MZ10 型的组合式同期表的外形及其外部接线和电路

图如图 10 – 22 所示。

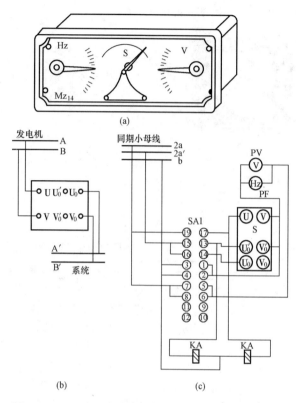

图 10 – 22 MZ10 型同期表的外形、外部接线和电路图
（a）外形；（b）外部接线；（c）电路图

组合式同期表是由频率差表、电压差表和同期表三个部件组成。频率差表反映待并发电机和运行系统的频率差，当两者频率相同时，指针指向零位；当待并发电机的频率高于系统频率时，指针向"＋"方向偏转；反之向"－"方向偏转。电压差表反映的是待并发电机和运行系统之间的电压差。当两电压相等时，指针指向零位；待并发电机的电压高于运行系统时，指针偏向"＋"方向；反之则向"－"方向偏转。同期表与同期小屏中的同期表的工作原理相同。

另外在采用 MZ10 型组合式同期表的同期装置中还接入了电压表 PV 和频率表 PF 各一块，用于测量待并发电机的电压和频率。组合式同期表和电压表 PV、频率表 PF 的投入情况受转换开关 SA1 的控制。当 SA1 在"粗略"位置时，电压表 PV、频率表 PF 以及组合式同期表的电压差表和频率差表均投入；SA1 在"精细"位置时，组合式同期表和同期检查继电器 KA 才投入，如图 10-22（c）所示。

（二）手动准同期回路

1. 同期电压的引入

同期表计所需电压均是取自同期小母线。由于同期表计为全厂（或一个集控室）共用，因此各同期点被比较的电压都是分别经过各自的同期转换开关 SA5 引至同期小母线 2a、2a′ 和 2c 上的，如图 10-23 所示。图 10-23 中为采用同期小屏时，发电机与发电厂母线并列及用母线联络断路器进行两组母线并列的手动准同期回路。同期转换开关 SA5 正常情况下处于"断开"位置，只有对作为同期点的断路器进行合闸操作时，才将相应的同期转换开关 SA5 投入。如合 QF1 时将 1SA5 打到"投入"位置；而合 QF2 时则将 2SA5 打到"投入"位置。然后利用 SA5 的奇数触点将所操作断路器两侧的电压信号引入同期小母线。

对于具有 Yd11 接线的双绕组升压变压器，当利用其低压侧断路器进行同期并列时，为了正确反映断路器两侧的同期条件，必须进行电压的相角补偿，即在升压变压器的低压侧母线电压互感器后接入一个变比为 $100 / \left(\dfrac{100}{\sqrt{3}} \right)$ 的 Dy1 接线的转角变压器，以补偿由于变压器绕组的接线形式而造成的变压器两侧电压的相角差。

2. 作为同期点的断路器的合闸控制回路

为了避免作为同期点的断路器非同期合闸，同期点断路器的合闸控制回路与非同期点断路器的合闸回路有所不同，图 10-24 所示为同期点断路器的合闸控制回路。

图 10-24 中 W1、W2 和 W3 为同期合闸小母线。该控制回路中为防止非同期合闸主要采取了以下措施：

（1）利用同期转换开关 SA5 完成同期点断路器间的相互闭锁。发电厂中所有的同期转换开关 SA5 共用一个可抽出的手柄，且此手柄只有在同期开关处于"断开"位置时才可以抽出，以保证同期电压小母线上只存在由一个同期开关 SA5 所引入的同期电压。现在新建电厂一般使用微机型自动准同期并列装置，与之配合使用的有自动同期选线器，可以自动选择识别需要进行并列的点，控制准同期装置进行并列，可进一步有效防止非同期合闸。

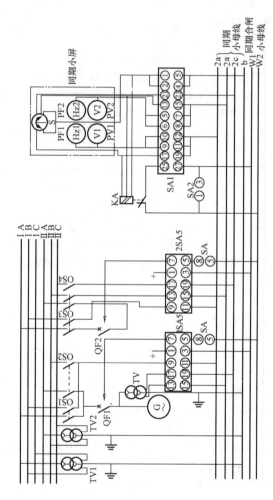

图 10 – 23 采用同期小屏手动准同期装置电路图

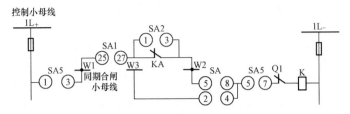

图 10-24　同期点断路器的合闸控制回路

Q1—断路器辅助触点；KA—同期检查继电器

（2）利用控制开关 SA3（图中未显示）完成手动准同期操作和自动准同期操作间的相互闭锁。当利用自动准同期装置进行同期操作时，手动控制回路是断开的；反之当利用手动进行同期操作时，自动操作回路断开。

（3）手动操作时，只有同期表计投入开关 SA1 处在"精细"位置，才可进行同期合闸。

另外，为防止非同期合闸，在手动操作回路中又接入了同期检查继电器 KA 的触点。

综合上述，当对同期点断路器进行手动操作时，只有同时满足下述条件，才能使断路器合闸，即：

1）同期转换开关 SA5 处在"投入"位置；

2）手动、自动操作的转换开关 SA3 处在"手动"位置；

3）同期表计投入开关 SA1 处在"精细"位置；

4）同期检查继电器的动断触点 KA 接通或同期检查继电器的转换开关处在"退出"位置；

5）断路器的控制开关 SA 打到"合闸"位置。

（三）手动准同期操作的主要操作步骤

下面以采用同期小屏装置，发电机并列于运行母线为例，说明手动准同期的主要操作步骤：

（1）发电机升速到额定值后，合上励磁开关给发电机励磁。

（2）调节励磁电流使发电机电压升到额定值，合同期开关 SA5 于"投入"位置，将待并发电机电压与运行母线电压加到同期小母线上。

（3）操作转换开关 SA3，将自同期装置退出，投入同期小屏。

（4）操作同期小屏上的粗细调转换开关 SA1 到"粗调"位置，调节发电机转速和电压，使两电压表和频率表的指示一样。

（5）操作 SA1 到"细调"位置，将同期表投入，同期表开始旋转。

（6）调节发电机转速，使同期表指针向"快"的方向缓慢旋转，即待并发电机频率略高于运行母线电压频率，将控制开关 SA 旋转到"预备合闸"位置，待指针靠近红线时，立即将 SA 转到"合闸"位置，使断路器合闸。由于发电机频率略高，故合闸后立即带上少许有功功率，利用其同步力矩将发电机拖入同期。

提示　第十章共五节内容，其中第一、二节适合于初级工学习，第一～五节适合于中、高级工学习（第三～五节对高级工应熟练掌握）。

第二篇

发电厂厂用电值班

第十一章

厂用电系统的运行操作

第一节 高低压辅助机械的电动机的停、送电操作

一、正确的停送电操作的方法

电动机的停送电操作由厂用电值班员进行，而电动机的启动和停止操作则应由电动机所带的机械部分的值班员进行。

电动机的停送电操作，应遵守倒闸操作的技术原则，严格执行操作票和操作监护制度的有关规定。电动机送电前，应对电动机控制设备及系统全面地检查。送电时，应将电动机有关电源全部送上（即处于热备用）。这时一经机械值班人员操作，电动机即可投入运行。电动机送电后，应汇报值班负责人，如有条件，由机械值班员进行启、停试转一次。电动机的停电操作，则应在电动机停转后进行，电气值班员在接到电动机停电的命令后，再次检查电动机是否停转，并根据停电后是机械作业还是电气作业或者是机电同时作业等不同情况，布置有关安全措施。

由于电动机的电源引接方式不同，其设备元件在电动机回路中安装的位置也不一样，厂用电值班人员在操作中，应根据实际接线情况进行操作，防止跳项、漏项，造成误操作事故发生。例如：

380V 某一负荷停电，操作步骤应如下：

（1）检查电动机停止运转；

（2）检查电动机断路器在"分闸"位；

（3）断开断路器控制电源开关；

（4）取下断路器电压回路熔断器；

（5）将断路器摇（拉）至检修位置；

（6）布置安全措施。

上述操作完毕后操作人员在该负荷断路器操作把手上挂"禁止合闸、有人工作"标示牌，如电气设备有检修作业时，应在对应工作地点挂"在此工作"标示牌，相邻带电设备上挂"止步，高压危险"标示牌，最后通知值班负责人、值长及机械值班人员，汇报该负荷已停电。

电动机的送电操作与停电顺序相反。但操作人员要特别注意送电前，应检查工作票是否已办理工作终结手续（或已押票），并对电动机及机械部分进行检查，确认无检修人员工作时，方可进行送电操作。电动机送电前，电气值班员还应对电动机的绝缘情况按规定进行测试，测完绝缘做好记录。

二、操作中各个环节的标准

厂用电倒闸操作一般有以下几个环节：

1. 接受操作预告

值长在接受操作预告时，应明确操作任务、范围、时间、安全措施及被操作设备的状态，并向发令人复诵一遍，在得到其同意后生效，并通知值班负责人。

2. 查对模拟系统图，生成操作票

值班负责人根据操作预告、电气工作票或运行操作联系票的要求指定操作人和监护人，并清楚交代任务，由操作人根据操作任务、运行日志、工作票内容，查对模拟系统图（板），逐项填写操作票（或调用标准票），核对无误后签名。

3. 组织开展危险点分析，制定控制措施

操作票填写完毕，由值班负责人组织（复杂的电气操作由值长组织）该项操作的操作人、监护人根据操作任务、设备系统运行方式、操作环境、操作程序、工具、操作方法、操作人员身体状况、不安全行为、技术水平等具体情况进行危险点分析并制定相应的控制措施。

4. 核对操作票

操作人填好操作票复审无误并签名后交给监护人、值班负责人和值长，监护人、值班负责人及值长对照模拟系统图（板）进行审核，确认操作票内容、危险点分析与控制措施正确、全面后签名。

5. 发布和接受操作任务

值长在接受调度员发布的正式操作命令时，应录音并做好记录，接受完操作命令后值长必须全文复诵操作命令，在接到调度员开始执行的命令后，再根据记录向值班负责人发布正式的操作命令，发布命令应正确、清楚地使用正规操作术语和设备双重名称，值班负责人必须全文复诵操作命令，在接到值长开始执行的命令后组织执行。

操作人、监护人共同学习掌握危险点分析与控制措施，由监护人组织操作人开展"三讲一落实"，完成《电气倒闸操作前标准检查项目表》，填写完成准备工作时间，并在《电气倒闸操作票》上记录操作开始时间。

6. 模拟操作

在进行实际操作前必须进行模拟操作。监护人根据操作票中所列的项目，逐项发布操作命令（模拟系统图里不能实现的项目除外），操作人听到命令并复诵后更改模拟系统图（板）。

7. 实际操作

（1）监护人携带操作票和开锁钥匙，操作人携带操作工具和绝缘手套等，操作人在前，监护人在后，走向操作地点。在核对设备名称、编号和位置及实际运行状态后，做好实际操作前准备工作。

（2）操作人和监护人面向被操作设备的名称编号牌，由监护人按照操作票操作顺序高声唱票，操作人应注视设备名称编号牌，必须手指设备名称标示牌，高声复诵。监护人确认标示牌与复诵内容相符后，下达"正确，执行！"令，并将钥匙交给操作人实施操作，操作完毕后，操作人回答"操作完毕！"。

（3）监护人在操作人回令后，在"执行情况"栏打"＼"，监护人检查确认后，在"＼"上加"／"，完成一个"√"。

（4）对于检查项目监护人唱票后，操作人应认真检查，确认无误后再复诵，监护人在"执行情况"栏打"＼"，同时也进行检查，确认无误并听到操作人复诵后，在"＼"上加"／"，严禁操作项目和检查项目一并打"√"。

（5）监护人在"时间"栏记录重要开关的操作时间。

8. 复核

全部操作项目完成后，应全面复查被操作设备的状态、表计及信号指示等是否正常、有无漏项等，并核对操作命令或电气工作票的要求、模拟图板、设备实际状态三者应一致。

9. 终结

完成《电气倒闸操作后应完成工作表》，向值长（值班负责人）汇报操作任务已完成，记录操作终结时间，监护人在每页操作票的右上角编号处盖"已执行"章。

三、操作中的注意事项

由于发电厂的厂用电系统主要是为机、炉辅助设备供电，在配合机械检修工作中，电气设备的停送电操作比较频繁，所以，在操作过程中对以下几个问题应引起重视：

（1）厂用电倒闸操作前，必须掌握运行方式和设备状态，并考虑继电保护及自动装置的更改情况，对电源部分应考虑负荷的合理分配，防止设备过负荷的现象发生。

（2）在厂用电系统和设备送电前，必须收回有关工作票，拆除安全措施，对厂用电设备进行详细检查，当厂用负荷为机械作业时，应和机械值班员做好联系。并对电气及机械连接部分进行检查。在确认断路器在断开时，方可进行送电操作。

（3）集中控制的厂用负荷的程控开关、联锁开关，应同设备的停送电一并进行。

（4）厂用电系统和设备送电前，应了解或测试电气设备的绝缘情况，在无根据的情况下，按规定进行必要的测绝缘工作。在测绝缘时，应注意带有电压表或变频器的设备，如低压母线配电箱等，应切除电压表或变频器后进行。

第二节　高低压厂用母线的停、送电操作

一、6kV 厂用母线的停送电操作

如图 11-1（见文后插页）所示为某厂某机高低压厂用母线原则接线图。

6kV 12B 段母线停电、送电操作步骤如下：

6kV 12B 段母线停电（在备用电源接带状态下）
由　运行　状态转换为　检修　状态

（1）接值长可以操作的命令。

（2）检查 12 号机 6kV B 段所有负荷断路器全部停电。

（3）断开 12 号机 6kV B 段备用电源断路器（30BBB02）。

（4）检查 12 号机 6kV B 段备用电源断路器（30BBB02）确断。

（5）将 12 号机 6kV B 段备用电源断路器（30BBB02）摇至试验位置。

（6）拔下 12 号机 6kV 12B 段备用电源断路器（30BBB02）二次插头。

（7）将 12 号机 6kV B 段备用电源断路器（30BBB02）拉出间隔。

（8）断开 12 号机 6kV B 段备用电源断路器（30BBB02）电压回路开关。

（9）断开 12 号机 6kV B 段备用电源断路器（30BBB02）交流电源断路器。

（10）断开 12 号机 6kV B 段工作电源电压互感器（30BBB03）控制电源断路器。

（11）摇出 12 号机 6kV B 段工作电源电压互感器（30BBB03）至"试

验"位置。

（12）拔下 12 号机 6kV B 段工作电源电压互感器（30BBB03）二次插头。

（13）拉出 12 号机 6kV B 段工作电源电压互感器（30BBB03）至间隔外。

（14）取下 12 号机 6kV B 段工作电源电压互感器（30BBB03）一次熔断器。

（15）断开 12 号机 6kV B 段母线电压互感器（30BBB05）控制电源开关。

（16）摇出 12 号机 6kV B 段母线电压互感器（30BBB05）至"试验"位置。

（17）拔下 12 号机 6kV B 段母线电压互感器（30BBB05）二次插头。

（18）拉出 12 号机 6kV B 段母线电压互感器（30BBB05）至间隔外。

（19）取下 12 号机 6kV B 段母线电压互感器（30BBB05）一次熔断器。

（20）在 12 号机 6kV B 段母线上验明无电。

（21）在 12 号机 6kV B 段母线上（30BBB05 间隔）装设一组接地线（____号）。

（22）在 12 号机 6kV B 段工作电源断路器（30BBB04）间隔后下部靠高压厂用变压器侧引线处验明无电。

（23）在 12 号机 6kV B 段工作电源断路器（30BBB04）间隔后下部靠高压厂用变压器侧引线处装设一组接地线（____号）。

（24）检查 12 号机 6kV B 段所有负荷间隔内的接地开关已合上。

（25）布置安全措施。

（26）对以上所有操作进行全面检查。

6kV 12B 段母线恢复冷备用
由 __检修__ 状态转换为 __冷备用__ 状态

（1）接值长可以操作的命令。

（2）拆除 12 号机 6kV B 段母线上（30BBB05 间隔）一组接地线（____号）。

（3）拆除 12 号机 6kV B 段工作电源断路器（30BBB04）间隔后下部靠高压厂用变压器侧引线处一组接地线（____号）。

（4）测量 12 号机 6kV B 段母线绝缘良好。

（5）拆除安全措施。

6kV 12B 段母线送电
由　冷备用　状态转换为　运行　状态

（1）接值长可以操作的命令。

（2）检查 12 号机 6kV B 段母线电压互感器（30BBB05）各部良好。

（3）装上 12 号机 6kV B 段母线电压互感器（30BBB05）一次熔断器。

（4）推入 12 号机 6kV B 段母线电压互感器（30BBB05）至"试验"位。

（5）插上 12 号机 6kV B 段母线电压互感器（30BBB05）二次插头。

（6）摇入 12 号机 6kV B 段母线电压互感器（30BBB05）至"工作"位。

（7）合上 12 号机 6kV B 段母线电压互感器（30BBB05）控制电源开关。

（8）推入 12 号机 6kV B 段备用电源断路器（30BBB02）至"试验"位。

（9）插上 12 号机 6kV B 段备用电源断路器（30BBB02）二次插头。

（10）摇入 12 号机 6kV B 段备用电源断路器（30BBB02）至工作位。

（11）合上 12 号机 6kV B 段备用电源断路器（30BBB02）控制电源开关。

（12）合上 12 号机 6kV B 段备用电源断路器（30BBB02）。

（13）检查 12 号机 6kV B 段母线电压指示正确。

（14）对以上所有操作进行全面检查。

二、380V 厂用母线停送电操作

如图 11-1 所示的某厂某机高低压厂用母线原则接线图中，380V 12 号机 380V 汽轮机工作 A 段母线停电、送电操作步骤如下：

12 号机 A 低压厂用变压器及 380V 汽轮机工作 A 段母线停电
由　运行　状态转换为　检修　状态

（1）接值长可以操作的命令。

（2）检查 380V 工作 A 段所有负荷已全部停电。

（3）检查 12 号机 380V 汽轮机工作段母联断路器（30BFA02GS001）在"试验"位。

（4）断开 380V 汽轮机工作 12A 段工作电源断路器（30BFA01GS001）。

（5）检查 380V 汽轮机工作 12A 段母线电压指示为零。

（6）断开 12 号机 A 低压厂用变压器高压侧断路器（30BBA09）。

（7）断开 380V 汽轮机工作 12A 段工作电源断路器（30BFA01GS001）控制电源开关。

（8）取下 380V 汽轮机工作 12A 段工作电源断路器（30BFA01GS001）电压回路熔断器。

（9）摇出 380V 汽轮机工作 12A 段工作电源断路器（30BFA01GS001）至"检修"位。

（10）检查 6kV 12A 段 12 号机 A 低压厂用变压器高压侧断路器（30BBA09）在"分闸"位。

（11）摇出 6kV 12A 段 12 号机 A 低压厂用变压器高压侧断路器（30BBA09）至"试验"位。

（12）拔下 6kV 12A 段 12 号机 A 低压厂用变压器高压侧断路器（30BBA09）二次插头。

（13）拉出 6kV 12A 段 12 号机 A 低压厂用变压器高压侧断路器（30BBA09）至间隔外。

（14）验明 6kV 12A 段 12 号机 A 低压厂用变压器高压侧断路器（30BBA09）间隔内负荷侧三相无电压。

（15）合上 6kV 12A 段 12 号机 A 低压厂用变压器高压侧断路器间隔内接地开关（30BBA09 地刀）。

（16）检查 6kV 12A 段 12 号机 A 低压厂用变压器高压侧断路器间隔内接地开关（30BBA09 地刀）合闸到位。

（17）验明 12 号机 A 低压厂用变压器高压侧电缆头无电压。

（18）在 12 号机 A 低压厂用变压器高压侧装设一组接地线（____号）。

（19）验明 12 号机 A 低压厂用变压器低压侧电缆头无电压。

（20）在 12 号机 A 低压厂用变压器低压侧装设一组接地线（____号）。

（21）布置安全措施。

（22）对以上操作进行全面检查。

12 号机 A 低压厂用变压器及 380V 汽轮机工作 A 段恢复冷备用
由　检修　状态转换为　冷备用　状态

（1）接值长可以操作的命令。

（2）拆除 12 号机 A 低压厂用变压器高压侧一组接地线（____号）。

（3）拆除 12 号机 A 低压厂用变压器低压侧一组接地线（____号）。

（4）断开 6kV 12A 段 12 号机 A 低压厂用变压器高压侧断路器间隔内接地开关（30BBA09 地刀）。

（5）检查 6kV 12A 段 12 号机 A 低压厂用变压器高压侧断路器间隔内接地开关（30BBA09 地刀）确断。

（6）测量 380V 工作 A 段母线绝缘良好。

（7）测量 12 号机 A 低压厂用变压器绝缘良好。

（8）测量 12 号机 380V 工作 A 段母线绝缘良好。

（9）拆除安全措施。

12 号机 A 低压厂用变压器及 380V 汽轮机工作 A 段母线送电
由　冷备用　状态转换为　运行　状态

（1）接单元长令。

（2）检查 12 号机 380V 汽轮机工作段母联断路器（30BFA02GS001）双重编号正确。

（3）检查 12 号机 380V 汽轮机工作段母联断路器（30BFA02GS001）在"分闸"位。

（4）摇入 12 号机 380V 汽轮机工作段母联断路器（30BFA02GS001）至"试验"位。

（5）检查 12 号机 380V 汽轮机工作段母联断路器（30BFB02GS001）在"检修"位。

（6）检查 380V 汽轮机工作 12A 段工作电源低压侧断路器（30BFA01GS001）在"分闸"位。

（7）检查 6kV 12A 段 12 号机 A 低压厂用变压器高压侧断路器（30BBA09）双重编号正确。

（8）检查 6kV 12A 段 12 号机 A 低压厂用变压器高压侧断路器（30BBA09）远方/就地切换开关在"就地"位。

（9）检查 6kV 12A 段 12 号机 A 低压厂用变压器高压侧断路器（30BBA09）机构指示在"分闸"位。

（10）推入 6kV 12A 段 12 号机 A 低压厂用变压器高压侧断路器（30BBA09）至"试验"位。

（11）插上 6kV 12A 段 12 号机 A 低压厂用变压器高压侧断路器（30BBA09）二次插头。

（12）检查 6kV 12A 段 12 号机 A 低压厂用变压器高压侧断路器

（30BBA09）智能显示装置面板上位置指示在"试验"位。

（13）检查 6kV 12A 段 12 号机 A 低压厂用变压器高压侧断路器（30BBA09）智能显示装置面板上状态指示在"分闸"位。

（14）合上 6kV 12A 段 12 号机 A 低压厂用变压器高压侧断路器（30BBA09）综合保护装置电压回路开关。

（15）合上 6kV 12A 段 12 号机 A 低压厂用变压器高压侧断路器（30BBA09）控制电源开关。

（16）检查 6kV 12A 段 12 号机 A 低压厂用变压器高压侧断路器（30BBA09）"绿灯"亮。

（17）检查 6kV 12A 段 12 号机 A 低压厂用变压器高压侧断路器（30BBA09）综合保护装置正常。

（18）检查 6kV 12A 段 12 号机 A 低压厂用变压器高压侧断路器（30BBA09）"保护跳闸"连接片投入。

（19）检查 6kV 12A 段 12 号机 A 低压厂用变压器高压侧断路器（30BBA09）"超温跳闸"连接片投入。

（20）检查 6kV 12A 段 12 号机 A 低压厂用变压器高压侧断路器（30BBA09）"联跳 380V 开关"连接片投入。

（21）摇入 6kV 12A 段 12 号机 A 低压厂用变压器高压侧断路器（30BBA09）至"工作"位。

（22）检查 6kV 12A 段 12 号机 A 低压厂用变压器高压侧断路器（30BBA09）智能显示装置面板上位置指示在"工作"位。

（23）切 6kV 12A 段 12 号机 A 低压厂用变压器高压侧断路器（30BBA09）远方/就地切换开关至"远方"位。

（24）检查 380V 汽轮机工作 12A 段工作电源断路器（30BFA01GS001）双重编号正确。

（25）检查 380V 汽轮机工作 12A 段工作电源断路器（30BFA01GS001）远方/就地切换开关在"就地"位。

（26）检查 380V 汽轮机工作 12A 段工作电源断路器（30BFA01GS001）"保护联跳"连接片投入。

（27）摇入 380V 汽轮机工作 12A 段工作电源断路器（30BFA01GS001）至"工作"位。

（28）装上 380V 汽轮机工作 12A 段工作电源断路器（30BFA01GS001）电压回路熔断器。

（29）检查 380V 汽轮机工作 12A 段工作电源断路器（30BFA01GS001）

电压回路熔断器已装好。

（30）合上 380V 汽轮机工作 12A 段工作电源断路器（30BFA01GS001）控制电源开关。

（31）检查 380V 汽轮机工作 12A 段工作电源断路器（30BFA01GS001）"绿灯"亮。

（32）切 380V 汽轮机工作 12A 段工作电源断路器（30BFA01GS001）远方/就地切换开关至"远方"位。

（33）合上 12 号机 A 低压厂用变压器高压侧断路器（30BBA09）。

（34）检查 12 号机 A 低压厂用变压器充电良好。

（35）手动启动 12 号机 A 低压厂用变压器冷却风扇。

（36）检查 12 号机 A 低压厂用变压器冷却风扇运转正常。

（37）手动停运 12 号机 A 低压厂用变压器冷却风扇。

（38）合上 380V 汽轮机工作 12A 段工作电源断路器（30BFA01GS001）。

（39）检查 380V 汽轮机工作 12A 段工作电源断路器（30BFA01GS001）电压表指示正常。

（40）检查 380V 汽轮机工作 12A 段母线电压指示正常。

（41）对以上操作进行全面检查。

三、厂用母线操作的标准与操作中的注意事项

厂用母线要进行定期检修或者在母线故障时，电气值班人员要将母线停电或者送电，这是一项比较复杂的操作任务，在执行倒闸操作的过程中，必须严格执行操作票制度和操作监护制度，防止误操作事故的发生。

母线停电时，应先考虑不能停电的负荷转移，电气值班员应与机械值班员做好联系工作，有双套设备的、备用的厂用机械，电气设备进行切换，对单一负荷，事先联系停运。将所停母线上的负荷停电。在停电过程中，应注意以下问题：

（1）母线停电时，应考虑负荷分配，防止由于母线停电引起其他系统或电气设备过负荷现象。

（2）负荷停用后，应将母线上所有负荷的电气设备进行停电。

（3）母线负荷全部停电后，以电源断路器切断空母线，母线的电压互感器在母线电源切除后进行停用。

（4）在母线停电时，对继电保护的有关连接片、时限进行必要的切换和改定值。

厂用电母线在检修工作完毕后，运行人员结束工作票时，应对现场的

作业情况再次进行详细检查,并按规定进行厂用母线的送电操作。厂用母线送电操作的原则步骤如下:

(1)母线在恢复送电前应先测绝缘电阻,并详细检查,无问题后再进行操作。

(2)母线的恢复送电,应先送电压互感器,然后以电源断路器(工作或备用)对母线充电。

(3)充电正常后,应做工作与备用电源的联动试验。

(4)联动正常后,经联系分别对各负荷进行逐步送电。

(5)母线上的负荷、断路器恢复后,对运行方式及继电保护装置恢复正常状态。

第三节 变压器的受电、停电操作

一、变压器的受电、停电操作程序

厂用变压器在投入运行后,均有计划性检修,或因故障需将变压器停止运行等工作,因此运行人员将会遇到变压器的停送电操作工作。一般应按以下操作顺序进行:

(1)单电源变压器:停电时先断开负荷侧断路器,再断开电源侧断路器,最后拉开各侧隔离开关,送电操作顺序与此相反。

(2)双电源或三电源变压器:停电时一般先断开低压侧断路器,再断开中压侧断路器,然后断开高压侧断路器,最后拉开各侧隔离开关,送电操作顺序与此相反。特殊情况下,此类变压器还必须考虑保护的配置和潮流分布情况。

二、高、低压厂用变压器的受电、停电操作

以下以某厂 12 号炉脱硫低压厂用变压器为例简述高、低压厂用变压器的受电、停电操作。

12 号炉脱硫低压厂用变压器停电

由　热备用　状态转换为　检修　状态

(1)接单元长令。

(2)检查 12 号炉脱硫 PC 段工作电源断路器(03BHE01GS001)双重编号正确。

(3)检查 12 号炉脱硫 PC 段工作电源断路器(03BHE01GS001)在"分闸"位。

（4）检查 12 号炉脱硫 PC 段工作电源断路器（03BHE01GS001）"绿灯"亮。

（5）断开 12 号炉脱硫 PC 段工作电源断路器（03BHE01GS001）控制电源开关。

（6）取下 12 号炉脱硫 PC 段工作电源断路器（03BHE01GS001）电压回路熔断器。

（7）摇出 12 号炉脱硫 PC 段工作电源断路器（03BHE01GS001）至"检修"位。

（8）在 12 号炉脱硫 PC 段工作电源断路器（03BHE01GS001）处挂上"禁止合闸，有人工作"标示牌。

（9）检查 6kV 12B 段 12 号炉脱硫低压厂用变压器高压侧断路器（30BBB09）双重编号正确。

（10）检查 6kV 12B 段 12 号炉脱硫低压厂用变压器高压侧断路器（30BBB09）带电指示器不亮。

（11）检查 6kV 12B 段 12 号炉脱硫低压厂用变压器高压侧断路器（30BBB09）"绿灯"亮。

（12）检查 6kV 12B 段 12 号炉脱硫低压厂用变压器高压侧断路器（30BBB09）在"分闸"状态。

（13）检查 6kV 12B 段 12 号炉脱硫低压厂用变压器高压侧断路器（30BBB09）智能显示装置面板上状态指示在"分闸"位。

（14）切 6kV 12B 段 12 号炉脱硫低压厂用变压器高压侧断路器（30BBB09）远方/就地切换开关至"就地"位。

（15）摇出 6kV 12B 段 12 号炉脱硫低压厂用变压器高压侧断路器（30BBB09）至"试验"位。

（16）检查 6kV 12B 段 12 号炉脱硫低压厂用变压器高压侧断路器（30BBB09）智能显示装置面板上位置指示在"试验"位。

（17）断开 6kV 12B 段 12 号炉脱硫低压厂用变压器高压侧断路器（30BBB09）控制电源开关。

（18）断开 6kV 12B 段 12 号炉脱硫低压厂用变压器高压侧断路器（30BBB09）TV 二次小开关。

（19）拔下 6kV 12B 段 12 号炉脱硫低压厂用变压器高压侧断路器（30BBB09）二次插头。

（20）拉出 6kV 12B 段 12 号炉脱硫低压厂用变压器高压侧断路器（30BBB09）至间隔外。

（21）验明 6kV 12B 段 12 号炉脱硫低压厂用变压器高压侧断路器（30BBB09）间隔内负荷侧 A 相无电压。

（22）验明 6kV 12B 段 12 号炉脱硫低压厂用变压器高压侧断路器（30BBB09）间隔内负荷侧 B 相无电压。

（23）验明 6kV 12B 段 12 号炉脱硫低压厂用变压器高压侧断路器（30BBB09）间隔内负荷侧 C 相无电压。

（24）合上 6kV 12B 段 12 号炉脱硫低压厂用变压器高压侧断路器（30BBB09）间隔内接地开关（30BBB09 地刀）。

（25）检查 6kV 12B 段 12 号炉脱硫低压厂用变压器高压侧断路器（30BBB09）间隔内接地开关（30BBB09 地刀）A 相合闸到位。

（26）检查 6kV 12B 段 12 号炉脱硫低压厂用变压器高压侧断路器（30BBB09）间隔内接地开关（30BBB09 地刀）B 相合闸到位。

（27）检查 6kV 12B 段 12 号炉脱硫低压厂用变压器高压侧断路器（30BBB09）间隔内接地开关（30BBB09 地刀）C 相合闸到位。

（28）检查 6kV 12B 段 12 号炉脱硫低压厂用变压器高压侧断路器（30BBB09）间隔接地开关（30BBB09 地刀）智能显示装置面板上状态指示在"合闸"位。

（29）断开 6kV 12B 段 12 号炉脱硫低压厂用变压器高压侧断路器（30BBB09）交流电源小开关。

（30）验明 12 号炉脱硫低压厂用变压器高压侧 A 相电缆头无电压。

（31）验明 12 号炉脱硫低压厂用变压器高压侧 B 相电缆头无电压。

（32）验明 12 号炉脱硫低压厂用变压器高压侧 C 相电缆头无电压。

（33）在 12 号炉脱硫低压厂用变压器高压侧装设一组接地线（＿＿＿号）。

（34）验明 12 号炉脱硫低压厂用变压器低压侧 A 相小母线无电压。

（35）验明 12 号炉脱硫低压厂用变压器低压侧 B 相小母线无电压。

（36）验明 12 号炉脱硫低压厂用变压器低压侧 C 相小母线无电压。

（37）在 12 号炉脱硫低压厂用变压器低压侧装设一组接地线（＿＿＿号）。

（38）在 12 号炉脱硫低压厂用变压器处挂上"在此工作"标示牌。

（39）对以上操作进行全面检查。

（40）汇报单元长：12 号炉脱硫低压厂用变压器已由热备用转换为检修。

12 号炉脱硫低压厂用变压器拆除安全措施
由　检修　状态转换为　冷备用　状态

（1）接值长可以操作的命令。

（2）拆除 12 号炉脱硫低压厂用变压器高压侧接地线一组（＿＿号）。

（3）拆除 12 号炉脱硫低压厂用变压器高压侧接地线一组（＿＿号）。

（4）断开 6kV 12B 段 12 号炉脱硫低压厂用变压器高压侧断路器（30BBB09）间隔内接地开关（30BBB09 地刀）。

（5）检查 6kV 12B 段 12 号炉脱硫低压厂用变压器高压侧断路器（30BBB09）间隔内接地开关（30BBB09 地刀）确断。

（6）拆除安全措施。

（7）测量 12 号炉脱硫低压厂用变压器绝缘良好。

（8）对以上操作进行全面检查。

12 号炉脱硫低压厂用变压器送电
由　冷备用　状态转换为　运行　状态

（1）接单元长令。

（2）检查 6kV 12B 段 12 号炉脱硫低压厂用变压器高压侧断路器（30BBB09）双重编号正确。

（3）检查 6kV 12B 段 12 号炉脱硫低压厂用变压器高压侧断路器（30BBB09）远方/就地切换开关在"就地"位。

（4）检查 6kV 12B 段 12 号炉脱硫低压厂用变压器高压侧断路器（30BBB09）机构指示在"分闸"位。

（5）推入 6kV 12B 段 12 号炉脱硫低压厂用变压器高压侧断路器（30BBB09）至"试验"位。

（6）插上 6kV 12B 段 12 号炉脱硫低压厂用变压器高压侧断路器（30BBB09）二次插头。

（7）检查 6kV 12B 段 12 号炉脱硫低压厂用变压器高压侧断路器（30BBB09）智能显示装置面板上位置指示在"试验"位。

（8）检查 6kV 12B 段 12 号炉脱硫低压厂用变压器高压侧断路器（30BBB09）智能显示装置面板上状态指示在"分闸"位。

（9）合上 6kV 12B 段 12 号炉脱硫低压厂用变压器高压侧断路器（30BBB09）电压回路开关。

（10）合上 6kV 12B 段 12 号炉脱硫低压厂用变压器高压侧断路器

（30BBB09）控制电源开关。

（11）检查 6kV 12B 段 12 号炉脱硫低压厂用变压器高压侧断路器（30BBB09）"分位"灯亮。

（12）检查 6kV 12B 段 12 号炉脱硫低压厂用变压器高压侧断路器（30BBB09）综合保护装置正常。

（13）检查 6kV 12B 段 12 号炉脱硫低压厂用变压器高压侧断路器（30BBB09）"保护跳闸"连接片在"投入"状态。

（14）检查 6kV 12B 段 12 号炉脱硫低压厂用变压器高压侧断路器（30BBB09）"超温跳闸"连接片在"投入"状态。

（15）检查 6kV 12B 段 12 号炉脱硫低压厂用变压器高压侧断路器（30BBB09）"联跳 380V 开关"连接片在"投入"状态。

（16）摇入 6kV 12B 段 12 号炉脱硫低压厂用变压器高压侧断路器（30BBB09）至"工作"位。

（17）检查 6kV 12B 段 12 号炉脱硫低压厂用变压器高压侧断路器（30BBB09）智能显示装置面板上位置指示在"工作"位。

（18）检查 6kV 12B 段 12 号炉脱硫低压厂用变压器高压侧断路器（30BBB09）储能指示在储能位。

（19）检查 6kV 12B 段 12 号炉脱硫低压厂用变压器高压侧断路器（30BBB09）储能指示灯亮。

（20）切 6kV 12B 段 12 号炉脱硫低压厂用变压器高压侧断路器（30BBB09）远方/就地切换开关至"远方"位。

（21）合上 12 号炉脱硫低压厂用变压器高压侧断路器（30BBB09）。

（22）检查 12 号炉脱硫低压厂用变压器充电良好。

（23）手动启动 12 号炉脱硫低压厂用变压器冷却风扇。

（24）检查 12 号炉脱硫低压厂用变压器冷却风扇运转正常。

（25）手动停运 12 号炉脱硫低压厂用变压器冷却风扇。

（26）对以上操作进行全面检查。

（27）汇报单元长：12 号炉脱硫低压厂用变压器已送电。

三、厂用变压器操作的标准与操作中的注意事项

在变压器倒闸操作过程中，应注意以下事项：

（1）变压器各侧装有断路器时，投入或停止时，必须使用断路器进行切合负荷电流及空载电流的操作。如没有断路器时，可用隔离开关拉、合空载电流不大于 24A 的变压器。

（2）变压器投入运行时应由装有保护装置的电源侧进行充电。变压

器停止时，装有保护装置的电源侧断路器最后断开。

（3）变压器的高低压侧都具有电源时，为避免变压器充电时产生较大的励磁涌流。一般采用高压侧充电，低压侧并列的方法。停用时相反。

（4）经检修后的厂用变压器投入运行或投入热备用前，应从高压侧对变压器充电一次，并注意表计变化，确认正常后方可投入运行或热备用。

（5）对于中性点直接接地系统的变压器，在投入或停止运行时，均应先合入中性点接地开关，以防过电压损坏变压器的绕组绝缘。必须指出，在中性点直接接地系统内，仅一台变压器中性点接地运行时，若要停止此台变压器，则必须先合上另一台运行变压器的中性点接地开关后方可操作。否则，将会使这个系统短时变成中性点绝缘的系统。变压器投入运行后，应根据值长的命令和系统的中性点方式的需要，切换中性点接地开关的状态。

目前，大中容量的高压厂用变压器通常采用强迫油循环风冷、强迫油循环水冷变压器。冷却装置的安全运行，直接影响到变压器的安全运行。所以，对冷却装置的投入或停止运行要注意以下事项：

1）变压器投入或停止运行时，冷却器装置能自动投入和退出。冷却器电源的控制回路受变压器断路器的辅助触点控制。根据断路器的状态来控制冷却器的运行或停止，实现自动控制的功能。

2）变压器在投运时，应先启动冷却装置。变压器停止运行后，停止强迫油循环装置的运行。

3）冷却装置的冷却器在投运时，应根据具体情况来选择工作、辅助、备用状态，确保在变压器运行过程中。工作冷却器发生故障时，备用冷却器能自动联动投入。

4）冷却系统有两路独立的交流电源，以提高电源的可靠性。两路电源可任意一个工作（或备用），当一路发生故障时，另一路自动联动投入。

为了保证冷却器工作的可靠性，在变压器投运前，应做冷却器与冷却电源和变压器断路器与冷却器的联投、联停试验。

对于大修后或新安装的变压器投入运行时，由于是全电压投入，应作好运行技术措施。作为投入的基本试验内容为：充电 5 次、定相试验及保护联投试验。在投运过程中，应特别注意气体保护的运行情况。当变压器轻重瓦斯保护动作后，要及时采取气样、抽样进行分析，必要时作色谱分析。

（6）变压器解并列。

1）变压器并列的条件：①接线组别相同；②电压比及阻抗电压应相等。符合规定的并列条件，方准并列。

2）送电时，应由电源侧充电，负荷侧并列。停电时操作相反。当变压器两侧或三侧均为电源时，应按继电保护运行规程的规定，由允许充电的一侧充电。

3）必须证实投入的变压器已带负荷，方可停止（解列）运行的变压器。

4）单元连接的发电机－变压器组，正常解列前应将工作厂用变压器的负荷倒由备用厂用变压器带；事故解列后要注意工作厂用变压器与备用厂用变压器是否为一个电源系统，倒停变压器要防止在厂用电系统发生非同期并列。

第四节　高、低压厂用母线的备合闸校验操作

一、6kV 厂用母线的备合闸校验操作

6kV 厂用母线的备合闸校验操作，一般结合机组的大、小修进行，一年左右校验一次。操作时，检查 6kV 快速切换装置投入正常，工作电源开关在合位，检查备用电源开关在分位，在 DCS 上启动快速切换，检查工作电源开关自动分闸，检查备用电源开关自动合闸。最后可以使用快速切换装置再倒回工作电源开关接带状态。

二、380V 厂用母线的备合闸校验操作

380V 厂用母线的备合闸校验操作，一般在机组停运后进行。原则上每季度校验一次，即在每季度第一次停机后或启动之前进行，如果该季度机组未停运，则不做校验。操作时，检查备用自动投入开关投入，工作电源开关在合位，检查备用电源开关在分位，断开工作电源开关，检查工作电源开关确断，检查备用电源开关已自动合闸。最后在电压差允许范围内（一般不大于 10V），可以采用瞬时并列的方法，恢复原运行状态，投入备用自动投入开关。

三、辅助母线的备合闸校验操作

辅助母线的备合闸校验操作无规定时间，一般可根据本厂实际情况掌握。操作时，检查备用自动投入开关投入，工作电源开关在合位，检查备用电源开关在断位，断开工作电源开关，检查工作电源开关确断，检查备用电源开关已自动合闸，断开备用自动投入开关，断开备用电源开关

（母线瞬时失电），合上工作电源开关，投入备用自动投入开关。

四、备合闸接线方式

备合闸接线方式有串联型和并联型两种。先跳工作电源开关，后合备用电源开关为串联型；跳工作电源开关的同时合备用电源开关为并联型。

五、备合闸校验操作中的注意事项

（1）进行备合闸校验操作时，应检查断路器跳、合闸正常。继电器动作正常。

（2）如采用带电校验方式，应注意采取必要的安全措施。

（3）若一台变压器作为多段厂用母线的备用电源，则应分别进行校验。

（4）严格执行操作票制度。

（5）对于 6kV 及接带有重要负荷的母线校验应在轻载或无负载时校验。

（6）校验涉及的部门全部通知到以后方可进行。

（7）校验中发生异常应立即停止校验，并设法恢复到校验前的运行方式。

（8）校验结束后，应做好记录。

（9）校验结束后，均应恢复到校验前的运行方式。

（10）对于接带重要负荷的 6kV 及 380V 厂用电源备合闸校验，建议在停机前及停机后进行。

第五节　直流系统的停送电操作

一、直流负载的切换操作

直流负载的切换操作一般采用瞬停的方法进行切换。对于重要的设备，如保护电源、控制电源等，切换时不应影响设备的正常运行，即不能因为直流负载的切换操作而使保护误动，而且应尽可能缩短切换时间。当切换可能会造成保护误动时，切换前应将保护出口连接片退出，切换完毕，恢复正常运行方式。

二、蓄电池、充电装置、直流母线停送电操作

蓄电池停电时将其所带负荷母线转移至其他直流母线接带，断开蓄电池电源隔离开关及熔断器即可。充电装置停电时将负荷转移至另一充电装置供电后，将其电源停电即可。直流母线停电时，将其所带负荷停电，再将其所有电源停电即可。蓄电池、充电装置、直流母线送电操作与此相反。

三、直流系统操作中的注意事项

（1）当直流系统两段母线并列运行时，只允许投入一套绝缘监视装置。

（2）不允许以整流器或充电器作为电源单独向负载供电。

（3）一般不宜将同一电压等级的两组蓄电池或充电装置长时间并列运行。

（4）凡由双回路供电的环状回路，或与其他设备在受电侧可以联络者，无论其电源侧是否在同一母线，均应各自送电，在受电侧开环；开环后应使两路馈线所带负荷尽量均匀。若受电侧无法开环者，以一路电源送电为宜。

（5）同一母线，均应各自送电，在受电侧开环；开环后应使两路馈线所带负荷尽量均匀。若受电侧无法开环者，以一路电源送电为宜。

第六节　UPS 装置的停送电与切换操作

一、UPS 装置的接线、型号、参数

目前，大多数发电机组都设有交流不停电源。以下介绍厦门普罗太克科技有限公司生产的装置。

（一）UPS 装置主要技术指标

（1）额定容量：80kVA；

（2）工作电源输入电压：380V（±10%）AC，3ph，50Hz（±10%）；

（3）备用电源输入电压：380V AC，2ph，50Hz（±10%）；

（4）直流输入电压：220V；

（5）整流器输出电压：270V；

（6）逆变器输入电压：165V ~ 285V DC；

（7）逆变器输出电压：220V AC，1ph；

（8）满载效率：90%。

旁路隔离稳压柜主要技术指标：

（1）输入电压：380V（±10%）AC，2ph，50Hz（±10%）；

（2）输出电压：220V AC，1ph。

（二）UPS 装置的组成

UPS 装置由输入/输出隔离变压器、整流器、逆变器、静态逆变开关、静态旁路开关、维修旁路开关、工作电源开关、直流电源开关、备用

（交流）电源开关等组成，所有上述组件均安装在 UPS 装置内，UPS 共有三趟电源供电，其中 380V 保安段来电源为工作电源，380V 机 PC 来电源和 220V 动力直流来电源为备用电源。

与 UPS 装置配套的有隔离变压器屏和自动补偿式电力稳压器屏各一面。

二、UPS 装置的停电操作

当 UPS 装置需要退出运行时，可将负载倒为交流备用电源通过维修旁路开关接带，具体步骤如下：

（1）确证交流备用电源正常。

（2）按下逆变器（INWERTER）停止开关（需同时按下"DOWN↓"和"ENTER ↻"按键），关闭逆变器，此时静态开关自动将输出由逆变器供电切换为备用电源供电，面板 LED 流程图上"逆变器""静态逆变开关"指示灯灭，"静态旁路开关"指示灯亮，UPS 无间断自动转换至静态旁路开关运行。

（3）断开蓄电池输入开关（BATTERY）。

（4）断开整流器输入（工作电源）开关（RECTIFIER）。

（5）约等 10min 后直流母线（DC BUS）将电能释放完毕。

（6）合上维修旁路输入开关（BY PASS），电源从备用电源回路转换到旁路回路，负载即倒为交流备用电源经维修旁路开关供电。

（7）断开备用电源输入开关（RESERVE）。

（8）检查 LCD 或 LED 显示全部熄灭。

此时 UPS 处于关机状态，负载直接由交流备用电源经维修旁路开关供电，但应注意在 UPS 装置主机柜内，维修旁路开关处于带电运行状态，其工作电源开关、备用电源开关及直流电源开关的输入端也处于带电状态。

三、将负载由维修旁路切换到逆变器

（1）打开 UPS 装置前门，合上备用电源输入开关（RESERVE），UPS 装置内散热风扇启动。

（2）断开维修旁路输入开关（BY PASS），电源从旁路回路转换到备用电源回路，负载即倒为旁路备用电源经静态旁路开关供电。

（3）合上整流器输入（工作电源）开关（RECTIFIER）。

（4）约等 30s 使直流母线（DC BUS）完全建立。

（5）合上蓄电池输入开关（BATTERY）。

（6）按下逆变器（INWERTER）启动开关（需同时按下"UP↑"和

"DOWN↓"按键），开启逆变器运行。

（7）约等15s后，面板 LED 流程图上"静态旁路开关"指示灯灭，"静态逆变开关"指示灯亮，UPS 无间断自动转换至静态逆变开关运行。

（8）检查 LCD 显示正确，LED 流程图中各指示灯指示正确。

第七节　柴油发电机的停送电启动与校验

一、柴油发电机的设备规范

柴油发电机的设备规范见表 11 - 1。

表 11 - 1　　　　　　　　柴油发电机的设备规范

柴油发电机组	
名称	技术参数
设备型式	2 级自动化机组
机组型号	SDG1000P
产地	太原日发实业有限公司
容量	800kW
转速	1500r/min
电压	400/230V
频率	50Hz
功率因数	0.8（滞后）
中性点接地方式	直接接地
噪声	不大于 90dB
蓄电池组容量	200Ah
蓄电池个数	2 个
蓄电池电压（个）	12V
发电机	
型号	EG 400 - 800N
产地	
额定容量	800kW
额定电压	400V

发电机	
额定电流	1443A
额定频率	50Hz
额定功率因数	0.8（滞后）
励磁电压	45V
励磁电流	4A
空载励磁电流	1A
接线方式	Y
绝缘等级	H级（B级考核）
防护等级	IP21
过载能力	10%
短路能力	
暂态电抗 X'_d	
次暂态电抗 X''_d	
励磁方式	无刷励磁
柴油机	
型号	4008TAG2A
产地	英国
额定功率	899kW
额定转速	1500r/min
燃油消耗率	197g/kWh
机油消耗率	燃油消耗率的0.5%
稳态转速调整率	0~5%（可调）
柴油机的燃油润滑油	
燃油牌号	S2B252-81 #0 或 -#10 轻柴油
润滑油牌号	CD级 15W30 或 15W40
发动机最大功率燃油消耗率	g/kWh
发动机最大功率润滑油消耗率	g/kWh

柴油机的电加热器	
型号	WLS－4000
功率	4kW
电压	220V
投入/退出温度	38/60℃

二、柴油发电机的停送电操作

检修后柴油发电机组恢复热备用状态：

（1）柴油发电机组的各种工作票全部收回和终结，检修现场全部恢复正常，安全措施全部拆除。

（2）柴油发电机定子绝缘电阻值已由检修人员测量且正常，不低于 3MΩ。

（3）继电保护及自动装置校验及试验合格。

（4）柴油发电机冷却水系统已注入规定比例的防冻液，冷却水箱放水门已关闭，水位正常，不低于下限值（正常 1/3 ~ 2/3 之间）。

（5）柴油发电机组润滑油箱油位正常，在规定油标范围内，油质合格，放油门关闭，堵板上好。

（6）柴油发电机组燃油箱油位正常，不低于规定值，以保证柴油发电机组满负荷连续运行。

（7）燃油箱油位计油气侧阀门均为开启状态。

（8）确认燃油箱供油门、回油门开启，一次滤网清扫干净，并用手动泵排出柴油发电机内空气。

（9）保安段至柴油机组控制柜电源已送电。

（10）柴油发电机控制屏内各开关均合好，直流充电器及自用蓄电池完好。

（11）将柴油发电机出口开关摇入工作位置，合上控制电源开关，检查开关储能良好。

（12）在柴油发电机组控制屏上将"方式选择开关"切至"自动"位置，检查控制屏上"AUTO"灯亮。

三、柴油发电机组的启动

（1）柴油发电机组有就地控制屏控制和集控室远方控制两种方式。

（2）当柴油发电机组处于停机状态且控制屏显示处于"手动"模式

时，机组可在柴油发电机组控制屏上手动启动。

（3）自动启动：当保安段工作电源一（或二）断路器跳闸或保安段电压低信号发时，工作电源自动切换装置（ATS）自动切换，工作电源二（或一）自动投入接带保安段。如保安段工作电源二（或一）投入失败或投入后保安段电源仍未恢复正常，则柴油发电机组自动启动，待转速、电压达额定值后自动合上柴油发电机出口断路器，市电/发电电源切换装置（CTTS）自动切换，柴油发电机组开始向保安段母线供电。检查柴油发电机组带负荷运行正常，各参数正常，检查保安段负荷恢复正常。当锅炉PC段电源恢复后，市电/发电电源切换装置（CTTS）监测电源一恢复正常后，延时 2min 自动找同期，达到同期后自动合上市电来断路器，断开柴油发电机来断路器，保安段由炉 PC 段来电源供电，手动断开柴油发电机出口断路器，然后手动停运柴油机，柴油机经冷却后停止运行。

第八节　发电机并解列操作

一、发电机的主要参数、并解列条件

（一）发电机的主要参数有

1. 额定电流

额定电流是该台发电机正常连续进行的最大工作电流。

2. 额定电压

额定电压是该台发电机长期安全工作的最高电压。发电机的额定电压指的是线电压。

3. 额定容量

额定容量是指该台发电机长期安全运行的最大输出功率。有的制造厂用有功功率的千瓦数，也有的是用视在功率的千伏安数表示。

4. 额定功率因数

同步发电机的额定功率因数是额定有功功率和额定视在功率的比值。铭牌上一般标有功功率和 $\cos\varphi$ 值，或标视在功率和 $\cos\varphi$ 值。

上述额定电流、电压、容量、功率因数是相对应的，知道其中几个量，就可以求算出其余的量。

5. 型号

发电机的型号是表示该台发电机的类型和特点的。我国发电机型号的现行标注法采用汉语拼音法，一般用拼音字的第一个字母来表示。下面介绍几种类型发电机的型号。

第二篇　发电厂用电值班

（1）空冷汽轮发电机。

1）QF 系列，如 QF‐25‐2 型发电机，其型号意义为：Q 表示汽轮，F 表示发电机，合起来的意义是汽轮发电机。数字部分：25 表示功率（单位是 MW），2 表示极数。有时遇到 QF2‐12‐2 的型号，这里 QF2 的"2"表示第二次改型设计。

2）TQC 系列，如：TQC5674/2 型发电机，型号意义为：T 表示同步，Q 表示汽轮，C 表示普通空气冷却，合起来的意义为普通空气冷却的同步发电机。数字部分：分子前两位数字 56，为铁芯直径号数；分子后两位数字 74 为铁芯长度号数；分母 2 为极数。

（2）氢外冷汽轮发电机。QFQ 系列，如 QFQ‐50‐2 型发电机，型号意义为：Q 表示汽轮，F 表示发电机，Q 表示氢冷，合起来意义为氢气冷却的汽轮发电机。数字部分：50 表示有功功率（MW），2 表示极数。

（3）氢内冷汽轮发电机。TQN 系列，如 TQN‐100‐2 型发电机，型号意义为：T 表示同步，Q 表示汽轮，N 表示氢内冷，合起来的意义为氢内冷汽轮发电机。数字部分同上面的解释。

（4）双水内冷汽轮发电机。QFS 系列，如 QFS‐300‐2 型发电机，型号意义为，Q 表示汽轮，F 表示发电机，S 表示水冷，合起来的意义为水冷汽轮发电机。数字解释同上。

（5）水氢氢冷汽轮发电机。

1）QFQS 系列，如 QFQS‐300‐2 型发电机，QFQS 表示定子绕组水内冷、转子绕组氢内冷、铁芯氢冷的汽轮发电机。数字解释同上。

2）QFSN 系列，如 QFSN‐330‐2 型发电机，QFSN 表示定子绕组水内冷、转子绕组氢内冷、铁芯氢冷的汽轮发电机。数字解释同上。

（二）发电机的并、解列条件

1. 发电机的并列条件

发电机的并列条件为电压相等、频率相等、相位相同、相序一致。

2. 发电机的解列条件

正常情况解列的条件为厂用电倒为备用电源接带电负荷至零，汽轮机主汽门关闭。

发电机有下列情况之一者，应立即将发电机从系统中解列，并迅速汇报值长。

（1）发电机内有摩擦、撞击声，振动突然增加 0.05mm 或超过 0.1mm。

（2）发电机、励磁变压器内部冒烟着火。

（3）发电机组氢气爆炸，冒烟着火。

（4）发电机内部故障，保护或断路器拒动。

（5）发电机主断路器以外发生长时间短路，定子电流表指针指向最大，电压剧烈降低，发电机后备保护拒动。

（6）发电机无保护运行。

（7）发电机电流互感器着火冒烟。

（8）励磁回路两点接地保护拒动。

（9）定子线圈引出线漏水、定子线圈大量漏水，并伴随定子线圈接地且保护拒动。

（10）发电机－变压器组发生直接危及人身安全的危急情况。

（11）发电机 20kV 系统发生一点接地，定子接地保护拒动。

（12）发电机发生失磁，失磁保护拒动。

（13）发电机定子冷却水中断，30s 内不能恢复供水，断水保护拒动。

（14）汽轮机发生危急情况，汽轮机打闸，"热工保护"动作信号发，同时发电机负荷到零或负起。

（15）定子线圈槽部最高与最低温度间温差达 14℃ 或各定子线圈出水温度间的温差达 12℃，或任一定子线圈槽部温度超过 90℃ 或任一定子线圈出水温度超过 85℃ 时，在确认测温元件无误后，应立即停机处理。

（16）当发电机转子绕组发生一点接地时，应立即查明故障点与性质。如系稳定性的金属接地，应立即停机处理。

发电机遇有下列情况之一时，应请示总工程师后将发电机解列。

（1）发电机无主保护运行。

（2）进风温度超过 55℃，出风温度异常升高达 65℃ 以上，经采取措施后仍无效。

（3）发电机定子引出线出水温度超过 65℃ 采取措施后仍无效。

（4）大量漏氢，氢压无法维持。

（5）液位计大量排水且无法清除。

二、发电机的并列操作

当发电机电压升到额定值后，就可以进行并列操作。

发电机并列操作由自动准同期装置完成，装置启动后，根据待并两侧的频差情况，自动向 DEH 发出增速、减速信号，DEH "自动同步"投入后，就可以接收到准同期装置发出的增速、减速信号，调整汽轮机转速；根据待并两侧的电压差情况，自动向励磁调节器发出增、减磁信号，调整发电机电压，满足同期条件时，自动向主断路器发出合闸信号。

以下为某厂 12 号机组的并列操作票的内容，供大家参考：

12 号发电机 – 变压器组与系统并列
由　热备用　状态转换为　运行　状态

（1）检查发电机 – 变压器组启停机、误上电保护投入正常。

（2）检查发电机 – 变压器组保护投入正常。

（3）检查汽轮机转速达 2950r/min 并定速。

（4）合上主变压器 500kV 侧 I 母或 II 母进线隔离开关并检查合好。

（5）检查 500kV 母线电压指示正常。

（6）检查发电机 – 变压器组出口断路器气压、液压正常，检查操作电源送好。

（7）检查励磁系统无故障信号，各装置工作正常。

（8）检查励磁调节器在"自动"方式。

（9）检查发电机灭磁开关的控制电源送好。

（10）合上发电机灭磁开关，并确认已合好。

（11）合上"起励建压"开关并确认。

（12）监视发电机定子电压自动平稳升至 18kV，手动平稳升至额定值。

（13）核对发电机空载励磁电压、励磁电流，检查转子正、负极对地电压指示正常。

（14）检查发电机定子三相电流指示接近于零。

（15）检查发电机中性点电流及零序电压指示正常。

（16）检查同期装置完好，检查同期装置电源开关合好。

（17）合上"上电同期"开关并确认，检查"同期装置就绪"指示灯亮。

（18）合上"启动同期"开关并确认。

（19）在电气主接线画面中监视主断路器自动合闸，检查定子电流指示正常。

（20）调整发电机无功，维持机端电压在正常值。

（21）合上"复归同期""退出同期"开关并确认，断开同期装置开关。

（22）汇报值长，发电机已并网。

（23）根据值长令调整发电机有功、无功。

（24）退发电机 – 变压器组启停机和误上电保护。

（25）根据调度要求投入"PSS"。

三、发电机的解列操作

发电机的解列操作比较简单，一般方法是：若发电机采用单元接线方式，在解列前，应先将厂用电倒至备用电源供电，然后将发电机的有功和无功逐渐转移到其他机组上去，转移负荷时要缓慢进行，并注意各机组的负荷分配。待有功负荷降到规定数值时，退出自动励磁调节装置（AVC），再将有功负荷降到零，将无功负荷降到接近零，断开发电机主断路器，将发电机解列。若未将有功负荷降到零就解列机组，会使发电机组超速飞车。以下为某厂 12 号机组的解列操作票的内容，供大家参考：

12 号发电机－变压器组与系统解列
由　运行　状态转换为　热备用　状态

（1）接值长令。

（2）检查 12 号机 6kV A 段母线倒为备用电源供电。

（3）检查 12 号机 6kV B 段母线倒为备用电源供电。

（4）检查 6kV 12A 段工作电源断路器（30BBA04）双重编号正确。

（5）检查 6kV 12A 段工作电源断路器（30BBA04）在"试验"位置。

（6）检查 6kV 12B 段工作电源断路器（30BBB04）双重编号正确。

（7）检查 6kV 12B 段工作电源断路器（30BBB04）在"试验"位置。

（8）在 12 号机 DCS 电气主接线画面中将"事故总信号"退出。

（9）在 12 号发电机－变压器组保护 C 柜退出"事故总信号"连接片。

（10）降 12 号发电机有功负荷到零。

（11）降 12 号发电机无功负荷到零。

（12）待汽轮机打闸后检查有功功率负起。

（13）检查 12 号主变压器 500kV 侧 5001 断路器自动跳闸。

（14）检查 12 号机有功、无功功率到零。

（15）检查 12 号发电机三相定子电流到零。

（16）检查 12 号机灭磁开关自动跳闸。

（17）检查 12 号发电机－变压器组 500kV 侧 5001 断路器三相带电指示灯"绿灯"亮。

（18）检查 12 号主变压器 500kV 侧 5001 断路器 A 相机构指示在"分闸"位。

（19）检查 12 号主变压器 500kV 侧 5001 断路器 B 相机构指示在"分闸"位。

（20）检查 12 号主变压器 500kV 侧 5001 断路器 C 相机构指示在"分

闸"位。

（21）汇报值长 12 号发电机－变压器组已与系统解列。

（22）联系值长同意。

（23）断开 12 号主变压器 500kV 侧 I 母进线 5001－1 隔离开关。

（24）投入 12 号发电机－变压器组保护"投发电机误上电保护"连接片。

（25）投入 12 号发电机－变压器组保护"投发电机启停机保护"连接片。

（26）退出 12 号发电机－变压器组保护 C 柜"5001 断路器联跳"连接片。

（27）检查 12 号机励磁整流柜风机停止运行。

（28）手动停止 12 号励磁变压器冷却风扇运行。

（29）检查 12 号主变压器冷却器停止运行。

（30）对以上操作进行全面检查。

（31）汇报值长 12 号发电机－变压器组与系统已解列。

四、发电机解列操作注意事项

（1）发电机与系统解列后，应立即进行解列后操作，以防止因某种原因使断路器合闸，造成事故。发电机解列后操作的内容包括：拉开断路器母线侧隔离开关，摇出 6kVA、B 段工作电源断路器，投入"误上电、启停机"保护。当发电机停止转动后，应测量定子和转子绕组的绝缘电阻。

水内冷发电机解列后，定子和转子的冷却水系统应继续运行，直到汽轮机完全停止转动为止。在停机过程中，转子的进口水压将随转速下降而上升，此时应注意调节进口阀门，使其压力不超过规定值。停机时间过长时，应将发电机绕组内部积水全部放掉、吹净，冷却水系统管道内的积水也应放掉，并注意发电机各部分的温度不应低于 +5℃ 以防止管道冻裂。

发电机需要检修时，应将其退出备用。发电机退出备用的操作内容包括：拉开发电机的电压互感器、隔离开关，拉开发电机工作励磁闸刀开关，取下励磁开关的操作熔断器，拉开励磁回路的各有关闸刀开关等。若为单元接线时，还应将厂用工作电源停电并退出备用状态。

（2）倒闸操作时对解、列操作的要求。解、并列操作重点要防止非同期并列、设备过负荷及系统失去稳定等问题。对操作的具体要求如下：

1）系统解、并列：

a. 两系统并列的条件：频率相同，电压相等，相序、相位一致。发电机并列，应调整发电机的频率、电压与系统一致；电网之间并列，应调整地区小电网的频率、电压与主电网一致。如调整困难，两系统并列时频差最大不得超过 0.25Hz，电压差允许 15%。

b. 系统并列应使用同期并列装置。必要时也可使用线路的同期检定重合闸来并列，但投入时间一般不超过 15min。

c. 系统解列时，必须将解列点的有功电力调到零，电流调到最小方可进行，以免解列后频率、电压异常波动。

2）拉合环路：

a. 合环路前必须确知并列点两侧相位正确，处在同期状态。否则，应进行同期检查。

b. 拉合环路前，必须考虑潮流变化是否会引起设备过负荷（过电流保护跳闸），或局部电压异常波动（过电压），以及是否会危及系统稳定等问题。为此，必须经过必要的计算。

c. 如估计环流过大，应采取措施进行调整或改变环路参数加以限制，并停用可能误动的保护。

d. 必须用隔离开关拉合环路时，应事先进行必要的计算和试验，并严格控制环路内的电流，尽量降低环路拉开后断口上的电压差。

第九节 500kV 系统停送电操作

一、500kV 母线的停送电操作

如图 11 - 2（见文后插页）所示为某厂 500kV 系统母线原则接线图，500kV 母线停电、送电操作步骤如下：

500kV 母线由双母运行倒为 II 母运行，I 母停电
由 运行 状态转换为 检修 状态

（1）接值长令。

（2）检查热原线由 500kV II 母线接带。

（3）检查热原线 500kV 母线 I 出线隔离开关（5032 - 1）双重编号正确。

（4）核对 NCS 画面中热原线 500kV 母线 I 出线隔离开关（5032 - 1）在"分闸"状态。

（5）检查热原线 500kV GIS 汇控柜名称正确。

（6）检查热原线 500kV 母线 I 出线隔离开关（5032 - 1）"分闸"指示灯亮。

（7）断开热原线 500kV GIS 汇控柜内 DS1 控制电源开关（F41）。

（8）断开热原线 500kV GIS 汇控柜内 DS1 电动机电源开关（F31）。

（9）在热原线 500kV 母线 I 出线隔离开关（5032 - 1）操作开关上挂"禁止合闸，有人工作"标示牌。

（10）检查热原线 500kV 母线 I 出线隔离开关（5032 - 1）机构指示在"分闸"位。

（11）在热原线 500kV 母线 I 出线隔离开关（5032 - 1）机构箱柜门把手上挂"禁止合闸，有人工作"标示牌。

（12）检查 13 号主变压器 500kV GIS 汇控柜名称正确。

（13）检查 13 号主变压器 500kV 侧 I 母进线隔离开关（5002 - 1）"分闸"指示灯亮。

（14）检查 13 号主变压器 500kV GIS 汇控柜内 DS1 控制电源开关（F41）在"分闸"位。

（15）检查 13 号主变压器 500kV GIS 汇控柜内 DS1 电动机电源开关（F31）在"分闸"位。

（16）检查 13 号主变压器 500kV 侧 I 母进线隔离开关（5002 - 1）操作开关上挂"禁止合闸，有人工作"标示牌。

（17）检查 13 号主变压器 500kV 侧 I 母进线隔离开关（5002 - 1）机构箱柜门把手上挂"禁止合闸，有人工作"标示牌。

（18）联系值长同意。

（19）断开 500kV 母联断路器（5012）操作电源 I 开关（4K1）。

（20）断开 500kV 母联断路器（5012）操作电源 II 开关（4K2）。

（21）联系值长同意。

（22）检查 500kV 母线保护柜（一）"1RLP4 单母运行投入"连接片名称正确。

（23）测量 500kV 母线保护柜（一）"1RLP4 单母运行投入"连接片间电压为零。

（24）投入 500kV 母线保护柜（一）"1RLP4 单母运行投入"连接片。

（25）检查 500kV 母线保护柜（一）"1RLP4 单母运行投入"投入正常。

（26）检查 500kV 母线保护柜（二）"1RLP4 强制互联投入"连接片名称正确。

（27）测量 500kV 母线保护柜（二）"1RLP4 强制互联投入"连接片间电压为零。

（28）投入 500kV 母线保护柜（二）"1RLP4 强制互联投入"连接片。

（29）检查 500kV 母线保护柜（二）"1RLP4 强制互联投入"投入正常。

（30）检查 12 号主变压器 500kV 侧 II 母进线隔离开关（5001 - 2）双重编号正确。

（31）合上 12 号主变压器 500kV 侧 II 母进线隔离开关（5001 - 2）。

（32）核对 NCS 画面中 12 号主变压器 500kV 侧 II 母进线隔离开关（5001 - 2）在"合闸"状态。

（33）检查 12 号主变压器 500kV 侧 II 母进线隔离开关（5001 - 2）"合闸"指示灯亮。

（34）检查 12 号主变压器 500kV 侧 II 母进线隔离开关（5001 - 2）机构指示在"合闸"位。

（35）检查 12 号主变压器 500kV 侧 I 母进线隔离开关（5001 - 1）双重编号正确。

（36）断开 12 号主变压器 500kV 侧 I 母进线隔离开关（5001 - 1）。

（37）核对 NCS 画面中 12 号主变压器 500kV 侧 I 母进线隔离开关（5001 - 1）在"分闸"状态。

（38）检查 12 号主变压器 500kV 侧 I 母进线隔离开关（5001 - 1）"分闸"指示灯亮。

（39）检查 12 号主变压器 500kV 侧 I 母进线隔离开关（5001 - 1）机构指示在"分闸"位。

（40）检查 12 号主变压器 500kV GIS 汇控柜名称正确。

（41）断开 12 号主变压器 500kV GIS 汇控柜内 DS1 控制电源开关（F41）。

（42）断开 12 号主变压器 500kV GIS 汇控柜内 DS1 电机电源开关（F31）。

（43）在 12 号主变压器 500kV 侧 I 母进线隔离开关（5001 - 1）操作开关上挂"禁止合闸，有人工作"标示牌。

（44）在 12 号主变压器 500kV 侧 I 母进线隔离开关（5001 - 1）机构箱柜门把手上挂"禁止合闸，有人工作"标示牌。

（45）联系值长同意。

（46）检查 500kV 母线保护柜（一）"1RLP4 单母运行投入"连接片名称正确。

（47）退出 500kV 母线保护柜（一）"1RLP4 单母运行投入"连接片。

（48）检查 500kV 母线保护柜（一）"1RLP4 单母运行投入"已退出。

（49）检查 500kV 母线保护柜（二）"1RLP4 强制互联投入"连接片名称正确。

（50）退出 500kV 母线保护柜（二）"1RLP4 强制互联投入"连接片。

（51）检查 500kV 母线保护柜（二）"1RLP4 强制互联投入"已退出。

（52）合上 500kV 母联断路器（5012）操作电源 I 开关（4K1）。

（53）合上 500kV 母联断路器（5012）操作电源 II 开关（4K2）。

（54）检查 500kV 母联断路器（5012）双重编号正确。

（55）联系值长同意。

（56）断开 500kV 母联断路器（5012）。

（57）检查 500kV I 母母线电压指示为零。

（58）核对 NCS 画面中 500kV 母联断路器（5012）在"分闸"状态。

（59）检查 500kV 母联断路器（5012）"分闸"指示灯亮。

（60）检查 500kV 母联断路器（5012）A 相机构指示在"分闸"位。

（61）检查 500kV 母联断路器（5012）B 相机构指示在"分闸"位。

（62）检查 500kV 母联断路器（5012）C 相机构指示在"分闸"位。

（63）检查 500kV I 母母联隔离开关（5012 - 1）双重编号正确。

（64）断开 500kV I 母母联隔离开关（5012 - 1）。

（65）核对 500kV I 母母联隔离开关（5012 - 1）在"分闸"状态。

（66）检查 500kV I 母母联隔离开关（5012 - 1）"分闸"指示灯亮。

（67）检查 500kV I 母母联隔离开关（5012 - 1）机构指示在"分闸"位。

（68）检查 500kV II 母母联隔离开关（5012 - 2）双重编号正确。

（69）断开 500kV II 母母联隔离开关（5012 - 2）。

（70）核对 500kV II 母母联隔离开关（5012 - 2）在"分闸"状态。

（71）检查 500kV II 母母联隔离开关（5012 - 2）"分闸"指示灯亮。

（72）检查 500kV II 母母联隔离开关（5012 - 2）机构指示在"分闸"位。

（73）检查 500kV 母联 GIS 汇控柜名称正确。

（74）断开 500kV 母联 GIS 汇控柜内断路器电动机电源开关（F1）。

（75）断开 500kV 母联 GIS 汇控柜内 DS1 控制电源开关（F41）。

（76）断开 500kV 母联 GIS 汇控柜内 DS2 控制电源开关（F42）。

（77）断开 500kV 母联 GIS 汇控柜内 DS1 电动机电源开关（F31）。

（78）断开 500kV 母联 GIS 汇控柜内 DS2 电动机电源开关（F32）。

（79）检查 500kV 母线保护柜（一）面板接线图中隔离开关指示灯指

示正确。

（80）在 500kV 母线保护柜（一）按下"隔离开关位置确认"按钮。

（81）检查 500kV 母线保护柜（一）装置指示正常。

（82）检查 500kV 母线保护柜（一）面板接线图中隔离开关指示灯指示正确。

（83）在 500kV 母线保护柜（二）按下"复归"按钮。

（84）检查 500kV 母线保护柜（二）装置指示正常。

（85）断开 500kV 母联断路器（5012）操作电源 I 开关（4K1）。

（86）断开 500kV 母联断路器（5012）操作电源 II 开关（4K2）。

（87）检查 500kV I 母母线 TV 名称正确。

（88）断开 500kV I 母母线 TV 二次开关。

（89）联系值长同意。

（90）在 500kV I 母母线 TV 二次侧三相验明无电压。

（91）检查 500kV I 母接地开关（51 – 17）双重编号正确。

（92）合上 500kV I 母接地开关（51 – 17）。

（93）检查 NCS 画面 500kV I 母接地开关（51 – 17）在合闸状态。

（94）检查 500kV 母联 GIS 汇控柜处 500kV I 母接地开关（51 – 17）合闸指示灯亮。

（95）检查 500kV I 母接地开关（51 – 17）机构指示在"合闸"位。

（96）检查 500kV I 母母联隔离开关侧接地开关（5012 – 17）双重编号正确。

（97）合上 500kV I 母母联隔离开关侧接地开关（5012 – 17）。

（98）检查 NCS 画面 500kV I 母母联隔离开关侧接地开关（5012 – 17）在合闸状态。

（99）检查 500kV 母联 GIS 汇控柜处 500kV I 母母联隔离开关侧接地开关（5012 – 17）合闸指示灯亮。

（100）检查 500kV I 母母联隔离开关侧接地开关（5012 – 17）机构指示在"合闸"位。

（101）检查 500kV II 母母联隔离开关侧接地开关（5012 – 27）双重编号正确。

（102）合上 500kV II 母母联隔离开关侧接地开关（5012 – 27）。

（103）检查 NCS 画面 500kV II 母母联隔离开关侧接地开关（5012 – 27）在合闸状态。

（104）检查 500kV 母联 GIS 汇控柜处 500kV II 母母联隔离开关侧接地

开关（5012 - 27）合闸指示灯亮。

（105）检查 500kV Ⅱ母母联隔离开关侧接地开关（5012 - 27）机构指示在"合闸"位。

（106）检查 500kV 母联 GIS 汇控柜名称正确。

（107）断开 500kV 母联 GIS 汇控柜内辅助回路电源开关（F2）。

（108）断开 500kV 母联 GIS 汇控柜内信号及指示电源开关（F5）。

（109）断开 500kV 母联 GIS 汇控柜内加热驱潮电源开关（F6）。

（110）断开 500kV 母联 GIS 汇控柜内手动驱潮电源开关（F7）。

（111）断开 500kV 母联 GIS 汇控柜内断路器机构驱潮电源开关（F8）。

（112）断开 500kV 母联 GIS 汇控柜内微水装置电源开关（F10）。

（113）断开 500kV 母联 GIS 汇控柜内 ES1 控制电源开关（F44）。

（114）断开 500kV 母联 GIS 汇控柜内 ES2 控制电源开关（F45）。

（115）断开 500kV 母联 GIS 汇控柜内 QES1 控制电源开关（F46）。

（116）断开 500kV 母联 GIS 汇控柜内 ES1 电动机电源开关（F34）。

（117）断开 500kV 母联 GIS 汇控柜内 ES2 电动机电源开关（F35）。

（118）断开 500kV 母联 GIS 汇控柜内 QES1 电动机电源开关（F36）。

（119）在 500kV Ⅰ母母联隔离开关（5012 - 1）操作开关上挂"禁止合闸，有人工作"标示牌。

（120）在 500kV Ⅰ母母联隔离开关（5012 - 1）机构箱柜门把手上挂"禁止合闸，有人工作"标示牌。

（121）在 500kV Ⅱ母母联隔离开关（5012 - 2）操作开关上挂"禁止合闸，有人工作"标示牌。

（122）在 500kV Ⅱ母母联隔离开关（5012 - 2）机构箱柜门把手上挂"禁止合闸，有人工作"标示牌。

（123）在 500kV 母联断路器（5012）操作开关上挂"禁止合闸，有人工作"标示牌。

（124）在 500kV 母联断路器（5012）A 相机构箱柜门把手上挂"禁止合闸，有人工作"标示牌。

（125）在 500kV 母联断路器（5012）B 相机构箱柜门把手上挂"禁止合闸，有人工作"标示牌。

（126）在 500kV 母联断路器（5012）C 相机构箱柜门把手上挂"禁止合闸，有人工作"标示牌。

（127）在 500kV Ⅰ母母线上挂"在此工作"标示牌。

（128）对以上操作进行全面检查。

（129）汇报值长。

500kV Ⅰ 母母线及 500kV 母联 5012 断路器恢复冷备用
由 __检修__ 状态转换为 __冷备用__ 状态

（1）接值长令。

（2）检查 500kV Ⅰ 母母线及 500kV 母联 5012 断路器具备送电条件。

（3）摘下 500kV Ⅰ 母母线上"在此工作"标示牌。

（4）摘下 500kV Ⅰ 母母联隔离开关（5012－1）操作开关上"禁止合闸，有人工作"标示牌。

（5）摘下 500kV Ⅰ 母母联隔离开关（5012－1）机构箱柜门把手上"禁止合闸，有人工作"标示牌。

（6）摘下 500kV Ⅱ 母母联隔离开关（5012－2）操作开关上"禁止合闸，有人工作"标示牌。

（7）摘下 500kV Ⅱ 母母联隔离开关（5012－2）机构箱柜门把手上"禁止合闸，有人工作"标示牌。

（8）摘下 500kV 母联断路器（5012）操作开关上"禁止合闸，有人工作"标示牌。

（9）摘下 500kV 母联断路器（5012）A 相机构箱柜门把手上"禁止合闸，有人工作"标示牌。

（10）摘下 500kV 母联断路器（5012）B 相机构箱柜门把手上"禁止合闸，有人工作"标示牌。

（11）摘下 500kV 母联断路器（5012）C 相机构箱柜门把手上"禁止合闸，有人工作"标示牌。

（12）摘下热侯线 500kV 母线 Ⅰ 出线隔离开关（5031－1）操作开关上"禁止合闸，有人工作"标示牌。

（13）摘下热侯线 500kV 母线 Ⅰ 出线隔离开关（5031－1）机构箱柜门把手上"禁止合闸，有人工作"标示牌。

（14）摘下 12 号主变压器 500kV 侧 Ⅰ 母进线隔离开关（5001－1）操作开关上"禁止合闸，有人工作"标示牌。

（15）摘下 12 号主变压器 500kV 侧 Ⅰ 母进线隔离开关（5001－1）机构箱柜门把手上"禁止合闸，有人工作"标示牌。

（16）摘下热原线 500kV 母线 Ⅰ 出线隔离开关（5032－1）操作开关上"禁止合闸，有人工作"标示牌。

（17）摘下热原线 500kV 母线 I 出线隔离开关（5032 - 1）机构箱柜门把手上"禁止合闸，有人工作"标示牌。

（18）摘下 13 号主变压器 500kV 侧 I 母进线隔离开关（5002 - 1）操作开关上"禁止合闸，有人工作"标示牌。

（19）摘下 13 号主变压器 500kV 侧 I 母进线隔离开关（5002 - 1）机构箱柜门把手上"禁止合闸，有人工作"标示牌。

（20）检查 500kV 母联 GIS 汇控柜名称正确。

（21）合上 500kV 母联 GIS 汇控柜内辅助回路电源开关（F2）。

（22）合上 500kV 母联 GIS 汇控柜内信号及指示电源开关（F5）。

（23）合上 500kV 母联 GIS 汇控柜内加热驱潮电源开关（F6）。

（24）合上 500kV 母联 GIS 汇控柜内断路器机构驱潮电源开关（F8）。

（25）合上 500kV 母联 GIS 汇控柜内微水装置电源开关（F10）。

（26）合上 500kV 母联 GIS 汇控柜内 ES1 控制电源开关（F44）。

（27）合上 500kV 母联 GIS 汇控柜内 ES2 控制电源开关（F45）。

（28）合上 500kV 母联 GIS 汇控柜内 QES1 控制电源开关（F46）。

（29）合上 500kV 母联 GIS 汇控柜内 ES1 电动机电源开关（F34）。

（30）合上 500kV 母联 GIS 汇控柜内 ES2 电动机电源开关（F35）。

（31）合上 500kV 母联 GIS 汇控柜内 QES1 电动机电源开关（F36）。

（32）联系值长同意。

（33）检查 500kV I 母接地开关（51 - 17）双重编号正确。

（34）断开 500kV I 母接地开关（51 - 17）。

（35）检查 NCS 画面 500kV I 母接地开关（51 - 17）在分闸状态。

（36）检查 500kV 母联 GIS 汇控柜处 500kV I 母接地开关（51 - 17）分闸指示灯亮。

（37）检查 500kV I 母接地开关（51 - 17）机构指示在"分闸"位。

（38）检查 500kV I 母母联隔离开关侧接地开关（5012 - 17）双重编号正确。

（39）断开 500kV I 母母联隔离开关侧接地开关（5012 - 17）。

（40）检查 NCS 画面 500kV I 母母联隔离开关侧接地开关（5012 - 17）在分闸状态。

（41）检查 500kV 母联 GIS 汇控柜处 500kV I 母母联隔离开关侧接地开关（5012 - 17）分闸指示灯亮。

（42）检查 500kV I 母母联隔离开关侧接地开关（5012 - 17）机构指示在"分闸"位。

（43）检查 500kV Ⅱ 母母联隔离开关侧接地开关（5012 – 27）双重编号正确。

（44）断开 500kV Ⅱ 母母联隔离开关侧接地开关（5012 – 27）。

（45）检查 NCS 画面 500kVⅡ母联隔离开关侧接地开关（5012 – 27）在分闸状态。

（46）检查 500kV 母联 GIS 汇控柜处 500kV Ⅱ 母母联隔离开关侧接地开关（5012 – 27）分闸指示灯亮。

（47）检查 500kV Ⅱ 母母联隔离开关侧接地开关（5012 – 27）机构指示在"分闸"位。

（48）对以上操作进行全面检查。

（49）汇报值长。

<h2 style="text-align:center">500kV Ⅰ 母母线送电，由Ⅱ母运行倒为双母运行
由 　冷备用　 状态转换为 　运行　 状态</h2>

（1）接值长令。

（2）检查 500kV 母联保护柜装置正常无异常告警信号。

（3）合上 500kV 母联断路器（5012）操作电源Ⅰ开关（4K1）。

（4）合上 500kV 母联断路器（5012）操作电源Ⅱ开关（4K2）。

（5）检查 500kV 母联保护投入正确。

（6）检查 500kV 母联保护柜"8RLP2 过电流保护投入"连接片名称正确。

（7）测量 500kV 母联保护柜"8RLP2 过电流保护投入"连接片间电压正确。

（8）投入 500kV 母联保护柜"8RLP2 过电流保护投入"连接片。

（9）检查 500kV 母联保护柜"8RLP2 过电流保护投入"连接片已投入。

（10）检查 500kV 母联保护柜"8CLP1 5012 跳闸出口Ⅰ"连接片名称正确。

（11）测量 500kV 母联保护柜"8CLP1 5012 跳闸出口Ⅰ"连接片间无电压。

（12）投入 500kV 母联保护柜"8CLP1 5012 跳闸出口Ⅰ"连接片。

（13）检查 500kV 母联保护柜"8CLP1 5012 跳闸出口Ⅰ"连接片已投入。

（14）检查 500kV 母联保护柜"8CLP2 5012 跳闸出口Ⅱ"连接片名称

正确。

（15）测量 500kV 母联保护柜"8CLP2 5012 跳闸出口Ⅱ"连接片间无电压。

（16）投入 500kV 母联保护柜"8CLP2 5012 跳闸出口Ⅱ"连接片。

（17）检查 500kV 母联保护柜"8CLP2 5012 跳闸出口Ⅱ"连接片已投入。

（18）检查 500kV 母联 GIS 汇控柜名称正确。

（19）合上 500kV Ⅰ母母线 TV 二次开关。

（20）合上 500kV 母联 GIS 汇控柜内断路器电动机电源开关（F1）。

（21）合上 500kV 母联 GIS 汇控柜内 DS1 控制电源开关（F41）。

（22）合上 500kV 母联 GIS 汇控柜内 DS2 控制电源开关（F42）。

（23）合上 500kV 母联 GIS 汇控柜内 DS1 电动机电源开关（F31）。

（24）合上 500kV 母联 GIS 汇控柜内 DS2 电动机电源开关（F32）。

（25）检查"LD1 主分非全相回路功能连接片"在"投入"位。

（26）检查"LD2 副分非全相回路功能连接片"在"投入"位。

（27）检查"LD3 主分非全相回路出口连接片"在"投入"位。

（28）检查"LD4 副分非全相回路出口连接片"在"投入"位。

（29）检查 500kV Ⅰ母母联隔离开关（5012 - 1）双重编号正确。

（30）合上 500kV Ⅰ母母联隔离开关（5012 - 1）。

（31）核对 500kV Ⅰ母母联隔离开关（5012 - 1）在"合闸"状态。

（32）检查 500kV Ⅰ母母联隔离开关（5012 - 1）"合闸"指示灯亮。

（33）检查 500kV Ⅰ母母联隔离开关（5012 - 1）机构指示在"合闸"位。

（34）检查 500kV Ⅱ母母联隔离开关（5012 - 2）双重编号正确。

（35）合上 500kV Ⅱ母母联隔离开关（5012 - 2）。

（36）核对 500kV Ⅱ母母联隔离开关（5012 - 2）在"合闸"状态。

（37）检查 500kV Ⅱ母母联隔离开关（5012 - 2）"合闸"指示灯亮。

（38）检查 500kV Ⅱ母母联隔离开关（5012 - 2）机构指示在"合闸"位。

（39）检查 500kV 公用测控柜内 5012 断路器同期选择开关名称正确。

（40）将 5012 断路器同期选择开关切至"不同期"位置。

（41）检查 500kV 母联断路器（5012）双重编号正确。

（42）联系值长同意。

（43）合上 500kV 母联断路器（5012）。

（44）检查500kVⅠ母母线电压指示正常。

（45）核对NCS画面中500kV母联断路器（5012）在"合闸"状态。

（46）检查500kV母联断路器（5012）"合闸"指示灯亮。

（47）检查500kV母联断路器（5012）A相机构指示在"合闸"位。

（48）检查500kV母联断路器（5012）B相机构指示在"合闸"位。

（49）检查500kV母联断路器（5012）C相机构指示在"合闸"位。

（50）将5012断路器同期选择开关切至"同期"位置。

（51）检查500kVⅠ母母差电流指示正常。

（52）检查500kV母联保护柜"8RLP2过电流保护投入"连接片名称正确。

（53）退出500kV母联保护柜"8RLP2过电流保护投入"连接片。

（54）检查500kV母联保护柜"8RLP2过电流保护投入"连接片已退出。

（55）检查500kV母联保护柜"8CLP1 5012跳闸出口Ⅰ"连接片名称正确。

（56）退出500kV母联保护柜"8CLP1 5012跳闸出口Ⅰ"连接片。

（57）检查500kV母联保护柜"8CLP1 5012跳闸出口Ⅰ"连接片已退出。

（58）检查500kV母联保护柜"8CLP2 5012跳闸出口Ⅱ"连接片名称正确。

（59）退出500kV母联保护柜"8CLP2 5012跳闸出口Ⅱ"连接片。

（60）检查500kV母联保护柜"8CLP2 5012跳闸出口Ⅱ"连接片已退出。

（61）联系值长同意。

（62）断开500kV母联断路器（5012）操作电源Ⅰ开关（4K1）。

（63）断开500kV母联断路器（5012）操作电源Ⅱ开关（4K2）。

（64）检查500kV母线保护柜（一）"1RLP4单母运行投入"连接片名称正确。

（65）测量500kV母线保护柜（一）"1RLP4单母运行投入"连接片间电压为零。

（66）投入500kV母线保护柜（一）"1RLP4单母运行投入"连接片。

（67）检查500kV母线保护柜（一）"1RLP4单母运行投入"投入正常。

（68）检查500kV母线保护柜（二）"1RLP4强制互联投入"连接片

名称正确。

（69）测量 500kV 母线保护柜（二）"1RLP4 强制互联投入"连接片间电压为零。

（70）投入 500kV 母线保护柜（二）"1RLP4 强制互联投入"连接片。

（71）检查 500kV 母线保护柜（二）"1RLP4 强制互联投入"投入正常。

（72）检查热原线 500kV GIS 汇控柜名称正确。

（73）合上热原线 500kV GIS 汇控柜内 DS1 控制电源开关（F41）。

（74）合上热原线 500kV GIS 汇控柜内 DS1 电动机电源开关（F31）。

（75）检查 12 号主变压器 500kV GIS 汇控柜名称正确。

（76）合上 12 号主变压器 500kV GIS 汇控柜内 DS1 控制电源开关（F41）。

（77）合上 12 号主变压器 500kV GIS 汇控柜内 DS1 电动机电源开关（F31）。

（78）检查 12 号主变压器 500kV 侧 I 母进线隔离开关（5001 - 1）双重编号正确。

（79）合上 12 号主变压器 500kV 侧 I 母进线隔离开关（5001 - 1）。

（80）核对 NCS 画面中 12 号主变压器 500kV 侧 I 母进线隔离开关（5001 - 1）在"合闸"状态。

（81）检查 12 号主变压器 500kV 侧 I 母进线隔离开关（5001 - 1）"合闸"指示灯亮。

（82）检查 12 号主变压器 500kV 侧 I 母进线隔离开关（5001 - 1）机构指示在"合闸"位。

（83）检查 12 号主变压器 500kV 侧 II 母进线隔离开关（5001 - 2）双重编号正确。

（84）断开 12 号主变压器 500kV 侧 II 母进线隔离开关（5001 - 2）。

（85）核对 NCS 画面中 12 号主变压器 500kV 侧 II 母进线隔离开关（5001 - 2）在"分闸"状态。

（86）检查 12 号主变压器 500kV 侧 II 母进线隔离开关（5001 - 2）"分闸"指示灯亮。

（87）检查 12 号主变压器 500kV 侧 II 母进线隔离开关（5001 - 2）机构指示在"分闸"位。

（88）检查 500kV 母线保护柜（一）面板接线图中隔离开关指示灯指示正确。

（89）在 500kV 母线保护柜（一）按下"隔离开关位置确认"按钮。

（90）检查 500kV 母线保护柜（一）装置指示正常。

（91）检查 500kV 母线保护柜（二）面板接线图中隔离开关指示灯指示正确。

（92）在 500kV 母线保护柜（二）按下"复归"按钮。

（93）检查 500kV 母线保护柜（二）装置指示正常。

（94）联系值长同意。

（95）检查 500kV 母线保护柜（一）"1RLP4 单母运行投入"连接片名称正确。

（96）退出 500kV 母线保护柜（一）"1RLP4 单母运行投入"连接片。

（97）检查 500kV 母线保护柜（一）"1RLP4 单母运行投入"已退出。

（98）检查 500kV 母线保护柜（二）"1RLP4 强制互联投入"连接片名称正确。

（99）退出 500kV 母线保护柜（二）"1RLP4 强制互联投入"连接片。

（100）检查 500kV 母线保护柜（二）"1RLP4 强制互联投入"已退出。

（101）合上 500kV 母联断路器（5012）操作电源Ⅰ开关（4K1）。

（102）合上 500kV 母联断路器（5012）操作电源Ⅱ开关（4K2）。

（103）对以上操作进行全面检查。

（104）汇报值长。

二、500kV 线路的停送电操作

500kV 热侯线（5031 开关）停电
由　运行　状态转换为　检修　状态

（1）接值长令。

（2）检查 500kV 热侯线（5031 开关）三相电流指示为零。

（3）联系值长同意。

（4）检查热侯线 500kV 侧出线断路器（5031 断路器）双重编号正确。

（5）断开热侯线 500kV 侧出线断路器（5031 断路器）。

（6）检查热侯线 500kV 侧出线断路器（5031 断路器）在"分闸"状态。

（7）检查热侯线 500kV 线路侧隔离开关（5031－6）双重编号正确。

（8）断开热侯线 500kV 线路侧隔离开关（5031－6）。

（9）检查热侯线 500kV 线路侧隔离开关（5031-6）在分闸状态。

（10）检查热侯线 500kV 母线Ⅰ出线隔离开关（5031-1）双重编号正确。

（11）断开热侯线 500kV 母线Ⅰ出线隔离开关（5031-1）。

（12）检查热侯线 500kV 母线Ⅰ出线隔离开关（5031-1）在"分闸"状态。

（13）检查热侯线 500kV 母线Ⅱ出线隔离开关（5031-2）双重编号正确。

（14）检查热侯线 500kV 母线Ⅱ出线隔离开关（5031-2）在"分闸"状态。

（15）检查 500kV 热侯线断路器保护柜名称正确。

（16）断开 500kV 热侯线（5031 断路器）操作电源Ⅰ开关（4K1）。

（17）断开 500kV 热侯线（5031 断路器）操作电源Ⅱ开关（4K2）。

（18）检查热侯线 500kV GIS 汇控柜名称正确。

（19）断开 500kV 热侯线（5031 断路器）线路侧 TV（4YH）二次开关。

（20）检查热侯线 500kV 母线Ⅰ出线隔离开关（5031-1）"分闸"指示灯亮。

（21）检查热侯线 500kV 母线Ⅱ出线隔离开关（5031-2）"分闸"指示灯亮。

（22）检查热侯线 500kV 线路侧隔离开关（5031-6）"分闸"指示灯亮。

（23）检查热侯线 500kV 侧出线断路器（5031）"分闸"指示灯亮。

（24）检查热侯线 500kV 母线Ⅰ出线隔离开关（5031-1）机构指示在"分闸"位。

（25）检查热侯线 500kV 母线Ⅱ出线隔离开关（5031-2）机构指示在"分闸"位。

（26）检查热侯线 500kV 线路侧隔离开关（5031-6）机构指示在"分闸"位。

（27）检查热侯线 500kV 侧出线断路器（5031）A 相机构指示在"分闸"位。

（28）检查热侯线 500kV 侧出线断路器（5031）B 相机构指示在"分闸"位。

（29）检查热侯线 500kV 侧出线断路器（5031）C 相机构指示在"分

闸"位。

（30）检查热侯线 500kV 侧线路三相带电显示器指示灯"绿灯"亮。

（31）切热侯线 500kV GIS 汇控柜内隔离/接地控制开关至"就地"位。

（32）联系值长同意。

（33）检查热侯线 500kV 母线出线侧接地开关（5031 – 27）双重编号正确。

（34）合上热侯线 500kV 母线出线侧接地开关（5031 – 27）。

（35）检查 NCS 画面中热侯线 500kV 母线出线侧接地开关（5031 – 27）在"合闸"状态。

（36）检查热侯线 500kV 母线出线侧接地开关（5031 – 27）"合闸"指示灯亮。

（37）检查热侯线 500kV 母线出线侧接地开关（5031 – 27）机构指示在"合闸"位。

（38）联系值长同意。

（39）检查热侯线 500kV 母线侧接地开关（5031 – 67）双重编号正确。

（40）合上热侯线 500kV 母线侧接地开关（5031 – 67）。

（41）检查 NCS 画面中热侯线 500kV 母线侧接地开关（5031 – 67）在"合闸"状态。

（42）检查热侯线 500kV 母线侧接地开关（5031 – 67）"合闸"指示灯亮。

（43）检查热侯线 500kV 母线侧接地开关（5031 – 67）机构指示在"合闸"位。

（44）联系值长同意。

（45）验明热侯线 500kV 侧线路 TV（4YH）二次 A 相无电压。

（46）验明热侯线 500kV 侧线路 TV（4YH）二次 B 相无电压。

（47）验明热侯线 500kV 侧线路 TV（4YH）二次 C 相无电压。

（48）检查热侯线 500kV 线路侧接地开关（5031 – 617）双重编号正确。

（49）合上热侯线 500kV 线路侧接地开关（5031 – 617）。

（50）检查 NCS 画面中热侯线 500kV 线路侧接地开关（5031 – 617）在"合闸"状态。

（51）检查热侯线 500kV 线路侧接地开关（5031 – 617）"合闸"指示

灯亮。

（52）检查热侯线 500kV 线路侧接地开关（5031 – 617）机构指示在"合闸"位。

（53）切热侯线 500kV GIS 汇控柜内隔离/接地控制开关至"远方"位。

（54）验明 500KV 热侯线（5031 断路器）出线套管 A 相引线处无电压。

（55）验明 500KV 热侯线（5031 断路器）出线套管 B 相引线处无电压。

（56）验明 500KV 热侯线（5031 断路器）出线套管 C 相引线处无电压。

（57）在 500KV 热侯线（5031 断路器）出线套管引线处装设一组接地线（＿＿）号。

（58）检查热侯线 500kV GIS 汇控柜名称正确。

（59）断开断路器电动机电源开关（F1）。

（60）断开辅助回路电源开关（F2）。

（61）断开信号及指示电源开关（F5）。

（62）断开加热驱潮电源开关（F6）。

（63）断开手动驱潮电源开关（F7）。

（64）断开断路器机构驱潮电源开关（F8）。

（65）断开微水装置电源开关（F10）。

（66）断开 DS1 控制电源开关（F41）。

（67）断开 DS2 控制电源开关（F42）。

（68）断开 DS3 控制电源开关（F43）。

（69）断开 ES1 控制电源开关（F44）。

（70）断开 ES2 控制电源开关（F45）。

（71）断开 QES1 控制电源开关（F46）。

（72）断开 DS1 电动机电源开关（F31）。

（73）断开 DS2 电动机电源开关（F32）。

（74）断开 DS3 电动机电源开关（F33）。

（75）断开 ES1 电动机电源开关（F34）。

（76）断开 ES2 电动机电源开关（F35）。

（77）断开 QES1 电动机电源开关（F36）。

（78）在热侯线 500kV 侧出线断路器（5031 断路器）操作开关上挂

"禁止合闸,有人工作"标示牌。

(79) 在热侯线 500kV 母线 I 出线隔离开关(5031-1)操作开关上挂"禁止合闸,有人工作"标示牌。

(80) 在热侯线 500kV 母线 II 出线隔离开关(5031-2)操作开关上挂"禁止合闸,有人工作"标示牌。

(81) 在热侯线 500kV 线路侧隔离开关(5031-6)操作开关上挂"禁止合闸,有人工作"标示牌。

(82) 在热侯线 500kV 侧出线断路器(5031 断路器)A 相机构箱柜门上挂"禁止合闸,有人工作"标示牌。

(83) 在热侯线 500kV 侧出线断路器(5031 断路器)B 相机构箱柜门上挂"禁止合闸,有人工作"标示牌。

(84) 在热侯线 500kV 侧出线断路器(5031 断路器)C 相机构箱柜门上挂"禁止合闸,有人工作"标示牌。

(85) 在热侯线 500kV 母线 I 出线隔离开关(5031-1)机构箱柜门把手上挂"禁止合闸,有人工作"标示牌。

(86) 在热侯线 500kV 母线 II 出线隔离开关(5031-2)机构箱柜门把手上挂"禁止合闸,有人工作"标示牌。

(87) 在热侯线 500kV 线路侧隔离开关(5031-6)机构箱柜门把手上挂"禁止合闸,有人工作"标示牌。

(88) 对以上操作进行全面检查。

(89) 汇报值长"500kV 热侯线(5031 断路器)已由运行转检修"。

500kV 热侯线(5031 断路器)恢复冷备用
由　检修　状态转换为　冷备用　状态

(1) 接值长令。

(2) 摘下热侯线 500kV 侧出线断路器(5031 断路器)操作开关上"禁止合闸,有人工作"标示牌。

(3) 摘下热侯线 500kV 母线 I 出线隔离开关(5031-1)操作开关上"禁止合闸,有人工作"标示牌。

(4) 摘下热侯线 500kV 母线 II 出线隔离开关(5031-2)操作开关上"禁止合闸,有人工作"标示牌。

(5) 摘下热侯线 500kV 线路侧隔离开关(5031-6)操作开关上"禁止合闸,有人工作"标示牌。

(6) 摘下热侯线 500kV 侧出线断路器(5031 断路器)A 相机构箱柜

门上"禁止合闸,有人工作"标示牌。

（7）摘下热侯线 500kV 侧出线断路器（5031 断路器）B 相机构箱柜门上"禁止合闸,有人工作"标示牌。

（8）摘下热侯线 500kV 侧出线断路器（5031 断路器）C 相机构箱柜门上"禁止合闸,有人工作"标示牌。

（9）摘下热侯线 500kV 母线 I 出线隔离开关（5031-1）机构箱柜门把手上"禁止合闸,有人工作"标示牌。

（10）摘下热侯线 500kV 母线 II 出线隔离开关（5031-2）机构箱柜门把手上"禁止合闸,有人工作"标示牌。

（11）摘下热侯线 500kV 线路侧隔离开关（5031-6）机构箱柜门把手上"禁止合闸,有人工作"标示牌。

（12）联系值长同意。

（13）拆除 500kV 热侯线（5031 断路器）出线套管引线处一组接地线（____）号。

（14）检查热侯线 500kV GIS 汇控柜名称正确。

（15）合上信号及指示电源开关（F5）。

（16）合上 ES1 控制电源开关（F44）。

（17）合上 ES2 控制电源开关（F45）。

（18）合上 QES1 控制电源开关（F46）。

（19）合上 ES1 电动机电源开关（34）。

（20）合上 ES2 电动机电源开关（F35）。

（21）合上 QES1 电动机电源开关（F36）。

（22）检查热侯线 500kV GIS 汇控柜内隔离/接地控制开关在"远方"位。

（23）联系值长同意。

（24）检查热侯线 500kV 线路侧接地开关（5031-617）双重编号正确。

（25）断开热侯线 500kV 线路侧接地开关（5031-617）。

（26）检查 NCS 画面中热侯线 500kV 线路侧接地开关（5031-617）在"分闸"状态。

（27）检查热侯线 500kV 线路侧接地开关（5031-617）"分闸"指示灯亮。

（28）检查热侯线 500kV 线路侧接地开关（5031-617）机构指示在"分闸"位。

（29）检查热侯线 500kV 母线侧接地开关（5031 - 67）双重编号正确。

（30）断开热侯线 500kV 母线侧接地开关（5031 - 67）。

（31）检查 NCS 画面中热侯线 500kV 母线侧接地开关（5031 - 67）在"分闸"状态。

（32）检查热侯线 500kV 母线侧接地开关（5031 - 67）"分闸"指示灯亮。

（33）检查热侯线 500kV 母线侧接地开关（5031 - 67）机构指示在"分闸"位。

（34）检查热侯线 500kV 母线出线侧接地开关（5031 - 27）双重编号正确。

（35）断开热侯线 500kV 母线出线侧接地开关（5031 - 27）。

（36）检查 NCS 画面中热侯线 500kV 母线出线侧接地开关（5031 - 27）在"分闸"状态。

（37）检查热侯线 500kV 母线出线侧接地开关（5031 - 27）"分闸"指示灯亮。

（38）检查热侯线 500kV 母线出线侧接地开关（5031 - 27）机构指示在"分闸"位。

（39）对以上操作进行全面检查。

（40）汇报值长"500kV 热侯线（5031 断路器）已恢复冷备用"。

500kV 热侯线（5031 断路器）送电（由 500kV I 母母线接带）
由 __冷备用__ 状态转换为 __运行__ 状态

（1）接值长令。

（2）检查 500kV 热侯线线路保护装置正常无异常告警信号。

（3）检查 500kV 热侯线线路保护投入正确。

（4）检查 500kV 热侯线断路器保护柜名称正确。

（5）合上 500kV 热侯线（5031 断路器）操作电源 I 开关（4K1）。

（6）合上 500kV 热侯线（5031 断路器）操作电源 II 开关（4K2）。

（7）检查热侯线 500kV GIS 汇控柜名称正确。

（8）合上热侯线 500kV 线路侧 TV（4YH）二次开关。

（9）合上断路器电动机电源开关（F1）。

（10）合上辅助回路电源开关（F2）。

（11）合上信号及指示电源开关（F5）。

（12）合上加热驱潮电源开关（F6）。

（13）合上断路器机构驱潮电源开关（F8）。

（14）合上微水装置电源开关（F10）。

（15）合上 DS1 控制电源开关（F41）。

（16）合上 DS2 控制电源开关（F42）。

（17）合上 DS3 控制电源开关（F43）。

（18）合上 DS1 电动机电源开关（F31）。

（19）合上 DS2 电动机电源开关（F32）。

（20）合上 DS3 电动机电源开关（F33）。

（21）检查"LD1 主分非全相回路功能连接片"在"投入"位。

（22）检查"LD2 副分非全相回路功能连接片"在"投入"位。

（23）检查"LD3 主分非全相回路出口连接片"在"投入"位。

（24）检查"LD4 副分非全相回路出口连接片"在"投入"位。

（25）检查热侯线 500kV 侧出线断路器（5031 断路器）"分闸"指示灯亮。

（26）检查热侯线 500kV 母线 I 出线隔离开关（5031 - 1）"分闸"指示灯亮。

（27）检查热侯线 500kV 母线 II 出线隔离开关（5031 - 2）"分闸"指示灯亮。

（28）检查热侯线 500kV 线路侧隔离开关（5031 - 6）"分闸"指示灯亮。

（29）检查热侯线 500kV GIS 汇控柜无异常报警信号。

（30）检查热侯线 500kV 侧出线断路器（5031）双重编号正确。

（31）检查热侯线 500kV 侧出线断路器（5031）断路器气室 SF_6 气压正常。

（32）检查热侯线 500kV GIS（5031）各气室 SF_6 气压正常。

（33）检查热侯线 500kV 侧出线断路器（5031）A 相油压正常。

（34）检查热侯线 500kV 侧出线断路器（5031）B 相油压正常。

（35）检查热侯线 500kV 侧出线断路器（5031）C 相油压正常。

（36）检查热侯线 500kV 侧出线断路器（5031）A 相机构指示在"分闸"位。

（37）检查热侯线 500kV 侧出线断路器（5031）B 相机构指示在"分闸"位。

（38）检查热侯线 500kV 侧出线断路器（5031）C 相机构指示在"分

闸"位。

（39）核对 NCS 画面中热侯线 500kV 侧出线断路器（5031 断路器）在"分闸"状态。

（40）检查热侯线 500kV 母线Ⅱ出线隔离开关（5031-2）双重编号正确。

（41）检查热侯线 500kV 母线Ⅱ出线隔离开关（5031-2）机构指示在"分闸"位。

（42）核对 NCS 画面中热侯线 500kV 母线Ⅱ出线隔离开关（5031-2）在"分闸"状态。

（43）检查热侯线 500kV 母线Ⅰ出线隔离开关（5031-1）双重编号正确。

（44）合上热侯线 500kV 母线Ⅰ出线隔离开关（5031-1）。

（45）核对 NCS 画面中热侯线 500kV 母线Ⅰ出线隔离开关（5031-1）在"合闸"状态。

（46）检查热侯线 500kV 母线Ⅰ出线隔离开关（5031-1）"合闸"指示灯亮。

（47）检查热侯线 500kV 母线Ⅰ出线隔离开关（5031-1）机构指示在"合闸"位。

（48）检查热侯线 500kV 线路侧隔离开关（5031-6）双重编号正确。

（49）合上热侯线 500kV 线路侧隔离开关（5031-6）。

（50）核对 NCS 画面中热侯线 500kV 线路侧隔离开关（5031-6）在"合闸"状态。

（51）检查热侯线 500kV 线路侧隔离开关（5031-6）"合闸"指示灯亮。

（52）检查热侯线 500kV 线路侧隔离开关（5031-6）机构指示在"合闸"位。

（53）检查热侯线 500kV 线路侧电压指示正常。

（54）检查热侯线 500kV 侧出线断路器（5031）同期选择开关在"同期"位。

（55）联系值长同意。

（56）合上热侯线 500kV 侧出线断路器（5031）。

（57）核对 NCS 画面中热侯线 500kV 侧出线断路器（5031 断路器）在"合闸"状态。

（58）检查热侯线 500kV 侧出线断路器（5031 断路器）"合闸"指示

第二篇 发电厂厂用电值班

灯亮。

（59）检查热侯线 500kV 侧出线断路器（5031）A 相机构指示在"合闸"位。

（60）检查热侯线 500kV 侧出线断路器（5031）B 相机构指示在"合闸"位。

（61）检查热侯线 500kV 侧出线断路器（5031）C 相机构指示在"合闸"位。

（62）对以上操作进行全面检查。

（63）汇报值长"500kV 热侯线（5031 断路器）已送电（由 500kV Ⅰ母母线接带）"。

提示 第十一章共九节内容，其中第一～三节适合于初级工学习，第一～九节适合于中、高级工学习。

第十二章

电气事故分析与处理

第一节 不接地系统发生单相接地的 分析、判断与处理

一、不接地系统发生单相接地的现象

目前，大多数发电厂的 3kV 及 6kV 系统都采用中性点不接地系统。以下内容就以 6kV 中性点不接地系统为例讲述不接地系统发生单相接地时的现象、分析、判断与处理。

当中性点不接地系统发生单相接地时，事故喇叭响，"××kV 段接地""××段接地选检装置动作"光字亮，母线绝缘监视表指示，接地相绝缘监视电压为零或下降，其他两相升高。××kV 配电室接地掉牌落下，自动选接地装置警报响。

二、不接地系统发生单相接地的分析、判断与处理

中性点不接地系统中，三相导线对地均有对地电容。正常运行时中性点的位移电压较小，一般可以忽略不计，故认为电源中性点与地的电位相等，各相对地电压等于相电压，大地中没有电容电流流过。当一相发生全接地时，接地相绝缘监视电压为零，其他两相升高即为线电压；当一相不完全接地时，接地相绝缘监视电压值下降，其他两相升高。

中性点不接地系统是属于小电流接地系统。在该系统中，如发生单相接地时，由于线电压的大小和相位不变（仍对称），且系统绝缘又是按线电压设计的，所以允许短时运行而不切断故障设备，从而提高了供电可靠性。但是，若一相发生接地，则其他两相对地电压升高为相电压的 $\sqrt{3}$ 倍，特别是发生间歇性电弧接地时，接地相对地电压可能升高到相电压的 2.5～3.0 倍。这种过电压对系统的安全威胁很大，可能使其中的一相绝缘击穿而造成两相接地短路故障。因此，运行值班人员应迅速寻找接地点，并及时隔离。

当中性点非直接接地系统发生单相接地时，一般出现下列迹象：

（1）警铃响，"××kV母线接地"光字牌亮，经消弧线圈接地的系统，常常还有"消弧线圈动作"的光字牌亮。

（2）绝缘监察电压表三相指示值不同，接地相电压降低或等于零，其他两相电压升高为线电压，此时为稳定性接地。如果绝缘监察电压表指针不停地来回摆动，出现这种现象即为间歇性接地。

（3）当发生弧光接地产生过电压时，非故障相电压很高，表针打到头，常伴有电压互感器高压一次侧熔体熔断，甚至严重烧坏电压互感器。

当小电流接地系统发生上述迹象时，值班人员应沉着冷静，及时向上级调度汇报，并将有关现象作好记录，根据信号、表计指示、天气、运行方式等情况，判断故障。各出线装有接地信号装置的变电站，若装置正常投入，故障范围很容易区分，若报出母线接地信号的同时，某一线路也有接地信号，则故障点多在该线路上。若只报出母线接地信号，对于这种情况，故障点可能在母线及连接设备上。

处理时，首先根据光字和表计指示判明某段接地及接地相。然后按以下步骤处理：

（1）应根据自动选接地装置所显示的接地故障线路序号进行检查。

（2）当自动选接地装置因故不能使用时，手动选择步骤如下：

1）检查和询问有无新启动高压设备及由于漏水漏气引起，如有应停电进行检查。

2）停止可疑的新启动设备。

3）停止可以停止的设备。

4）切换可以切换的设备。

5）倒换高压厂用变压器区分母线和变压器低压侧。

经上述检查无效时，母线或电压互感器可能接地，汇报值长、车间，母线停电处理。系统接地时间不得超过2h，并严禁用隔离开关切断接地电流，选择接地时应按先"易"后"难"的原则进行，如接地的同时伴随有设备的跳闸，禁止跳闸设备再次投入，应立即查明原因。

在某些情况下，系统的绝缘并没有损坏，而是由于其他原因产生某种不对称状态，可能报出接地信号，此种接地称为"虚幻接地"，应注意区分判断。如电压互感器内部发生故障时，电压互感器一相高压熔体可能熔断，而报出接地信号，此时应将电压互感器立即停运。又如变压器对空载母线充电时，由于断路器三相合闸不同步，三相对地电容不平衡，可能使中性点发生位移，三相电压不对称，也报出接地信号，此时一旦投入一条线路或投入一台站用变压器，使谐振条件被破坏，此现象即可消失。

第二节 不接地系统发生铁磁谐振的 现象分析判断与处理

一、铁磁谐振的原因

电力系统中有许多电感、电容元件，它们的组合可以构成一系列不同自振频率的振荡回路，当系统进行操作或发生故障时，某些振荡回路有可能与外加电源发生谐振现象。铁磁谐振就是其中的一种，它是由带有铁芯的电感元件（如变压器、电压互感器）和系统的电容元件组成的铁磁谐振回路，在满足一定的条件下（$\omega L_0 > 1/\omega C$，L_0 为在正常运行条件下，即非饱和状态下回路中铁芯电感的电感值）产生的。

二、铁磁谐振时的表计反映

发生铁磁谐振时，母线电压表指示无变化。工频谐振时，6kV 母线绝缘监视表对地电压可能出现一相升高、两相降低，也可能一相降低，两相升高。升高相的电压值大于线电压（一般不会超过 3 倍相电压）；电压互感器开口三角电压不超过 100V；高频谐振时，6kV 母线绝缘监视表三相对地电压可能同时升高，也可能一相升高，两相降低。升高相的电压值大于线电压（一般不会超过 3 ~ 3.5 倍相电压）；电压互感器开口三角电压不超过 100V；分频谐振时，6kV 母线绝缘监视表三相对地电压依次轮流升高、三相电压表在相同的范围内出现低频摆动（一般不会超过 2.5 倍相电压）；电压互感器开口三角电压一般在 85 ~ 95V 之间。

三、铁磁谐振的处理方法

立即查看母线绝缘监视表及三相对地电压及电压互感器开口三角电压数值，判明为何种谐振过电压。停用该母线低电压保护及备用电源联锁开关。询问机炉燃化外各岗位有无新启动的设备，并联系有关岗位启停该段某些设备，改变运行参数消除谐振。无效时，瞬停该段电压互感器消除谐振，若变压器一次熔断器熔断应按规定处理。在处理过程中，操作人员应穿绝缘靴、戴绝缘手套。

四、防止铁磁谐振的安全技术措施

为了防止铁磁谐振引起过电压，应采取以下安全技术措施：

（1）选用励磁特性较好的电压互感器或改用电容式电压互感器。

（2）在电磁式电压互感器的开口三角绕组中加阻尼绕组。

（3）在母线上加装一定的对地电容。

（4）采取临时的倒闸措施，如投入消弧线圈，将变压器中性点临时接地以及投入事先规定的某些线路或设备。

第三节　厂用系统高、低压母线故障跳闸分析判断与处理

一、厂用系统高、低压母线发生故障跳闸的现象

（1）厂用系统高压母线发生故障跳闸时有以下现象：

1）事故喇叭响。

2）控制室照明变暗，投入事故照明。

3）各段母线电压指示为零（保安段除外）。

4）有关保护动作光字牌亮。

5）厂用工作电源开关绿灯闪。

6）运行泵与风机掉闸，电流到零，绿灯闪光（引风机除外）

（2）厂用系统低压母线发生故障跳闸时有以下现象：

1）某段故障，工作电源掉闸，该段母线电压消失。

2）接于该段的负荷全部停电。

二、厂用系统高、低压母线故障跳闸分析、判断与处理

（1）厂用系统高压母线发生故障跳闸时，接于该段母线上的设备均失电，单元制机组锅炉 MFT 动作，炉灭火，母线电压将不能短时恢复。此时应按以下步骤操作：

1）检查保安电源是否联动正常，如保安段失电，立即尽快恢复，但要防止保安电源经工作及备用电源开关向低压厂用变压器反充电。

2）检查直流系统运行正常。

3）启动交流润滑油泵，若不成功，启动直流润滑油泵直流密封油泵后紧急故障停机。

4）根据保护动作情况，尽快恢复厂用电源后，汇报值长，尽快点火、开机。

（2）厂用系统低压母线发生故障跳闸时，接于该段母线上的设备均失电，母线电压将不能短时恢复。此时应按以下步骤操作：

1）维持机组及无故障设备的正常运行。

2）检查保安段母线供电正常。

3）保证给粉系统和发电机定子冷却水系统的正常运行。

4）检查何种保护动作，何种掉牌落下。

5）如充电装置失电，应检查其备用电源是否投入或开启备用充电装置，维持母线电压不低于正常值。

6）检查故障母线有无明显短路现象（如烟、火、焦臭味等）并立即将该段所有负荷停电，并对母线进行试送电（前提为该厂用变压器速断、瓦斯保护未动作），如试送成功，则应对该段所带负荷逐一进行绝缘测定，当查知故障点在某一线路时则可切断该线路，恢复其他负荷送电。

7）如故障点在变压器低压断路器变压器侧，则应立即合上联络断路器或备用变压器断路器（此时变压器低压侧断路器应在断开位置）向母线充电。

8）如故障点在母线上，则应将该段所有负荷及母线停电并通知检修处理。

第四节　厂用变压器故障分析与处理

一、变压器紧急停运的条件

变压器运行中遇有下列情况之一时，应立即停止运行。

（1）套管爆炸或破裂，大量漏油，油面突然降低。

（2）套管端头熔断。

（3）变压器冒烟、着火。

（4）变压器铁壳破裂。

（5）变压器漏油，油面降到气体继电器以下。

（6）释压阀动作，且向外喷油、喷烟火。

（7）内部有异音且有不均匀的爆炸声。

（8）变压器无保护运行（直流系统瞬时选接地，直流熔断器熔断、接触不良等，能立即恢复正常者除外）。

（9）变压器保护或断路器拒动。

（10）变压器轻瓦斯保护动作，放气检查为黄色或可燃性气体。

（11）发生直接威胁人身安全的危急情况。

（12）在正常冷却条件下，变压器的温度不正常，并不断上升。

二、厂用变压器故障的现象

厂用变压器是发电厂重要的电气设备。虽然没有转动的部分，但由于制造质量、检修工艺不高、运行维护不当以及变压器长期通过大容量电动机启动电流冲击相引起发热等原因，都将使变压器发生故障，造成厂用电供电的中断，甚至将造成停机、停炉、全厂停电事故。因此，电气值班员要加强对厂用变压器的巡视检查工作，根据设备的缺陷、气候的变化等情况，及时做好事故预想，以便在变压器发生故障时，正确判断，防止故障扩大，影响厂用电系统的正常运行。

变压器在运行中可能发生的故障现象一般分三种类型：第一类是，变压器油标指示油位发生剧烈的变化。通常是冷却装置停运，散热或冷却系统的渗漏或环境温度的急剧变化引起。第二类是，外部条件正常，负荷也无明显变化的情况下，变压器温度温升明显升高，油色变暗并有碳粒，通常伴有气体不断出现，应视为变压器有潜伏性故障。第三类是变压器在运行中，出现过负荷运行状态。

三、厂用变压器故障的正确分析、判断与处理

上述故障现象，运行人员应按照运行规程规定，采取措施给以消除。

1. 变压器油位过高或过低

变压器的油位是随变压器内部油量的多少、油温的高低、变压器所带负荷的变化、周围环境温度的变化而变化的。此外，由于变压器箱体各部焊缝和放油门不严造成渗漏油也会影响变压器油位的变化。

储油柜的容积一般为变压器容积的 10% 左右。如因环境温度及负荷变化油位过高时，易引起溢油。不但造成浪费，而且会使本体和部件脏污。值班人员如果发现变压器的油位高于油位线时，应通知检修人员放油，使油位降低到油位线以下。

当变压器油位过低，低于变压器上盖时，会使变压器引接线部分暴露在空气中，降低了这部分的绝缘强度，有可能造成闪络。与此同时，由于增大了油与空气的接触面积，加速油的老化速度，如遇到变压器低负荷、停电或冬季气温下降等情况时，则油位将会继续下降，甚至使铁芯、线圈暴露出来，有可能造成铁芯、线圈因过热而烧坏的事故。运行值班人员如发现油位过低、看不到油位计的油位时，应对变压器各部位进行检查，查明原因，并通知检修人员加油。

在高压厂用变压器中，冷却系统如果采用水冷却方式，若发现油位降低时，应立即查明原因，检查水中是否有油花，以防止由于冷却器漏、渗水至变压器油中，影响变压器的绝缘。

当变压器的引出线采用充油套管时，套管油位随气温影响变化较大，不得满油或缺抽。发现油位过高或过低时，应放油或加油。

2. 变压器油温升高

在正常负荷和工常冷却条件下，变压器油温较平时高出 10℃ 以上或

变压器负荷不变，油温不断上升，而检查结果证明冷却装置及冷却管路良好，且温度计、测点无问题，则认为变压器已有内部故障（如铁芯故障或绕组匝间短路等），此时运行值班人员应加强对厂用变压器的负荷监视。联系变压器进行油的色谱分析，经过综合判断，查明原因。

3. 变压器油色不正常

值班人员在变压器跳闸及正常巡视检查时，若发现变压器油位计中油的颜色发生变化，应汇报班长通知检修人员，取油样进行分析化验。当化验后发现油内含有碳粒和水分，油的酸价增高，闪点降低，绝缘强度也降低，这说明油质已急剧劣化、变压器内部存在故障。因此，值班人员应尽快联系投入备用变压器，停止该变压器的运行。

4. 变压器过负荷

运行中的变压器过负荷时，出现电流指示超过额定值，有功、无功电能表指针指示增大，可能伴有"变压器过负荷"信号及"变压器温度高"信号，警铃动作等现象。

值班人员在发现上述异常现象时，应按下述原则处理：

（1）恢复警铃，汇报班长、值长，记录过负荷运行时间。

（2）调整负荷的分配情况。联系值长采用切换、转移的方法，减少该变压器所带的负荷。

（3）及时调整运行方式，若有备用变压器时，应将备用变压器投入并列运行，分担一部分负荷。

（4）如属于正常过负荷，可根据正常过负荷的时间，严格执行，同时，应增加对该变压器的检查次数，加强对变压器温度的监视，不得超过规定值。

如果变压器存在有较大缺陷（如冷却系统不正常、油质劣化、色谱分析异常等），不允许变压器过负荷运行。

5. 变压器冷却系统故障

变压器冷却系统的故障主要发生在强迫油循环风冷、水冷的高压厂用变压器，而低压厂用变压器由于容量较小，大都采用自然冷却的方式，不易发生冷却系统的故障。在强迫油循环风冷、水冷的方式中，冷却系统故障主要是指：冷却器的电源失电，风扇、潜油泵的电动机故障以及冷却水系统发生异常。上述故障将会使变压器冷却装置全部或部分停止运行。值班人员应根据不同现象进行如下的处理：

（1）当变压器控制盘上出现"冷却装置全停"光字牌时，这是由于工作和备用冷却器电源同时发生故障。值班人员应迅速查找原因，尽快恢复冷却器电源的供电。同时，监视变压器温度，控制变压器的负荷。必要时请示值长，停用变压器冷却器全跳保护连接片。如变压器为自然冷却的变压器。应特别注意：冷却器允许全停时间，变压器油温是否超过规定等。

（2）当变压器控制盘上出现"备用冷却器投入"或"备用冷却器投入后故障"信号，说明工作组的冷却器跳闸或备用冷却器投入后又跳闸。这种情况可能是由于油泵或风扇电动机故障引起的。运行人员应检查工作、备用冷却器跳闸原因，并根据情况倒换冷却器的运行方式，尽快恢复冷却器的运行。

（3）当变压器控制盘上出现"冷却水中断"光字牌时，运行人员应检查冷却泵及冷却管道系统，尽快查明原因，恢复正常运行。

（4）油浸风冷变压器当冷却系统发生故障时，变压器允许带负荷运行的时间应遵守制造厂的规定。如制造厂无规定时，可参照表 12 – 1 的规定执行。

表 12 – 1　　　　油浸风冷变压器切除全部风扇后允许带额定负荷运行的时间

空气温度（℃）	– 10	0	10	20	30	40
允许运行时间（h）	35	15	8	4	2	1

当冷却系统发生故障时，变压器中的油位、油温将明显发生变化。冷却装置停用后，会发生油位、油温上升，严重对甚至有可能从防爆膜或呼吸通道跑油。冷却装置恢复后，油位又会急剧下降，甚至下降到储油柜油标的下限。运行人员应根据这一变化规律及时检查变压器恢复运行的情况，防止由于缺油引起变压器事故。

6. 变压器轻瓦斯动作

瓦斯保护装置的作用是，当变压器内部发生绝缘被击穿、线圈匝间短路及铁芯烧毁故障时，给值班人员发出信号及切断各侧断路器，以保护变压器。按照规定，800kVA 以上的油浸式变压器和 400kVA 及以上的厂用变压器都装有气体继电器，200 ~ 315kVA 的厂用变压器只装带信号触点的气体继电器。

当轻瓦斯动作、重瓦斯未动，应严密监视变压器的运行情况，如电流、电压及声音的变化，并记录轻瓦斯动作的时间和间隔。此时重瓦斯不得退出运行。值班人员还应对变压器外部进行检查，首先检查变压器储油柜油色和油位、气体继电器气体量及颜色，收集气体继电器中的气体，判明气体性质。必要时取油样进行化验和作色谱分析。若确证气体继电器中的气体是空气时，则可将气体继电器中的气体放掉。如经鉴定为可燃性气体时，应尽快做油的色谱分析以判定是否将变压器退出运行。

7. 厂用变压器自动跳闸

厂用变压器在运行中，当断路器自动跳闸时，值班人员应按以下步骤迅速处理：

（1）当变压器的断路器自动掉闸后，应恢复断路器的操作把手至断开位置，检查厂用备用变压器是否联动投入。如无备用变压器时，应倒换运行方式和负荷分配，维持运行系统及设备的正常供电。

（2）检查保护掉牌，何种保护动作，判明保护范围和故障性质。

（3）了解系统有无故障及故障性质。

（4）若属于人员误碰，保护有明显误动象征，变压器后备保护动作（过电流及限时过电流），同时，故障点切除。经请示值长同意，可不经外部检查对变压器试送电一次。

（5）如属于差动、重瓦斯或电流速断等主保护动作，故障时又有明显冲击现象，则应对变压器进行详细的检查，并停电后进行测定绝缘试验等。在未查清原因以前禁止将变压器投入运行，减少变压器的损坏程度或扩大故障范围。

如重瓦斯保护动作，判明为变压器内部发生的故障，重瓦斯保护动作后使变压器跳闸。运行人员处理时，应用取样瓶在气体继电器排气门处收集气体，取得气体后可根据气体继电器内积累的气体量、颜色和化学成分，初步判断故障的情况和性质。根据气体的多少可以判断故障的程度。若气体是可燃的，则气体继电器动作的原因是变压器内部故障所致。

瓦斯气体的鉴别必须迅速进行，否则经一定的时间颜色就会消失。根据气体和颜色可初步判断故障的性质和部位。如气体为黄色不易燃烧，即为木质部分故障；若为淡灰色强烈臭味可燃性气体，即为绝缘纸或纸板故障；若为灰色或黑色易燃的气体，即为短路后油被烧灼分解的气体。根据鉴别情况，结合变压器的结构和绝缘材料，以及对变压器油的色谱分析和变压器电气试验，就可分析判断出变压器的故障部位，为检修变压器创造条件。

（6）详细记录故障现象、时间及处理过程。

8. 变压器着火

变压器发生火灾是非常严重的事故，因为变压器内部不仅有大量的绝缘抽，而且许多绝缘材料都是易燃品，若处理不及时，变压器可能发生爆炸或使火灾事故扩大。

当发生变压器着火时，值班人员应立即拉开各侧电源断路器及隔离开关，切断电源进行灭火，并迅速投入备用变压器或切换运行，恢复对负荷的供电。

如果变压器油溢出并在变压器盖上着火，则应打开变压器下部的放油阀放油，使油面低于着火处；如果变压器外壳炸裂并着火时，必须将变压器内部所有的油放至储油坑或储油槽中；若是变压器内部故障引起着火时，则不能放油，以防变压器发生爆炸。

厂用变压器装有氮灭火装置时，若该装置未动作，应手动投入灭火装置灭火。必要时，也可用灭火器灭火，在万不得已的情况下使用沙子灭火。

9. 变压器释压阀动作

（1）现象：DCS 报警画面"发电机－变压器组保护 C 柜异常保护信号"光字亮，发电机－变压器组保护 C 柜面板上"变压器压力释放"信号灯亮。

（2）处理：

1）立即对变压器本体进行检查，若无喷油或烟雾时，可按轻瓦斯动作检查；

2）联系检修将释压阀恢复正常并检查动作原因；

3）将释压阀动作时间和恢复时间详细记录，并汇报车间、值长。

10. 当运行中发现变压器有下列异常时应及时联系处理

（1）安全门破裂；

（2）油面低至允许值以下；

（3）油色突然发生变化，并且气体继电器内有瓦斯气体；

（4）套管有裂纹，并有放电现象；

（5）接头发热；

（6）盖上落有杂物；

（7）套管油位突然下降看不见；

（8）有载调压装置调整失灵或不动。

第五节　厂用电动机故障分析与处理

一、电动机停运的条件

（1）电动机发生下列情况之一者应立即停止运行（按下事故按钮的

时间不宜过短）。

1）必须停止电动机运行才可避免的人身事故。

2）电动机所带机械严重损坏至危险程度。

3）发生威胁电动机完整的强烈振动。

4）电动机冒烟着火。

5）运转中发生鸣音，同时转速大幅下降。

6）静、转子发生摩擦冒烟。

7）轴承温度剧烈上升超过规定值仍有上升趋势。

8）被水淹时。

当发生上述现象时，值班人员应就地停止电动机运行（按事故按钮），迅速启动备用电动机，并将故障情况向值长及值班负责人汇报，电气值班员对故障设备停电，进行必要的善后处理工作。

（2）在下列情况下对重要电动机，可先启动备用的电动机，然后再停运电动机。

1）在电动机运行中发现有不正常的声音或绝缘有烧焦气味。

2）电流超过正常运行数值。

3）大型密闭冷却电动机的冷却系统发生故障（如给水泵）。

4）轴承温度不正常的升高。

5）电动机出现强烈的振动。

二、电动机在启动或正常运转中的故障现象

电动机在运行中经常会出现一些不正常的现象，如电动机声音异常或焦臭味、电动机振动、电动机过负荷、轴承和线圈温度升高、电动机电流增大及转速变化等，这些异常虽然不会马上使电动机保护动作跳闸，但已影响到电动机的安全运行。当发现上述现象时，机械值班人员应仔细观察所发生的现象，判断故障原因，必要时立即汇报值长或电气值班负责人，经联系切换运行方式，将电动机停用，进行检查。某些异常运行的重要电动机，若不及时处理，不仅造成电动机本身事故，而且可能扩大为停机、停炉等大事故。

三、电动机故障的正确分析、判断与处理

（一）电动机的缺相运行

（1）现象：电动机缺相运行时，电流表指示上升或为零（如果正好安装电流表的一相发生断线时，电流表指示为零）；电动机本体温度升高，同时振动增大，声音异常。

（2）处理：当发生上述现象时，应立即启动备用电动机，停止故障电动机运行，通知值长及电气值班负责人派人进行检查。厂用电工在处理故障时，应首先判断是电动机电源缺相还是电动机定子回路的故障。

（3）原因分析：电动机的缺相运行就是三相电动机因某种原因造成回路一相断开时的运行。造成缺相运行的原因很多，例如，一相熔断器熔丝熔断或接触不良，断路器、隔离开关、电缆头、接触器及导线中的一相断线等，属于电动机一次回路电气元件故障引起，作为电动机本身的原因是定子绕组一相断线和电动机引线接头开焊或断线等，均可造成电动机缺相运行。

三相电动机变成缺相运行时，假若电动机负荷未变化，两相绕组要负担原来三相绕组所承担的负荷，则这两相绕组的电流必然增大。原因是，当一相断线时，加在其他两相绕组的电压为正常情况下的 $\sqrt{3}/2$ 倍，运行的两相绕组中的电流约增加 1.73 倍，这个电流比一般过负荷大得多，但又比绕组短路时的电流小，所以熔断器的熔丝不会因缺相而熔断。若电动机回路中装有断路器时，继电保护一般不会动作跳闸。所以，防止电动机的缺相运行的方法一是靠值班人员判断，发现后及时停用；二是在电动机回路中装设缺相保护，如电动机缺相保护器，在发生缺相运行时，保护动作于电动机跳闸，避免电动机由于缺相运行过热而烧坏。

（二）电动机本体发热

电动机在运行中若发现本体温度和温升比正常情况显著上升，且电流增大时，值班人员应迅速查找原因，并按下述原则进行处理：

（1）检查所带机械部分有无故障（是否有摩擦或卡涩现象），当机械部分发生故障，应迅速启动备用电动机，停止故障电动机运行。

（2）检查机械负载是否增大，若属于机械负载增加时，要求减小负载。

（3）检查电动机通风系统有无故障，如属于通风不良、周围环境不良等原因时，应迅速排除或采取强制风冷措施，否则采取减负荷的方法，直到温度降低到允许值以下。

（4）检查电动机各相电流是否平衡，判断是定子绕组故障还是缺相运行，根据情况，停机处理。

（5）判断是否为电动机定子铁芯故障引起温度升高。

（三）电动机发生振动超过规定

由于电动机和所带机械都为旋转设备，都会引起振动。振动可能有以下原因：

（1）电动机与所带动机械的中心找得不正。

（2）电动机转子不平衡。

（3）电动机轴承损坏。使转子与定子铁芯或线圈相摩擦（即扫膛现象）。

（4）电动机的基础强度不够或地脚螺丝松动。

（5）电动机缺相运行等。

当发生振动现象时，值班人员应对振动的程度进行测试，若振动在规定允许值内时，尚可以继续运行。并应积极查找振动原因，尽快安排停机处理，如强烈振动超出允许值范围时，应及时停止电动机运行。

（四）电动机声音异常

电动机在运行中，如果声音突然发生异变时，值班人员应及时对电动机各部位进行全面检查，分析原因，进行处理。

电动机机械方面的原因是：轴承声音不正常，如因缺油造成电动机声音异常时，应迅速加油；若轴承已损坏，伴随有电动机转子、定子相碰的摩擦声，应立即停止运行。

电气方面的原因是，如电动机不正常的声音来自本体，首先应检查电压及频率是否在规定范围内，若电压超出规定时，应调整母线电压；检查三相定子电流是否平衡，判断是否有断线现象或绕组内部有匝间短路情况，及时汇报值班负责人，必要时停止电动机运行进行检查。

（五）电动机启动时的故障处理

电动机在启动时容易发生一些故障，例如合上断路器后电流很久不返回，电动机不转却只发嗡嗡的声音，或电动机转速达不到额定转速，从电动机内冒出烟火等。

电动机启动时的故障，可能由以下原因造成，现逐条进行分析：

（1）合上电动机断路器后，电动机不转动。发生此种现象，说明电动机定子或电源回路中一相断线，如低压电动机熔断器一相熔断，高压电动机的断路器或隔离开关一相未接通，因而不能形成三相旋转磁场，电动机就旋转不起来。

（2）电动机启动后达不到正常转速。电动机定子绕组方面发生匝间短路、定子或电源一相断线、接触不良、定子接线是否正确（例如将△误接为Y，或Y接法的一相接反）也将影响电动机的转速。而在转子方面，则应是转子回路断线或接触不良，如笼型电动机鼠笼条与端环开焊、绕线型电动机转子的变阻器回路断线、滑环与碳刷接触不良等，使转子绕组回路无电流或电流减少，因而使电动机不转或转慢，达不到正常转速。

（3）电动机启动中跳闸。由于机械负载大或传动中有卡涩现象，电动机带负荷直接启动，都会引起电动机启动过负荷跳闸现象。从热工保护方面，不具备启动条件时，保护闭锁，也将会发生此现象。

机械值班员在发现电动机启动不起来时，应迅速检查断路器或接触器是否跳闸（通常过负荷、热偶保护或反时限过电流保护应动作），若保护未动作时，应手动拉开断路器或接触器，然后向值长汇报启动故障情况，电气值班员在处理故障时，应首先向机械值班员了解启动过程中的故障现象，根据故障现象对电动机一次回路接线、控制回路进行检查处理，采取必要的测试手段，判断故障点，待故障点排除后，通知机械值班员试启动，电气值班员应就地观察故障排除是否正确。如不能处理时通知有关部门进行处理。

（六）电动机的事故处理

电动机运行中，属于电动机保护范围内的故障，电动机保护作用于断路器自动跳闸，但有一些故障如机械振动超标、机械损坏等，对电动机暂时不会造成威胁，但对机械设备的运行将产生不良后果，这就需要机械值班员手动将电动机停止运行，以保证设备损坏程度不致扩大。

1. 电动机自动跳闸事故处理

电动机在运行中，控制室中突然发生喇叭、警铃齐鸣，电动机电流表到零，断路器控制开关绿灯闪光，电动机停转等现象时，说明电动机已经自动跳闸。此时，机械值班员应立即按下列步骤和原则进行处理，以保证整个系统的正常运行：

（1）如果备用电动机自动投入成功，应恢复警报音响，将各控制开关恢复到正常位置。

（2）如果备用电动机未自动投入，应迅速合上备用电动机的控制开关。

（3）如果没有备用电动机或启动备用电动机需较长时间影响发电时，准许将已跳闸的电动机强送电一次。但下列情况除外：当电动机及其回路上有明显的短路或损伤现象（如电动机的电流表有严重冲击现象、电动机严重冒烟、着火、声音异常等）；发生需要立即停止运行的人身事故；电动机所带的机械严重损坏。

（4）通知电气值班负责人对故障电动机进行查找原因。

电动机在运行中自动跳闸，电气值班人员应根据实际经验进行分析判断，尽快找出故障点，常见的故障原因如下：

1）电动机及其电气回路发生短路等故障，使得保护动作于熔断器熔丝熔断或动作于断路器跳闸。

第十二章 电气事故分析与处理

2）电动机所带机械部分严重故障，电动机负荷急剧增大而过负荷，使过电流保护动作于断路器跳闸。

3）电动机保护误动（如接线错误、连接片误投及直流系统两点接地），如纯属此错误原因时，系统无冲击现象。

4）电动机所带的设备受联锁条件控制，联锁动作。

2. 电动机着火

电动机冒烟着火时，必须立即切断电动机电源后灭火，在灭火时应特别注意：

（1）使用灭火器时，只有在着火时方可进行，稍有冒烟或焦煳味时不可进行。

（2）灭火时使用四氯化碳、二氧化碳或干粉灭火器灭火，严禁将大股水注入电动机内和使用砂子灭火。

第六节　直流系统故障的分析与处理

一、直流系统发生接地的现象

直流系统发生接地时，控制（或动力）JYM11Z1 型直流系统绝缘监测仪发出报警信号，DCS 系统电气光字牌画面"控制（或动力）直流系统绝缘降低"光字出现。

二、充电装置与蓄电池异常的现象

充电设备运行中的异常处理及注意事项：

（1）工作充电柜各充电模块设有输入缺相、输入欠压、输入过压、IGBT（功率管）过电流、模块过热、输出欠压、输出过压等保护，运行中出现异常信号时应及时检查属于何种故障，并检查造成故障的原因及时联系检修人员处理。

（2）若是由于电源的问题，应及时进行检查电源并恢复正常。

（3）上述故障现象中除输出过压时模块自动关机闭锁外，其他故障在引起故障的原因消失后可自动恢复正常工作。

（4）充电模块的输出电压一旦超过模块内部设置的过压保护点，充电模块便自动关机，锁死输出，只有重新开机才能启动输出。因为过电压可能会损坏用电设备，所以一旦发生过电压应检查过电压的原因并排除故障后，才能重新开机。

（5）若由于充电模块故障需要拔出时应注意先关掉其交流电源开关，然后依次将其后面的交流电源插头、直流输出插头拔出；充电模块恢复插入投入运行时应先将其交流电源插头插入，再合上其交流电源开关，投入运行正常后再插入其直流输出插头。

三、直流系统故障的分析与处理

1. 直流母线短路

（1）现象：接于该段的充电柜掉闸，蓄电池熔断器熔断，母线电压消失，中央信号盘有光字"蓄电池熔断器熔断、直流系统电压异常"出现。

（2）处理：

1）立即将所有负荷断开，对母线进行绝缘测定，如无问题应立即将充电柜投入运行，并更换蓄电池熔断器，对线路逐路进行绝缘测定，查出故障点，恢复无故障线路运行。

2）如故障点在母线上，不能自行消除，则应将接于该母线的所有电源及负荷全部停电做好安排，通知检修处理。

2. 负荷干线熔断器熔断

（1）因接触不良或过负荷时更换熔断器送电。

（2）因短路熔断者，测绝缘寻找故障消除后送电，故障点不明用小定值熔断器试送，消除故障后恢复原熔断器定值。

3. 直流系统发生接地

直流系统发生接地时应按对应的直流系统监控模块进行检查，步骤如下：

（1）在监控模块主屏幕上进入主菜单。

（2）在主菜单中进入其他智能设备子菜单。

（3）进入绝缘监测仪子菜单。

（4）查看绝缘监测仪实时数据，如正、负母线电压和对地电阻、绝缘故障支路号等信息（反白表示该设备与监控模块通信中断）。

（5）检查完后根据显示的故障线路，将故障排除。

（6）返回主菜单，恢复到常规监测。

经检查支路无故障时，应对蓄电池、直流母线及充电柜进行倒换选择。

第七节　配电装置故障的分析与处理

一、配电装置设备的故障现象

配电装置的故障包括断路器、电压互感器、隔离开关、避雷器、电缆等的故障，此类设备严重故障时，往往伴随着设备的发热，甚至爆炸，严重影响电力生产的稳定运行。

二、配电装置设备故障的分析、判断与处理

（一）断路器故障的分析、判断与处理

1. 远方操作不能合闸的断路器

（1）现象：

1）合闸时红灯不亮，有关表计无指示。

2）松手时绿灯闪光，喇叭响。

（2）处理：

1）检查直流电源电压正常完好。

2）检查油开关操作、合闸熔断器完好。

3）是液压操动机构的应检查油压是否过低。

4）是电磁操动机构的，当合闸熔断器无熔断时，应将合闸熔断器断开，重新合闸看合闸继电器动作与否来判断是操作回路还是断路器机构故障，根据故障性质进行处理。

2. 远方操作不能跳闸的断路器

（1）现象：

1）断闸时绿灯不亮，有关表计无变化。

2）松手时红灯闪光。

（2）处理：

1）检查操作电源正常完好，操作回路正常完好。

2）检查油压是否正常。

3）在正常操作时，可根据跳闸铁芯的动作与否判明是回路故障还是机构有问题，然后用机械跳闸使断路器遮断。

4）将拒绝跳闸原因及结果汇报车间，在未查明原因或未试验良好时，不得将断路器重新投入运行或列入备用。

3. 断路器自动跳闸

（1）现象：断路器自动跳闸，保护未动，系统未发生冲击。

（2）处理：

1）报告值长，得到许可命令后可以合闸送电。

2）如确知人员误动，立即合闸送电。

3）检查是否断路器机构发生故障或操作回路绝缘存在问题。

4. 断路器液压机构出现异常，油泵拒动或频繁启动

（1）运行中发现断路器液压机构压力异常降低时，若未达到合闸闭

锁压力，应检查液压机构是否有异常，如没有明显异常或由于油泵控制回路问题造成时，可使其油泵启动恢复压力，断路器压力未恢复正常时，严禁手动断合断路器，如属压力过高，应将油泵电源隔离开关断开，联系检修降压并对油泵回路进行处理。

（2）断路器液压机构油泵启动频繁（正常运行中每天不超过两次）或补压时间过长，经检修人员观察判断，如果断路器泄压是由于油中带有杂质、阀系统密封垫或其他构件损坏引起，且油压能维持在合闸闭锁压力以上时，应联系值长尽快将设备停电处理，若油压不能维持在合闸闭锁压力以上时，应断开油泵电源开关，油压低于分闸闭锁压力时，应断开开关操作电源开关，由值长联系将设备停电处理。主断路器液压机构故障时，在将机组有、无功降到零后，联系值长由线路对侧将发电机解列后，断路器停电处理。

（3）对于断路器若需在运行状态下抢修时，必须采取以下防慢分措施：

1）先断开断路器操作电源开关及油泵电源开关，再加装防慢分卡。

2）在未采取防慢分措施前，严禁人为启动油泵打压。

3）检修处理完毕后，如防慢分卡能轻易取下或圆柱销能轻易插入，说明故障已排除，否则仍有故障，应继续处理，不得强行取下慢分卡具。

5. 断路器事故的处理

（1）允许联系处理的断路器事故有：①断路器内部发生放电声响；②套管发生裂纹或边缘发生破损；③端头（线鼻子处）引线发热变色；④断路器及其套管发生较严重的漏油。

（2）需立即切断断路器的事故有：①套管炸裂；②断路器着火。发生需要立即切断开关的人身事故时应按以下方法处理：

1）立即切断断路器（在切断断路器时，有远方操作断路器的应尽可能用远方操作，若来不及时可就地电动或用机械跳闸装置切断断路器，但注意应在确保人员安全的前提下，对主断路器不应用机械跳闸装置切断），并汇报单元长、值长。

2）停电后检查故障情况，通知检修处理。

（二）表用变压器

1. 发电机 – 变压器组系统电压互感器熔断器熔断

（1）现象：

1）"某 TV 回路断线"光字亮。

2）1TV、3TV 断线：其所带的励磁调节器自动输出不正常，定子电压、电流表，转子电压、电流表，无功功率表指示增大。

3）2TV 断线：有功、无功、定子电压、频率表指示降低或为零，电能表走字减少或不走字。

（2）处理：

1）1TV 断线退出发电机－变压器组保护 A 柜定子接地、复压过电流、逆功率、程序逆功率、转子两点接地、失磁、失步、过电压、过励磁、频率异常、误上电保护，退出 A 套励磁调节器。

2）2TV 断线退出发电机－变压器组保护 B 柜定子接地、复压过电流、逆功率、程序逆功率、转子两点接地、失磁、失步、过电压、过励磁、频率异常、误上电保护。

3）2TV 断线表计失灵，应汇报值长，保持流量、压力维持负荷。

4）3TV 断线退出定子匝间保护，退出 B 套励磁调节器。

5）TV 断线，退出发电机－变压器组保护 A、B 柜发电机 3 相定子接地。

6）二次开关跳闸，查明原因可直接试送一次，如不成功，通知检修处理。

7）一次熔断器熔断，将 TV 拉出间隔，测绝缘合格查各部良好后，更换熔断器，恢复正常运行。

8）若熔断器熔断原因不明则应联系检修对 TV 本体进行细致检查，拆开 TV 中性点接地端进行绝缘测定。

2. 6kV 母线电压互感器熔断器熔断

（1）现象：

1）"6kV 某段电压回路断线"光字出现。

2）该段母线电压指示失常。

（2）处理：

1）退出该段快速切换装置（将该段快速切换装置出口闭锁）。

2）联系继电保护人员退出该段电动机低电压保护。

3）查明哪相熔断器熔断及原因。

4）更换熔断器恢复正常运行，若熔断器熔断原因不明则应联系检修对 TV 本体进行细致检查，拆开 TV 中性点接地端进行绝缘测定。

5）表用互感器及其二次回路故障，引起电源开关掉闸，备用电源投入，应立即联系继电保护人员退出该段母线低电压保护及电动机低电压保护，通知机炉启动掉闸设备，消除故障恢复正常运行。

3．380V 系统电压互感器熔断器熔断

（1）现象：

1）"380V 某段电压回路断线"光字出现。

2）该段母线电压表指示失常。

（2）处理：

1）退出该段联动开关。

2）断开该段电动机低电压保护连接片及熔断器。

3）查明哪相熔断器熔断及原因。

4）更换熔断器恢复正常运行，若为高压熔断器熔断原因不明则应联系检修对 TV 本体进行细致检查，拆开 TV 中性点接地端进行绝缘测定。

5）表用互感器及其二次回路故障，引起电源开关掉闸，备用电源投入，应立即退出该段联动开关及电动机低电压熔断器，通知机炉启动掉闸设备，消除故障恢复正常运行。

4．电流互感器开路

（1）现象：

1）有关表计指示失常，若为发电机仪表用 TA，则有、无功指示降低。

2）可能使所带的保护误动或拒动。

3）开路 TA 有大的电磁振动声，开路处有火花和放电声响。

（2）处理：

1）汇报值长退出可能误动的保护。

2）发电机仪表用 TA 断线时应根据流量、压力保持发电机负荷，严禁发电机过负荷，若为 TA 内部开路则应请示值长，停机处理。

3）对故障 TA 及所带负荷回路进行检查，检查时应穿绝缘靴、戴绝缘手套，如为表计回路故障，通知仪表班处理；如为保护回路故障，应按有关《继电保护和安全自动装置技术规程》（GB/T 14285—2006）进行处理。

4）有条件时应尽可能停电处理。

5）电流互感器内部故障时，应停电处理。

6）TA 开路期间应按高压设备带电测量规定进行，并遵守《电力安全工作规程　发电厂和变电站电气部分》（GB 26860—2011）有关规定，不准用低压电能表或低压验电笔对该回路进行测量。

（三）隔离开关故障的分析、判断与处理

1．母线及隔离开关过热

（1）现象：

1）隔离开关过热变色漆变色。

2）室外设备如遇下雪天，积雪立即熔化，雨天冒气很大，严重时有火花放电声。

（2）处理：

1）设法用温度计或试温蜡等测试温度。

2）如隔离开关接触不紧发热时，可用绝缘杆向投入方向轻轻敲打。

3）如温度超过规定值，汇报值长切换备用或停电处理。

4）若温度升高很快，来不及倒换备用，应报告值长限制母线隔离开关负荷而后进行妥善处理。

2. 隔离开关合不上或拉不开的处理办法

（1）有闭锁装置的隔离开关，应检查闭锁是否开启，在未查明原因前，禁止继续操作。

（2）户外隔离开关因结冰不能操作时，应设法消除冰冻。

（3）隔离开关非因气候关系而不能操作时，不可强行操作，应轻轻摇动设法找出隔离开关拒动原因，并注意勿使支持绝缘子断折。

（4）如果操动机构发生障碍，影响设备或人身安全时，应停止操作。

（5）如隔离开关合不严，可用绝缘杆轻轻推入，待检修时处理。

（6）500kV（220kV）线路隔离开关为电动操动机构，不能实现电动操作时，首先判断操作的正确性，控制回路是否被闭锁，若操作正确，应分清是电气故障还是机构故障，针对不同的故障，进行相应处理，必要时报告单元长，经批准后，改用手动操作。

3. 进行隔离开关操作时应注意

（1）在断开隔离开关的操作中，若发现连续火花，应立即合上，若火花已经消除，则不准再合上隔离开关。

（2）在合隔离开关的操作中，发现连续火花，不准再断开隔离开关，操作后应对断路器检查，核对断路器断合情况，并检查位置指示器是否正确。

（3）禁止用隔离开关进行的操作。

1）带负荷的情况下合上或拉开隔离开关。

2）投入或切断变压器及送出线。

3）切除接地故障点。

（4）允许用隔离开关进行的操作。

1）拉合无故障的表用互感器、避雷器。

2）无故障、无负荷时投入 380/220V 系统母线和线路。

3）在正常情况下，拉合无故障的变压器中性点接地开关。

4）投入和切断直接连在母线上的电容电流（该断路器已断开，合闸熔断器已取下）。

（四）电缆故障的分析、判断与处理

1. 电缆着火或爆炸

电缆着火或爆炸应按下列步骤处理：

（1）立即切断故障电缆的断路器，遮断故障电流。

（2）戴防毒面具（或正压空气呼吸器）后方可接近故障点，用干式灭火器进行灭火。

（3）待灭火后再启动事故通风装置，加强通风。

（4）停电后进行处理。

2. 电缆头漏油

电缆头漏油应填写设备缺陷，并联系检修进行处理。

（五）避雷器故障的分析、判断与处理

1. 需要立即停用避雷器的故障

（1）瓷套管爆炸或有明显的裂纹。

（2）引线折断。

（3）接地线不良。

当发现上述现象，应查明故障性质，并将其拉出退出运行，对无隔离开关或不能拉出的避雷器应用相应的断路器将其切断。

2. 允许联系处理的事故

（1）内部有轻微的放电声。

（2）瓷套管有轻微的闪络痕迹。

发现上述现象可以联系停电，由检修人员处理。

提示 第十二章共七节，其中第四～七节适合于初级工学习，第一～七节适合于中、高级工学习。

第十三章

运行分析、可靠性管理

第一节 发电厂运行分析及经济指标分析

一、发电厂生产常识

电力是国民经济发展的基础行业，是实现工业、农业、交通运输、国防现代化的主要动力，是提高和改善人民物质文化生活的重要条件。电力工业的发展水平反映了一个国家国民经济发展的状况。电能随着社会和国民经济的发展得到越来越广泛的利用。对电能的需求的急剧增长促进和推动了电力事业的发展，生产电能的小容量、低参数机组、低电压电网也逐步向大容量、高参数的单元机组、超高压远距离输送、大电网发展，使电力系统的规模不断扩大，电能生产的自动化水平越来越高。

（一）电能生产的特点和基本要求

由于电能的生产和使用是一体化连续生产消耗，电能输送、使用是在瞬间同时完成。因而电能的生产具有以下特点和基本要求。

1. 电能生产的特点

（1）电能的生产是和消费同时完成的。电能的生产、输送、分配、消费实际上是同时进行的，即发电厂任何时刻生产的电能必须与该时刻消费与损耗的电能平衡。又由于电能目前还无法大量储存，这就需要电力工业在生产中必须实行统一管理、统一调度，并尽可能实现自动化。

（2）过渡过程非常短促。发电机、变压器、输电线路等在电力系统中投入或切除都是在一瞬间完成的。电能以光的速度进行输送。电力系统从一种运行方式到另一种运行方式的过渡过程也非常短促。

（3）与国民经济各部门的联系紧密。由于电能与其他能量形式之间转换方便，宜于大量生产、集中管理、远距离输送和自动控制，所以使用电能具有显著优点。各部门都广泛使用着电能，随着现代化发展，居民家用电器的普及，在生活中对电的依赖便越强。若供电不足将直接影响国民经济的发展以至整个社会的稳定，因此人们形象地把供电线比喻成生产和生活的生命线。

第二篇 发电厂用电值班

2. 对电力系统的基本要求

（1）由于供电中断将使生产停顿、生产混乱甚至危及人身和设备安全，后果十分严重。停电给国民经济带来的损失大约是电价的 50 到 60 倍以上，更严重的是很多事故后果无法用数字来计算，也无法用物质和资金来弥补。也就是说电力事故是一大灾害，因此电力系统运行首先要满足安全发供电要求。虽然保证安全发供电是对电力系统的首要要求，但并不是所有负荷都是绝对不能停电的。按负荷在国民经济及社会中的重要性以及可靠性一般将负荷分为 3 类：①如供电中断将造成生命危险，造成国民经济的严重损失。损坏生产的重要设备，以致生产长期不能恢复；产生大量废品以及破坏大城市中重要的正常秩序或带来其他严重政治后果的负荷属于第一类负荷。此类负荷要求不间断供电。②供电中断将造成大量减产，使大中城市人民生活受到严重影响的负荷属于第二类负荷，对这类负荷应尽可能保证供电。③除第一、二类负荷外其他负荷均属第三类负荷，如工厂的非连续性生产或辅助车间、城镇和农村等负荷。因此电力系统的值班人员应认真分析负荷的重要程度，制定和采取相对应事故拉闸顺序。

（2）保证良好的电能质量。电能质量用电压和频率来衡量。电能质量通常指要求用户电压偏差不得超过规定值的 ±5%，系统频率偏差不得超过 ±（0.2 ~ 0.5）Hz。电压和频率偏差过大时，不仅引起产品质量不合格、减产、产生废品，更严重时会引起电力系统不稳定，造成恶性循环，从而导致系统瓦解的事故，危及人身和设备安全；电力系统电能不足时，往往出现频率和电压偏低的情况。为了解决这个问题，除加快建设新增、扩大电厂发电容量外，还应充分利用现有设备潜力，节约用电。另外，电网结构分配不合理，调度管理和运行调整不及时，也会造成电能质量的下降。

（3）保证系统运行的经济性。电能生产的规模很大，电能在生产、输送、分配中的消耗和损失的数量是相当可观的。为此除在设计和使用中尽可能采用效率高的设备外，降低生产过程中的损耗有着极其重要的意义，因而应在电力系统中开展经济运行工作，合理分配运行设备，降低损耗提高电能生产效率。

我国从 20 世纪 70 年代开始逐渐引进和制造了 125、200、300、600MW 以及 1000MW 的发电机组并相继投入运行，机组采用亚临界、超临界甚至超超临界参数，500、1000kV 超高压交流输电线路和 500kV 直流输电线路也已应用在我国电力系统中。相应配套的大型机组的热机保护、程序控制以及继电保护可靠性提高，自动化水平不断向计算机控制发展，使电力系统的供电日趋稳定和控制的合理化。

（二）发电厂的生产流程

发电厂是特殊的二次能源加工厂。它是将一次能源如煤、天然气、石油、核能以及水等，转换为二次能源——电源，供我们使用。火力发电厂是利用煤和油进行生产电能的。火力发电厂的发电量目前在世界发电量中占主导地位。在我国，火力发电占的比例更大，尤其在北方，火力发电比重更是占主要地位。

1. 火力发电厂主要设备

（1）汽轮机。汽转机按用途分为凝汽式和供热式两种类型，在有热负荷的地区应尽可能采用供热式机组，以提高机组的综合效率，供热式机组的综合效率高达 60% ~ 80%，凝汽式机组在 40% 以下（25% ~ 35%）。目前国内已投产的供热汽轮机最大容量为 660MW。

（2）发电机。发电机是以汽轮机为原动机的三相交流发电机。它由发电机本体、励磁系统及冷却系统 3 部分组成。

（3）锅炉。锅炉设备是发电厂通过煤、油的燃烧产生热能将水变成蒸汽的设备。它由锅炉本体、锅炉附件及辅助机械组成。其中水冷壁、过热器、再热器、省煤器和空气预热器组成锅炉本体的燃烧室和受热面。

2. 生产流程

火力发电厂的生产过程按生产流程概括起来讲是这样的：先将燃料加工成适合于电厂锅炉燃用的形式（如把煤磨成很细的煤粉，$R90 = 10\%$ ~ 12%），再借助热风送入炉膛充分燃烧，使燃料中的化学能转变为热能。锅炉内的水吸收热能后，变成具有一定压力的饱和蒸汽，饱和蒸汽在过热器内继续加热成为过热蒸汽，然后沿新汽管道进入汽轮机，蒸汽在汽轮机内膨胀做功驱动汽轮发电机组旋转，将蒸汽的内能转变成汽轮发电机转子旋转的机械能；发电机转子旋转时，在发电机转子内由励磁电流形成的磁场也随之旋转，使定子线圈中产生感应电动势发出电能，再将电能沿电力网输送到用户，完成机械能向电能的转换。如上所述，火力发电厂的主要生产流程包括燃烧系统、汽水系统和电气系统。燃烧系统由锅炉燃烧加工部分、炉膛燃烧部分和燃烧后除灰部分组成；汽水系统由锅炉、汽轮机、凝汽器、给水泵及辅机管道组成；电气系统由发电机、升压变压器、高压配电装置、厂用变压器及厂用配电装置等组成。

（1）燃烧系统。燃烧系统由锅炉燃烧部分、燃料加工部分和除灰部分组成。燃烧加工简单地讲也就是将原煤从煤场经过输煤皮带先输送到碎煤机，碎煤机进行粗加工并且将其中木块、铁件等杂物分离出来。然后进入原煤仓储存，原煤仓的煤由给煤机按负荷要求不断的送入到磨煤机，磨煤机碾磨分离后，把符合锅炉燃烧的煤粉由热风混合送入锅炉喷燃器中，在炉膛进行燃烧释放能量。燃料在锅炉中的燃烧过程较为复杂，它要求按照设计参数，按一定的调整方式、一定的热风温度、一定比例的风、粉配合使煤粉在炉膛内得到充分燃烧。煤粉在燃烧后剩余的灰分，一部分随炉膛尾气进入除尘设备，另一部分颗粒较大的不可燃物在重力作用下落入炉膛底部由除渣设备将其排走。另外，磨煤机中不能碾磨的煤矸石经排矸设备分离排出。以上简单叙述了燃烧系统的生产流程。在实际中，锅炉燃烧系统是一个庞大而复杂的系统，辅助设备复杂程度也是可观的，尤其随着大型机组的发展整个生产过程更复杂，这就要求提高自动化水平，采取集中控制方法，使得锅炉运行自动化程度得到提高。

（2）汽水系统。汽水系统由锅炉、汽轮机、凝汽器、除氧器及给水泵等组成。它包括汽水循环、化学水处理和冷却水系统等。其生产流程是用水把燃料燃烧产生的热量转换成蒸汽的内能，蒸汽冲动汽轮机把内能转变为机械能做功后的乏汽凝结成水，水是一种能量转换物质，它在汽水系统中是如何运行的呢？普通水是不能直接进入锅炉使用的，因为水中含有固体杂质及 Ca^{2+}、Mg^{2+}、Fe^{3+}、Gu^{2+} 等碱离子和 CL^-、SO_4^{2-} 等酸根离子、加热后会产生沉淀物引起对锅炉管道和汽轮机通流部分的腐蚀和损坏，从而降低设备的使用寿命。所以水必须经过专门化学水处理才能使用。

化学补水先进入凝聚器将水中固体杂质除去，再进入过滤器预处理，此后，经过一级除盐将大部分阴阳离子除掉，再经过二级除盐处理，使水质达到锅炉要求使用的除盐水。经过化学水处理后的除盐水由补水泵送入凝汽器，作为汽水系统的水。正常运行中排污、冲洗和泄漏会产生汽水损失，所以汽水系统要不断补充除盐水。化学处理后的除盐水需进行加热除氧后才能允许进入锅炉，防止氧化腐蚀锅炉管道和影响正常运行。凝汽器内的凝结水由凝结泵、经过低压加热器加热，然后进入除氧器除氧。发电厂把凝汽器至除氧器之间的系统称为凝结水系统。除氧后的水由给水泵升压，经过高压加热器进一步加热，达到锅炉需要的给水温度后送至省煤器。给水泵至锅炉省煤器之间的系统称为给水系统。给水通过省煤器加热，进入汽包（或直流锅炉的汽水分离器）进行汽、水分离。饱和水与给水混合后继续在锅炉水冷壁中加热。饱和蒸汽则进入过热器加热，形成一定压力和温度的主蒸汽，通过主蒸汽管道、主汽门进入汽轮机膨胀做功，做功后的蒸汽排入凝汽器凝结成水。凝结水与化学除盐补水混合后，在汽水系统循环使用。为了提高汽水循环的热效率，一般采用从汽轮机的中间级抽出部分做了功的蒸汽加热（即高压、低压加热器）给水温度，提高热效率，在大型的超高压、亚临界机组中还采用蒸汽再循环，把在汽轮机高压缸全部做过功的蒸汽送到锅炉再热器加热、升温后，再送到汽轮机的中、低压缸继续做功，大大提高了机组效率。为了保证蒸汽在汽轮机中的膨胀做功维持较高数值，排汽进入凝汽器被冷却水冷却后，蒸汽被凝结其容积减少，于是在凝汽器内形成了高度真空。为了保证排汽的冷凝结，发电厂必须设有循环水系统。电厂循环水一般利用河流、大海以及水库做水源，这样水源充足，设备投资也较少。在水资源缺乏的地方，广泛采用冷却水塔（或冷却池）组成闭式冷却水循环系统。

（3）电气系统。电气系统由发电机、升压变压器、高压配电装置、厂用变压器、厂用配电装置组成。发电机发出的电能一部分做供发电厂连续运行的厂用电，另一部分通过升压变压器和配电装置源源不断地输入电网。

二、发电厂电气设备运行分析

发电厂电气设备运行分析是发电厂三项基础分析之一，是一项技术性强、要求细致和经常性的工作。运行分析对促进发电厂各级生产人员掌握设备性能、运行工况及其变化规律，以求达到使生产系统安全、经济的在最佳工况点运行，有着极其重要的作用。

（一）发电厂电气设备运行分析

发电厂电气设备运行分析应掌握以下原则：

（1）运行分析应从安全经济运行的主要目标出发，应用科学的方法，对积累的各种运行资料通过专业人员的整理、比较、分析，进一步系统和深化，从而为制定对策、改进运行方式和操作方法以及进一步治理和改进设备提供技术依据。

（2）运行分析应紧紧围绕生产中的薄弱环节，做到安全运行与治理设备相结合，指标分析与技术攻关相结合。

（3）运行分析工作必须坚持全员、全方位、全过程进行，通过各级人员的共同努力，不断提高分析质量和解决问题的效率。

（二）电气设备的异常情况分析

电气设备异常情况的分析是指运行设备发生故障、异常现象，有关人员对其原因的分析，最终得出处理的方法以及采取的有效措施。

电气设备发生异常的原因较多，为了应对各种异常情况，促进各级生产人员掌握设备性能、运行工况及其变化规律，各发电厂一般都制定了结合实际的电气设备异常情况分析制度。

（三）电气设备的定期分析

定期分析是运行分析工作的重点，它是将日常积累的各种运行资料，通过整理、比较、分析找出问题，从而成为制定对策、提供技术依据的一项重要工作。电气设备定期分析主要包括以下内容：

1. 发电机的定期分析

定期测量分析定子测温元件的对地电位，以监视槽内线棒是否有松动和电腐蚀现象；定期测量分析定子端部冷却元件进出水温差，以监视有无结垢现象；定期分析定、转子绕组温升；定子上下线圈埋置检温计之间的温差，定子绝缘引水管出口端检温计之间的温差，以监视是否有腐蚀阻塞现象；定期分析水冷器的端差，以监视是否有结垢阻塞现象。

2. 主变压器、高压厂用变压器等变压器类设备的分析

主变压器、高压厂用变压器等变压器类设备的分析包括变压器油的色谱分析、本体及套管的渗漏分析、上层油温、绕组温度及其测温仪的运行分析、变压器冷却装置的运行分析、变压器呼吸器的运行分析、变压器储油柜温度分布的分析。

3. 主要继电保护装置投运及动作情况的分析

主要继电保护装置投运及动作情况的分析包括发电机、主变压器、高压厂用变压器、变压器、电动机、线路及母线保护的分析。

4. 电动机等附属设备的分析

主要对发电厂内的电动机类设备的缺陷进行分析，提出解决电动机故障及异常的处理方法及降低发电厂主要辅机非计划停运的措施。

三、发电厂经济指标分析

发电厂的主要经济指标有：发电量、发电煤耗、供电煤耗、厂用电率、凝汽器真空度、主汽温度、主汽压力、再热汽温、风机单耗、制粉单耗、给水单耗、排烟温度、飞灰含碳量及凝汽器端差等。与电气相关的主要是：发电量、厂用电率、发电煤耗、供电煤耗、风机单耗、制粉单耗及给水单耗等。

（一）有关电气专业的概念

1. 发电量

发电量是指电厂（机组）在报告期内生产的电能量。计算公式如下

$$\begin{array}{l}某发电机组\\日发电量\end{array} = \left(\begin{array}{l}该机组发电机端电\\能表当日24点读数\end{array} - \begin{array}{l}该电能表上\\日24点读数\end{array}\right) \times 该电能表倍率$$

$$\begin{array}{l}全厂发电机\\组日发电量\end{array} = \sum\left(\begin{array}{l}发电机组报告期末\\24点电能表读数\end{array} - \begin{array}{l}该电能表上期\\末24点读数\end{array}\right) \times 该电能表倍率$$

$$
\begin{array}{l}\text{某发电机组}\\ \text{月发电量}\end{array} = \left(\begin{array}{l}\text{该机组发电机端电能表}\\ \text{当月末最后一日 24 点读数}\end{array} - \begin{array}{l}\text{该电能表上月末}\\ \text{最后一日 24 点读数}\end{array}\right) \times \begin{array}{l}\text{该电能}\\ \text{表倍率}\end{array}
$$

$$
\begin{array}{l}\text{全厂发电机}\\ \text{组月发电量}\end{array} = \sum \text{某发电机组月发电量}
$$

$$
\begin{array}{l}\text{全厂发电机组}\\ \text{月累计发电量}\end{array} = \sum \text{全厂发电机组月发电量}
$$

2. 发电厂厂用电量

发电厂厂用电量为发电厂生产电能过程中消耗的电能，发电用厂用电量包括动力、照明、通风、取暖及经常维修等用电量，以及它励磁用电量，设备属厂电资产并由电厂负责其运行和检修的厂外输油管道系统、循环管道系统和除灰管道系统等的用电量。既要包括本厂自发的用作生产耗用电量，还包括购电量中用作发电厂厂用电的电量。不能计入发电厂的发电（供热）厂用电量有以下几种：

（1）新设备或大修后设备的烘炉、煮炉、暖机、空载运行的电力的消耗量。

（2）新设备在未移交生产前的带负荷试运行期间耗用的电量。

（3）计划大修以及基建、更改工程施工用的电力。

（4）发电机作调相运行时耗用的电力。

（5）自备机车、船舶等耗用的电力。

（6）升、降压变压器（不包括厂用电变压器）、调相机等消耗的电力。

（7）修配车间、车库、副业、综合利用、集团企业、外供及非生产用（食堂、宿舍、幼儿园、学校、医院、服务公司和办公室等）的电力。

（8）发电厂用电量不含供热所耗用的厂用电量。

3. 发电厂厂用电率

发电厂厂用电率是指发电厂厂用电量与发电量的比率。计算公式为

$$
\text{发电厂厂用电率}（\%） = \frac{\text{发电厂厂用电量}}{\text{发电量}} \times 100\%
$$

4. 发电机漏氢率

发电机漏氢率是指额定工况下，发电机每天漏氢量与发电机额定工况下氢容量的比值。

5. 综合厂用电量

综合厂用电量即电厂全部耗用电量，其计算公式为

$$
\text{综合厂用电量} = \text{发电量} + \text{购网电量} - \text{上网电量}
$$

6. 综合厂用电率

综合厂用电率是指综合厂用电量与发电量的比率，其计算公式为

$$综合厂用电率(\%) = \frac{综合厂用电量}{发电量} \times 100\%$$

7. 上网电量

发电厂上网电量是指该发电厂在报告期内生产和购入的电能产品中用于输送（或销售）给电网的电量。即厂、网间协议确定的发电厂并网点各计量关口表计抄见的电量之和。它是厂、网间电费结算的依据，其计算公式如下

发电厂上网电量 = Σ（电厂并网处关口计量点电能表抄见电量）

基数电量为各网省公司核定的计划内电量，竞价电量为计划外通过竞价上网的电量。

8. 购网电量

购网电量是指发电厂为发电、供热生产需要向电网或其他发电企业购入的电量。

9. 发电标准煤耗

发电标准煤耗是指火力发电厂每发 1kWh 电能平均耗用的标准煤量。计算公式为

$$发电标准煤耗(g/kWh) = \frac{发电标准煤量(g)}{发电量(kWh)}$$

10. 供电标准煤耗

火力发电机组每供出 1kWh 电能平均耗用的标准煤量。它是综合计算了发电煤耗及厂用电率水平的消耗指标。因此，供电标准煤耗率综合反映火电厂生产单位产品的能源消耗水平。计算公式为

$$供电标准煤耗(g/kWh) = \frac{发电标准煤量(g)}{发电量(kWh) - 发电厂用电量(kWh)}$$

或

$$= \frac{发电标准煤耗(g/kWh)}{1 - 发电厂用电率(\%)}$$

11. 供热厂用电率

供热厂用电率是指电厂在对外供热生产过程中所耗用的厂用电量与供热量的比率。计算公式为

$$供热厂用电率(kWh/GJ) = \frac{供热厂用电量(kWh)}{供热量(GJ)}$$

热电厂的厂用电率要分别计算发电厂用电率和供热厂用电率。为此，

必须将热电厂的全部厂用电量划分为发电耗用和供热耗用两部分。首先，计算出各自的直接用电量，然后将发电、供热共用的电量，按照发电和供热消耗的热量比进行分摊，计算出供热与发电所用的厂用电量。计算公式为

$$\frac{供热厂}{用电量} = \frac{纯供热用}{厂用电量} + \frac{发电、供热}{共用电量} \times \frac{供热耗热量}{发电、供热总耗热量}$$

$$= \frac{纯供热用}{厂用电量} + \left(\frac{全部厂}{用电量} - \frac{纯发电用}{厂用电量} - \frac{纯供热用}{厂用电量}\right)$$

$$\times \frac{供热耗热量}{发电、供热总耗热量}$$

$$= 全部厂用电量 - 发电厂用电量$$

$$\frac{发电厂}{用电量} = \frac{纯发电用}{厂用电量} + \frac{发电、供热}{共用厂用电量} \times \frac{发电耗热量}{发电、供热总耗热量}$$

$$= \frac{纯发电用}{厂用电量} + \left(\frac{全部厂}{用电量} - \frac{纯发电用}{厂用电量} - \frac{纯供热用}{厂用电量}\right)$$

$$\times \frac{发电耗热量}{发电、供热总耗热量}$$

$$\frac{发电、供热}{总耗热量} = \frac{各汽轮机进}{汽的含热量} - \frac{锅炉给水}{总含热量} + \frac{自锅炉至减压减温器及}{直接对用户的供热量}$$

$$= \sum(燃料量_i) \times 低位发热量_i$$

其中：纯发电用厂用电量指循环水泵、凝结水泵和他励磁机用电量等；纯供热用厂用电量指热网循环水泵、热网疏水泵、供热首站其他设备耗用的电量。

（二）厂用电率经济指标分析

厂用电率是发电厂的主要经济指标之一，它直接关系到一个厂的经济效率，故对厂用电率有必要进行分析。影响厂用电率高低的主要指标是变压器及电动机的经济运行。以下着重讲解电动机的经济运行。

火电厂的厂用电设备是电能消耗大户，其中节电潜力最大的是电动机及其所拖动的机械设备。电动机及其所拖动的机械设备在运行中，除了把电能转换为机械能外，还会产生各种损耗，即电动机自身损耗、机械设备损耗和供配电设备损耗。

这里所讲的电动机经济运行，不单指电动机本身，而且还包括电动机拖动的机械设备。电动机经济运行总的要求是：电动机及其所拖动的机械设备要以节能和提高综合经济效益为原则，选择其类型、运行方式及功率

匹配，使之均在效率高、损耗低、经济效益最佳的状态下运行。

电动机经济运行是火电厂中一项十分重要的工作。要做到电动机经济运行，需要对电动机本体、所拖动的机械设备及供配电设备综合采取技术措施，使各方面的损耗降到最低。

1. 电动机自身损耗的分析

电动机运行中，自身产生的损耗包括铜损、铁损、机械摩擦损耗和杂散损耗。因为火电厂中大量使用的是异步电动机，所以下面就以异步电动机为例，分析各种损耗产生的情况：

（1）铜损。电动机的铜损包括定子铜损和转子铜损。电动机的铜损与电动机在运行中的电流的平方成正比，所以铜损随负荷的变化而变化。

（2）铁损。铁损是交变磁通在电动机铁芯中产生的磁滞和涡流损耗。电动机运行中，磁通密度近似与端电压成正比，所以铁损近似与端电压成正比。

（3）机械摩擦损耗。机械摩擦损耗常称为机械耗或风摩耗。机械耗包括通风系统损耗及轴承摩擦损耗。通风系统损耗主要取决于风扇效率和风路的合理设计。例如采用机翼形高效风扇就可以降低通风系统损耗。轴承摩擦损耗与轴承型号、装配工艺及润滑脂有关。

（4）杂散损耗。杂散损耗是除了以上的损耗外，还由于漏磁场在金属部件中产生的涡流损耗和气隙中的高次谐波磁场在定转子铁芯和导体中引起的损耗。杂散损耗又称杂散耗或杂耗，此类损耗与电流的平方成正比，所以随负荷的变化而变化。

以上4类损耗构成电动机的总损耗。总损耗中，各类损耗所占比例不同。正常情况下，铁损可占总损耗的20%左右，而铜损、机械摩擦损耗、杂散损耗则因电动机的系列不同、容量不同而在总损耗中所占比例也不同。尤其电动机容量差异大时，会明显影响到各类损耗在总损耗中的比例。总的情况是：电动机的容量越大，它的机械摩擦损耗越大。大型电动机的机械摩擦损耗可占总损耗的50%左右。电动机的容量越小，它的铜损占总损耗的比例越大。小型电动机的铜损可占总损耗的60%～70%。杂散损耗随着电动机容量增大而增大，杂散损耗占总损耗的5%～20%。

2. 降低电动机自身损耗的技术措施

（1）由于大容量电动机的机械摩擦损耗是主要损耗，所以大容量电动机应采用高效率风扇，并保证风路的完好和畅通。对电动机外设风道也要经常检查和维护，做到完好和畅通，以减小空气阻力。

（2）当电动机轻载运行时，应在规程允许范围内，适当降低电动机的端电压，以降低电动机的铁损。

（3）大、中型电动机的杂散损耗占总损耗的 10% ~20%。应采取磁性槽泥改造电动机的措施或采用低谐波含量绕组，以减弱漏磁场和气隙中的高次谐波磁场，达到降低杂散损耗的目的。

（4）对于小容量电动机，应重点着眼于降低铜损。在考虑电动机和所拖动的机械设备功率匹配时，电动机的容量可适当增加，使电动机运行中的负荷率经常保持在 40% ~80% 之间。

3. 降低电动机所拖动机械设备损耗的技术措施

为了提高电动机的综合经济效益，除了应采取措施降低电动机自身的损耗之外，还必须采取措施降低电动机所拖动的机械设备的损耗。

4. 采用新技术，降低电动机的单耗

目前，变频调速技术已经成为现代电力传动技术的一个主要发展方向。卓越的调速性能、特别显著的节电效果，改善现有设备的运行工况，提高系统的安全可靠性和设备利用率，延长设备使用寿命等优点，随着应用领域的不断扩大而得到充分的体现。国内电厂风机类设备设计上多采用定速不调节方式，其引风量靠风机调节挡板开度的大小来调整受控对象引风机，多数采用异步电动机直接驱动的方式运行，存在启动电流大、机械冲击、电气保护特性差等缺点。不仅影响设备使用寿命，而且当负载出现机械故障时不能瞬间动作保护设备，时常出现风机损坏同时电动机也被烧毁的现象。这样，不论生产的需求大小，风机都要全速运转，而运行工况的变化则使得能量以挡板的节流损失消耗掉了。

我国于 1998 年颁布的《节约能源法》提到要"逐步实现电动机、风机、泵类设备和系统的经济运行，发展电动机调速节电和电力电子技术，提高电能利用率"，未来火电厂机组调峰将越来越频繁，低负荷运行时间加长，更增加了风机挡板的节流损耗，风机效率始终处于较低的范围，效率低，很不经济。电动机调速技术的成熟为引风机的调速改造提供了有力的技术支持。

为了进一步适应厂网开分、竞价上网的电力体制，节约能源，降低厂用电率，保护环境，以简化运行方式，减少转动设备的磨损。在火力发电厂中，电动机所拖动的机械设备主要用于输煤、制粉、除灰、给水、循环水、风、油、化学水、脱硫等系统，其中，引风机、送风机、磨煤机、一次风机（排粉机）、给水泵、循环水泵、凝结水泵、灰浆泵、增压风机等用电最多。下面分别介绍对这些系统和设备应采取的技术措施。

1. 输煤系统

输煤系统的主要用电设备有：输煤皮带、碎煤机、给煤机及装卸煤设备等。输煤系统在火电厂中属于可以间歇运行的厂用设备，即当锅炉间的原煤仓充满煤后，输煤系统就可以停止运行，所以输煤系统尽量缩短运行时间是减少电耗的主要手段。一般电厂的原煤仓容量可以保证锅炉运行12h左右所需的煤量，在实际运行中，既要尽量缩短输煤系统的运行时间，又要保证原煤仓不出现空仓（出现空仓不但会给锅炉的制粉系统带来电耗增加，而且会影响到锅炉的正常运行），就必须注意以下几点：

（1）输煤系统的启停时间要根据锅炉的负荷变化规律安排，减少输煤系统的频繁启停。

（2）合理调整输煤系统运行方式，采用集中上煤的方式。输煤系统运行中应尽量带满负荷，这样可以缩短运行时间，延长停运时间。尽量减少皮带输煤机空载、轻载运行时间。

（3）采取各种措施，防止煤中四块（大块、铁块、石块、木块）进入原煤斗。

（4）加快煤场燃料周转速度，减少斗轮机运行时间，从而减少斗轮机耗电量。

2. 制粉系统

制粉系统的主要用电设备是磨煤机和一次风机（排粉机）。制粉系统应采取的主要措施如下：

（1）合理安排磨煤机组合运行方式。对于中速磨煤机，根据负荷变化及时调整磨煤机运行台数，正常运行情况下单台磨煤机出力应调整到磨煤机最大出力的80%以上，最低出力不低于最大出力的65%。

（2）减少制粉系统漏风。减少制粉系统漏风，能使制粉系统中的气粉混合物保持合理的浓度，减小一次风机（排粉机）的无效功率，降低耗电量。

（3）合理调整煤粉细度。煤粉细度对磨煤机的出力和磨煤机电耗影响极大。无论哪一类磨煤机，煤粉越粗，出力就越大，磨煤机制粉电耗也就越低。因此加粗煤粉是提高磨煤机经济性最常用的方法。但加粗煤粉如果超过允许值，会对锅炉燃烧过程的经济性、着火的稳定性不利，同时还会使锅炉受热面容易结渣，所以调整煤粉细度时，应综合制粉电耗和其他因素，进行一系列试验，取得煤粉的经济细度。

（4）进行整体试验。对制粉系统进行整体调整试验，找出磨煤机通风量、中速磨磨盘加载量（钢球磨钢球装载量）及粗粉分离器开度的最佳配合，使制粉系统在最经济的状态下运行。另外，对于有中间煤粉仓的制粉系统，可以间歇运行，运行中应尽可能带满负荷。

（5）输煤系统中的碎煤机对制粉系统的电耗影响很大。要经常保持碎煤机的正常运行，要保证碎煤质量。进入磨煤机的煤粒度要符合规定标准。

（6）通过燃煤采购和配煤尽量降低燃煤灰分、提高发热量。

3. 脱硫系统

海水脱硫工艺要求耗电率不大于 1.2%，其他湿法脱硫工艺不大于 1%。石灰石 – 石膏法脱硫工艺主要耗电设备是增压风机、氧化风机等，脱硫系统应采取的主要措施如下：

（1）进行脱硫系统运行参数优化调整，包括：浆液循环泵运行优化、pH 值运行优化、氧化风量运行优化、吸收塔液位运行优化、石灰石粒径运行优化等。在不同负荷下，各运行参数最佳，脱硫系统耗电率最低或运行成本最小。

（2）优化氧化风机的运行。合理选择氧化风机的数量，大功率氧化风机可考虑采用变频设备；使用单级高速离心风机作为氧化风机，能比罗茨风机耗电量降低 15% ~ 20%。

（3）增压风机与引风机合二为一。未实现引增合一时，要避免两个风机一个在高效区域运行，另一个在低效区域运行，通过调整试验，找出不同负荷下两台风机最节能的联合运行方式（增压风机和引风机电流之和最小）。

（4）取消脱硫工艺中的烟气再热器 GGH，降低烟气系统的阻力，减少引风机和增压风机的电耗。

4. 引、送风机

（1）减少不必要的风量消耗。风机的效率有一个经济运行区。风量过小，风机效率会急剧降低，风量过大，风机效率也会降低，所以要对风量合理调整。在低负荷情况下，如果一台风机能满足运行要求，就可一台风机运行。

（2）减少风烟道漏风，尤其减少空气预热器漏风，可以大大降低风机的电耗。目前有的电厂将普通空气预热器改为热管式空气预热器，因预热器的漏风几乎为零，风机电耗明显降低。

（3）保证空气通道及烟道的清洁，防止省煤器、空气预热器受热面积灰，减少沿程阻力。

（4）改善风烟道不合理结构，减少通道阻力。

5. 给水泵

给水泵耗电量主要决定于电厂中蒸汽的压力和耗汽率。蒸汽压力的升高和耗汽率的增加，都会使耗电量增加。随着高参数、大容量机组的出现，如果全部使用电动给水泵，给水泵耗电量会增加到全厂厂用电量的40%，所以大型电厂中，为了降低给水泵耗电量，除了配置电动给水泵外，还配置了汽动给水泵。降低给水泵耗电量的主要措施有如下几点：

（1）尽量多使用汽动给水泵，少使用电动给水泵。

（2）当必须使用电动给水泵时，要尽量使给水泵带满负荷运行，尽可能减少给水泵的运行台数，并要根据主机负荷变化及时调整运行方式。

（3）当锅炉的给水量需大幅度变化时，应利用给水泵的调节装置调整给水泵的转速来实现，避免锅炉给水调节阀压差维持过大。锅炉给水调节阀压差过大会使给水泵耗电量增加。

6. 循环水泵

在高压或亚临界电厂中，循环水泵耗电量约占全厂厂用电量的13%。降低循环水泵耗电量的主要措施有如下几点：

（1）制定循环水系统经济运行方式，确定最有利的循环水量。制定运行方式时要考虑节电和保持汽轮机真空两个因素。

（2）及时清理循环水入口滤网和凝汽器内的严重结垢，尽可能减少管道阻力。

（3）可连续调节叶片角度的循环水泵有明显的节电效果。使用该设备时，要通过试验制定出最佳叶片角度曲线，以充分发挥其设备的高效性。

（4）对循环水泵进行变频改造或高低速改造，优化循环水泵和循环水系统的运行方式，降低循环水泵的耗电量。

7. 凝结水泵

机组负荷系数在70%以上时，凝结水泵的耗电率要求：超超临界机组应小于或等于0.20%；超临界机组应小于或等于0.18%；亚临界机组应小于或等于0.16%；空冷机组应比同类型机组高0.02%。降低凝结水泵耗电量的主要措施有如下几点：

（1）制定凝结水系统的经济运行方式，降低系统阻力和节流损失，提高凝结水泵运行效率。

（2）对凝结水泵通流部分进行改造，比如拆除一级叶轮，降低扬程。

（3）对凝结水泵进行变频改造，配置"一拖二"变频调节装置，除氧器上水门全开，由变频器调节凝结水泵转速来控制水位，降低部分负荷下凝结水泵的耗电量。

（4）机组启停过程中，合理控制凝结水泵的启停时间。停机后，停运凝结水泵应注意考虑低压缸温度的变化。

（5）治理凝结水系统杂项用水，合理控制杂项用水水量，降低凝结水泵出口流量，从而降低电耗量。

变压器的经济运行也是很重要的。如上所述，火力发电厂的厂用电设备中，耗电量最多的是电动机，约占全厂厂用电量的98%。但由于整个厂用电系统的设备运行中互相影响，如果变压器运行方式不合理，不但变压器自身要多消耗电能，而且还会影响到电动机及其他用电设备的经济运行，所以变压器的经济运行不可忽视。

能否使变压器处于经济运行状态，主要应从两方面入手。第一，要使变压器处在效率高的区间运行；第二要使变压器运行方式合理，确实保证其所带电气设备既经济又安全，两者兼顾。

1. 变压器本身运行的经济区间

根据变压器损耗与负荷关系的分析得出如下结论：在不变损耗和可变损耗相等的条件下，变压器效率最高。如此看来，变压器带这样的负荷最为经济，即在这个负荷下，其产生的铜损等于铁损。在变压器制造上，一般保证负荷系数 $K = 0.5 \sim 0.6$ 时的效率最高。因此对变压器本身来说，若能调整负荷在此负荷系数附近运行，则变压器效率最高。现在大型变压器的效率都很高，一般都在95%以上。

2. 采用合理的运行方式

发电厂内的变压器分为两种，一种是负责把所发功率送入电网的大型升压变压器；另一种是把功率送到厂内各种机电设备的降压变压器。随着单机容量不断扩大，表现出来的是升压变压器的容量越来越大，因为它要与机组相匹配；厂用降压变压器的台数越来越多，因为大型机组的厂用电系统庞大复杂。因此，采用和调整变压器的运行方式是降低厂用电率、保证经济运行的重要环节。通常根据具体情况调整变压器的负荷，改变运行方式，以获得变压器运行的经济性。

发电厂的运行"安全"是第一位的，在安全的基础上考虑经济性，这样的经济性才有意义。

发电厂内的变压器不论是升压或是降压，由于在一昼夜或一年内变压器的负荷有很大的变化，因此设法在负荷小时，将一台或几台变压器停用，负荷增大时再投入，这样就将大大降低变压器总的功率损耗，使它处于经济运行状态。

在按经济观点确定投入几台变压器并联运行时，必须考虑到变压器内的有功损耗和无功损耗。为什么要考虑无功损耗呢？因为变压器的无功损耗是由发电厂中的发电机、同步补偿器或静止电容器发出，并经过输电线路送到变压器的。发出和输送无功功率时，电源绕组和输电导线内都要产生有功损耗。显然，变压器内无功损耗的任何变动，使有功损耗对应地变化。因而也使送电线内的能量损耗变动，所以在选择最有利的工作状态时，必须考虑无功损耗。

不过，我们在研究并联变压器的经济运行时，常用一个叫无功经济当量的系数 K，把无功损耗折算成有功损耗。

无功经济当量系数 K 表示发出和输送 1kvar 无功功率，要耗费多少有功功率。例如 $K = 0.1$，就表示发出和输送 1kvar 无功功率所消耗的有功功率是 0.1kW。无功经济当量系数的值，随变压器安装的地点而不同。如果变压器安装在发电厂内，则 K 值很小，如果变压器安装的地点距离发电厂很远，则 K 值就较大，因为此时无功功率经过长距离电网输送，有较大的有功损耗。

3. 合理选择变压器分接头位置

为了保证发电厂各电压级母线有正常的电压水平，变压器分接头调整是其中的一个重要手段。现在大型机组的厂用电系统，多用带负荷调整分接头，这样可以做到使厂用母线电压很容易在最佳状态下运行。为大量的厂用电动机提供了一个良好的工作状态和经济运行的条件。

4. 备用变压器备用时不应带电压

为了避免备用变压器的空载损耗，备用变压器备用时不应带电压，而应通过备用电源自动投入装置保证厂用电系统的可靠运行。

以上是从电动机和变压器角度讨论了厂用电设备的经济运行及其应采取的主要技术措施。另外，从整个厂用电系统来讲，为了降低电能损耗，还应采取一些其他技术措施，如设法提高用电设备的功率因数、采用节能灯具等，此处不另赘述。

（三）主、辅机设备耗电量

1. 给水泵用电单耗

给水泵耗电量是厂用电中最大的一项，因此，要制定合理运行方式注意节电。其计算公式为

$$给水泵用电单耗(kWh/t) = \frac{给水泵用电量(kWh)}{锅炉蒸发量(t)}$$

2. 循环水泵耗电率

循环水泵耗电率是指循环水泵或供、回水泵耗电量占发电量的百分

率。计算公式为

$$循环水泵耗电率(\%) = \frac{循环水泵用电量(kWh)}{发电量(kWh)} \times 100\%$$

3. 磨煤机用电单耗

磨煤机用电单耗计算公式为

$$磨煤机用电单耗(kWh/t) = \frac{磨煤机用电量(kWh)}{入炉煤量(t)}$$

4. 排粉机用电单耗

$$排粉机用电单耗(kWh/t) = \frac{排粉机用电量(kWh)}{入炉煤量(t)}$$

5. 送风机用电单耗

$$送风机用电单耗(kWh/t) = \frac{送风机用电量(kWh)}{锅炉蒸发量(t)}$$

6. 引风机用电单耗

$$引风机用电单耗(kWh/t) = \frac{引风机用电量(kWh)}{锅炉蒸发量(t)}$$

7. 输煤用电单耗

输煤用电单耗是指火电发电厂每接、卸、上一吨煤耗用的电量。卸煤、上煤装置耗电包括绞龙、翻车机、地牛、上煤皮带、碎煤机、振动筛、电除铁、除尘设备及照明用电。计算公式为

$$输煤用电单耗(kWh/t) = \frac{卸煤、上煤设备耗电量(kWh)}{耗煤量(t)}$$

第二节　发电厂可靠性管理及统计

一、可靠性管理及统计的基础知识

（一）可靠性管理的概念

发电设备（以下如无特指，机组、辅助设备统称设备）可靠性，是指设备在规定条件下、规定时间内，完成规定功能的能力。

可靠性管理是世界各经济发达国家广泛推广和应用的一种科学管理方法，比较符合电力工业的特点，它已成为我国各大发电集团公司安全生产管理体系的一项重要工作，通过可靠性管理，可以有效地促进企业安全生产管理的规范化、标准化和科学化，提高企业的安全生产管理水平，使发电设备更具有可用性和可靠性。

（二）状态

发电机组（以下简称机组）状态划分如图 13 - 1 所示，辅助设备的

状态划分如图 13 - 2 所示。

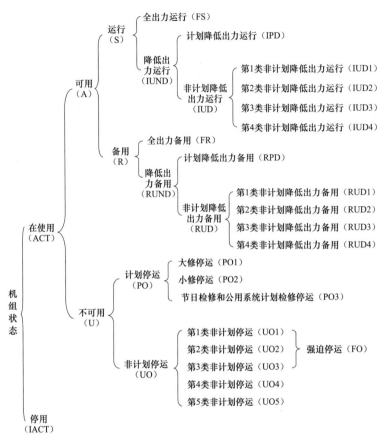

图 13 - 1　发电机组（以下简称"机组"）状态划分

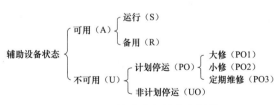

图 13 - 2　辅助设备的状态划分

（1）在使用（ACT）。在使用（ACT）指设备处于要进行统计评价的状态。在使用状态分为可用（A）和不可用（U）。

1）可用（A）。可用（A）是指设备处于能够执行预定功能的状态，而不论其是否在运行，也不论其能够提供多少出力。可用状态包含运行（S）和备用（R）。

a. 运行（S）。对于机组，运行（S）是指发电机或调相机在电气上处于连接到电力系统工作（包括试运行）的状态，可以是全出力运行，计划或非计划降低出力运行；对于辅助设备，运行（S）是指磨煤机、给水泵、送风机、引风机和高压加热器等，正在（全出力或降低出力）为机组工作。

b. 备用（R）。备用（R）是指设备处于可用，但不在运行状态。对于机组又有全出力备用、计划及各类非计划降低出力备用之区分。

c. 机组降低出力（UND）。机组降低出力（UND）是指机组达不到毛最大容量运行或备用的情况（不包括按负荷曲线正常调整出力）。机组降低出力可分为计划降低出力和非计划降低出力。

i. 计划降低出力（PD）。计划降低出力（PD）是指机组按计划在既定时期内的降低出力。如季节性降低出力，按月度计划安排的降低出力等。机组处于运行则为计划降低出力运行（IPD）；机组处于备用，则为计划降低出力备用（RPD）。

ii. 非计划降低出力（UD）。非计划降低出力（UD）是指机组不能预计的降低出力。机组处于运行则为非计划降低出力运行状态（IUD）；机组处于备用，则为非计划降低出力备用状态（RUD）。按机组降低出力的紧迫程度分为以下4类：

- 第1类非计划降低出力（UD1）：机组需要立即降低出力者。
- 第2类非计划降低出力（UD2）：机组虽不需立即降低出力，但需在6h内降低出力者。
- 第3类非计划降低出力（UD3）：机组可以延至6h以后，但需在72h时内降低出力者。
- 第4类非计划降低出力（UD4）：机组可以延至72h以后，但需在下次计划停运前降低出力者。

2）不可用（U）。不可用（U）是指设备不论其由于什么原因处于不能运行或备用的状态。不可用状态分为计划停运和非计划停运。

a. 计划停运（PO）。计划停运（PO）是指机组或辅助设备处于计划检修期内的状态（包括进行检查、试验、技术改革、换装核燃料或进行检修等而处于不可用状态）。计划停运应是事先安排好进度，并有既定期限。对于机组计划停运分为大修（PO1）、小修（PO2）、节日检修和公用系统计划检修（PO3）三种。

对于辅助设备计划停运分为大修（PO1）、小修（PO2）和定期维护（SM）三种。

b. 非计划停运（UO）。非计划停运（UO）指设备处于不可用（U）而又不是计划停运（PO）的状态。对于机组，根据停运的紧迫程度分为以下 5 类。

i. 第 1 类非计划停运（UO1）：机组需立即停运或被迫不能按规定立即投入运行的状态（如启动失败）。

ii. 第 2 类非计划停运（UO2）：机组虽不需立即停运，但需在 6h 以内停运的状态。

iii. 第 3 类非计划停运（UO3）：机组可延迟至 6h 以后，但需在 72h 以内停运的状态。

iv. 第 4 类非计划停运（UO4）：机组可延迟至 72h 以后，但需在下次计划停运前停运的状态。

v. 第 5 类非计划停运（UO5）：计划停运的机组因故超过计划停运期限的延长停运状态。

上述第 1 ~ 3 类非计划停运状态称为强迫停运（FO）。

（2）停用（IACT）。停用（IACT）是指机组按国家有关政策，经规定部门批准封存停用或进行长时间改造而停止使用的状态，简称停用状态。机组处于停用状态的时间不参加统计评价。

（三）状态转变时间界线和时间记录的规定

1. 状态转变时间的界线

（1）运行转为备用或计划停运或 1 ~ 4 类非计划停运以发电机与电网解列时间为界。

（2）备用或 1 ~ 4 类非计划停运转为运行以发电机并网时间为界。

（3）计划停运或 1 ~ 5 类非计划停运转为备用以报复役交付调度的时间为界。

（4）计划停运或第 5 类非计划停运转为运行以报复役前的最近一次并网时间为界。

（5）计划停运转为第 5 类非计划停运以开工前主管电力公司批准的计划检修工期为界。

（6）备用或 1 ~ 4 类非计划停运转为计划停运以主管电力公司批准的时间为界。

（7）备用或计划停运或 1~5 类非计划停运转为第 1 类非计划停运以超过现场规程规定的启动时限或调度命令的并网时间为界，并计启动失败一次；在试运行和试验中发生影响运行的设备损坏时，以设备损坏发生时间为界。

（8）备用转为第 4 类非计划停运以批准检修工作开始时间为界。

（9）辅机状态的转换时间以运行日志记录为准。

2. 时间记录的规定

（1）设备状态的时间记录采用 24h 制。00:00 为一天开始，23:59 为一天之末。

（2）设备状态变化的起止时间，以各级调度部门的记录为准。

（3）机组非计划停运转为计划停运只限于该机组临近计划检修且距原计划开工时间（大修在 60 天以内，小修在 30 天以内），经申请且征得上级生产技术部门同意和调度批准，方可转为计划停运。填报按下述规定：自停运至调度批准前记作非计划停运；从调度批准时起至机组交付调度（运行或备用）止，为计划停运。

（4）新建机组可靠性统计评价从首次并网开始。

（四）时间术语定义

（1）运行小时（SH）：设备处于运行状态的小时数。

（2）备用小时（RH）：设备处于备用状态的小时数。

（3）计划停运小时（POH）：设备处于计划停运状态的小时数。计划停运小时按状态又可分为下列 4 类：

1）大修停运小时（POH_1）：设备处于计划大修停运状态的小时数。

2）小修停运小时（POH_2）：设备处于计划小修停运状态的小时数。

3）节日检修和公用系统计划检修停运小时（POH_3）：在法定节日（元旦、春节、"五一"、"十一"）期间，机组计划检修状态下的停运小时数或公用系统进行计划检修时，对应停运机组的停运小时数。

4）定期维护小时（SM）：辅助设备处于定期维护状态下的停运小时数。

（4）非计划停运小时（UOH）：设备处于非计划停运的小时数，即机组在统计期内发生的所有各类非计划停运小时之和，其计算式为

$$UOH = UOH_1 + UOH_2 + UOH_3 + UOH_4 + UOH_5$$

或

$$UOH = \sum UOH_i (i = 1 \sim 5)$$

1）第 1 类非计划停运小时数（UOH_1）：机组处于第 1 类非计划停运

状态的小时数。

2）第 2 类非计划停运小时数（UOH_2）：机组处于第 2 类非计划停运状态的小时数。

3）第 3 类非计划停运小时数（UOH_3）：机组处于第 3 类非计划停运状态的小时数。

4）第 4 类非计划停运小时数（UOH_4）：机组处于第 4 类非计划停运状态的小时数。

5）第 5 类非计划停运小时数（UOH_5）：机组处于第 5 类非计划停运状态的小时数。

（5）强迫停运小时（FOH）：机组处于第 1～3 类非计划停运状态的小时数之和，其计算式为

$$FOH = UOH_1 + UOH_2 + UOH_3 \text{ 或 } FOH = \sum UOH_i (i = 1 \sim 3)$$

（6）统计期间小时（PH）：设备处于在使用状态的日历小时数。

（7）可用小时（AH）：设备处于可用状态的小时数。可用小时（AH）等于运行小时（SH）与备用小时（RH）之和，用公式表示为

$$AH = SH + RH$$

（8）不可用小时（UH）：设备处于不可用状态的小时数。不可用小时（UH）等于计划停运小时（POH）和非计划停运小时（UOH）之和或统计期间小时（PH）与可用小时（AH）之差，用公式表示为

$$UH = POH + UOH = PH - AH$$

（9）机组降低出力小时（$UNDH$）：机组处于降低出力状态下的可用小时数。

1）机组降低出力运行小时（$IUNDH$）：机组处于降低出力状态下的运行小时数。

2）机组降低出力备用小时（$RUNDH$）：机组处于降低出力状态下的备用小时数。

（10）计划降低出力小时（PDH）：机组处于计划降低出力状态下的可用小时数。

1）计划降低出力运行小时（$IPDH$）：机组处于计划降低出力状态下的运行小时数。

2）计划降低出力备用小时（$RPDH$）：机组处于计划降低出力状态下的备用小时数。

（11）非计划降低出力小时（UDH）：机组处于非计划降低出力状态

下的可用小时数。

1）非计划降低出力运行小时（$IUDH$）：机组处于非计划降低出力状态下的运行小时数。

2）非计划降低出力备用小时（$RUDH$）：机组处于非计划降低出力状态下的备用小时数。

3）非计划降低出力小时按状态定义又分为以下 4 类：

a. 第 1 类非计划降低出力小时（UDH_1）。

i. 第 1 类非计划降低出力运行小时（$IUDH_1$）。

ii. 第 1 类非计划降低出力备用小时（$RUDH_1$）。

b. 第 2 类非计划降低出力小时（UDH_2）。

i. 第 2 类非计划降低出力运行小时（$IUDH_2$）。

ii. 第 2 类非计划降低出力备用小时（$RUDH_2$）。

c. 第 3 类非计划降低出力小时（UDH_3）。

i. 第 3 类非计划降低出力运行小时（$IUDH_3$）。

ii. 第 3 类非计划降低出力备用小时（$RUDH_3$）。

d. 第 4 类非计划降低出力小时（UDH_4）。

i. 第 4 类非计划降低出力运行小时（$IUDH_4$）。

ii. 第 4 类非计划降低出力备用小时（$RUDH_4$）。

（12）统计台年（UY）：一台设备的统计期间小时数或多台设备的统计期间小时数之和除以 8760h，即

$$对一台设备：UY = \frac{PH}{8760}$$

$$对多台设备：UY = \frac{\sum PH}{8760}$$

（13）利用小时（UTH）：机组毛实际发电量折合成毛最大容量（或额定容量，毛最大容量和额定容量，只取其中一个来表示）的运行小时数。

二、可靠性管理的统计指标

（一）可靠性管理的统计指标

计划停运系数（POF）

$$POF = \frac{计划停运小时}{统计期间小时} \times 100\% = \frac{POH}{PH} \times 100\%$$

非计划停运系数（UOF）

$$UOF = \frac{非计划停运小时}{统计期间小时} \times 100\% = \frac{UOH}{PH} \times 100\%$$

强迫停运系数（FOF）

$$FOF = \frac{强迫停运小时}{统计期间小时} \times 100\% = \frac{FOH}{PH} \times 100\%$$

可用系数（AF）

$$AF = \frac{可用小时}{统计期间小时} \times 100\% = \frac{AH}{PH} \times 100\%$$

运行系数（SF）

$$SF = \frac{运行小时}{统计期间小时} \times 100\% = \frac{SH}{PH} \times 100\%$$

机组降低出力系数（UDF）

$$UDF = \frac{降低出力等效停运小时}{统计期间小时} \times 100\% = \frac{EUNDH}{PH} \times 100\%$$

等效可用系数（EAF）

$$EAF = \frac{可用小时 - 降低出力等效停运小时}{统计期间小时} \times 100\%$$

$$= \frac{AH - EUNDH}{PH} \times 100\%$$

毛容量系数（GCF）

$$GCF = \frac{毛实际发电量}{统计期间小时 \times 毛最大容量} \times 100\% = \frac{GAAG}{PH \times GMC} \times 100\%$$

利用系数（UTF）

$$UTF = \frac{利用小时}{统计期间小时} \times 100\% = \frac{UTH}{PH} \times 100\%$$

出力系数（OF）

$$OF = \frac{毛实际发电量}{运行小时 \times 毛最大容量} \times 100\% = \frac{GAAG}{SH \times GMC} \times 100\%$$

$$= \frac{利用小时}{运行小时} \times 100\% = \frac{UTH}{SH} \times 100\%$$

强迫停运率（FOR）

$$FOR = \frac{强迫停运小时}{强迫停运小时 + 运行小时} \times 100\% = \frac{GAAG}{FOH + SH} \times 100\%$$

非计划停运率（UOR）

$$UOR = \frac{非计划停运小时}{非计划停运小时 + 运行小时} \times 100\% = \frac{UOH}{UOH + SH} \times 100\%$$

等效强迫停运率（EFOR）

$$EFOR = \frac{\text{强迫停运小时} + \text{第 1、2、3 类非计划降低出力等效停运小时之和}}{\text{运行小时} + \text{强迫停运小时} + \frac{\text{第 1、2、3 类非计划降低出力}}{\text{等效备用停机小时之和}}}$$

$$\times 100\%$$

$$= \frac{FOH + (EUDH1 + EUDH2 + EUDH3)}{SH + FOH + (ERUDH1 + ERUDH2 + ERUDH3)} \times 100\%$$

强迫停运发生率（FOOR）（次/年）

$$FOOR = \frac{\text{强迫停运次数}}{\text{可用小时}} \times 8760 = \frac{FOT}{AH} \times 8760$$

暴露率（EXR）

$$EXR = \frac{\text{运行小时}}{\text{可用小时}} \times 100\% = \frac{SH}{AH} \times 100\%$$

平均计划停运间隔时间（MTTPO）

$$MTTPO = \frac{\text{运行小时}}{\text{计划停运次数}} = \frac{SH}{POT}$$

平均非计划停运间隔时间（MTTUO）

$$MTTUO = \frac{\text{运行小时}}{\text{非计划停运次数}} = \frac{SH}{UOT}$$

平均计划停运小时（MPOD）

$$MPOD = \frac{\text{计划停运小时}}{\text{计划停运次数}} = \frac{POH}{POT}$$

平均非计划停运小时（MUOD）

$$MUOD = \frac{\text{非计划停运小时}}{\text{非计划停运次数}} = \frac{UOH}{UOT}$$

平均连续可用小时（CAH）

$$CAH = \frac{\text{可用小时}}{\text{计划停运次数} + \text{非计划停运次数}} = \frac{AH}{POT + UOT}$$

平均无故障可用小时（MTBF 或 MTBFA）

对于机组：$MTBF = \dfrac{\text{可用小时}}{\text{强迫停运次数}} = \dfrac{AH}{FOT}$

对于辅机设备：$MTBFA = \dfrac{\text{运行小时}}{\text{非计划停运次数}} = \dfrac{SH}{UOT}$

启动可靠度（SR）

$$SR = \frac{\text{启动成功次数}}{\text{启动成功次数} + \text{启动失败次数}} \times 100\%$$

抽水蓄能机组按发电工况和抽水工况分别统计、计算。

平均启动间隔小时（MTTS）

$$MTTS = \frac{运行小时}{启动成功次数} = \frac{SH}{SST}$$

辅助设备故障平均修复时间（MTTR）

$$MTTR = \frac{累积修复时间}{非计划停运次数} = \frac{\sum RPH}{UOT}$$

辅助设备故障率（λ，次/年）

$$\lambda = \frac{8760}{平均无故障运行小时数} = \frac{8760}{MTBF}$$

辅助设备修复率（μ，次/年）

$$\mu = \frac{8760}{故障平均修复时间} = \frac{8760}{MTTR}$$

检修费用（RC）。检修费用（RC）是指一台机组一次检修的费用（包括材料费、设备费、配件费人工费用等子项）。

（二）可靠性分析

某发电厂某年 12 月份主辅设备可靠性分析如下，仅供参考。

1. 主机可靠性分析

（1）等效可用系数。全厂等效可用系数完成 96.34%，其中 7～9 号机完成 96.93%，2～6 号机完成 100%，0 号机完成 76.48%。老厂锅炉等效可用系数为 99.36%。影响等效系数的因素有：①8 号机计划小修影响 7～9 号机等效可用系数下降 2.95%，影响全厂等效可用系数下降 2.15%。②8 号机 3 次非计划降出力（81 号引风机轴瓦温度高检查轴承，81、82 号送风机检查轴承）影响 7～9 号机等效可用系数下降 0.13%，影响全厂等效可用系数下降 0.09%。③0 号机计划小修影响本机等效可用系数下降 23.52%，影响全厂等效可用系数下降 1.43%。④1 号炉甲侧低温段过热器泄漏影响老厂锅炉等效可用系数下降 0.64%。

和上月比较全厂等效可用系数上升 9.74 个百分点。其中 7～9 号机上升 14.46 个百分点上升原因是上个月 8、9 号机计划小修 378.69h，本月 8 号机小修 65.78h。2～6 号机上升 3.05 个百分点，上升原因是上个月 6 号机计划小修 76.87h。0 号机下降 23.52 个百分点，下降原因是本月 0 号机小修 175h。老厂锅炉与上月比较上升 0.78%，上升的原因是上个月非计划检修 48.94h，本月非计划检修 29.58h。

（2）运行小时、利用小时。全厂运行小时平均 704.57h，其中 7～9 号机 715.37h，2～6 号机 715.75h，0 号机 535.88h。老厂锅炉运行小时平均为 711.31h。

全厂利用小时平均 598.83h，其中 7～9 号机 639.17h，2～6 号机 534.48h，0 号机 340h。

（3）计划检修。本月计划检修 2 台机，8 号机从上月开始小修，本月检修 65.78h，0 号机本月 1 日开始小修，检修 175h。

（4）非计划停运、非计划降出力。本月老厂锅炉非计划停运 1 次，30 日 18:25 1 号炉由于甲侧低温段过热器泄漏停炉临修。非计划降低出力 3 次，81 号引风机轴瓦温度高检查轴承等效停运 0.7h，81、82 号送风机检查轴承分别等效停运 1.59、0.53h。

和上月比较非计划停运减少 1 次/19.36h，非计划降低出力增加 2 次、减少 1.84h。

2. 辅机可靠性分析

目前我厂只对 200MW 机组的辅机进行统计，以下数据只是 200MW 机组辅机的平均值。

（1）磨煤机。磨煤机运行 698.04h，备用 20.82h，计划小修 23.83h，非计划停运 1.33h，可用系数 96.62%，计划检修系数 3.2%，非计划检修系数 0.18%。8 号机小修影响可用系数 3.2%，8 号机小修后非计划停运 5 次，81 号磨调整出口椭圆管接头停运 0.667h，筒体漏粉 1.667h，82 号磨电动机二瓦温度高停运 3.667h、筒体漏粉 2 次，停运 2.466h。

（2）引风机。引风机运行 715.95h，备用 3.97h，计划小修 23.75h，非计划停运 0.33h，可用系数 96.76%，计划检修系数 3.19%，非计划检修系数 0.04%。8 号机小修影响可用系数 3.19%，81 号引风机小修后由于电机一瓦温度高，检查轴承停运 2h。

（3）送风机。送风机运行 715.47h，备用 3.71h，计划小修 23.83h，非计划停运 0.99h，可用系数 96.66%，计划检修系数 3.2%，非计划检修系数 0.13%。8 号机小修影响可用系数 3.2%，81 号送风机机械二瓦冒烟紧停，揭瓦检查轴承停运 4.53h、82 号送风机揭瓦检查轴承停运 1.38h。

（4）给水泵。给水泵运行 358.56h，备用 366.74h，计划小修 15h，非计划停运 3.47h，维护停运 0.23h，可用系数 97.49%，计划检修系数 2.05%，非计划检修系数 0.47%。8 号机小修影响可用系数 2.02%，71 号给水泵中间抽头逆止门后法兰漏非计划检修 11h。

（5）高压加热器。高压加热器运行 714.72h，备用 5.28h，计划小修 24h，可用系数 96.77%，计划检修系数 3.23%。8 号机小修影响可用系数 3.23%。

8 号机刚刚小修后，磨煤机由于电动机轴瓦温度高、筒体漏粉进行非计划检修。引风机由于电动机温度高、送风机由于轴承的问题进行非计划检修，影响了辅机设备的运行可靠性，引、送风机的停运更影响了主机的等效可用系数，所以必须加强设备检修质量，保证设备的安全稳定运行。

提示　第十三章共两节，其中第一节适合于初级工学习，第一、二节适合于中、高级工学习。

第十四章

发电厂厂用电值班综述

第一节 发电厂厂用电值班概述

发电厂厂用电值班员是发电厂厂用电系统运行的维护、操作负责人，必须掌握有关电力系统及发电厂的规程、制度，熟练掌握发电厂厂用电系统的运行操作。

由于发电厂的厂用电系统主要是为机、炉辅助设备供电，在配合机械检修工作中，电气设备的停送电操作比较频繁，在操作过程中应引起足够重视，严格执行《电业安全工作规程》、《电业生产事故调查规程》、《电气运行规程》、《消防规程》、操作票制度、工作票制度、运行交接班制度、设备定期切换制度、巡回检查制度以及其他有关制度。

发电厂厂用电值班员通过学习第二篇内容，应掌握电厂辅机停、送电的正确方法，掌握电厂高低压母线停、送电的正确方法，掌握高、低压厂用变压器的受电、停电操作方法，高、低压厂用母线的备合闸校验操作方法，直流系统的停送电操作方法，UPS装置的停送电与切换操作方法，柴油发电机的停送电启动与校验，发电机并解列操作方法。

发电厂电气设备运行分析是发电厂三项基础分析之一，是一项技术性强、要求细致和经常性的工作。运行分析对促进发电厂各级生产人员掌握设备性能、运行工况及其变化规律，以求达到使生产系统的安全、经济的最佳工况点运行，有着极其重要的作用。为此要进行电气设备的定期分析、电气设备的异常情况分析、发电厂经济指标分析、可靠性分析。制定厂用电系统安全、经济运行技术措施，改进操作，减少非计划停运，提高发电设备的可靠性。

第二节 厂用电系统微型计算机保护简介

目前，厂用电系统保护装置一般都具有保护和测控功能，可以显示电度量、电压、电流等，并具有监控通信接口，具有直流电源监视告警、自检、监视、故障录波等功能。运行人员的日常工作主要是检查保护装置的电源指示灯、运行指示灯是否正常，装置有无报警、故障或动作信号指示等。本节以 SIPROTEC 7SJ68 型带本地控制的多功能保护装置和差动保护装置 7UT68 型为例，对低压厂用变压器和电动机的保护做一简单介绍。

一、低压厂用变压器保护

低压厂用变压器保护一般设有高压侧过电流保护、零序过电流保护以及故障录波等功能，当变压器容量较大时还设有差动保护功能。

1. 高压侧过电流保护

过电流保护是 7SJ68 型保护装置的主要保护功能。该保护装置设有三段过电流保护，当任一相电流超过定值时，发出启动信号，当达到设定的延时后，发出跳闸信号。过电流Ⅰ段可设置涌流制动，通过控制字进行选择使用或不使用涌流制动，当使用涌流制动且存在涌流条件时，过电流Ⅰ段保护将不会跳闸，但仍可记录并显示动作信息。

相过电流保护Ⅰ、Ⅱ、Ⅲ段均整定为定时限过电流保护；另外，相过电流保护也可整定为反时限过电流保护。

2. 零序过电流保护

高压侧零序过电流保护配置有三段式零序过电流，实际应用中可根据具体情况进行选择配置，一般使用零序Ⅰ段作为变压器高压侧零序过电流保护。零序过电流Ⅰ段可设置涌流制动，通过控制字进行选择使用或不使用涌流制动，当使用涌流制动且存在涌流条件时，零序过电流Ⅰ段保护将不会跳闸，但仍可记录并显示动作信息。

零序过电流保护Ⅰ、Ⅱ、Ⅲ段均整定为定时限过电流保护；另外，零序过电流保护也可整定为反时限零序过电流保护。

二、电动机保护

电动机保护一般设有定时限过电流保护、负序过电流保护、热过负荷保护、电动机启动保护以及故障录波等功能，对于较大容量的电动机，还设有差动保护功能。

1. 定时限过电流保护

保护装置设有三段过电流保护，当任一相电流超过定值时，发出启动信号，当达到设定的延时后，发出跳闸信号。过电流保护相当于速断保护，电流按躲过启动电流整定，时限可整定为极短的时限，一般为 0.05s，主要对电动机短路提供保护。

2. 负序过电流保护

感应电动机三相电流不平衡较大时，定子绕组中出现较大的负序电流，负序电流产生反转的电磁场，在电动机转子中产生 2 倍工频的电流，在转子表面感应出涡流，引起转子端部和槽边缘过热，危及电动机的安全运行。

7SJ68 型装置设置两段定时限负序过电流保护，当达到Ⅰ段电流整定值时，保护启动并发信，时间元件开始计时。当达到Ⅱ段电流整定值时，再次发信并启动Ⅱ段时间元件。一旦延时时间到，立即发出跳闸信号。

反时限负序电流保护动作特性采用 IEC 特性跳闸曲线。当负序电流超过反时限负序电流保护整定值 I_{2p} 的 1.1 倍时，元件开始启动并发出信号。然后根据 IEC 特性跳闸曲线计算延时时间，当到达该时间后，发出跳闸指令。当负序电流降至启动电流整定值的 95% 时，元件返回，时间装置迅速复位，为下一次保护启动做好准备。

3. 热过负荷保护

热过负荷保护用来防止电动机因过热而损坏。此保护功能以电动机的热容量为模型，同时考虑过负荷热量积累和散热过程。依照单个热映像进行过热温度的计算，当计算出的过热温度达到热告警段定值（该定值表示为跳闸温度的百分数）时，发出报警信号。热过负荷保护还有独立于温度告警段的电流告警段定值，当任一相电流达到电流告警段定值时，发出报警或跳闸。

4. 电动机启动保护

7SJ68 型保护装置具有电动机启动时间监视功能。电动机启动保护是对热过负荷保护的补充，防止电动机启动时间过长。造成电动机启动时间过长的原因有启动时电压跌落、过负荷转矩或转子阻塞等。

电动机启动时间过长会造成电动机过热，当电动机电流超过整定的启动电流时认为电动机在启动，即对电动机启动进行监测，同时进行跳闸延时的计时，在电动机启动计时结束后，而电动机还在启动状态，则发出跳闸命令。

5. 差动保护

电动机差动保护是反映电动机内部故障的主保护。保护设有一个无制动的速断段，在电动机内部严重故障时快速动作。任一相差动电流大于差动速断整定值时，保护瞬时动作出口跳闸，切除故障。差动速断电流定值按躲过区外故障和电动机启动时的最大不平衡电流整定。

装置采用比例差动原理，其差动电流和制动电流通过下列公式计算：

$$I_{\text{diff}} = | \ I_1 + I_2 \ |$$
$$I_{\text{stab}} = | \ I_1 \ | + | \ I_2 \ |$$

式中　I_{diff}——差动电流；

　　　I_{stab}——制动电流。

比例差动保护可以保证外部短路时可靠不动作，内部故障时有较高的灵敏度。

三、7SJ68 型保护装置

西门子 7SJ68 型保护装置由上海威能电子科技股份有限公司生产。保护装置面板上配有液晶显示器、9 个 LED 指示灯、10 个数字按键、菜单键、退出键、确认键、复归键等。

正常运行中，"运行"指示灯常亮，如果微处理器自检失败或辅助电压消失，该灯不亮；当辅助电压正常，但装置内部发生故障，"故障"红灯亮，且微处理器会自动闭锁装置；面板上的 7 个指示灯（编号为 1~7）可以显示重要的时间和状态，可以设置为某个明确的信息，正常运行中不亮；保护动作后，相应的指示灯（编号为 1~7）亮；按下"复归"键可以对"故障"和 7 个 LED 指示灯进行复归，"运行"灯不可以复归。

装置面板上设有"合"和"分"控制键，可用来通过装置操作面板对开关进行分合操作；面板上设有方向键"▲，▼，◀，▶"，分别是"上""下""左""右"移动键，可以选择需要操作的设备并选择相应的控制菜单；"确认"键用来确认或发出控制命令，"取消"键用来取消当前的操作；数字键和"＋／－"键用来修改设定保护定值等；正常运行中，液晶显示屏上显示运行电压、电流、有功功率、无功功率、功率因数和电度量等，也可根据需要设置屏幕默认显示的参数内容。

按"菜单"键进入主菜单，显示 5 个主菜单：记录、测量、控制、定值、测试/诊断，选定子菜单，按"确认"键进入相应子菜单，按"取消"键退出相应子菜单。

第三节　自动装置简介

一、厂用电快速切换装置

对于 200MW 及以上大容量机组都采用发电机－变压器组单元接线，发电机出口一般不装设断路器，发电机组都设有启动备用电源。机组启动时，厂用负荷由启动备用电源供电，待机组启动完成后，再切换至厂用工作电源（接至发电机出口的高压厂用变压器）供电；在机组正常停机时，停机前将厂用负荷从厂用工作电源切至备用电源供电，以保证安全停机；在厂用工作电源故障（包括高压厂用工作变压器、发电机、主变压器、汽轮机事故等）而被切除时，要求备用电源尽快自动投入。因此，厂用电的切换在发电厂中是经常发生的。

1. 厂用电源的切换

（1）按照厂用电系统的运行状态，厂用电源的切换可分为正常切换和事故切换两种。

1）正常切换。正常切换是指在系统正常运行时，由于运行的需要（如机组开机、停机等），厂用母线从一个电源切换到另一个电源。

2）事故切换。事故切换是指由于发生事故（包括单元接线中的厂用工作变压器、发电机、主变压器、汽轮机和锅炉事故等），厂用母线的工作电源被切除时，要求备用电源自动投入，以实现尽快安全的切换。

（2）按照断路器的动作顺序，厂用电源的切换可分为并联切换、串联切换和同时切换。

1）并联切换。并联切换是指在厂用电源切换过程中，工作进线开关和备用进线开关短时并联运行的切换。优点是能够保证厂用电的连续供电；缺点是并联期间短路容量增大，需要增加断路器的断流容量。并联切换时断路器并列时间很短，一般在几秒钟，故障几率低，被广泛采用。

2）串联切换。串联切换是指先断开工作（备用）进线开关，然后再合上备用（工作）进线开关的切换过程。串联切换过程中厂用母线会短时失电，不能够保证供电的连续性，失电的长短取决于断路器的分合闸速度。一般是利用被切除电源断路器的辅助接点去接通备用电源断路器的合闸回路。

3）同时切换。同时切换是指在厂用电切换过程中，断开工作（备用）进线开关和合上备用（工作）进线开关的脉冲信号同时发出，先跳工作（备用）进线开关，经整定延时并满足一定的条件时合上备用（工作）进线开关。

大容量机组厂用电的切换中，厂用电源的正常切换一般采用并联切换；事故情况下一般采用串联切换，工作进线开关跳闸后，立即联动合上备用电源开关。

2. 厂用电切换方式

（1）快速切换。正常运行时，厂用母线由工作电源供电，当工作电源侧发生故障时，必须先跳开工作电源开关，再合上备用电源开关。图14-1所示为母线残压特性，是以极坐标形式绘出的某300MW机组6kV母线残压相量变化轨迹。

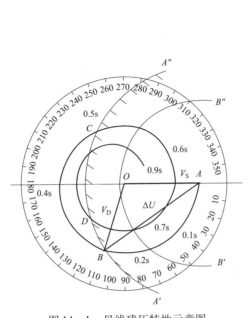

图 14 – 1   母线残压特性示意图

图 14 – 1 中 V_D 为母线残压，V_S 为备用电源电压，ΔU 为备用电源电压与母线残压间的差压。

当合上备用电源开关后，电动机所承受的电压 V_M 为

$$V_M = \frac{X_M}{X_M + X_S} \Delta U$$

式中　X_M——母线上所有负荷折算到高压厂用电后的等值电抗；

　　　X_S——备用电源的等值电抗。

令 $K = X_M / (X_M + X_S)$，则 $V_M = K \Delta U$

为保证电动机能够安全启动，V_M 应小于电动机的允许启动电压。一般为 1.1 倍的额定电压 U_N。即

$$K \Delta U < 1.1 U_N$$

所以，ΔU（%）< 1.1/K

当 $K = 0.67$ 时，则 ΔU（%）< 1.64。以 A 为圆心，1.64 为半径绘出弧线 $A' – A''$，则 $A' – A''$ 的右侧为备用电源允许合闸的安全区域，左侧则为不安全区域。若取 $K = 0.95$，则 ΔU（%）< 1.15，同理 $B' – B''$ 的左侧均为不安全区域，理论上 $K = 0 \sim 1$，可见 K 值越大，安全区越小。

假定正常运行时工作电源与备用电源同相，其电压相量端点为 A，则失电后残压相量端点将沿残压曲线由 A 向 B 方向移动，"快速切换"就是

在 $A-B$ 段内合上备用电源,既能保证电动机安全,又不使电动机转速下降太多。快速切换的时间一般应小于 0.2s。实际应用中考虑到开关合闸固有时间,合闸命令发出要有一定的提前量,其大小取决于频差与合闸时间,整定角应小于 60°。

(2)同期捕捉切换。以频差和角差来界定合闸区域并尽量做到角差为零时合闸,这就是所谓的同期捕捉切换。如图 14-1,实时跟踪残压的频差和角差变化,在 $C-D$ 段捕捉残压与备用电源电压第一次相位重合点实现合闸。此时厂用母线电压为 65%~70% 额定电压,电动机转速不致下降很大,可顺利自启。另外,由于两电压同相,备用电源合上时冲击电流较小,不会对设备及系统造成危害。同期捕捉切换有两种基本方法:一是同捕恒定越前相角;二是同捕恒定越前时间。

(3)残压切换。当厂用母线残压衰减到 20%~40% 额定电压时实现的切换称为残压切换。残压切换虽然能保证电动机安全运行,但由于停电时间过长,电动机能否自启成功、自启动时间等都将受到较大的限制。

(4)长延时切换。在快速切换装置启动后,经过设定的延时,装置将发出命令,断开工作进线开关,合上备用进线开关。如果备用容量不足以承担全部负载,甚至不足以承担残压切换后的电动机自启动,则只考虑长延时切换。

3. 厂用电切换装置

发电厂中,厂用电源的切换是机组安全可靠运行的重要环节。目前,国内广泛采用的备用电源自动投入装置,一般都是用工作电源开关的辅助接点直接(或经低压继电器、延时继电器)启动备用电源投入,这种方式缺乏相频检测,厂用电切换成功率低或切换时间长,电动机易受冲击损坏或缩短寿命,严重时危及锅炉的稳定。厂用电快速切换装置具有快速切换、同期捕捉切换、残压切换和长延时切换的切换功能。优先检同期进行快速切换,不满足快切条件时,自动转入同期捕捉切换,同期捕捉不满足条件时则自动转入残压切换,当以上三种都不满足时,自动转入长延时切换。快速切换装置具有正常情况下的手动切换、事故和不正常情况下的自动切换功能,手动切换加闭锁功能,可以在操作台上进行,也可以在装置面板上进行操作,自动切换由保护启动或装置检测到不正常情况后自行启动,不正常情况包括工作电源开关误跳和厂用母线失压。手动切换方式可选并联和串联,自动切换方式可选串联或并联。另外,还具有以下功能:

（1）误拉母线 TV 和 TV 断线时快速切换装置能闭锁切换。

（2）有保护闭锁快速切换装置的接口，母线故障，由分支过电流保护来闭锁自动投入。

（3）快速切换装置的投入和退出可就地或远方操作，装置故障和装置动作有相应的信号。

（4）快速切换装置应保证只动作一次，在下次动作前，必须经人工复归。

（5）为避免备用电源误投入故障造成事故扩大，快速切换装置应有启动分支保护后加速保护的功能，并提供相应的接口。

（6）备用电源失电时，应闭锁自动投入；但当备用电源 TV 检修时，可在装置上解除闭锁，当此时厂用电源发生故障时，装置仍能进行切换。

（7）快速切换装置应防止工作电源与备用电源长时间并列运行，当由于开关拒动造成并列运行时，装置应有去耦合功能。

（8）装置具有在线试验功能。

（9）为了保证运行、使用、维护的正确和方便，快速切换装置的人机界面应采用液晶显示的中文模式，使得整定、参数状态指示和切换操作等均可通过菜单方式进行。

（10）装置正常运行时，应能通过液晶屏显示：母线、工作电源、备用电源的电压；母线与工作电源或备用电源间的频率差、相位差；工作电源开关、备用电源开关、母线 TV 隔离开关的分合状态；所有整定参数和功能投退设置；外部异常情况，如 TV 断线、后备电源失电等；内部异常情况，如 CPU 故障、电源故障等。

（11）装置有录波功能。能记录切换过程中母线电压、频率和相位变化，录波数据间隔为 10ms，录波持续时间大于 2s。

（12）能记录实际切换过程中工作电源开关和备用电源开关的分闸、合闸时间。

（13）录波数据不因掉电或复归而丢失。

（14）录波数据能通过打印机打印出来。通过打印机应还能打印整定参数、功能设置等内容。

（15）有与 DCS 系统或电气监控系统的通信接口，实现远方操作和信息上送，上送的信息应可以进行分析、处理。应有便携机接口，具有专用通信借口软件，可在便携机上进行监测，并对记录数据进行分析、储存、打印等功能。

（16）有 GPS 对时接口，可用串行口接受 GPS 发出的时钟，接受 GPS

定时发出的硬同步对时脉冲。

装置在启动切换时给出一副无源接点,用于投入备用分支后加速保护,接点闭合时间为 1～10s 可调。

二、自动准同期装置

对于不同的厂用电接线方式,在发电机－变压器组并网和解列过程中厂用电的切换方式和切换时机有所不同。尤其对于启动备用变压器与发电机－变压器组分别处于不同的电网中的接线方式,由于两个电网还无法进行同期并列,所以这种接线方式在启动时,先通过同期装置切换厂用电,然后发电机自带厂用电与系统同期并列;停机时,发电机－变压器组首先与系统解列,自带厂用电运行,然后通过同期装置进行厂用电切换,最后发电机－变压器组在空载运行状态下进行灭磁。厂用电的同期和发电机共用一套同期装置,配合自动选线器使用。

1. SID－2FY 型智能复用型同期装置

SID－2FY 型智能复用型同期装置由深圳市国立智能电力科技有限公司生产,配合 SID－2X－C 型自动选线器,能够很好地完成并网、解列操作过程中的厂用电切换。

(1)同期装置。SID－2FY 型智能复用型同期装置的主要功能有:并网功能、自检测功能、过电压保护功能、视频输出功能、合闸时间记录功能、事件记录功能、合闸录波功能、通信/打印/GPS 对时功能。可实现的同期模式有:单侧无压合闸、双侧无压合闸、同频并网和差频并网。

图 14－2 为同期装置面板。面板左侧同心圆为同步表,下方有十个 LED 指示灯,各指示灯的含义见表 14－1;中间为液晶显示屏,显示工作页面。

图 14－2　SID－2FY 型智能复用型同期装置面板

表 14-1 **SID-2FY 型智能复用型同期装置**
面板指示灯的含义

名称	说　　明	名称	说　　明
电源	监视电源灯,正常时亮	功角越限	功角越限信号灯,显示功角越限时亮
加速	加速信号灯,显示频率低时亮	同频/差频	同频/差频并网信号灯,同频并网时亮
减速	减速信号灯,显示频率高时亮	闭锁	闭锁信号灯,闭锁信号输出时亮
升压	升压信号灯,显示电压低时亮	报警	报警信号灯,报警输出时亮
降压	降压信号灯,显示电压高时亮	运行	装置运行灯,正常时每秒闪烁一次

装置前面板左边由 36 个高亮度 LED 发光管构成的同步表,两个相邻的 LED 发光管角差为 10°。当待并侧频率高于系统侧频率时,LED 灯光顺时针旋转;反之,逆时针旋转。

同步表圆心上是"合闸"指示灯,当同期合闸继电器触点接通时,合闸指示灯亮;在触点断开时,合闸指示灯灭,即合闸灯点亮的持续时间与合闸触点的接通时间相同,其值与控制出口脉宽相同。

同步表横中轴线上两个双色高亮度 LED 发光管,左侧为压差指示灯,当待并侧电压低于系统侧电压且差值超过"允许压差"整定值时,压差指示灯发红光;反之,待并侧电压高于系统侧电压且差值超过"允许压差"整定值时,压差指示灯发绿光;当压差在允许压差整定值之内时则不发光。右侧 LED 指示灯为频差指示灯,当待并侧频率低于系统侧频率且差值超过"允许频差"整定值时,发红光;反之,待并侧频率高于系统侧频率且差值超过"允许频差"整定值时发绿光,如在差频并网中出现同频时频差灯也为红色;当差值在允许频差整定值之内时则不发光。

同期装置面板中间的液晶显示屏显示同期装置的工作页面,工作页面如图 14-3 所示。工作页面上显示以下信息。

1) 当前装置控制方式:现场(有"现场""遥控"两种,可在"系统定值"的"控制方式"中进行设定)。

2) 装置名称:SID-2FY。

3) 当前运行时间:2009 年 06 月 06 日 14 时 06 分 06 秒。

4) 当前选中的并列点及其代号。

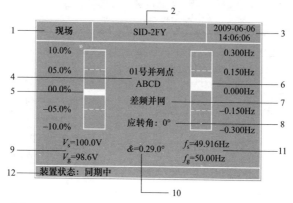

图 14 – 3   SID – 2FY 型智能复用型同期装置工作页面

5）系统侧与待并侧的压差（压差显示为百分比柱状图，百分比柱状图的最大值为当前并列点允许压差定值的两倍，虚线显示为当前允许压差定值）。

6）系统侧与待并侧的频差（频差显示为数值柱状图，数值柱状图的最大值为当前并列点允许频差定值的两倍，虚线显示为当前允许频差定值）。

7）装置当前的运行工况：差频并网（装置的运行工况包括：待机状态、就绪状态、双侧无压、单侧无压、同期判别、同频并网、差频并网、合闸检测、装置闭锁）。

8）装置当前的系统侧应转角：0°（有"0°""+30°"和"–30°"三种，可在"同期控制定值"的"系统侧应转角"中进行设定）。

9）系统侧和待并侧的电压二次值。

10）系统侧与待并侧的相角差。

11）系统侧与待并侧的频率值。

12）显示装置状态，如有异常会显示相应异常报文，异常消失，事件报文自动消失，如有同期并网操作，则显示相应的动作事件，以提示用户，事件详情可在事件追忆菜单中查阅。

（2）自动选线器。SID – 2X – C 型自动选线器的主要功能有：自动选线功能、手动选线功能、定时自检功能、自动闭锁重选功能、事件记录功能、通信、GPS 对时功能等。

1）自动选线功能。SID – 2X – C 型通过自动选线的方式完成对同期信号的切换。可接受 DCS 发来的点动开关信号控制指定的多路开关进行选线操作。

2）手动选线功能。SID – 2X – C 型通过手动选线的方式完成对同期信号的切换。在选线器面板上手动操作，共有 16 个手动选线电子锁，共用一把钥匙，保证并列点选线操作的唯一性。

3）自动闭锁重选功能：确保每次只能选通一路开关。

2. 同期切换厂用电的过程

当发电机启励，机端电压正常后，进行同期切换厂用电的操作。厂用电同期切换操作有两种方式，一种是在 DCS 画面上选择同期点开关并启动同期装置；另一种是在就地选择同期点开关并启动同期装置。两种方式的同期过程如下：

（1）在 DCS 画面上选择同期点开关的同期过程。

1）将选线器面板上的选线方式旋钮打至"自动选线"位置。

2）在 DCS 上选择待并开关，信号送至选线器。

3）选线器判断同期点正确后，给同期装置上电，同期装置自检无误向 DCS 发"准备就绪"信号。

4）在 DCS 画面上启动同期装置。

5）同期装置检测到同期条件满足，发合闸命令合上待并开关，待并开关合闸信号返回后，原来合闸的开关自动断开。

6）待并开关同期合闸后，延时 10s，同期装置自动断电。

7）在 DCS 上发命令复位选线器，然后进行下一个同期点的并列操作。

（2）在就地选择同期点开关的同期过程。

1）将选线器面板上的选线方式旋钮打至"手动选线"位置。

2）在选线器上选择待并开关对应的同期点，对应的同期点指示灯亮。

3）同期装置自动上电自检正常，同步表开始转动。

4）按下"启动同期"按钮。

5）待并开关在同期点自动合闸，延时 10s，同期装置自动断电。

6）手动断开原来合闸的开关。

7）按下复位按钮，复位选线器，然后进行下一个同期点的并列操作。

停机时，在发电机 - 变压器组解列后，使用同期装置进行厂用电切换，切换过程与上述相同，区别是停机时备用进线开关为待并开关。

装置同期工作流程如图 14 – 4 所示。装置进入同期工作状态后，先进行装置自检，对输入量进行检查，若不满足条件，则装置进入闭锁状态。

若输入量正常，则装置输出"就绪"信号，此时启动同期装置，则进入同期过程。在同期过程中出现异常，如系统侧或待并侧无电压、同期超时等，装置进入闭锁状态；发电机同期时允许同期装置发出命令调频调压，以便快速同期；同期并列条件满足时，发出合闸命令完成同期操作，同期操作完成后则进入闭锁状态。

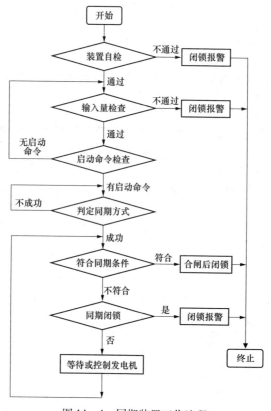

图 14 - 4　同期装置工作流程

三、自动电压控制 AVC 装置

AVC 是（automatic voltage control，自动电压控制）的简称，它是利用计算机和通信技术，对电网中的无功资源以及调压设备进行自动控制，以达到保证电网安全、优质和经济运行的目的。电厂侧 AVC 装置通过远动系统接收上级调度 AVC 主站系统下达的电厂总无功或者电压目标值，在充分考虑相关约束条件后，AVC 装置按照设定的分配原则将总无功功率合理分配给每台机组，发出增减磁信号给励磁系统自动电压调节器（AVR），由励磁系统来完成无功功率的调整。

1. 电厂侧 AVC 装置配置及控制原理

图 14 - 5 为 AVC 系统结构框图。自动电压控制 AVC 系统由上位机（中控单元）和下位机（执行单元）组成，上位机为主、备机冗余配置，每台机配置一台下位机，上位机和下位机之间通过串行通信方式进行信息和数据交换。

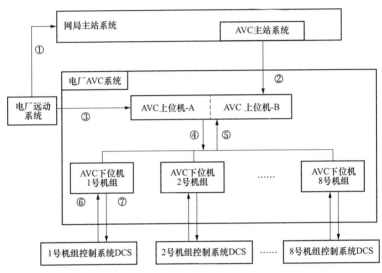

图 14 - 5　AVC 系统结构框图

2. AVC 控制原理

上位机能够处理全厂与 AVC 相关的所有遥测、遥信及控制信号，包括母线电压、母线无功等实时母线数据及机组有功、无功、定子电压、定子电流、励磁电压、励磁电流等，实时计算出电厂侧的系统阻抗，根据当前母线电压和目标母线电压及当前系统阻抗，计算出当前所需的目标无功，通过机组 PQ 曲线图，确定机组无功限制，将目标无功分配到各个机组，各机组根据目标无功，由下位机开出增减磁信号至各机组 DCS，各机组 DCS 经逻辑判断后再将增、减磁脉冲信号发送至各机组励磁系统 AVR，改变电压设定值，达到调整无功功率的目的。

一般下位机配有投退连接片，可实现 AVC 投退功能，便于调试及在必要时退出 AVC 保证机组正常运行。

第四节 继电保护与自动装置运行

一、一般要求

继电保护和自动装置，简称为保护装置，其要求如下：

（1）所有送电设备都不得脱离保护或无保护运行。

（2）保证保护装置正确动作的条件：

1）接线合理。

2）整定值与计算值相符。

3）绝缘符合要求。

4）直流电压不低于额定值的80%。

5）保护装置整洁，连接片使用正确。

（3）保护装置的投入与切除必须符合运行规程规定。

（4）正常运行时，值班人员的责任：

1）交接班时对保护装置应作的检查：①铅封是否完好，玻璃及外壳有无破裂。②信号掉牌有无未复归的，各种灯光、音响信号是否正常；③保护用的连接片及各小隔离开关位置是否正确及接触良好；④保护用的直流、交流熔断器是否良好；⑤保护装置的整定值是否正确。

2）每班应对保护、控制、仪表盘的正面和继电器的外壳进行一次清扫。

3）对于运行设备，因故障将保护连接片断开，当再将连接片恢复投入前，必须用电压表（要求其内阻不小于 $1k\Omega/V$）测量连接片两端无电压后再投入。

4）保护装置的变更、投入、切除均应详细记入操作记录本中，并记发令人及操作时间。

5）保护装置的二次回路及操作回路不得任意改动，若要改，须按规定手续办理。

6）必须在负荷下进行检验后，才允许投入保护装置。

（5）发生异常及事故时，值班人员的责任：

1）当发电厂及电力系统发生异常或事故时，值班员必须进行下列工作：①复归音响信号；②检查信号继电器掉牌情况；③检查灯光信号发出情况；④检查断路器动作情况；⑤检查保护装置动作情况。并将上述检查结果记入记录本内，并复归信号。

2）上述检查结果及时报告值长及系统调度。

3）下列情况值班员可自行处理：①更换熔丝及信号灯泡；②选择直流接地。

二、保护装置运行注意事项

1. 距离保护和方向保护运行时的注意事项

（1）距离保护在失去电压或总闭锁继电器动作或直流接地时，不允许切合距离保护的直流电源，而应先退出距离保护，然后进行处理。只有在恢复电压无误后，才允许将距离保护重新投入运行。

（2）距离保护的交流电压必须由被保护线路所在的母线电压互感器供电。当电压由一组互感器切换至另一组互感器供电，如南北母线隔离开关切换，则在切换时必须先停距离保护，然后待切换后电压正常了恢复投入距离保护。方向电流保护在运行中切换电压时也应先停止保护，待正常后再投入保护。

（3）保护出现各种光字牌不能自行复归时，应立即通知继保人员检查处理。

2. 发电机保护运行时的注意事项

（1）发电机差动保护新安装或二次回路变更时，必须带负荷测相位和测量差电压，确认交流回路无误、接线正确后，才允许正式投入运行。

（2）当"差动回路断线"光字牌出现时，值班员应立即停用差动保护，断开连接片，通知继保人员处理。

（3）当"电压回路断线"光字牌出现时，值班员应停止复合电压闭锁过电流保护，断开连接片，查找原因，如不能及时处理则应通知继保人员处理。

（4）当发现发电机转子一点接地时，值班员应立即报告值长及车间领导，经允许后将转子保护投入。

（5）为防止发电机无励磁运行，灭磁开关与发电机断路器的联跳连接片应经常在投入位置。

3. 电力变压器保护运行时的注意事项

（1）变压器注油、滤油、更换硅胶和处理呼吸器时，应将重瓦斯保护置于"信号"位置，工作完毕经 1h 运行后，方可将重瓦斯保护投入"跳闸"。新安装或检修后的变压器在投入运行时，应将重瓦斯保护投入跳闸。变压器在运行中，瓦斯保护与差动保护不允许同时停用。

（2）新安装的变压器或新投入的差动保护应做变压器空载试验，空载投入 3~5 次差动继电器不应动作。

（3）变压器差动保护新安装或二次回路更改时，必须进行带负荷测相位和测量差压，确认交流回路无误、接线正确后，才允许正式投入运行。在给变压器充电时，为瞬时切除故障，差动保护可以投入跳闸，但在带负荷前，则应将差动保护停用，以便用负荷电流作相位测定。

（4）当进行一次电流倒闸操作或作业，可能影响差动保护接线时，值班员应在操作前将差动保护停用。

4. 母线保护运行时的注意事项

（1）母线固定连接方式的保护按固定连接方式运行时，三极小隔离开关应在断开位置，其余各连接片均应在投入位置。

（2）破坏固定连接方式运行时，三极小隔离开关应在投入位置，破坏固定连接指示灯亮，其余各连接片均在投入位置。

（3）母线一次系统倒闸时的注意事项：

1）由固定连接倒成破坏固定连接方式时，应先投入三极小隔离开关。

2）由破坏固定连接倒成固定连接时，应在倒闸结束之后，再断开三极小隔离开关。

3）凡母联断路器停运改为单母线运行时，母线差动保护应停运。

4）当用母联断路器代替线路断路器时，母线差动保护应停运。

5）在正常运行时，每次交接班应用保护盘上的交流毫安表检查差流，其值应小于100mA。若发现此电流上升，应立即通知继保人员处理。若保护发出电流回路断线信号，应先停保护，后通知继保人员处理。若发现直流电压消失信号，应检查更换盘上的熔断器。

5. 自动重合闸

（1）自动重合闸投入时的注意事项：

1）检查自动重合闸装置各部分良好后，投入重合闸连接片。

2）投入断路器后，重合闸指示灯亮。

3）报告值长，并做记录。

（2）重合闸停运时的注意事项：

1）当线路送电时，若自动重合闸停运，则应停止重合闸的连接片。

2）当线路停电时，若重合闸要停运，则应在线路停电前进行。

（3）自动重合闸装置的投入和停止，应取得调度的允许和值长的同意。

（4）每周应对重合闸作一次试验检查，如发现不良，应通知继保人员处理。

（5）线路故障跳闸，重合闸未动作或动作重合不成功，则应断开重合闸连接片，对重合闸未动作的，应通知继保人员处理。

（6）对下列情况之一者，应将重合闸停运：

1）试验检查不良时；

2）断路器遮断容量不够或在特殊运行方式下，经车间批准时；

3）重合可能造成非同期合闸的电源线路。

6. 备用电源自动投入装置运行时的注意事项

（1）在正常运行时值班员对备用电源自动投入装置应做以下内容的检查。

1）联锁开关应在投入位置，各工作供电线路断路器的操作直流应良好。

2）备用电源的隔离开关处于投入位置，断路器处于完好的待投状态，合闸用的直流熔断器应完好，操作直流熔断器亦应完好。

3）备用段的电压监视继电器在动作状态，"备用电源自投故障"光字牌不应明亮。

4）各工作供电母线线段电压互感器二次回路应完好，高低压均无"电压回路断线"光字明亮。

（2）在正常运行方式下，备用电源已带上一段负荷时，应根据负荷大小确定是否能再带其余段负荷。

（3）对电动机的联动应检查是否在"联锁"位置或在"备用"位置，它应符合运行方式要求。

7. 自动按频率减负荷装置运行时的注意事项

（1）在正常运行中，值班员若发现自动按频率减负荷装置不正常时，应及时将负荷连接片切除并通知继保人员处理。

（2）自动按频率减负荷装置动作后，值班员应密切监视频率表。若最后一级甩负荷后，频率仍然不正常时，值班员则应继续切除次要负荷，以维持发电机组正常运行。

（3）当本厂发电机全部停止时，自动按频率减负荷装置的连接片应全部切除。

8. 自动调整励磁装置运行时的注意事项

（1）发电机正常运行时，必须将自动调整励磁装置投入使用，投入或断开必须经值长同意。

1）发电机在各种运行情况下都可将调整器投入或退出运行。

2）调整器在投入运行情况下，磁场变阻器 Rc 应处于整定位置，而用 TZOB 调压器进行发电机电压和无功负荷的调整。

3）在正常运行时，调整器的输出电流不应超过规定值，最小电流也不得低于规定值。

4）由于系统故障而引起发电机电压大幅度降低，调整器进行强行励磁时，在 1min 内值班员不得对调整器进行任何操作。

（2）自动调整励磁装置的投入步骤：

1）将调压器的 TZOB 调到降低极限位置，降压极限光字牌明亮。

2）将调整器的转换开关切换到"试验"位置，试调 TZOB 使输出电流为 2.5A 后，再将 TZOB 调到降低极限位置后将转换开关切换到"投入"位置。

3）向升压方向调节 TZOB，使调整器开始有输出电流。

4）向降压方向调节磁场变阻器 Rc，同时向升压方向调整 TZOB。如果在发电机空载时，应注意维持发电机电压不变；如果在发电机带负载时，应注意维持发电机无功负荷不变，直到 Rc 调整到带调整器运行的整定位置上。

（3）自动调整励磁装置退出运行步骤：

1）向升压方向调整 Rc，同时向降压方向调整 TZOB。如果发电机空载时，应维持发电机电压不变；如果发电机带负载时，应注意维持发电机无功负荷不变。

2）当调整器的输出电流接近于零时，将调整器转换开关切换到"解除"位置，此时只按不带调整器时运行。

（4）值班员每班应检查一次调整器各部分是否有过热或其他异常情况，如发现异常应及时通知继电保护人员处理。

9. 自动电压控制 AVC 运行时的注意事项

（1）当投入 AVC 自动控制方式时，将自动屏蔽 DCS 手动增减磁方式；当退出 AVC 自动控制方式时，AVR 增减磁权限将自动切回 DCS 手动增减磁方式。

（2）机组投入 AVC 自动控制方式运行时，应严密监视机组运行工况和 500kV 母线电压、机端电压及厂用母线电压，若发现运行参数越限，应立即汇报值长。

（3）若 AVC 自动退出运行，应根据 DCS 画面报警信息判断原因，同时要监视运行参数是否越限，AVR 调整是否正常，通知维护人员处理。待查明原因并消除后，再根据值长命令投入 AVC 控制。

（4）运行人员不得随意修改 AVC 系统中有关的安全约束条件和其他有关设置参数。有关参数的修改应根据调度部门下达的通知单或经电厂主

第二篇 发电厂厂用电值班

管部门批准的变更通知单，由维护人员负责修改。

（5）遇有下列紧急情况时，可先将 AVC 退出运行，然后汇报值长，待异常处理完毕后再与调度员联系恢复运行。

1）发生异常或事故情况，危急机组安全运行。

2）AVC 装置发生故障无法正常运行。

3）励磁系统异常运行或自动电压调整（AVR）不能投自动。

10. 同期装置运行中的注意事项

（1）同期装置运行中，禁止将工作/试验选择开关 GTK 打至"测试"位，"测试"只用于维护人员调试。

（2）发电机－变压器组恢复热备用状态时，必须检查自动选线器面板上选线方式选择开关打至"自动选线"位；检查单/双侧无压确认开关 WY 打至"同期"位；检查工作/试验选择开关 GTK 打至"工作"位。

（3）禁止带电插拔同期装置和选线器背面的任何插头。

（4）装置投入后应检查自检正常，面板指示灯显示正确，显示屏显示正常且无异常报警信息。

（5）若同期装置启动后开关未合上或同期装置故障，应立即停止同期装置。

（6）自动选线器平时处于断电状态，在使用同期装置前合上选线器电源开关 1ZK，同期切换结束后，断开选线器电源开关 1ZK。

提示 第十四章共四节内容，其中第一～三节适合于初级工学习，第一～四节适合于中、高级工学习。

第十四章　发电厂厂用电值班综述

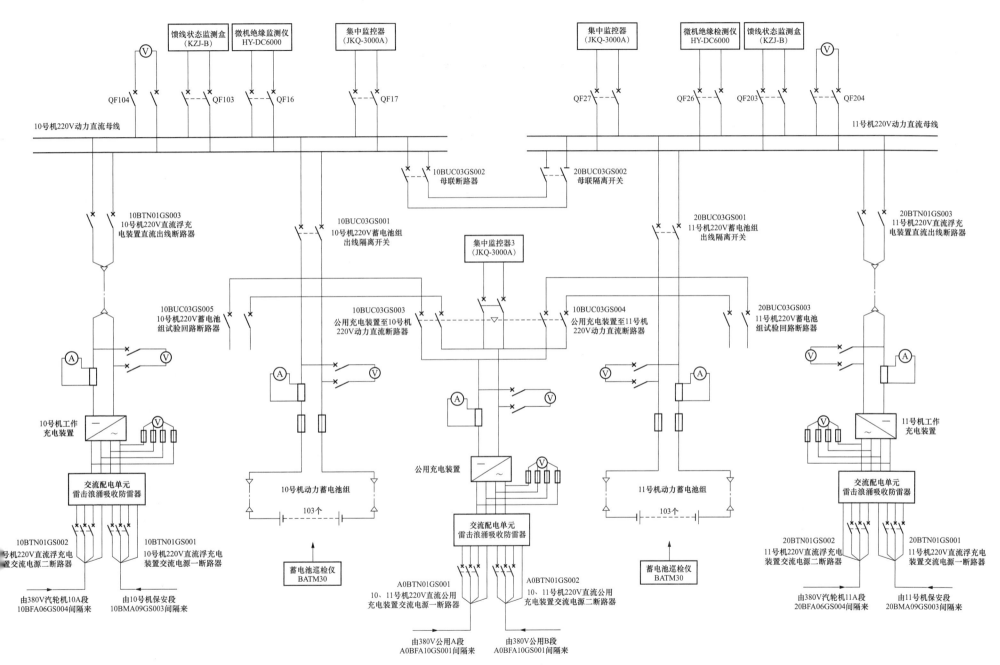

图 8-1 单元控制室 220V 动力直流接线图

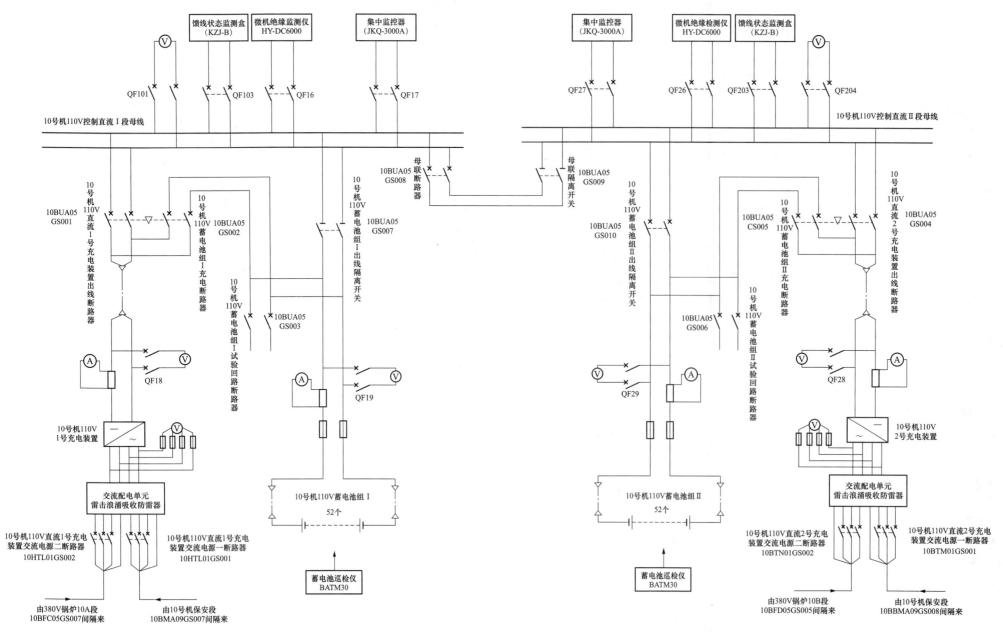

图 8-2　单元控制室 110V 控制直流接线图